古法今观 中国古代科技名著新编

二如亭群芳谱

明代园林植物图鉴 上册

[明]王象晋 著

李春强 编译

上海交通大学出版社

SHANGHAI JIAO TONG UNIVERSITY PRESS

图书在版编目（CIP）数据

二如亭群芳谱 : 明代园林植物图鉴 / (明) 王象晋
著 ; 李春强编译 . -- 上海 : 上海交通大学出版社，
2020
ISBN 978-7-313-23149-9

Ⅰ . ①二… Ⅱ . ①王… ②李… Ⅲ . ①园林植物—观
赏园艺—中国—明代 Ⅳ . ① S68

中国版本图书馆 CIP 数据核字 (2020) 第 061035 号

二如亭群芳谱：明代园林植物图鉴（上册）
ERRUTING QUNFANGPU：MINGDAI YUANLIN ZHIWU TUJIAN（SHANGCE）

著　　者：	[明] 王象晋	编　　译：	李春强
出版发行：	上海交通大学出版社	总 定 价：	149.00 元（上、下册）
邮政编码：	200030	地　　址：	上海市番禺路 951 号
印　　制：	雅迪云印（天津）科技有限公司	电　　话：	021—64071208
开　　本：	710mm×1000mm 1/16	经　　销：	全国新华书店
总 字 数：	300 千字	总 印 张：	31
版　　次：	2020 年 7 月第 1 版	印　　次：	2023 年 3 月第 2 次印刷
书　　号：	ISBN 978-7-313-23149-9		

　　《二如亭群芳谱》是明代王象晋所著。王象晋，字荩臣，号好生居士，山东新城（今山东省淄博市桓台县）人。万历三十二年（1604年）进士，曾任扬州兵备、中书舍人、礼部主事、江西按察使司知事、礼部员外郎、河南按察使等官职，官至浙江右布政使。七十岁时致仕，终年九十多岁，乡人私谥康节先生。著作除《二如亭群芳谱》外，还有《清寤斋欣赏编》一卷、《剪桐载笔》一卷、《秦张诗余合璧》二卷等。

　　《二如亭群芳谱》据以为底本的明天启跋本，分为元、亨、利、贞四部，共二十八卷：天谱三卷、岁谱四卷、谷谱一卷、蔬谱二卷、果谱四卷、茶竹谱一卷、桑麻葛苎谱一卷、药谱三卷、木谱二卷、花谱四卷、卉谱二卷、鹤鱼谱一卷。《明史·艺文志》亦著录为二十八卷，只有《四库全书总目》著录为三十卷，但所列细目为天谱三卷、岁谱四卷、谷谱一卷、蔬谱二卷、果谱四卷、茶竹谱一卷、桑麻葛苎谱一卷、药谱三卷、木谱三卷、花谱三卷、卉谱二卷、鹤鱼谱一卷，与天启跋本只有木谱和花谱略有差异，但各细目卷数相加也是二十八卷，故三十卷当为误记。

　　"二如亭"为王象晋所建亭名，"二如"典出《论语·子路》，原文为："樊迟请学稼，子曰：'吾不如老农。'请学为圃，曰：'吾不如老圃。'樊迟出，子曰：'小人哉，樊须也！上好礼，则民莫敢不敬；上好义，则民莫敢不服；上好信，则民莫敢不用情。夫如是，则四方之民襁负其子而至矣，焉用稼？'"王象晋反用其语，意为"我就像一个老农，我就像一个老园丁"，以表达作者对农、圃的重视之意。

　　《二如亭群芳谱》内容繁多，篇幅很长，本书旨在将古代园艺植物、园林文化之美呈现于读者，故并非全注全译，选取其中花卉、园林等相关内容，即花谱、卉谱和鹤鱼谱编为两册。其中丽藻和药用部分，因考虑篇幅及内容相关性，没有选入，其余内容则全部依据底本逐字逐句进行译注。

　　由于编译者水平有限，如有错讹，敬请方家指教。

目 录

目 录

一
花
谱

花谱小序

原典

　　大抵造化[1]清淑，精粹之气，不钟[2]于人，即钟于物，钟于人则为丽质[3]，钟于物则为繁英。试观朝华之敷荣[4]、夕秀之竞爽[5]，或偕众卉而并育，或以违时而见珍。虽艳质[6]奇葩未易综揽[7]，而荣枯开落辄动欣戚，谁谓寄兴[8]赏心[9]无关情性也？作《花谱》。

济南王象晋荩臣甫题

注释

[1] 造化：创造化育。

[2] 钟：聚集。

[3] 丽质：美人。

[4] 敷荣：开花。

[5] 竞爽：争胜。

[6] 艳质：艳美的资质。

[7] 揽：与"览"通假。

[8] 寄兴：寄托兴趣。

[9] 赏心：娱悦心志。

译文

　　一般来说，天地所生清明美好、精华汇聚的气，不聚集在人身上，就会聚集在物体上，聚集在人身上就是美人，聚集在物体上就是繁花。试看早上群芳盛开、晚上众花争胜，有的同时生长开放，有的因错开时令而受到珍视。虽然艳美的资质、奇异的花卉不容易通览，但花木的茂盛与枯萎、花朵的盛开与凋零，都能引发人们的欢乐和忧戚，谁说寄托兴趣和娱悦心志与人的性情养成无关呢？因此写成《花谱》。

济南人王象晋荩臣甫题

花谱简首

花月令

汉宫春晓图卷（局部）［明］仇英

原典

《灌园野史》[1]

正月，是月也，迎春生，樱桃胎[2]，望春盈眸，兰蕙芳，李能白[3]，杏花饰其靥[4]。

二月，是月也，桃夭[5]，棣棠奋，蔷薇登架，海棠娇，梨花溶[6]，木兰竞秀[7]。

三月，是月也，白桐荣，荼蘼条达[8]，牡丹始繁，麦吐华，楝花应候，杨[9]入大水为萍。

四月，是月也，杜鹃翔，木香升，新篁[10]敷粉[11]，罂粟满，芍药相[12]，木笔[13]书空。

五月，是月也，葵[14]赤，紫薇葩[15]，檐葡[16]始馨，夜合交，榴[17]花照眼[18]，紫椹降于桑。

六月，是月也，萱宜男[19]，凤仙来仪[20]，菡萏[21]百子，凌霄登，茉莉来宾[22]，玉簪搔头[23]。

七月，是月也，桐报秋，木槿荣，紫薇映月，蓼红，菱实，鸡冠报晓。

八月，是月也，槐黄，蘋[24]笑，芝草奏功[25]，桂香，秋葵高掇[26]，金钱及第[27]。

九月，是月也，菊有英[28]，巴竹[29]笋，芙蓉[30]绽，山药乳[31]，橙橘登，老荷化为衣。

十月，是月也，芦传[32]，冬菜蒔[33]，木叶[34]避霜，芳草[35]敛，汉宫秋[36]老，苧麻护其根。

十一月，是月也，芸[37]生，蕉[38]红，枇杷缀金，枫丹，岩桂馥[39]，松柏后凋。

十二月，是月也，梅蕊吐，山茶丽，水仙凌波[40]，茗[41]有花，瑞香郁烈，山矾鬯发[42]。

花 谱

花谱首简

注释

[1]《灌园野史》：即《灌园史》，明代陈诗教著，陈继儒删定。

[2] 胎：孕育。

[3] 李能白：李树开花，最早也得农历二月，故此处月令有误。明代程羽文的《花月令》，"李花白"正在二月。此类问题，下文还有一些，故将程羽文的《花月令》放在这里，以备读者参考。《花月令》也叫《花历》，原文如下：

正月，兰蕙芬，瑞香烈，樱桃始葩，径草绿，望春初放，百花萌动。

二月，桃始夭，玉兰解，紫荆繁，杏花饰其靥，梨花溶，李花白。

三月，蔷薇蔓，木笔书空，棣萼韡韡，杨入大水为萍，海棠睡，绣球落。

四月，牡丹王，芍药相于阶，罂粟满，木香上升，杜鹃归，荼蘼香梦。

五月，榴花照眼，萱北乡，夜合始交，檐蔔有香，锦葵开，山丹赪。

六月，桐花馥，菡萏为莲，茉莉来宾，凌霄结，凤仙绛于庭，鸡冠环户。

七月，葵倾日，玉簪搔头，紫薇浸月，木槿朝荣，蓼花红，菱花乃实。

八月，槐花黄，桂香飘，断肠始娇，白蘋开，金钱夜落，丁香紫。

九月，菊有英，芙蓉冷，汉宫秋老，芰荷化为衣，橙橘登，山药乳。

十月，木叶落，芳草化为薪，苔枯萎，芦始荻，朝菌歇，花藏不见。

十一月，蕉花红，枇杷蕊，松柏秀，蜂蝶蛰，剪彩时行，花信风至。

十二月，蜡梅坼，茗花发，水仙负冰，梅香绽，山茶灼，雪花六出。

[4] 靥：脸上酒窝，代指脸。

[5] 夭：草木茂盛美丽。

[6] 溶：明净洁白。

[7] 竞秀：争比秀丽。

[8] 条达：通达。

[9] 杨：柳絮。

[10] 篁：竹子。

[11] 敷粉：新竹长成后表皮有一层白霜。

[12] 芍药相：牡丹为花王，芍药为花相。

[13] 木笔：也叫辛夷、紫玉兰。

[14] 葵：即蜀葵，也叫一丈红。

[15] 葩：花，这里用作动词，开花的意思。

[16] 檐葡：这里指栀子花。

[17] 榴：石榴。

[18] 照眼：明亮耀眼。

[19] 宜男：俗传孕妇佩戴萱草花，容易生男孩。

[20] 仪：匹配。

[21] 菡萏：荷花。

[22] 来宾：茉莉花原产波斯（今伊朗地区），所以称之为"来宾"。

[23] 搔头：发簪。

[24] 蘋：苹果。

[25] 奏功：成功。

[26] 高掇：科考高中。

[27] 及第：科举应试中选。

[28] 英：花。

[29] 巴竹：产于今重庆地区（古代巴国）的一种方竹，它的笋味鲜美。

[30] 芙蓉：指木芙蓉。

[31] 乳：像乳汁的白色汁液。

[32] 传：散布。

[33] 莳：种植。

[34] 木叶：树叶。

[35] 芳草：香草。

[36] 汉宫秋：即剪秋罗。

[37] 芸：芸薹，即油菜花。

[38] 蕉：美人蕉。

[39] 馥：香气。

[40] 凌波：本意为在水上行走，这里指种植在水中的水仙花开放。

[41] 茗：茶树。

[42] 畅发："畅"同"畅"，蓬勃生长。

译文

正月，这个月，迎春花开放，樱桃开始孕育，满眼都是望春花，兰和蕙散发芳香，李树开着白花，杏花妆饰她的容颜。

二月，这个月，桃花盛开，棣棠花奋力开放，蔷薇花的藤蔓爬上花架，海棠花娇艳，梨花洁白，木兰争比秀丽。

三月，这个月，白桐树开花，荼蘼的藤蔓四通八达，牡丹刚刚繁盛，小麦花绽放，楝花应时而开，柳絮飘落，坠入水中，变成浮萍。

四月，这个月，杜鹃鸟在空中飞翔，木香花的藤蔓向上爬升，新长成的竹子表皮有一层白霜，罂粟花盛开，花相芍药开放，紫玉兰花凋零后，此时又在树梢长出像毛笔头一样的花苞，好似在虚空中书写。

五月，这个月，蜀葵的红花盛开，紫薇开花，栀子开始散发花香，合欢树的叶片晚上闭合，石榴花明亮耀眼，紫色的桑甚从桑树上掉落。

六月，这个月，萱草开花，孕妇佩戴它的花易生男孩，凤仙花来与此时物

二如亭群芳谱

候相配，莲花结果实，凌霄花的藤蔓往高处攀登，茉莉花来宾服，玉簪花犹如发簪。

七月，这个月，梧桐开始落叶，预示着秋天来到，木槿花开放，紫薇花映照秋月，蓼花红艳，菱结实，鸡冠花在天快亮的时候开放。

八月，这个月，黄色的槐树花开放，苹果的颜色由青转红，好像在欢笑，灵芝长成，到了采摘的时节，桂花飘散着浓郁香味，秋葵花盛开，金钱花开放。

九月，这个月，菊花开放，产自重庆的方竹生笋，木芙蓉花绽放，山药的根茎中有像乳汁的白色汁液，橘子和橙子成熟，衰老的荷叶干枯。

十月，这个月，芦花飞散，到了种植各种冬菜的时间，树叶需要躲避霜气，香草收拢以避寒气，剪秋罗也开始枯萎凋零，需要给苎麻培土以保护它的根。

十一月，这个月，油菜花破土初生，美人蕉开得正红，枇杷树开花，花蕊顶端为黄色颗粒，好似点缀有金屑，枫树叶变成红色，岩桂开花，散发香气，松柏常青不凋零。

十二月，这个月，梅花吐蕊，山茶花正艳丽，水仙花挺立水上，茶树开始开花，瑞香的花香异常浓烈，山矾花蓬勃生长。

花 信

原典

梁元帝[1]**《纂要》** 二十四番[2]花信[3]，一月两番，阴阳寒暖，各随其时，但先期一日有风雨、微寒，即是。

《花木杂考》[4] 一月，二气六候，自小寒至谷雨，凡二十四候，每候五日，一花之风信应。小寒一候梅花，二候山茶，三候水仙；大寒一候瑞香，二候兰花，三候山矾；立春一候迎春，二候樱桃，三候望春；雨水一候菜花[5]，二候杏花，三候李花；惊蛰一候桃花，二候棠棣，三候蔷薇；春分一候海棠，二候梨花，三候木兰；清明一候桐花，二候麦花，三候柳花[6]；谷雨一候牡丹，二候荼蘼，三候楝花，过此则立夏矣。

注释

[1] 梁元帝：南朝萧梁皇帝萧绎。

[2] 番：次。

[3] 花信：即花信风，花开时吹过的风，也就是带有开花音讯的风候。

[4] 《花木杂考》：该书已经亡佚，作者、时代不详。

[5] 菜花：油菜花。

[6] 柳花：柳絮。

译文

梁元帝萧绎《纂要》 每一年有二十四次花信风，每个月有两次，花信每次到来时都与时令相吻合，有可能是阴气盛的时候，也有可能是阳气盛的时候，有可能是寒冷的时候，也有可能是温暖的时候，只要到来前一天刮风下雨，还有点儿冷，就错不了。

《花木杂考》 每个月有两个节气和六候，从小寒到谷雨，总共有二十四候，每候五天，每候都有一次花信风对应。小寒后五天之内是梅花的信风，五到十天是山茶花的信风，十到十五天是水仙花的信风；大寒后五天之内是瑞香花的信风，五到十天是兰花的信风，十到十五天是山矾花的信风；立春后五天之内是迎春花的信风，五到十天是樱桃花的信风，十到十五天是望春花的信风；雨水后五天之内是油菜花的信风，五到十天是杏花的信风，十到十五天是李花的信风；惊蛰五天之内是桃花的信风，五到十天是棠棣花的信风，十到十五天是蔷薇花的信风；春分后五天之内是海棠花的信风，五到十天是梨花的信风，十到十五天是木兰花的信风；清明后五天之内是桐花的信风，五到十天是麦花的信风，十到十五天是柳絮的信风；谷雨后五天之内是牡丹花的信风，五到十天是荼蘼花的信风，十到十五天是楝花的信风，楝花的信风过后，就到了立夏节气。

花异名

牡丹，木芍药。 栀子，檐葡、林兰。 茉莉，鬘华。 山矾，海桐。

荷，芙蕖、芙蓉。 素馨，那夕茗。 蔷薇，玉鸡苗。 玫瑰，徘徊。

萱，忘忧、宜男。 夜合，躅忿、合欢。 荼蘼，佛见笑。 丁香，百结。

瑞香，麝囊。 紫薇，百日红。 木香，锦棚儿。 玉簪，白鹤。

芍药，将离。 杜鹃，红踯躅。 罂粟，米囊。 秋海棠，断肠草。

樱桃，崖蜜。 芙蓉，拒霜。 蜀葵，戎葵、芘芣、一丈红。

辛夷，木笔。 凌霄，紫葳。 木槿，日及、丽木、蕣华。

原典

花未开，名蓓蕾；花娇盛，曰旖旎。树木分散曰离披，草繁盛为芊菓、葱茏，草弱随风曰霍靡，桑麻满野曰铺菜，花叶参差[1]曰狎猎，木枝重累曰栅椲，草木之叶残瘁[2]曰蔌茑。柳谓之丝，楸谓之线，樾[3]谓之罗，杉谓之锦，楝[4]谓之绫。

注释

[1] 参差：不整齐。

[2] 瘁：疾病。

[3] 樾：也叫作赤罗、山梨。

[4] 楝：即苦楝树。

译文

花含苞待放的时候叫作蓓蕾，花朵娇艳繁盛的时候叫作旖旎。树木稀疏松散叫作离披，草生长繁荣茂盛叫作芊莫、葱茏，草柔弱而随风摇摆叫作霍靡，野外到处都是桑树和大麻叫作铺菜，花朵和叶片前后、高低不齐叫作狋猲，树枝重叠累加叫作楒桅，草和树的叶子残破产生病害叫作菸菹。柳条被称作丝，楸树下垂的细枝被称作线，檖树的木纹被称作罗，杉树的木纹被称作锦，苦楝树的木纹被称作绫。

花　神

原典

花姑为花神。魏夫人[1]弟子黄令征[2]，善种花，亦号花姑。一名女夷[3]，诗云："春圃。[4]"

注释

[1] 魏夫人：晋代人，俗名魏华存，字贤安，嫁给刘文为妻，生有二子，后来与丈夫分居，专心修道，最终得道成仙。

[2] 黄令征：唐代女道士，因为传写错误，有黄灵徹、黄令微等异名。

[3] 女夷：《淮南子·天文训》记载："女夷鼓歌，以司天和，以长百谷、禽鸟、草木。"高诱《注》说："女夷，主春夏长养之神也。"可见女夷一开始并非专指花神。

[4] 春圃：春天的园圃。此句句意不完整，当为"春圃祀花姑"的脱文。

花神图 [明] 顾见龙

译文

花姑就是花神。晋代魏夫人的私淑弟子黄令征，擅长种花，也叫作花姑。花神也被称作女夷，有句诗说："春天在园圃中祭祀花姑。"

扦[1] 花

原典

凡种植，二月为上，取木旁生小株可分者，先就连处分劈，用大木片隔开，土培令各自生根，次年方可移植，胜于种核，核五年方大，扦插令活，二年即茂，须待应移月分则易活。一说春花以半开者摘下，即插萝卜上，实土花盆内种之，灌溉以时，花过则根生，不伤生意，又可得种，亦奇法也。一说用立秋时辰扦者，无有不活。

注释

[1] 扦：即扦插，就是通过插条，对植物进行繁殖。

译文

大凡种植草木，最好在二月，选取树根旁边能够与主树分离的小苗，先把主树和小树苗的连接处劈开，然后用大木板将各株小苗分隔开，给每株小苗都培土，让它们各自生出新根，第二年才能进行移植，比播种果核强，通过播种果核长出的小苗，五年才能长大，而通过插条繁殖，小苗两年就可以长得很茂盛，但必须等到适宜移植的月份才容易成活。有一种说法，说将还没有全开的花枝折下，插在萝卜上，然后将插有花枝的萝卜种在装满土的花盆里，适时浇灌它，等到花枝的花朵凋零以后，花枝就会生根，这样既能赏花，又能对它进行繁殖，也是一种奇妙的方法。还有一种说法，在立秋时插枝繁殖，没有插不活的花木。

卫 花

原典

四月棘[1]叶生，棘性暖，养华之法，以棘数枝，置华丛上，可以避霜，获其华芽。凡花卉不宜于伏热[2]日午浇灌，冷热相逼，顿令枯萎。凡百药、瓜田旁，宜栽葱、韭、蒜类，遇麝不损。花被麝冲，急用艾、雄黄于上风烧之立解。凡花园中植逼麝树，极祛邪气。催花，以马粪调水浇之，则早开数日。

注释

[1] 棘：酸枣树。
[2] 伏热：盛夏的炎热。

译文

　　四月酸枣树开始长叶子，酸枣树属于暖性植物，养花的方法，把几个酸枣树枝放置在花丛的上面，那么花丛就能躲避秋霜，保住花芽。所有的花草都不适宜在盛夏炎热的正午时分浇灌，冷水和热气相互冲撞，会让花草立刻枯萎。在种药草和种瓜的田地旁边，适宜栽种葱、大蒜、韭菜类植物，这样，药草和瓜就不怕被麝香伤损。如果花触碰到麝香，立即在上风向焚烧艾草和雄黄，那么很快就能消解掉麝香对花的伤损。在花园中种植能逼退麝香的树，能有效祛除邪气。想让花提前开放，用调有马粪的水浇灌，就能早开放几天。

雅　称

汉宫春晓图卷（局部）〔明〕仇英

原典

　　吕初泰[1]　佳卉名园，全赖布置。如玉堂[2]仙客，岂陪卑田[3]乞儿？金屋婵娟[4]，宜佩木难[5]、火齐[6]。

梅标[7]清，宜幽窗，宜峻岭，宜疏篱，宜曲径。宜危岩[8]独啸，宜石枰着棋[9]。

兰品幽，宜曲房[10]，宜奥室[11]，宜磁[12]斗，宜绮石[13]，宜凉飔[14]清洒，宜朝雨微沾。

菊操介[15]，宜茅檐，宜幽径，宜蔬圃，宜书斋，宜带露餐英[16]，宜临流泛蕊。

莲肤[17]妍，宜凉榭[18]，宜芳塘，宜朱栏，宜碧柳，宜香风喷麝，宜晓露擎[19]珠。

牡丹姿丽，宜玉缸贮，宜雕台安，宜白鼻猧[20]，宜紫丝障[21]，宜丹青[22]团扇，宜绀绿商彝。

芍药丰[23]芳，宜高台，宜清沼，宜雕槛[24]，宜纱窗，宜修篁缥缈[25]，宜怪石嶙峋[26]。

海棠晕[27]娇，宜玉砌，宜朱槛，宜凭栏，宜敧[28]枕，宜烧银烛，宜障碧纱。

芙蓉襟[29]闲，宜寒江，宜秋沼，宜轻阴，宜微霖[30]，宜芦花映白，宜枫叶摇丹。

桃靥[31]冶，宜小园，宜别墅[32]，宜山巅，宜溪畔，宜丽日明霞，宜清风皓魄[33]。

杏华繁，宜屋角，宜墙头，宜疏林，宜小疃[34]，宜横参翠柳，宜斜插银瓶。

李韵[35]洁，宜月夜，宜晓风，宜轻烟，宜薄雾，宜泛醇酒，宜供清讴[36]。

榴色艳，宜绿苔，宜粉壁，宜朝旭[37]，宜晚晴，宜纤苔映池，宜落英点地。

桂香烈，宜高峰，宜朗月，宜画阁，宜崇台，宜皓魄照孤枝，宜微飔[38]扬幽韵。

松骨苍[39]，宜高山，宜幽洞，宜怪石一片，宜修竹万竿，宜曲涧潺潺[40]，宜寒烟漠漠[41]。

竹韵冷，宜江干[42]，宜岩际，宜盘石[43]，宜雪巘[44]，宜曲槛回环，宜乔松突兀。

更兼主人蕴藉[45]，好事能诗，佳客临门，煮茗清赏。花之快意[46]，即九锡三[47]加，未堪比拟也。

注释

[1] 吕初泰：明代人，生平不详。

[2] 玉堂：仙人的住处。

[3] 卑田：即"悲田院"的语讹，原为佛寺救济贫民之所，后泛称收容乞丐的地方。

[4] 金屋：华美的房屋。婵娟：美女。

[5] 木难：宝珠名，也写成"莫难"。典故出自曹植的诗"明珠交玉体，珊瑚间木难"，李善《文选注》引《南越志》："木难，金翅鸟沫所成碧色珠也。"

[6] 火齐：宝珠名，即火齐珠，也叫火珠，唐代李延寿《南史》记载，

扶南国（在今东南亚中南半岛）曾经向梁武帝进贡火齐珠。

[7] 标：风度、格调。

[8] 危岩：高耸峥嵘的山岩。

[9] 石枰：石棋盘。着棋：下棋。

[10] 曲房：内室。

[11] 奥室：深宅。

[12] 磁：同"瓷"。

[13] 绮石：纹石。

[14] 凉飚：凉风。

[15] 操：品行、操守。介：耿直。

[16] 餐英：吃花。

[17] 肤：外观。

[18] 榭：建在台上的房屋。

[19] 擎：举。

[20] 猧：小狗。

[21] 障：同"幛"，题字布帛。

[22] 丹青：图画。

[23] 丰：丰采。

[24] 槛：栏杆。

[25] 修篁：长竹。缥缈：随风摇摆。

[26] 嶙峋：突兀、高耸。

[27] 晕：光影模糊。

[28] 攲：斜。

[29] 襟：胸怀。

[30] 霖：雨。

[31] 靥：面容。

[32] 别墅：本宅外另建的园林住宅。

[33] 魄：月光。

[34] 瞳：村庄。

[35] 韵：气韵。

[36] 清讴：清美的歌声。

[37] 旭：早晨太阳初升。

[38] 飔：风。

[39] 骨：风骨。苍：苍劲挺拔。

[40] 潾潾：水流清澈。

[41] 寒烟：寒冷的烟雾。漠漠：密布。

[42] 干：岸。

[43] 盘石：大石。

[44] 巘：山。

[45] 蕴藉：富有涵养。

[46] 快意：心情爽快舒适。

[47] 九锡：古代天子赐给诸侯、大臣的九种器物，包括车马、衣服、乐则、朱户、纳陛、虎贲、宫矢、鈇钺、秬鬯，是一种最高礼遇。

三：表示多次，不是确数。

花　谱

花谱首简

译文

吕初泰　好花和名园，完全依凭布置得当。就好比居住在玉堂的仙人，怎么可以让悲田院的乞丐作陪？居住在华美房屋中的美女，应当佩戴木难、火齐一类的宝珠。

梅花格调清雅，适宜栽种在清幽的窗前，适宜生长在连绵的高山间，适宜栽种在稀疏的篱笆边，适宜生长在曲折的小路旁。适宜坐在高耸的岩石上，一边独自长啸一边观赏它；适宜一边用石棋盘下棋，一边观赏它。

兰花品性幽静，适宜养在深宅内室，适宜种在瓷盆中，并在花盆里放上纹石，适宜在清风吹拂的时候观赏，适宜在沾着朝雨的时候欣赏。

菊花品行耿直，适宜种在茅草屋的檐下，适宜种在幽静的小路旁，适宜种在菜园里，适宜养在书房中，适宜带着露水咀嚼它的花瓣，适宜站在流水边，观赏花朵随水漂流的景致。

　　莲花外观美好，适宜种在凉亭边的水塘里，适宜与红色的栏杆和绿色的柳树搭配，适宜在风吹来时，闻那犹如喷发的麝香一般浓郁的花香，早晨花朵带露时犹如举着一颗颗珍珠，最适宜观赏。

　　牡丹姿态艳丽，适宜养在白色的花盆中，并将花盆安放在雕花的平台上，适宜和白鼻子小狗搭配，适宜和题字紫色布帛搭配，适宜和绘有图画的圆形扇子搭配，适宜和泛着红色、绿色铜锈的商代青铜器搭配。

　　芍药丰采美好，适宜养在清池边、高台上，适宜种在雕花的栏杆边、纱窗下，适宜与随风摇摆的修长竹林搭配，适宜与突兀的怪石搭配。

　　海棠花在光影模糊的时候最娇美，适宜种在白色的台阶旁与红色的栏杆搭配，适宜倚在栏杆上观赏，适宜斜靠在枕头上观赏，适宜在晚上点着白色的蜡烛，隔着绿色的纱帐观赏。

　　芙蓉花胸襟宽广，适宜与寒冷的江水和秋天的池沼搭配，适宜在天有点儿阴的时候观赏，适宜在下小雨的时候观赏，适宜与白色的芦花相映照，适宜与摇摆的红色枫叶相搭配。

　　桃花面容妖冶，适宜种植在小花园和园林住宅中，适宜种在山顶上，适宜种在小溪畔，适宜在明媚的阳光下、明艳的霞光下观赏，适宜在清风明月下观赏。

　　杏花繁盛，适宜种在房屋的转角边，适宜种在墙头近旁，适宜种在稀疏的树林里，适宜种在小村庄，适宜与横斜的绿柳搭配，适宜斜插在银制的花瓶中。

　　李花气韵高洁，适宜在明月当空的夜晚观赏，适宜在微风吹拂的早上观赏，适宜在轻烟笼罩的时候观赏，适宜在薄雾迷蒙的时候观赏，适宜在曲水流觞，浮杯泛饮美酒的时候观赏，适宜与清美的歌声搭配。

　　石榴花颜色明艳，适宜与绿色的苔藓、白色的墙壁相映照，适宜在早晨太阳初升时观赏，适宜在傍晚天晴时观赏，适宜种在池边，观赏水中倒影，适宜观赏花朵落地。

　　桂花香味浓烈，适宜与高峻的山峰、明朗的月光搭配，适宜在高台上的华丽楼阁中观赏，适宜在明月照在花枝上时观赏，适宜在微风吹送幽香时观赏。

　　松树风骨苍劲，适宜生长在高山之上，幽深古洞之旁，适宜与一片怪石搭配，适宜与万竿长竹搭配，适宜生长在水流清澈的山涧，适宜在密布的寒烟中观赏。

　　竹子气韵清冷，适宜种在江水岸边，适宜种在岩石旁边，适宜与大石、覆雪的假山搭配，适宜与曲折回环的栏杆搭配，适宜与突兀的高大松树搭配。

　　加上园林的主人富有涵养，喜欢揽事，善于写诗，美好的宾客登门拜访，一起煮茶赏花。花给人心情带来的舒爽，即使是多次被赐予九锡的荣宠，也无法比拟。

原典

王敬美[1] 吾地人最重虎刺，杭州者不佳，不如本山。其物最喜阴，难种，然吾所爱者天竹，累累[2] 朱实，扶摇[3] 绿叶上，雪中视之尤佳，余所在，种之虎刺之下。

旱珊瑚，盆中可种，水珊瑚最易生，乱植竹林中亦佳，蔓生者曰雪里珊瑚，不足植也。玉簪，一名白鹤花，宜丛种，紫者名紫鹤，无香，可刈[4]。剪秋罗，色正红，声价[5] 稍重于剪春罗，当盛夏已开矣。

秋葵、鸡冠、老少年、秋海棠皆点缀秋容，草花之佳者。鸡冠须矮脚者，名广东鸡冠，宜种砖石砌[6] 中，其状有掌片、球子[7]、缨络[8]，其色有紫、黄、白，无所不可。老少年，别种[9] 有秋黄、十样锦，须杂植之，真如锦织成矣。就中秋海棠尤娇好，宜于幽砌北窗下，傍置古拙一峰，菖蒲、翠云草皆其益友。

注释

[1] 王敬美：明代人王世懋，字敬美，王世贞的弟弟。

[2] 累累：连接成串。

[3] 扶摇：盘旋。

[4] 刈：割去。

[5] 声价：名誉和身价。

[6] 砌：台阶。

[7] 球子：即球。

[8] 缨络：穗状。

[9] 别种：同一植物的不同种类。

译文

王世懋 我们江苏苏州人最珍视虎刺，产自杭州的虎刺不好，不如我们这里的。虎刺最喜欢背阴环境，很难种活，但我喜爱的是天竹，连接成串的红色果实，盘旋在绿色的叶子上，最适宜下雪的时候观赏，无论我走到哪里，都会把天竹种在虎刺的下面。

旱珊瑚可以在花盆中栽种，水珊瑚最容易种活，散乱地种植在竹林之中，也挺好看，藤本蔓生的叫作雪里珊瑚，不值得栽种。玉簪，也叫作白鹤花，适宜成丛种在一起，紫色的叫作紫鹤，没有香气，可以剪切。剪秋罗，花的颜色为正红，名声和价格要比剪春罗稍高一些，在盛夏的时候就开放了。

秋葵、鸡冠、老少年、秋海棠都可以用来点缀秋景，是花草中美好的。鸡冠花中有一种茎干比较矮小，叫作广东鸡冠，适宜种在砖石台阶里，它的形状有手掌形的、球形的、穗状的，它的颜色有紫色、黄色、白色，都适宜栽种。老少年有秋黄、十样锦等不同种类，适宜混种在一起，看着真的就像锦织成的。其中秋海棠尤其娇媚美好，适宜养在向北的窗户下、幽静的台阶旁，旁边用石头堆垒一座古旧朴拙的假山，菖蒲和翠云草都适宜和它搭配。

盆　景

汉宫春晓图卷（局部）　[明] 仇英

原典

吕初泰　盆景清芬[1]，庭中雅趣[2]。根盘节错，不妨[3]小试见奇；弱态纤姿，正合隘区效用。萦烟笑日，烂若朱霞；吸露酣风，飘如红雨。四序[4]含芬荐馥，一时尽态极妍。最宜老干婆娑[5]，疏花掩映；绿苔错缀，怪石玲珑[6]。更苍萝[7]碧草，袅娜[8]蒙茸[9]；竹槛疏篱，窈窕[10]委宛[11]。闲时浇灌，兴到品题，生韵生情，襟怀[12]不恶。

注释

[1] 清芬：清香。

[2] 雅趣：高雅的情趣。

[3] 不妨：可以、不妨碍。

[4] 四序：春、夏、秋、冬四季。

[5] 婆娑：稀疏、分离。

[6] 玲珑：精巧。

[7] 萝：藤蔓植物。

[8] 袅娜：细长柔美。

[9] 蒙茸：即葱茏，草木青翠茂盛。

[10] 窈窕：美好。

[11] 委宛：曲折婉转。

[12] 襟怀：胸怀。

译文

放置散发清香的盆景，是庭院富有高雅情趣的体现。根茎盘结、枝节交错，可以小加试验，以见珍奇；纤细柔弱的姿态，正适合在狭小的地方使用。无论是烟雾萦绕，还是笑迎阳光，都灿烂如红霞；无论是吸食晨露，还是酣饮秋风，都飘落如红雨。四季都蕴含花香，时刻都展现最美的姿态。盆栽最适合的是苍老疏阔的枝干，稀疏的花朵或隐或现，绿色的苔藓交错点缀，精巧的怪石堆叠安置。更有苍翠的藤蔓，细长柔美，绿色的小草，青翠茂盛，竹制的栏杆，妖冶美好，稀疏的篱笆，曲折婉转。闲暇无事的时候浇水灌溉，兴致高昂的时候品评题词，能够产生美好的气韵和情感，使胸怀不致变恶。

原典

　　盆景以几案可置者为佳，其次则列之庭榭。最古雅者，如天目[1]之松，高可盈尺[2]，本大如臂，针毛短簇。结为马远之欹斜[3]，郭熙之攫拿[4]，刘松年之偃亚[5]层叠，盛子昭之拖拽轩翥[6]，栽以佳器，槎枒[7]可观。更有一枝两三梗者，或栽三五窠[8]，结为山林远境，高下参差，更以透漏奇石，安插得体，幽轩独对，如坐冈陵之巅，令人六月忘暑。

　　又如闽中石梅，天生奇质。从石发枝，樛曲[9]古拙，偃仰有致。含花吐叶，历世如生，苍藓鳞皴[10]，花身封满，苔须数寸，随风飘扬。月瘦烟横，恍然罗浮[11]境界也。

　　又如水竹，亦产闽中，高仅数寸，极则盈尺，细叶老干，潇疏[12]可人，盆植数竿，便生渭川[13]之想。此三友者，盆几之高品也。

　　次则枸杞，老本虬曲[14]如拳，根若龙蛇，柯干苍老，束缚尽解，态度天然。雪中枝叶青郁，红子点缀，有雪压珊瑚之态。

　　杭之虎刺，有百年外物，止高二三尺者。本状笛管，叶叠数层，铁干翠叶，白花红子。严冬层雪中，玩之令人忘餐。

　　至若蒲草一具，夜则可收灯烟，朝则可以凝垂露，诚仙灵[15]瑞品，书斋中所必须者。佐以奇古昆石[16]，盛以白定方窑[17]，水底置五色石子数十，红白陆离[18]，青碧交错，岂特充玩，亦可避邪。

　　他如春之芳兰，夏之夜合，秋之黄蜜矮菊，冬之短叶水仙，载以朱几，置之庭院，俨然隐人逸士，清芬逼人。

注释

[1] 天目：即天目山，在浙江杭州市临安区境内。

[2] 尺：明代一尺长34厘米，一丈为十尺，一尺为十寸，一寸为十分。

[3] 马远：南宋画家，字遥父，号钦山，所画树干，浓重而多横斜之态。欹斜：歪斜不正。

[4] 郭熙：北宋画家，字淳夫，画树枝如蟹爪下垂，笔力劲健，水墨明洁。攫拿：用爪子抓持。

[5] 刘松年：南宋宫廷画师，题材多园林小景，人称"小景山水"。偃亚：覆压下垂。

[6] 盛子昭：元代画家，生卒年不详，名懋，字子昭。轩翥：飞举。

[7] 槎枒：即槎牙，树木枝杈歧出。

[8] 窠：同"棵"。

[9] 樛曲：曲折、弯曲。

[10] 鳞皴：像鳞片般的皴皮或裂痕。

[11] 罗浮：仙山名，在广东省惠州市博罗县。

[12] 潇疏："潇"通"萧"，稀疏。

[13] 渭川：即王维的《渭川田家》诗，描绘安逸闲适的田园生活。

[14] 虬曲：盘曲。

[15] 仙灵：神仙。

[16] 昆石：又名玲珑石，产自江苏昆山市。

[17] 白定：定窑烧造的白瓷。方窑：方形窑器，即方形瓷器。

[18] 陆离：光彩绚丽。

译文

盆景中可以放置在案桌上的为上品，其次才是放置在庭院亭台中的。最古朴高雅的是产自浙江天目山的松树盆景，这种松树只有30多厘米高，树干有手臂那么粗，针叶短小密集。形成马远所画树干那样的横斜弯曲，郭熙所画树枝那样如爪抓持，刘松年所画小景那样下垂重叠，盛子昭所画山水那样低曳高飞，栽种在好的花盆中，枝杈歧出，很值得观赏。更有主干之上分出两三枝的，或者栽种三五棵，放在一起，形成山林旷远的意境，高低不齐整，再用透光漏孔的珍奇异石，点缀得当，在幽静的小屋里，独自面对着它，就好像坐在山顶之上，能够使人在六月天里忘记酷暑的炎热。

又如产自福建的石梅，自然具有奇异的体态。从石头中长枝，弯曲而古旧朴拙，或俯或仰，很有情致。它的花叶，经过几代，也犹如新长成的一般，青翠的苔藓像鳞片般皴裂，长满花身，苔藓得有数厘米长，随风摇摆。在烟雾弥漫的弯月之夜，就好像置身于仙山一样。

再如水竹，也产自福建，只有不到30厘米，最高也就30多厘米，叶子细小，枝干苍老，稀疏可爱，在花盆中养上几竿，会让人产生归隐田园的想法。

天目松、石梅和水竹，是案桌盆景中最好的品种。

其次则是枸杞，老的树干，盘曲犹如拳头，根像龙蛇一样屈曲，苍老的枝干，没有任何束缚，恢复最原初的形态。下雪后，树枝和树叶依然青翠茂盛，红色的果实点缀其上，如同雪压在珊瑚之上一般。

杭州产的虎刺，有的生长了上百年，才30到60厘米高。树干和笛管相似，有数层叶子重叠，树干如铁，树叶青翠，白色的花，红色的果实。在严冬的厚雪之中，观赏它能让人忘记吃饭。

至于说到养一盆蒲草，晚上可以吸收灯火产生的烟气，早上可以凝结露水，真是神仙才能拥有的祥瑞之物，书斋当中一定得养一盆。用产自江苏昆山的玲珑石点缀，养在定窑所产方形白瓷器之中，水底下放置彩色小石子数十颗，红色和白色光彩绚丽，蓝色和绿色相互交错，不仅可以玩赏，还可以避邪。

其他如春天的兰花，夏天的夜合花，秋天的密瓣黄色矮菊花，冬天的短叶片水仙花，放在朱红的桌案之上，摆在庭院之中，就好像隐居的高人一样，清香逼人。

姚燮诗意图册之一 ［清］任熊

插　瓶

原典

吕初泰　瓶中插花，虽是寻常供具[1]，实关幽人[2]情性，若非得趣个中，何能生韵飞动？瓶忌整对，亦忌一律，忌成行，亦忌粗大，窑器[3]如纸槌、鹅颈、茄袋、蒲搥，仅堪入供，安置得所，便觉有致。至如注养法，亦各殊。梅调鼎鼐^[4]，喜注脔波（煮肉汁，去肥放冷，插花尽开，更结实）；桂倚香阶，宜伴绮石；牡丹天香倾国，养以百花酿^[5]，色倍鲜妍；海棠酒晕生脸，沃^[6]以麴米春^[7]（薄荷包根，浸之），葩犹艳丽；梨花清芬，宜注雪水；芙蕖芳洁，堪濯清泉；水仙、山矾，浸盐浆^[8]而香生欲舞；金凤、戎葵，淹灰汁^[9]而资采长妍。布置高低参差映带^[10]，令境界常新，斯雅俗共赏（插花，水腊毒梅与秋海棠，珍珠花更甚）。

注释

[1] 供具：陈设。

[2] 幽人：幽居的人。

[3] 窑器：陶瓷器。

[4] 鼎鼐：鼐是大鼎，鼎和鼐，最初是用来煮肉的炊具。

[5] 百花酿：蜂蜜。

[6] 沃：浇灌。

[7] 麴米春：酒。

[8] 盐浆：盐水。

[9] 灰汁：兑入草木灰的水。

[10] 映带：景物相互衬托。

得趣在人册之一　［明］汪中

译文

吕初泰　在瓶中插花，虽然是很普通的陈设，但却和幽居之人的性情相关，如果不是深得其中旨趣，怎么能把花插得生气飞动呢？花瓶不宜成对，也不宜都一样，不宜摆成一行，也不宜又粗又大，陶瓷器中，纸槌瓶、鹅颈瓶、茄袋瓶、蒲槌瓶等，勉强可以使用，摆放得当，便会觉得富有情致。至于养瓶花在水中加注营养的方法，也因花而异。梅子的酸味在用鼎煮肉时可以当作调味品，所以瓶插梅花时，在水中加入煮肉的废汤效果很好（把肉汤里的肥油去掉，等冷却后注入，不仅花朵全部开放，而且还能结梅子）；瓶插桂花适宜放在台阶旁，适宜用有花纹的石头点缀；牡丹花国色天香、倾国倾城，插瓶时加注蜂蜜，能够使花的颜色更加鲜艳美好；海棠花像美人醉酒后那红红的脸庞，瓶插海棠时，用酒浇灌，花朵分外艳丽（浇灌时用薄荷叶子包住根部，浸泡在酒里）；梨花清香，适宜用融化的雪水浇灌；荷花芳香而洁净，可以用清澈的山泉水浇灌；水仙和山矾浸泡在兑了盐的水中，就会散发芳香；

二如亭群芳谱

金凤和戎葵，插在兑入草木灰的水中，能够长时间保持姿态风采的美好。将瓶花布置的高低不齐、错落有致、相互衬托，使它们能够常常产生新的意境，这样就能够雅俗共赏（插花时，水腊花对梅花、秋海棠有害，对珍珠花的伤害更严重，不可以插在一起）。

原典

其二

牡丹、芍药，当先烧枝，贮滚汤[1]小口瓶中，插一二枝，紧紧塞口，则花叶俱荣，数日可玩。又云蜜水插牡丹，不悴。戎葵、萱花亦宜烧枝。凤仙花、芙蓉花，凡柔枝，滚汤贮瓶，插下，塞口，可观数日。栀子花将折根[2]捶碎，擦盐，插水，则花不黄，结成栀子，折插瓶中，其子赤色，俨若花蕊。荷花，乱发缠折处，泥封其窍[3]，先入瓶至底，后灌水不令入窍，则多存数日。海棠花，薄荷包根，水养，数日不谢。竹枝、松枝、灵芝、吉祥草、四时花，皆宜瓶底加泥一撮，随意巧裁，宜水宜汤，俱照前法，但取自家主意，原无一定[4]成规。冬间插花须用锡管，不惟磁瓶[5]易冻，即铜瓶亦畏冻裂，虽曰硫磺不冻，恐亦难敌寒威，惟昼近窗下，夜近卧榻，庶可耐久。

注释

[1] 滚汤：开水。

[2] 折根：折枝的根部。

[3] 窍：孔洞。

[4] 一定：固定不变。

[5] 磁瓶：即瓷瓶。

盥手观花图 [宋]佚名

译文

牡丹和芍药在插瓶时，应当先把花枝末端烧焦，再在小口花瓶中注入开水，插一二枝花，然后把瓶口塞严实，这样就能保持花朵和叶子都欣欣向荣，可以观赏很多天。也有人说把牡丹花枝插入蜂蜜水中，牡丹就不会枯萎。戎

花 谱

花谱首简

葵和萱花，也应当先将花枝末端烧焦。凤仙花、芙蓉花，以及其他花枝柔软的花，插在装有开水的花瓶里，封住口，可以观赏很多天。把折下的栀子花根部捣烂，抹上盐，插入水中，就能保证栀子花不枯黄，将已经结果实的栀子枝折下插在花瓶中，果实呈现红色，就好像花蕊一样。荷花用散乱的头发把折口缠住，用泥敷在头发上，把孔洞封住，先把花枝插入花瓶，直到底部，然后注入水，不要让水渗入孔洞之中，就能多保存几天。海棠花插瓶时，用薄荷叶包住花枝根部，养在水里，能保证好几天不凋零。竹枝、松枝、灵芝、吉祥草和四季之花，都适宜在花瓶底部加一撮泥土，按自己的心意精巧布置，插在凉水里和开水里都行，都按照前面所说方法，怎么插都取决于自己的想法，本来也没有固定不变的规矩。冬天插花应该用锡管，不仅瓷瓶容易冻裂，铜瓶也有冻裂之忧，虽然说硫黄能够防冻，但恐怕也难以抵挡冬天的寒冷，只有白天放在窗户下面晒太阳，晚上放在床榻旁边保暖，才可能多保存一段时间。

奇　偶

原典

冬至，阴极阳生，梅、桃、李、杏花皆五出；夏至，阳极阴生，葳灵仙、鹿葱、射干、净瓶、蕉、栀子花皆六出。阴阳奇偶之数，物固不能违也。

译文

每年冬至的时候，是阴气最盛而阳气初生的时候，所以梅花、桃花、李花、杏花都有五个花瓣，五是阳数；每年夏至的时候，是阳气最盛而阴气初生的时候，所以葳灵仙、鹿葱、射干、净瓶、蕉、栀子的花都有六个花瓣，六是阴数。阴阳之气和奇偶之数，所有的事物都不能违背。

花　忌

原典

瓶花忌置当空几上，故官、哥 [1] 古瓶下有二方眼，为缚于几足 [2]，不致失损。花忌油手拈弄，忌藏密室，夜须见天。忌用井水，味咸损花，河水并天落水 [3] 佳。花下不宜焚香，一被其毒，旋即枯萎，有麝者尤忌。烛气、煤烟皆能杀花，亦宜迸 [4] 去。

注释

[1] 官、哥：即名列宋代五大名窑的官窑和哥窑。

[2] 为缚于几足：花瓶底开孔不是为了固定花瓶，而是为了排水、透气。

[3] 天落水：雨水。

[4] 迸：通"屏"，去除。

译文

　　养在花瓶中的花不适宜放置在中空的几案上，所以官窑和哥窑所烧造的古代花瓶，瓶底都有两个方孔，就是为了穿绳将花瓶绑在几案的腿上，以防花瓶跌落。花忌讳用油腻的手去触碰，忌讳放置在不透风的密室里，晚上必须能够见到天光。浇花忌讳用井水，水的咸味会让花受损，适宜用河水和雨水浇灌。花下不适宜焚烧香料，一旦中了香料的毒，立刻就会枯萎，香料中含有麝香成分的，绝对不能焚烧。燃烧蜡烛和碳产生的烟气都能杀死花，也应当去除。

餐　花

原典

　　《列仙传》[1]　偓佺[2]食百花，生毛数寸，能飞，不畏风雨。

　　文宾取[3]妪，数十年辄弃之。后妪年九十余，见宾年更壮，拜泣。宾教令服菊花、地肤[4]、桑寄生[5]、松子以益气，妪亦更壮，复百余岁。

注释

[1] 《列仙传》：相传为西汉刘向所著。

[2] 偓佺：传说中仙人名，下文文宾、雄娄公、凤刚亦同。

[3] 取：通"娶"。

[4] 地肤：即扫帚草。

[5] 桑寄生：寄生在山茶科和山毛榉科等植物上的常绿小灌木。

译文

　　《列仙传》　偓佺食用各种鲜花，身体长出几寸长的毛，能够飞翔，不惧怕风雨。

　　文宾娶媳妇，过几十年将其抛弃。后来妇人九十多岁的时候，见到文宾比以前更加年轻了，拜倒在地哭泣。文宾教她服食菊花、地肤、桑寄生和松子，用以补气，老妇也变得更加健壮，又活了一百多岁。

原典

雉娄公，饮竹汁、饵桂，得仙。

凤刚，渔阳[1]人，常采百花，水浸封泥，埋之百日，煎为丸，卒死[2]者，入口即活。

桂花点茶，香气盈室，梅卤[3]尤为清供之最；菊亦可用，甘菊更宜。茶与二花相为后先，可备四时之用。

凡杞菊[4]诸品，为蔬、为粥、为脯、为粉，皆可充用，然须自种者为佳。

注释

[1] 渔阳：历史地名，在今北京天津一带。

[2] 卒死：即猝死。

[3] 梅卤：腌青梅的卤汁。

[4] 杞菊：枸杞和菊花。

译文

雉娄公饮用竹子的汁液、食用桂花，成了神仙。

凤刚，是渔阳郡人，经常采集各种鲜花，用水浸泡在容器中，用泥封口，埋入地下一百天，熬成丸药。猝死的人，放一粒这种丸药在嘴里，就能活过来。

用桂花点茶，香气会弥漫到整个房间，把桂花浸泡在腌青梅的卤汁里，是最好的清雅供品；菊花也可以用来点茶，用甘菊就更好了。茶叶和桂花、菊花的时间前后相接，可以满足四季所需。

大凡枸杞和菊花等，做菜、熬粥、制作果脯、制作脂粉，都可以拿来用，但一定得是自己种的才好。

花 毒

原典

萱花，其性最冷，多食泄人。茉莉，不宜点茶[1]，高年[2]尤忌。凌霄花，花气堕胎，花露损目。紫荆花，不宜入饭，尤忌鱼羹。腊梅，中有细虫，不可鼻嗅。珍珠兰，其毒在叶。野花，最能泻人。羊踯躅[3]，羊食发痫[4]。

注释

[1] 点茶：泡茶。

[2] 高年：老年人。

[3] 羊踯躅：即黄花杜鹃。

[4] 痫：癫痫。

译文

萱花，是寒性植物中性最冷的，吃多了会让人拉肚子。茉莉花不适宜用来泡茶喝，尤其不适宜年纪大的人。凌霄花的花香会导致孕妇流产，花上的露水对眼睛有害。紫荆花不适宜放在饭中，尤其是鱼汤。蜡梅花中有小虫子，不适宜凑近鼻子闻。珍珠兰的叶子有毒。野生的花，最容易使人拉肚子。羊吃了黄花杜鹃，会得癫痫病。

花　谱

花谱首简

木　本

海　棠 附录秋海棠

原典

有四种，皆木本。贴梗海棠，丛生，花如胭脂；垂丝海棠，树生，柔枝长蒂，花色浅红；又有枝梗略坚、花色稍红者，名西府海棠；有生子如木瓜可食者，名木瓜海棠。

海棠盛于蜀，而秦中次之。其株翛然[1]出尘，俯视众芳，有超群绝类之势。而其花甚丰、其叶甚茂、其枝甚柔，望之绰约[2]如处女，非若他花冶容[3]不正者比，盖[4]色之美者惟海棠。视之如浅绛，外英英[5]数点如深胭脂，此诗家所以难为状也。以其有色无香，故唐相贾耽著《花谱》，以为花中神仙。

南海海棠，枝多屈曲，有刺如杜梨，花繁盛，开稍早，四季花，灌生，花红如胭脂，无大木即贴梗[6]。又曰祝家桃，花同西府，跗[7]微坚，一种黄者，木性类海棠，青叶微圆而深，光滑不相类，花半开，鹅黄色，盛开，渐浅红矣。又贴梗海棠，花五出，初极红，如胭脂点点然，及开则渐成缬晕[8]，至落则若宿妆淡粉矣，叶间或三或五，蕊如金粟，须如紫丝，实如梨，大如樱桃，至秋熟可食，其味甘而微酸。

注释

[1] 翛然：超然无拘束的样子。

[2] 绰约：柔婉美好。

[3] 冶容：容貌艳丽。

海棠蛱蝶图 [宋] 佚名

[4] 盖：连词，承接上文，表示原因。

[5] 英英：鲜明突出。

[6] 贴梗：花梗极短，看着就像花朵贴在树干上。

[7] 跗：花梗。

[8] 缬晕：害羞时脸上出现的红晕。

译文

海棠有四种，都是木本植物。贴梗海棠，丛生灌木，花像胭脂一样红；垂丝海棠，独干如树一般，小枝柔软而花梗细长，花浅红色；西府海棠，小枝和花梗比垂丝海棠略微坚硬一些，花的颜色也稍红；木瓜海棠，花落后结的果实形状像木瓜，可以吃。

海棠生长最好的地方是四川，其次是陕西。海棠的植株超然出尘，俯视其他众花，有着超越同类的气势。而且它的花朵很多、树叶很茂盛、树枝很柔软，看着它就像看着一个柔婉美好的处女，不是其他容貌过于艳丽的花能够比拟的，因此最美的花只有海棠。海棠花看着是浅红色的，但花瓣外侧有数点鲜明突出像胭脂一样的深红色，这就是为什么诗人难以形容它。因为海棠花很好看，却没有花香，所以唐代宰相贾耽写《花谱》时，认为是花中的神仙。

南海海棠，树枝大多弯曲，枝条上就像杜梨树一样带刺，它的花朵繁盛，开花也比其他海棠早一些，属于四季花，灌木丛生，花的颜色像胭脂一样红，如果没有大树，花梗就会很短，紧贴在树干上。祝家桃，花朵如同西府海棠，花梗比西府海棠硬一些，其中开黄花的那种，树的特性很像海棠，叶片为深绿色偏圆形，但叶片的光滑程度和海棠不同，花朵半开的时候是鹅黄色，全开的时候渐渐变成浅红色。贴梗海棠的花瓣数为五个，初开的时候非常红，像点点胭脂一样，全开的时候渐渐变成红晕色，等到落时就变成了像隔夜旧妆的淡粉色。花朵或三或五在叶间簇生，花蕊的顶部像金黄色的小米一样，花蕊的须部像紫色的丝一样，果实形状像梨，大小接近樱桃，到秋天成熟，能吃，味道甜中带点酸。

花　谱

木
本

现代描述

贴梗海棠，*Chaenomeles speciosa*，即皱皮木瓜，蔷薇科，木瓜属。落叶灌木，枝条有刺，小枝紫褐色或黑褐色；叶片卵形至椭圆形；花先叶开放，花梗短粗或近于无柄；花瓣倒卵形或近圆形；果实球形或卵球形，直径4—6厘米，黄色或带黄绿色，味芳香。花期3—5月，果期9—10月。产我国中西部、西南部地区，缅甸有分布。各地习见栽培，花色大红、粉红、乳白且有重瓣及半重瓣品种。枝密多刺可作绿篱。

果实可干制后入药。

垂丝海棠，*Malus halliana*，蔷薇科，苹果属。乔木，树冠开展；小枝细弱，紫色或紫褐色；叶片卵形或椭圆形至长椭卵形，上面深绿色，有光泽并常带紫晕；伞房花序，具花 4—6 朵，花梗细弱下垂，紫色；花直径 3—3.5 厘米，花瓣倒卵形，粉红色，常在 5 数以上；果实梨形或倒卵形，直径 6—8 毫米，略带紫色。花期 3—4 月，果期 9—10 月。产江苏、浙江、安徽、陕西、四川、云南。各地常见栽培供观赏用，有重瓣、白花等变种。

西府海棠，*Malus micromalus*，又名海红、小果海棠，蔷薇科，苹果属。小乔木，小枝细弱圆柱形，紫红色或暗褐色；叶片长椭圆形或椭圆形；伞形总状花序，有花 4—7 朵，集生于小枝顶端，花梗长 2—3 厘米，花直径约 4 厘米，花瓣近圆形或长椭圆形，长约 1.5 厘米，粉红色；果实近球形，直径 1—1.5 厘米，红色。花期 4—5 月，果期 8—9 月。产辽宁、河北、山西、山东、陕西、甘肃、云南。为常见栽培的果树及观赏树，栽培品种很多，差异很大。

木瓜海棠，*Chaenomeles cathayensis*，即毛叶木瓜，又名木桃（《诗经》），蔷薇科木瓜属。落叶灌木至小乔木，枝条直立，具短枝刺，小枝紫褐色；叶片椭圆形、披针形至倒卵披针形；花先叶开放，2—3 朵簇生于二年生枝上，花梗短粗或近于无梗；花直径 2—4 厘米，花瓣倒卵形或近圆形；果实卵球形或近圆柱形，黄色有红晕，味芳香。花期 3—5 月，果期 9—10 月。产陕西、甘肃、江西、湖北、湖南、四川、云南、贵州、广西，各地习见栽培。果实可入药。

名词解释

先花后叶：北方早春很多花木有"先花后叶"的习性，即开花在长叶之前，如连翘、山桃、紫荆等。非常纯粹的一树花，显得花朵繁密、欣欣向荣。这要归功于上一年入冬前形成的冬芽，其中包含形成花或枝叶的结构，同时具备强大的保护力，能抵御寒冷侵袭。我们看到的春花，是经过了充分而漫长的准备才能绽放的。

原典

【栽接】

海棠性多类梨，核生者，十数年方有花，都下[1]接工多以嫩枝附梨而赘之，则易茂，种宜垆壤[2]膏沃之地。贴梗海棠，腊月于根傍开小沟，攀枝着地，以肥土壅之，自能生根，来年十月截断，二月移栽。樱桃接贴梗则成垂丝，梨树接贴梗则成西府。又，春月取根侧小本种之，亦易活，或云，以西河柳接亦可。海棠色红，接以木瓜则色白。亦可以枝插。不花，取已花之木纳于根跗间，即花。花谢结子，剪去，来年花盛而无叶。

二如亭群芳谱

注释

[1] 都下：京城。

[2] 垆壤：质粗不粘的坚硬黑土。

译文

海棠的很多特性像梨树，播种海棠果核进行繁殖，要等十多年才会开花，京城的嫁接工人大多将海棠的嫩枝嫁接在梨树上，那样容易茂盛生长，适宜种在肥沃坚硬的黑土地里。贴梗海棠，腊月在树根旁挖小沟，把树枝拉下来，用肥土埋在小沟里，埋起来的树枝自会生根，等到第二年的十月将生根的树枝剪下来，第三年的二月进行移栽。樱桃树嫁接贴梗海棠就会变成垂丝海棠，梨树嫁接贴梗海棠就会变成西府海棠。春天挖树根旁边的小苗栽种，也容易成活，有人说用西河柳也能嫁接。海棠花是红色的，嫁接在木瓜树上，海棠花就会变成白色。海棠也可以通过插枝繁殖。不开花的，把已经开花的树木放在海棠的树根和树干底端之间，就会开花。花落结果的时候，把果实剪掉，第二年就会开花茂盛，不长树叶。

原典

【浇灌】

《琐碎录》[1]："海棠花欲鲜而盛，于冬至日早，以糟水浇根下，或肥水浇，或盦[2]过麻屑、粪土壅培根下，使之厚密，才到春暖，则枝叶自然大发，着花亦繁密矣。"一云，此花无香而畏臭，故不宜灌粪；一云，惟贴梗忌粪，西府、垂丝亦不甚忌，止恶纯浓者耳。

注释

[1] 《琐碎录》：宋代温革所著。

[2] 盦：掩埋。

译文

宋代温革《琐碎录》记载："海棠花讲究鲜艳茂盛，在冬至日早上，用废水浇灌树根，也可以用肥水，也可以用掩埋过的麻屑或粪土在根部培土，要使土厚且密，来年春暖，海棠的枝叶自然生长茂盛，花朵也会繁盛。"有人说，海棠花没有香气，而惧怕臭气，所以不适合浇粪；也有人说，只有贴梗海棠忌讳粪臭，西府海棠和垂丝海棠不太忌讳，只是厌恶纯度和浓度比较高的粪。

原典

【插瓶】

薄荷包根，或以薄荷水养之，则花开耐久。

译文

用薄荷包住海棠的根，或者用薄荷水养在花瓶中，海棠花开的时间就会延长。

原典

【附录】

秋海棠 一名八月春。草本，花色粉红，甚娇艳，叶绿如翠羽。此花有二种，叶下红筋[1]者为常品，绿筋者，开花更有雅趣[2]。性好阴而恶日，一见日即瘁[3]，喜净而恶粪。宜盆栽，置南墙下，时灌之，枝上有种落地，明年自生根。夏便开花，四围用碎瓦铺之则根不烂，老根过冬者花更茂。

旧传，昔有女子怀人，不至，泪洒地，遂生此花。色如美妇，面甚媚，名断肠花，浸花水饮之，害人。于念东[4]云："秋海棠喜阴生，又宜卑湿，茎岐处作浅绛色，绿叶，文似朱丝，婉媚[5]可人，不独花也。"

注释

[1] 筋：叶脉。

[2] 雅趣：高雅的情趣。

[3] 瘁：枯槁。

[4] 于念东：明朝人，名若瀛，号念东。

[5] 婉媚：柔美。

腻粉嫣红 [清] 恽寿平

译文

秋海棠，又名八月春。草本植物，花朵为粉红色，很娇艳，叶片像翠鸟的羽毛一样是深绿色的。秋海棠分成两种，叶下面有红色叶脉的比较常见，有绿色叶脉的开花更情趣高雅。生性喜欢阴凉而厌恶太阳，一见阳光就会枯萎，喜欢洁净而厌恶粪土。适宜盆栽，放置在南墙下，经常浇灌，花枝上的种子落在地上，第二年会自己生根。夏天就会开花，根的四面用碎瓦片铺盖，根就不会腐烂，熬过冬天的老根秋海棠，花会开得更繁盛。

传说，以前有女子思念一个人，但那个人一直没来，女子很悲伤，泪水洒在了地上，于是地上落泪处长出了秋海棠。花就像美丽的妇女明媚的脸颊，叫作断肠花，用秋海棠花泡水喝，对人体有害。于若瀛说："秋海棠喜欢生长在阴凉处，又适宜低下潮湿之地，花茎分歧的地方是浅红色，叶子是绿色，叶脉像红色的丝线，柔美而惹人怜爱，不仅限于花朵。"

现代描述

秋海棠，*Begonia grandis*，秋海棠科，秋海棠属。多年生草本，块茎近球形，叶片偏斜，基部心形，两侧不相等，边缘有不规则浅齿，叶脉掌状。花数朵组成二歧聚伞花序，花被片 4，外轮大，内轮小。主要分布于长江以南各省区，北至山东、河北。

在古代，或许是因为花序相似，秋海棠往往也被称为"海棠"，但实际上既有草本和木本上的区别，又有春花、秋花的不同。秋海棠以其优雅、委婉，甚至有些哀愁的气质，深得文人画家的喜爱，经常出现在各种"秋花图"当中。

名词解释

花被片：一些花的外层萼片和内层花瓣形态相似，无法区分，统称花被片。

木本植物：根和茎木质化，比较坚硬，多年生。

草本植物：根和茎木质部不发达，支持力弱，按生长期分为短生、一年生、二年生、多年生。

原典

【典故】

《阅耕馀录》[1] 宋淳熙间，秦中有双株海棠，其高数丈，翛然在众花之上，与江淮所产绝不类。荆南[2] 官舍亦有两株，略如之，姿艳柔婉，丰富[3] 之极。

昌州[4] 海棠独香，其木合抱，每树或二十余叶，号海棠香国，太守于郡前建香霏阁，每至花时，延客赋赏。

蜀嘉定州[5] 海棠有香，独异他处。

《山堂四考》[6] 叙州长宁县[7] 有海棠洞，昔郡人王氏环植海棠，春时花开，郡守宴寮友于其下。

《花史》[8] 嘉定府治西山，多海棠，为郡寮宴赏之地。

《太真外传》[9] 明皇登沉香亭，召太真，时宿酒未醒，命高力士及侍儿扶掖而至，醉颜残妆，钗横鬓乱，不能再拜。明皇笑曰："海棠春睡未足耶！"

《王禹偁诗话》[10] 真宗皇帝御制后苑杂花十题，以海棠为首，近臣唱和。

石崇见海棠，叹曰："汝若能香，当以金屋贮汝。"

杜子美避地蜀中，未尝有一诗说着海棠，以其生母名海棠也。

注释

[1] 《阅耕馀录》：明代张所望著。

[2] 荆南：南宋府名，治所在今湖北江陵。

[3] 丰富：盛大。

[4] 昌州：南宋地名，治所在今重庆荣昌县。

[5] 嘉定州：南宋地名，在今四川乐山。

[6] 《山堂四考》：即《山堂肆考》，明代彭大翼著。

[7] 叙州长宁县：在今四川宜宾长宁县。

[8] 《花史》：明代吴彦匡著。

[9] 《太真外传》：北宋乐史著。

[10] 《王禹偁诗话》：《四库全书》未收录，作者、时代不详。

译文

《阅耕馀录》 南宋孝宗淳熙年间，陕西有两株并生的海棠，有数丈高，超然之貌远远高出其他花，与江淮地区所产海棠很不一样。湖北江陵的官衙也有两株，大略能与陕西那两株相媲美，姿态艳丽柔美，非常高大茂盛。

昌州（今重庆荣昌县）的海棠花独特有香气，它的树干有一人合抱那么粗，但单棵树只有二十几片叶子，因此昌州被称作海棠香国。昌州刺史在州治官衙前修建香霏阁，每到海棠花开时，便请宾客赏花赋诗。

嘉定州（今四川乐山）的海棠花有香气，与其他地方的海棠花不一样。

《山堂肆考》 四川宜宾长宁县有一个海棠洞，以前当地人王氏在洞周围种植海棠，春天花开的时候，州刺史就会在海棠树下宴饮同僚。

《花史》 嘉定府治所所在地的西山上生长着很多海棠，是嘉定府官吏宴饮游玩的地方。

《太真外传》 唐玄宗登上沉香亭，命人去请杨贵妃。当时贵妃前夜醉酒尚未清醒，玄宗让高力士和宫女将她扶持而来，贵妃醉红的脸上遗留点点残妆，发钗斜横、鬓发凌乱，不能拜倒行礼。玄宗笑着说："真像春天没有

二如亭群芳谱

睡醒的海棠花啊！"

《王禹偁诗话》 宋真宗以皇宫后苑杂花为题，作了十首诗，将咏海棠的诗放在最前面，亲近的臣子也作唱和诗。

西晋石崇看见海棠花感叹道："你如果有香，就应当建造黄金屋安放你。"

杜甫曾在成都躲避战祸，却没有一首诗提到海棠，那是因为他的生母名叫海棠。

原典

东坡 蜀潘炕[1]有嬖[2]妾解愁，姓赵氏，其母梦吞海棠花蕊而生，颇有国色，善为新声。

韩持国[3]虽刚果特立，风节凛然，而情致风流绝出时辈。许昌杜君章厅后小亭仅丈余，有海棠两株，持国每花开，辄载酒日饮其下，竟谢而去，岁以为常，至今故吏尚能言之。

昔罗江东隐，手植海棠于钱塘[4]，王禹偁[5]题云："江东遗迹在钱塘，手植庭花满院香。若使当年居显位，海棠今日是甘棠[6]。"观此，海棠亦有香者，不特昌州也。

徐俭[7]乐道，隐于药肆，家植海棠，结巢其上，引客登木而饮。

黄州定惠院东小山上，有海棠一株，特繁茂。每岁盛开，必携客置酒，已五醉其下矣。今年复与参寥师[8]二三子访焉，则园已易主，主虽市井人[9]，然以予故，稍加培治。山上多老枳木，性瘦韧，筋脉呈露，如老人项颈，花白而圆，如大珠累累[10]，香色皆不凡。此木不为人所喜，稍稍伐去，以予故，亦得不伐。既饮，往憩于尚氏之第。尚氏亦市井人也，而居处修洁，如吴越[11]间人。竹林花圃皆可喜。醉卧小板阁上，稍醒，闻坐客崔成老弹雷氏琴[12]，作悲风晓月，铮铮[13]然，意非人间也。晚乃步出城东，鬻[14]大木盆，意者谓可以注清泉，瀹[15]瓜李，遂赇缘[16]小沟，入何氏、韩氏竹园。时何氏方作堂竹间，既辟地矣，遂置酒竹阴下。有刘唐年主簿者，馈油煎饵，其名"甚酥"，味极美。客尚欲饮，而予忽兴尽，乃径归。道过何氏小圃，乞其丛橘，移种雪堂[17]之西。坐客徐君得之，将适闽中[18]，以后会未可期，请予记之，为异日拊掌。时参寥独不饮，以枣汤代之。

注释

[1] 潘炕：五代十国时前蜀官员，字凝梦。

[2] 嬖：宠爱。

[3] 韩持国：北宋人，名维，字持国。

[4] 钱塘：今浙江杭州。

[5] 王禹偁：北宋人，字元之。

[6] 甘棠：棠梨树，典故出自《诗经·召南·甘棠》，诗篇为怀念召伯而作。

[7] 徐俭：北宋隐士。

[8] 参寥师：和尚，本姓何，名昙潜，号参寥子。

[9] 市井人：城市中流俗之人。

[10] 累累：连接成串。

[11] 吴越：今江苏、浙江一带。

[12] 雷氏琴：唐代著名斫琴家族，四川雷氏所斫的琴。

[13] 铮铮：拟声词，指琴声。

[14] 鬻：本意为卖，这里反用，作买。

[15] 瀹：浸泡。

[16] 夤缘：依循而行。

[17] 雪堂：苏轼被贬黄州时，建在东坡上的居住之所。

[18] 闽中：今福建地区。

译文

苏轼 前蜀潘炕有一个宠爱的侍妾名叫解愁，姓赵，她的母亲梦见自己吞下了海棠花的花蕊而生下了她，长得颇有姿色，善于创制新乐曲。

韩维虽然刚猛果断、特立独行，风骨节操令人敬畏，但风雅的情趣也远胜当时同辈人。河南许昌杜君章家客厅后，有一个仅仅一丈见方的小亭子，旁边有两株海棠树，每当花开的时候，韩维就带着酒在海棠树下喝，喝完便拜别离去，每年如此，到现在以前的旧吏还能复述往事。

五代十国时罗隐，亲手在浙江杭州种植海棠，王禹偁题诗说：罗隐留在江南的遗迹在杭州，他亲手种在庭院中的海棠花使满院散发着香气；如果罗隐当年能够身居显位，那么现今看到的他所种的海棠就和西周的棠梨是一样的。看这首诗，海棠花也有散发香味的，不是只有重庆荣昌的海棠花有香气。

北宋隐士徐俭喜欢求道，隐居在药铺，在家中种植海棠，在海棠树上搭屋，带客人到树上去喝酒。

湖北黄州定惠院东边的小山上，有一株海棠，生长非常茂盛，每当海棠花盛开的时候，我一定会带着宾客在树下置办酒席，已在海棠树下醉了五次了。今年又与参寥和尚等两三人来访，然而园子已经换了主人，主人虽然是市井之人，但因为我的缘故，对这株海棠稍加照料。山上长着很多老枳树，这种树生性瘦硬坚韧，树干的筋脉显露出来，就像老人的脖子，开白色圆花，

二如亭群芳谱

就像一颗颗连接成串的大珍珠，花的样子和香味都与众不同。老枳树不被人们喜爱，已经砍掉一些，因为我的原因，也得以不被砍光。喝过酒后，到尚氏家小憩，尚氏也是市井之人，但住处整洁，就好像是江浙一带人家的住处。他家的竹林和花园都惹人喜爱，喝醉了，睡在他家小木板楼阁上，稍稍清醒一些，听到座上宾客崔成老在弹雷氏琴，琴声像悲鸣的风、早晨的月，铮铮有声，使我发生错觉，以为自己不在人间。到了晚上，才步行走出城东，买了一个大木盆，心想可以盛放清水、浸泡瓜果和李子，于是沿着小沟而行，进了何氏和韩氏的竹园，那时何氏正在竹林间修建厅堂，已经砍掉一些竹子，腾出了盖厅堂的地，于是就在竹荫下腾出的空地上置办酒席。有一个叫刘唐年的主簿，送了我们一种油炸的小吃，名字叫"甚酥"，味道很好。宾客还想喝酒，而我忽然没了兴致，于是直接回家了。路上经过何氏的小园子，向他要了一丛橘树苗，移种在雪堂西边。座上宾客徐得之将要到福建去，想着以后不知道什么时候能再聚，请我记录下来，作为日后再会时，拍手谈笑之资。当时只有参寥和尚一个不喝酒，用枣汤代替。

花　谱

木
本

原典

《冷斋夜话》[1]　少游在黄州，饮于海桥老书生家，海棠丛开，少游醉卧，宿于此。明日题其柱曰："唤起一声人悄，衾暖梦寒窗晓，瘴雨过，海棠开，春色又添多少？社瓮[2]酿成微笑，半破瘢[3]瓢共舀，觉健倒[4]，急投床，醉乡广大人间小。"东坡甚爱之。

范石湖每岁移家，泛湖[5]赏海棠。

楚渊材[6]云："吾平生无所恨，所恨者五事耳。一恨鲥鱼多骨，二恨金橘多酸，三恨莼菜性冷，四恨海棠无香，五恨曾子固不能诗。"

《复斋漫录》[7]　仁宗朝张冕学士，赋蜀中海棠诗，沈立[8]取以载《海棠记》中，云："山木瓜开千颗颗，水林檎发一攒攒[9]。"注云："大约木瓜、林檎花初开，皆与海棠相类。"若冕言，江西人正谓棠梨花耳，惟紫绵色者谓之海棠，似木瓜、林檎，六花者，非真海棠也。晏元献[10]云"已定复摇春水色，似红如白海棠花"，亦与张冕同意。

王敬美　海棠品类甚多，曰垂丝、曰西府、曰棠梨、曰木瓜、曰贴梗。就中，西府最佳，而西府之名紫绵者尤佳，以其色重而瓣多也。此花特盛于南都[11]，余所见徐氏西园[12]，树皆参天，花时至，不见叶，西园木瓜尤异，定是土产所宜耳。垂丝以樱桃木接，开久，甚可厌，第最先花，与玉兰同时，植之傍，掩映[13]不可废也。贴梗，草本，郡城[14]中种之，极高大，当访求种法，以备一种。紫绵，宋小说《苕溪渔隐丛话》[15]备载之。

注释

[1]《冷斋夜话》：北宋惠洪著。

[2] 社瓮：盛装酒的容器。

[3] 瘅：瘦，干扁。

[4] 健倒：滑倒。

[5] 湖：指石湖，属太湖支流，在今江苏苏州。

[6] 楚渊材：北宋人，生平不详。

[7]《复斋漫录》：宋代笔记，已亡佚，作者未详。

[8] 沈立：北宋人，字立之。

[9] 攒攒：丛聚。

[10] 晏元献：晏殊，北宋人，字同叔，谥号为元献。

[11] 南都：明代指应天府，今江苏南京。

[12] 徐氏西园：明中山王徐达五世孙徐傅所建，在今南京。

[13] 掩映：衬托。

[14] 郡城：郡治所在地，此指应天府治所江宁，今南京江宁区。

[15]《苕溪渔隐丛话》：南宋胡仔著。

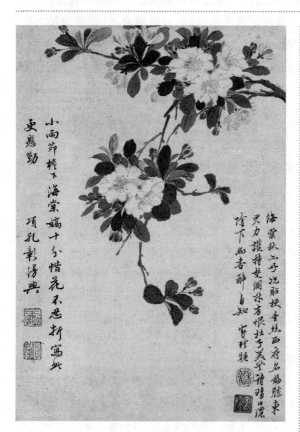

花卉十开之一　[明]项圣谟

译文

《冷斋夜话》 秦观在湖北黄州时，去一个住在海桥的老书生家喝酒，海棠花一丛丛盛开，秦观喝醉了就住在那里。第二天在门柱上题词说：正当静悄悄时被一声人声唤醒，窗子已经亮了，被子虽然温暖但梦境使人心寒，下过瘅雨后，海棠花盛开，又增添了多少春色呢？微笑地看着盛放社酒的坛子，拿着破旧干扁的瓢一起舀酒喝，感觉要滑倒，赶紧向床跑去，醉梦中的世界广大，人间渺小。苏轼非常喜欢这首词。

范成大每年都要搬家，到石湖乘船赏海棠。

楚渊材说："我一生没什么遗憾，只有五件事让我感到遗憾。一是鲥鱼的刺太多，二是金橘大多都很酸，三是莼菜属于寒性食物，四是海棠花没有香味，五是曾巩不会写诗。"

《复斋漫录》 北宋仁宗时的大学士张冕，曾以四川的海棠为题作诗，沈立将张冕的诗收录在他所写的《海棠记》中。诗说："海棠花就像朵朵连缀的山木瓜花，又像丛聚的水林檎花。"注说："大概木瓜和林檎花刚开的时候，都和海棠花相似。"像张冕所描述的，江西人称之为棠梨花，只有紫绵色的花才叫海棠，和木瓜、林檎相似，有六个花瓣的，不是真海棠。晏殊说"刚刚停住复又摇晃绿色的叶片，海棠花的颜色在红白之间"，也和张冕是相同的意思。

王世懋 海棠品种很多，有垂丝、西府、棠梨、木瓜、贴梗。其中，西府海棠最好，而西府海棠中叫紫绵的最好，因为紫绵的颜色重而且花瓣多。海棠花在南京生长得特别好，我在徐家西园所见到的海棠树都高大参天，开花的时候，看不见叶子，西园中木瓜海棠最奇异，一定是因为当地水土适宜。垂丝海棠是通过嫁接樱桃树产生的，开花的时间长了，很可厌，但开花最早，与玉兰花同时开，种在旁边，用来衬托还是不可少的。贴梗海棠是草本植物，南京江宁有栽种，长得很高大，应当去寻访栽种方法，也是列置其中的一种。紫绵海棠，宋代笔记《苕溪渔隐丛话》中有详细的记载。

紫　薇

原典

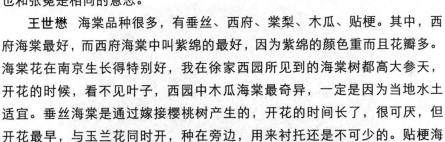

一名百日红，一名怕痒花，一名猴刺脱[1]。树身光滑，花六瓣，色微红紫，皱，蒂长一二分[2]，每瓣又各一蒂，长分许，蜡趺、茸萼[3]、赤茎，叶对生，一枝数颖[4]，一颖数花。每微风至，妖娇[5]颤动，舞燕惊鸿，未足为喻。人以手爪[6]其肤，彻顶动摇，故名怕痒。四五月始花，开谢接续可至八九月，故又名百日红。省中多植此花，取其耐久且烂熳[7]可爱也。紫色之外，又有红白二色，其紫带蓝焰[8]者名翠薇。

注释

[1] 猴刺脱：也叫猴郎达，意思是树干光滑，连猿猴也不容易爬上去。

[2] 分：明代一尺长 34 厘米，一尺为一百分，一分为 3.4 毫米。

[3] 蜡跗、茸萼：紫薇的花萼为光滑蜡质，花梗带有茸毛，所以"蜡跗、茸萼"
应该是"蜡萼、茸跗"之误。

[4] 颖：花穗。

[5] 妖娇：娇美。

[6] 爪：抓。

[7] 烂熳：即烂漫，颜色绚丽。

[8] 焰：指花蕊。

写生紫薇 ［宋］卫昇

译文

　　紫薇也叫百日红、怕痒花、猴刺脱。紫薇的树干光滑，紫薇花有六个花瓣，花的颜色紫中带红，花瓣皱缩，花蒂长 3 到 7 毫米，每个花瓣又有长 3 毫米左右的单独花蒂，花萼为光滑蜡质，花梗生有茸毛，花枝是红色的，叶对生，每枝上有数个花穗，每个花穗有数朵花。每当微风吹来，花枝娇美摆动，飞舞的燕子和惊飞的鸿雁都不足以形容它。用手抓紫薇的树皮，它由树干直通树顶都会摇动，所以叫怕痒花。四五月开始开花，到八九月花谢，花期可以持续百日以上，所以又叫百日红。唐代中书省里种植很多紫薇，就是因为紫薇花的花期长，而且颜色绚丽讨人喜爱。除了紫色之外，紫薇还有红色和白色的，紫色花瓣带有蓝色花蕊的叫翠薇。

现代描述

紫薇，*Lagerstroemia indica*，千屈菜科，紫薇属。落叶灌木或小乔木；树皮平滑，枝干多扭曲，小枝纤细，叶互生，有时对生；花淡红色或紫色、白色，直径3—4厘米，常组成7—20厘米的顶生圆锥花序；花梗长3—15毫米；蒴果椭圆状球形或阔椭圆形。花期6—9月，果期9—12月。我国南北方均有生长或栽培。其白花品种名银薇。

原典

【栽种】

以二瓦或竹二片，当叉处套其枝，实以土，俟生根，分植。又春月，根傍分小本，种之，最易生。此花易植、易养，可作耐久交。

译文

用两片瓦或两个竹片，套在树枝分叉处，在套起来的树枝和瓦片或竹片之间添上土，等到树枝生根以后，剪下来栽种。也可以在春天，挖树根旁长出的小树苗栽种，最容易种活。紫薇花容易种植、培育，可以作为人与人之间长久交往的象征。

原典

【典故】

《唐书》[1] 唐制：中书舍人知制诰[2]，开元号紫薇省，姚崇为紫薇令，又改中书舍人为紫薇舍人。

《东坡集》[3] 虚白台[4]前有紫薇两株，俗传乐天所种。

哲宗朝，迩英阁[5]讲《论语》终篇，赐执政[6]讲读官吏[7]宫宴，遣中使[8]赐御书诗各一章，东坡得乐天紫薇绝句。

王敬美 紫薇有四种，红、紫、淡红、白，紫却是正色。闽花物物胜苏杭，独紫薇作淡红色，最丑，本野花种也。白薇近来有之，示异可耳，殊[9]无足贵。臭梧桐[10]者，吾地野生，花色淡，人无植之者。淮扬[11]间成大树，花微者，缙绅[12]家植之中庭，或云后庭花也。独闽中，此花红鲜异常，能开百日，亦名百日红，花作长须，亦与吾地臭梧桐不同。园林中植之，灼灼[13]出矮墙上，至生深涧中，清泉白石斐亹[14]夺目。每欲携子归种之，未得，后当问闽中人取种。

永嘉人谓之丁香花。

于念东 紫薇迎秋即放，秋尽尚花，俗呼为百日红，盖开可百日也。有浅红、深红二种，又闻有白者，未及见。花攒枝杪[15]，若剪轻縠[16]，盛开时，烂熳如火。干无皮，愈大愈光莹[17]，枝叶亦柔媚可爱，即合抱[18]者，以指搔其根，枝梢辄动。丙申，寓所有小圃，方塘之侧三株，约可拱把[19]，繁英照水，与朱鱼[20]数十头相错，不可为状，真妙品也。

注释

[1] 《唐书》：《旧唐书》，五代后晋刘昫著。

[2] 制诰：皇帝所发诏令。

[3] 《东坡集》：北宋苏轼著。

[4] 虚白台：即虚白堂，唐代白居易曾题诗其上，在今浙江杭州。

[5] 迩英阁：宋代禁苑宫殿名。

[6] 执政：宋代称副宰相为执政，与正宰相合成"宰执"。

[7] 讲读官吏：宋朝专门给皇帝讲读儒家经典的官吏。

[8] 中使：皇宫中的宦官。

[9] 殊：很。

[10] 臭梧桐：民间对形态相似的植物往往混用同一个名称。根据文中所描述的花色来看，淮扬臭梧桐可能指的是海州常山，而花色鲜艳的福建臭梧桐可能是臭牡丹。它们同属于马鞭草科大青属。

[11] 淮扬：淮河和扬子江。

[12] 缙绅：士大夫。

[13] 灼灼：鲜明。

[14] 斐亹：文采绚丽。

[15] 枝杪：树梢。

[16] 轻縠：轻细的绉纱。

[17] 光莹：光润晶莹。

[18] 合抱：两臂环抱。

[19] 拱把：粗如两手合围。

[20] 朱鱼：红鱼。

译文

《旧唐书》 唐代制度：中书舍人起草皇帝所发诏令，开元年间，中书省改称紫薇省，姚崇担任紫微令，又将中书舍人改称紫薇舍人。

《东坡集》 虚白台前面有两棵紫薇树，传说是白居易所栽种。

北宋哲宗时，在迩英阁讲习《论语》结束后，赏赐副宰相和讲读经书的官吏宫中御膳，而且派宫中宦官赏赐这些官吏皇帝亲笔抄写的诗各一首，赏给苏轼的是白居易所作《紫薇花》绝句。

王世懋 紫薇花有四种，红色、紫色、淡红色和白色，紫色是海棠花的本色。福建的花样样都比苏杭的好看，唯独紫薇花是淡红色的，最难看，本是野花。最近出现了白色紫薇花，标新立异还可以，但一点也不可贵。臭梧桐，我们江苏所产的野生品种，花的颜色很淡，当地人不栽培它。臭梧桐在淮扬地区能长成大树，花朵小的，当地士大夫将它种在庭院中，也有人说它就是后庭花。唯独福建的臭梧桐花开得非常鲜艳，能开一百天，也叫百日红，花瓣是长条状的，也与我们江苏的臭梧桐不一样。将福建的臭梧桐种在园林中，它鲜艳的花能探出矮墙的外面，如果生长在幽深的山涧中，在清澈的泉水和洁白的山石间异常绚丽惹眼。我常想着将福建的臭梧桐花带回江苏种植，一直没能实现，以后应当向福建人求取种子。浙江永嘉人称臭梧桐花为丁香花。

于若瀛 紫薇花在秋天将至时就开放了，一直到秋天结束还在开花，所以人们叫它百日红，大概是因为可以开百天以上。有浅红色和深红色两种，又听说有白色的，没有见过。花朵聚集在树梢，就像轻细的绉纱，繁花盛开时，绚丽如火。树干没有皮，越高大树干越光滑莹润，树枝和树叶也柔软妩媚，惹人怜爱，即使是两臂环抱的大树，用手指挠它的根部，树枝和树梢都会摇动。丙申年时，我住的地方有小花园和方水塘，旁边有三株海棠树，有两手合围那么粗，繁花倒映在水中，与池塘中数十条红鱼相交错，美得难以形容，真是美妙的花啊！

花　谱

木本

玉　蕊

原典

所传不一，唐李卫公以为琼花，宋鲁端伯[1]以为玚花，黄山谷以为山矾，皆非也。宋周必大云："唐人甚重玉蕊花，故唐昌观[2]有之，集贤院有之，翰林院亦有之，皆非凡境也。予自招隐寺[3]，远致一本，蔓如荼蘼，冬凋春荣，柘叶紫茎。花苞初甚微，经月渐大，暮春方八出，须如冰丝[4]，上缀金粟，花心复有碧筒，状类胆瓶，其中别抽一英，出众须上，散为十余蕊，犹刻玉然，花名玉蕊，乃在于此。宋子京[5]、刘原父[6]、宋次道[7]，博洽无比，不知何故，疑为琼花？"

注释

[1] 鲁端伯："鲁"当为"曾"之误，即宋代曾慥，字端伯。

[2] 唐昌观：唐代道观名，在长安城安业坊南面，因为唐玄宗的女儿唐昌公主得名。

[3] 招隐寺：在今江苏省镇江市南郊招隐山的山腰。

[4] 冰丝：冰蚕丝。

[5] 宋子京：北宋人，名祁，字子京。

[6] 刘原父：北宋人，名敞，字原父。

[7] 宋次道：北宋人，名敏求，字次道。

译文

关于这种花说法不一，唐代李靖认为是琼花，宋代曾慥认为是玚花，黄庭坚认为是山矾，都是错误的。宋代周必大说："唐代人非常看重玉蕊花，所以唐昌观、集贤院、翰林院都有，这些地方都不是普通地方。我从遥远的招隐寺得到一株，藤蔓像荼蘼花一样蔓延，冬天凋零，春天重新焕发生机，叶子和柘树叶相近，花枝是紫色的。花苞一开始很小，一个月后渐渐长大，春末才开花，有八个花瓣，花蕊的蕊丝像洁白的冰蚕丝，花蕊顶端的蕊头像金黄的小米，花心是像胆瓶的碧绿色卷筒，从花心上又抽出十几个花蕊，高出外圈的花蕊，就像雕刻的玉器一样，之所以叫玉蕊花，就是这个缘故。宋祁、刘敞、宋敏求都非常博学，不知道是什么原因，让他们怀疑玉蕊花是琼花。"

现代描述

唐代宫廷名花玉蕊频频被诗人歌咏，而五代后即失传，引发后世种种遐想。琼花、山矾、栀子都是文人学者的主流观点，此处王象晋所引述的周必大认为是一种茎紫色、八个瓣的藤本植物，有专家据此认为是西番莲。但唐代的诗文中描绘的玉蕊似乎更接近乔木，而且树形高大。目前学界较普遍的观点，玉蕊是山矾科山矾属的白檀。

白檀，*Symplocos paniculata*，山矾科，山矾属。落叶灌木或小乔木; 嫩枝有灰白色柔毛，老枝无毛。叶膜质或薄纸质，阔倒卵形、椭圆状倒卵形或卵形。圆锥花序长5—8厘米; 花冠白色，雄蕊40—60枚。核果熟时蓝色，卵状球形，稍偏斜，长5—8毫米。

西番莲，*Passiflora caerulea*，西番莲科，西番莲属。草质藤本; 茎圆柱形并微有棱角，

二如亭群芳谱

叶纸质，基部心形，掌状 5 深裂；聚伞花序退化仅存 1 花，与卷须对生；花淡绿色，直径 6—8 厘米；萼片 5 枚，花瓣 5 枚，淡绿色，外副花冠裂片 3 轮，丝状，内轮裂片顶端具 1 紫红色头状体；内副花冠流苏状，裂片紫红色；花柱 3 枚，分离，紫红色，柱头肾形。浆果卵圆球形至近圆球形，熟时橙黄色或黄色，花期 5—7 月。原产南美洲，热带、亚热带地区常见栽培。

原典

花谱

木本

【典故】

《全芳备祖》[1] 戴颙 [2] 舍宅为招隐寺，在京口 [3] 放鹤门外，方丈 [4] 有阁，号招华，梁昭明 [5] 选文于中。左有亭，名虎跑、鹿跑，右有亭，名玉蕊，有玉蕊二株，对峙一架。其株仿佛乎葡萄，而非葡萄之所可比，其叶类柘之圆尖，梅之厚薄，其花类梅，而萼瓣 [6] 缩小，厥心微黄，类小净瓶，暮春初夏盛开。叶独后凋，其白玉、其香殊、其高丈 [7] 余。土人金言："此花自唐迄今，天下只此寺二株，亦犹琼花之于维扬 [8]。千余年间，凡几遭兵毁，而仅余此，欲天下皆知此花非矾、非琼，夐 [9] 出鲜俦，而自成一家也。"故详纪其本末云。

《山堂四考》 长安业坊唐昌观，旧有此花，乃唐昌公主所植。

康骈《谈录》[10] 唐昌观玉蕊花甚繁，每发，若琼林瑶树。元和 [11] 中，春物芳妍，车马寻玩者相继。忽有女子，年可十七八，衣绣绿衣，乘马，峨髻双鬟，容色婉娈 [12]，迥出于众。从以二女冠 [13]、三小仆，仆皆绯头黄衫，端丽无比。既下马，以白角扇 [14] 障面，直造花所，异香芬馥，闻数十步。伫立良久，令小仆取花数枝而出，将乘马，回顾黄冠者曰："曩玉峰 [15] 之约，自此可以行矣。"时观者如堵，咸觉烟霏、鹤唳，景物辉焕。举辔百余步，有轻风拥尘，随之而去，望之已在半天矣，方悟神仙之游。余香不散者，经月。

《渔隐丛话》 晋宋以来，招隐寺名甲京口，古松修竹、清泉幽洞，播在谈咏，夸诩绝胜 [16]。迩者，樵伐童赪 [17]，实不副名。其中玉蕊，累经兵毁。自普觉师 [18] 来主法席，顿还三百年旧观，加以年岁，苍翠环合，景物增邃，师与此寺、此词，同永其传。

《蔡宽夫诗话》[19] 玉蕊，禁林 [20] 旧有此花，吴人不识，自李文饶 [21] 品题始得名。

注释

[1] 《全芳备祖》：宋代陈景沂著。

[2] 戴颙：南朝刘宋人，字仲若。

[3] 京口：今江苏镇江市京口区。

[4] 方丈：指寺院。

[5] 昭明：南朝梁武帝的太子萧统，谥号昭明。

[6] 萼瓣：花萼。

[7] 丈：宋代一丈约为现在 3 米。

[8] 维扬：今江苏扬州。

[9] 夐：久远。

[10] 《谈录》：唐代康骈所著《剧谈录》的简称。

[11] 元和：唐宪宗李淳的年号。

[12] 婉娈：姣好、美丽。

[13] 女冠：道姑。

[14] 白角扇：以白牛角作柄的扇子。

[15] 玉峰：道家谓仙人所居的山峰。

[16] 绝胜：最佳。

[17] 童赪：光秃秃露出红土的样子。

[18] 普觉师：宋代禅僧宗杲，宋孝宗奉为老师，赐号"大慧禅师"，谥号为"普觉禅师"。

[19] 《蔡宽夫诗话》：北宋蔡居厚著，居厚，字宽夫。

[20] 禁林：皇家园林。

[21] 李文饶：唐代李德裕，字文饶。

译文

《全芳备祖》 南朝戴颙舍家宅而成的招隐寺，在镇江京口的放鹤门外，寺院里有招华阁，南朝梁昭明太子萧统在其中编撰《文选》。招隐寺的左边有虎跑亭和鹿跑亭，右边有玉蕊亭，亭边有两株玉蕊，在一个花架两旁相对而生。玉蕊的藤蔓和葡萄藤相似，但又不是葡萄藤所能比拟的，它的叶子像圆形带尖的柘树叶，叶子的厚度和梅叶差不多，花朵和梅花相似，花萼比梅花的小，花心的颜色偏黄，像一个缩小的净瓶，在暮春初夏之间盛开。玉蕊的叶子最后落，玉蕊花为玉白色，花香特异，藤蔓高 3 米多。当地人都说："玉蕊花从唐代到现在，普天之下只有招隐寺这两株，和只有扬州后土祠有琼花相似。一千多年间，遭遇数次兵火毁坏，只留下这两株玉蕊花，是想让天下人都知道，玉蕊花既不是山矾花，也不是琼花，虽然世间罕见，却是单独一类。"因此，详细记述事情的原委。

《山堂肆考》 位于唐长安城安业坊的唐昌观，原来有玉蕊花，是唐昌公主所栽种。

康骈《剧谈录》 唐昌观的玉蕊花非常繁盛，每当开花的时候，就好像玉树琼林。唐宪宗元和年间，春暖花开的时候，骑马驾车到唐昌观游玩的人络绎不绝。忽然来了一个十七八岁的少女，穿着绿色绣服，骑着马，梳着高高的双环髻，容貌姣好，远超他人。两个道姑和三个童仆为随从，童仆都用红头绳束发，穿着黄色衣衫，无比端庄美丽。少女下马后，用白牛角柄的扇子遮住脸，径直走到玉蕊花前面，散发出浓郁奇异的香味，数十步之外都能闻到。站了很久，命童仆去摘了几枝花走出来，将要上马的时候，回头对一个戴着黄色发冠的人说："以前约定在玉峰相会，可以去了。"当时旁观的人围成墙，都感觉到烟雾缭绕、鹤声清唳，周遭景物生辉。策马走了百来步，身后有微风卷起尘土，挡住了人们的视线，再看时，她已经到了半空中。至此人们才明白，是天上神仙出游。所遗留的香味，一个多月还没有散去。

《苕溪渔隐丛话》 从东晋、刘宋以来，镇江京口最负盛名的是招隐寺。它有古松修竹、清泉幽洞，美景被广泛传扬，受到人们的歌咏和谈论，被夸赞成绝妙的胜境。近来，被砍得光秃秃的，和它的名声不相符，招隐寺中的玉蕊花，也经历数次战火。自从普觉禅师来到这里当住持，招隐寺顿时回归三百年前的气象，多年以后，这里必将被苍松翠竹所环绕，变得景致幽深，普觉禅师和这座寺庙、这题词，都将永垂不朽。

《蔡宽夫诗话》 唐代皇家园林里有玉蕊花，江苏人不认识，经过李德裕品评题词方才得名。

玉　兰

原典

　　九瓣，色白微碧，香味似兰，故名。丛生，一干一花，皆着木末，绝无柔条，隆冬结蕾，三月盛开，浇以粪水，则花大而香。花落，从蒂中抽叶，特异他花，亦有黄者，最忌水浸。

玉堂柱石　[明] 陈洪绶

玉兰花有九瓣，花朵的颜色白中带绿，花香和兰花相似，所以叫玉兰花。花朵丛聚，每个小枝上长一朵，都附着在树梢上。玉兰树没有柔软枝条，在寒冷的冬天生成花芽，来年三月花朵盛开。用粪水浇灌，则玉兰的花朵大、香味浓。花落后，在花蒂中抽出叶片，和其他花不一样。也有黄色的玉兰花。玉兰树最怕低洼的积水地。

现代描述

玉兰，*Magnolia denudata*，又名白玉兰、木兰、玉堂春等，木兰科，木兰属。落叶乔木，树皮深灰色，粗糙开裂；冬芽及花梗密被淡灰黄色长绢毛。叶纸质，倒卵形、宽倒卵形或倒卵状椭圆形。花蕾卵圆形，花先叶开放，直立，芳香，直径 10—16 厘米；花梗显著膨大，密被淡黄色长绢毛；花被片 9 片，白色，基部常带粉红色。聚合果圆柱形，蓇葖厚木质，种子心形。花期 2—3 月（常于 7—9 月再开一次花），果期 8—9 月。有黄色品种飞黄玉兰。全国广泛用于观赏栽培。

原典

【接插】

寄枝用木笔[1]体，与木笔并植，秋后接之。

注释

[1] 木笔：辛夷。

译文

嫁接可用辛夷树做砧木，将玉兰树和辛夷树种在一起，等到秋天，将玉兰枝嫁接在辛夷树上。

原典

【典故】

《大理府志》[1] 华容县[2]观音寺，一株轮囷[3]盘郁[4]，高十余丈，望之如玉山。

五代时，南湖中建烟雨楼[5]，楼前玉兰花莹洁清丽，与翠柏相掩映，挺出楼外，亦是奇观。

兰溪[6]产玉兰，下有杏溪，即兰溪支流也。

木兰花，树高大，叶如枇杷，花如莲，有青黄红白四种，形与玉兰相似，今疑即其黄白者耳。

注释

[1] 《大理府志》：明代李元阳著，此处引文当引自《大明一统志》，而不是《大理府志》。

[2] 华容县：今湖南省岳阳市华容县。

[3] 轮囷：高大。

[4] 盘郁：盘曲美盛。

[5] 烟雨楼：在今浙江嘉兴南湖，湖心岛上。

[6] 兰溪：在今浙江金华。

译文

《大明一统志》 湖南岳阳华容县的观音寺，有一株高大盘曲美丽茂盛的玉兰树，高达 30 多米，看着它就像仰望一座玉石堆成的山。

五代十国时，浙江嘉兴南湖中修建烟雨楼，楼前的玉兰花晶莹洁白、清秀美丽，与翠绿的柏树相互辉映，高出烟雨楼之上，也是奇异的景观。

浙江金华的兰溪盛产玉兰，下游有杏溪，就是兰溪的支流。

木兰花的树干高大，树叶和枇杷相似，花朵和莲花相似，有青、黄、红、白四种颜色，形状与玉兰相似，怀疑木兰花就是黄色玉兰花。

木 兰

原典

木兰，一名木莲、一名黄心、一名林兰、一名杜兰、一名广心树。似楠，高五六丈，枝叶扶疏[1]。叶似菌桂，厚大无脊，有三道纵纹。皮似板桂，有纵横纹。花似辛夷，内白外紫，四月初开，二十日即谢，不结实，亦有四季开者，又有红、黄、白数色。其木肌理细腻，梓人所重。十一二月采皮，阴干，出蜀[2]、韶[3]、春[4]州者各异。木兰洲在浔阳江[5]，其中多木兰。

注释

[1] 扶疏：繁茂而分散。

[2] 蜀州：今四川崇州市。

[3] 韶州：今广东韶关市。

[4] 春州：今广东阳春市。

[5] 浔阳江：指今流经江西九江市北的那段长江。

译文

木兰也叫木莲、黄心、林兰、杜兰、广心树。枝干像楠树，树高15到18米，树枝和树叶繁茂而分散。叶片与菌桂叶相似，厚大但背部无棱脊，有三条纵直叶脉，从叶片根部伸向尖部。树皮与板桂皮相似，有纵横交错的裂纹。花和辛夷花相似，花瓣的内侧是白色的，外侧是紫色的，四月初开花，二十天后，花朵凋零，花落后不结果实，也有四季都能开花的，又有红、黄、白几种颜色的花。树干纹理细密，木工非常看重。十一、十二月采集木兰树皮，放置在阴凉处晾干，四川崇州、广东韶关和广东阳春所产木兰皮都不一样。木兰洲在江西九江的浔阳江上，洲上生有许多木兰。

现代描述

对木兰的名称和描述中融合了几种木兰科植物的特征，如名称和树高似木莲，"内白外紫""采皮阴干"似辛夷。《楚辞》《本草纲目》等书对木兰的描述也有很多混乱不清之处。现代考证的主要观点有：武当木兰（*Magnolia sprengeri*）、红色木莲（*Manglietia insignis*）、阴香（*Cinnamomum burmannii*）。

原典

【典故】

《述异记》[1] 七里洲[2]中，有鲁班[3]刻木兰舟。

《岚斋录》 哀帝元年，芝生于后庭[4]木兰树上。

张搏刺苏州，堂前植木兰花，盛时宴客，命即席赋之。陆龟蒙[5]后至，张连酌浮[6]之，径醉，强索笔题两句："洞庭波浪渺无津，日日征帆送远人。"颓然[7]醉倒，客欲续之，皆莫详其意。既而龟蒙稍醒，续曰："几度木兰船上望，不知元是此花身。"遂为绝唱。

玄宗尝宴诸王于木兰殿，时木兰花发，圣情不悦，妃[8]醉中舞《霓裳羽衣》一曲，上始悦。[9]

长安百姓家，有木兰一株，（色深红，）王勃[10]以五千买之，经年，花紫。

北海[11]于君病癫[12]，见市有卖药姓公孙名帛者，问之，曰："明日木兰树下当授卿。"明日，于君往，授素书二卷，以之消灾治病，无不愈者。[13]

注释

[1]《述异记》：南朝萧齐祖冲之著。

二如亭群芳谱

[2] 七里洲：当是洞庭湖中的一个小岛。

[3] 鲁班：本名公输班，鲁国人，故称鲁班。

[4] 后庭：宫廷后花园。

[5] 陆龟蒙：唐代末年文学家，与皮日休、罗隐齐名。

[6] 浮：罚喝满杯的酒。

[7] 颓然：倒下的样子。

[8] 妃：杨贵妃，名玉环。

[9] 原文未标明出处，当引自《太真外传》。

[10] 原文未标明出处，《酉阳杂俎》有："东都敦化坊百姓家，太和中有木兰一树，色深红。后桂州观察使李勃看宅人，以五千买之。宅在水北。经年，花紫色。"原文无"色深红"，后文不连贯，据此补充。"王勃"当为李勃之误，且买玉兰的是李勃的看门人。东都指洛阳而非西安。

[11] 北海：郡名，治所在今山东潍坊。

[12] 癞：麻风病。

[13] 原文未标明出处，当引自《续神仙传》。

花　谱

木

本

译文

《述异记》　七里洲上，有鲁班用木兰树干凿刻的小船。

《岚斋录》　西汉哀帝登基的第一年，在宫廷后园的木兰树上，生出了灵芝。

张搏担任苏州刺史，在府衙大堂前种植木兰花，当繁花盛开的时候，在树下宴饮宾客，让在座的人，当场以木兰花为题作诗。陆龟蒙来晚了，张搏连续倒酒罚他满饮，直接灌醉了，强撑着要笔题写了两句诗，意思是"洞庭湖的水渺茫无边际，征帆每天都送走远行的人"，就醉倒了，其他宾客想接着写完这首诗，但都不知道陆龟蒙写这两句和木兰花有什么关系。等到陆龟蒙稍微清醒一点儿的时候，续了两句，意思是："多少次在木兰舟上到处眺望寻找木兰花，却不知脚下所乘之舟就是木兰所造。"于是，这首诗成了歌咏木兰水平最高的诗。

唐玄宗李隆基曾经在宫中木兰殿上宴饮众王，当时正值木兰花盛开，皇上心情不好，杨贵妃在醉酒状态下跳了一曲《霓裳羽衣》舞，唐玄宗的心情才转好。

西安一户平民家中，有一株玉兰树开深红色花，李勃的看门人用五千钱买下，过了一年，花变成了紫色。

北海郡（今山东潍坊）的于先生患有麻风病，在集市上遇见一个叫公孙帛的卖药的人，就向他询问能不能治好，公孙帛说："明天我在木兰树下传授你治疗方法。"第二天于先生去了，公孙帛给了他两卷写在白色丝织品上的书，用书上所记载的方法给人治病，没有治不好的。

辛 夷

辛夷墨菜图卷（局部） ［明］沈周

原典

一名辛雉、一名侯桃、一名木笔、一名望春、一名木房 [1]，生汉中、魏兴 [2]、梁州 [3] 川谷。树似杜仲，高丈余，大连合抱。叶似柿叶而微长，花落始出。正、二月花开，初出，枝头苞长半寸，而尖锐俨如笔头，重重有青黄茸毛顺铺，长半分许。及开，似莲花而小如盏 [4]，紫苞红焰，作莲及兰花香。有桃红及紫二色，又有鲜红似杜鹃，俗称红石莽是也。花落无实，夏，杪 [5] 复着花，如小笔。宋掌禹锡 [6] 云："苑中有树，高三四丈，枝叶繁茂，系兴元府 [7] 进。初仅三四尺，有花无实，经二十余年方结实。"盖年浅者不实，非二种也。至花开早晚，各随方土节气。分根傍小株，插肥湿地，即活，本可接玉兰。

注释

[1] 木房：应为"房木"之误。

[2] 魏兴：今陕西安康。

[3] 梁州：今陕南地区。

[4] 盏：小杯子。

[5] 杪：树梢。

[6] 掌禹锡：北宋医药学家，字唐卿。

[7] 兴元府：今陕西汉中市。

译文

　　辛夷也叫辛雉、侯桃、木笔、望春、房木，生长在陕南的汉中、安康等地的山谷中。辛夷的干皮与杜仲相似，3米多高，树干粗的需要两个人才能围抱住。树叶和柿树叶相似但更长一些，花落以后才开始生长树叶。每年的正月、二月开花，长在枝头的花苞约有1.5厘米长，形状像毛笔的笔头，花苞被重重青黄色的茸毛包裹，茸毛都顺着花苞的尖头伸展，长1.5毫米左右。等到开花的时候，花朵像莲花，但只有小杯子那么大，花瓣的外侧为紫色，花蕊为红色，花香近似莲花和兰花。辛夷花有桃红和紫两种颜色，还有一种颜色像杜鹃花一样，是鲜红色的，俗名叫作红石荞。花朵凋零后不结果实，等到夏天，树梢又长出新的花苞，像小笔头一样。宋代人掌禹锡说："御苑中有辛夷树，高9到12米，枝繁叶茂，是陕西汉中进贡的。一开始只有1米左右，只开花，不结果，过了二十多年，才开始结果。"大概是树龄小的不结果，不是品种不同。至于有的开花早，有的开花晚，那是由各地的水土和时令早晚决定的。将树根旁边生长出来的小树苗，栽种在潮湿、肥沃的土壤里，就能成活，可做嫁接玉兰的砧木。

现代描述

　　辛夷，*Magnolia liliflora*，即紫玉兰，又名木笔，木兰科，木兰属。落叶灌木，树皮灰褐色，小枝绿紫色或淡褐紫色。叶椭圆状倒卵形或倒卵形。花蕾卵圆形，被淡黄色绢毛；花叶同放，瓶形，直立于粗壮、被毛的花梗上，稍有香气；花被片9—12，外轮3片萼片状，紫绿色，常早落，内两轮肉质，外面紫色或紫红色，内面带白色，花瓣状，椭圆状倒卵形。聚合果深紫褐色，变褐色，成熟蓇葖近圆球形。花期3—4月，果期8—9月。

紫 荆 附录牡荆、蔓荆、荆沥

原典

　　一名满条红。丛生，春开，紫花甚细碎，数朵一簇，无常处，或生本身之上，或附根上枝下直出花。花罢叶出，光紧微圆，园圃庭院多植之。花谢即结荚[1]，子甚扁，味苦。

注释

[1] 荚：豆科植物的长形果实。

译文

紫荆也叫满条红。丛生灌木，春天开花，花为紫色，单朵花非常小，数朵花丛聚在一起形成花束，花的位置不固定，有的在老枝上，有的在树枝和树根之间的主干上。花落后开始长叶，叶片光滑、紧凑而偏圆形，庭院和花园中多有种植。花落后就结扁长的荚果，果实是苦的。

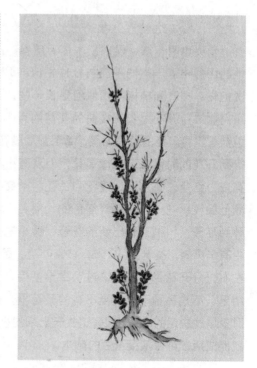

金石昆虫草木状之一 ［明］文俶

现代描述

紫荆，*Cercis chinensis*，豆科，紫荆属。丛生或单生灌木，树皮和小枝灰白色。叶纸质，近圆形或三角状圆形。花紫红色或粉红色，2—10 余朵成束，簇生于老枝和主干上，尤以主干上花束较多，越到上部幼嫩枝条则花越少，通常先于叶开放。荚果扁狭长形，绿色，种子 2—6 颗，黑褐色，光亮。花期 3—4 月，果期 8—10 月。产中国东南部，从华北到江浙地区较常见于园林栽培。

"满条红"这个别名真的很贴切，因为紫荆的特点是老枝开花，越老花越多，整个枝条被花包裹，非常热烈。另外，香港的"紫荆花"其实应该叫作洋紫荆，是一种热带、亚热带花大鲜艳的大乔木，北方地区是没有的。

原典

【种植】

冬取其荚种肥地，春即生，又春初取其根傍小条栽之，即活，性喜肥恶水。

译文

冬天将紫荆的荚果种在肥沃的土地里，春天就会长出紫荆，也可以在初春将树根旁边的小苗移栽，容易成活，生性喜欢肥沃的土壤，忌水湿。

原典

【附录】

牡荆 一名黄荆，一名小荆，一名楚，处处有之。年久不樵者，其树大如碗，木心方。枝对生，一枝五叶或七叶，如榆叶长而尖，有钜[1]齿。五月，杪开红紫花，成穗。子大如胡荽[2]，白膜裹之。有青、赤二种，青者为荆，赤者为楛。《广州记》[3]云："荆有三种，金荆可作枕，紫荆可作床，白荆可作履。"

注释

[1] 钜：通"锯"。

[2] 胡荽：即芫荽，也叫香菜。

[3]《广州记》：晋代裴渊著。

译文

牡荆，也叫黄荆、小荆、楚，到处都有。长年不砍伐的，枝干能长到碗那么粗，树心是方形的。树干上的小枝成对而生，每个小枝有五个或七个叶片，叶片和榆树叶相似，呈长条形有尖头，叶片两侧边缘为锯齿形。五月，枝顶生成穗的红紫色花。果实有香菜籽那么大，被包裹在白色的薄膜之中。有绿色和红色两种，绿色叫荆，红色叫楛。《广州记》记载："荆有三类，金荆可以做枕头，紫荆可以做床，白荆可以做鞋。"

现代描述

牡荆，*Vitex negundo var.cannabifolia*，马鞭草科，牡荆属。落叶灌木或小乔木；小枝四棱形。叶对生，掌状复叶，小叶多为 5，少有 3；表面绿色，背面淡绿色，通常被柔毛。圆锥花序顶生，花冠淡紫色。果实近球形，黑色。花期 6—7 月，果期 8—11 月。产于华东及河北、湖南、湖北、广东、广西、四川、贵州、云南。生于山坡路边灌丛中。牡荆、荆条均为黄荆的变种。

种和变种：种是生物分类的基本单位；变种是一个种内形态上有一定变异，而变异比较稳定的类群。

原典

蔓荆 其枝小弱如蔓，故名蔓荆。至夏盛茂，有花作穗，淡红色，蕊黄白色，花下有青萼。至秋结子，大如豌豆，蒂有小盖，子七八月采。

译文

蔓荆的树枝细小柔弱，犹如藤蔓，所以叫蔓荆。到夏天，生长非常茂盛，开成穗的淡红色花，花蕊为黄白色，花萼为绿色。到秋天结果实，果实有豌豆那么大，花梗上有小盖子，七八月采收果实。

现代描述

蔓荆，*Vitex trifolia*，马鞭草科，牡荆属。落叶灌木，罕为小乔木，有香味；小枝四棱形，密生细柔毛。通常三出复叶，有时在侧枝上可有单叶，叶柄长 1—3 厘米；小叶片卵形、倒卵形或倒卵状长圆形。圆锥花序顶生；花萼钟形，顶端 5 浅裂，外面有绒毛；花冠淡紫色或蓝紫色，长 6—10 毫米，外面及喉部有毛，花冠管内有较密的长柔毛，顶端 5 裂，二唇形，下唇中间裂片较大。核果近圆形，径约 5 毫米，成熟时黑色。花期 7 月，果期 9—11 月。

原典

【取荆沥法】

用新采荆茎，截五尺长，架于两砖上，中间烧火炙之，两头以器承取，热服或入药中。又法，截三四寸长，束入瓶中，仍以一瓶合住，固济 [1]，外以糠火煨烧，其汁沥入下瓶中，亦妙。

注释

[1] 固济：黏结牢固。

二如亭群芳谱

本草图汇之一 ［日］佚名

译文

收集荆条汁液的方法。把新收割的荆条，截成1.5米长，架在两摞干砖上，在两砖间生火烧烤荆条，用器皿在荆条两端承接荆条流出的汁液，趁热服用或兑在药汤里。还有一种方法，把荆条截成10厘米长，捆起来，放在瓶子里，再用一个瓶子瓶口和这个瓶子的瓶口对合，黏结牢固，用米糠所生的火在装有荆条的瓶子外熏烤，荆条的汁液就会流入另一个瓶子里，也很巧妙。

原典

【典故】

王敬美　紫荆、郁李、绣球，皆非奇卉[1]，然足点缀春光，亦是难废。下至金雀、锦带、棣棠、剪春罗，虽琐琐[2]弥甚，园中安可无一！绣球亦无足取，初见闽人来卖一花，云是红绣球，倭国[3]中来者，余后至建宁[4]，见缙绅[5]家庭中花簇红球，俨如剪彩，名曰山丹[6]，乃知是闽卉也，此种亦堪置庭中。

注释

[1] 卉：花。

[2] 琐琐：卑微渺小。

[3] 倭国：今日本。

[4] 建宁：今福建建宁。

[5] 缙绅：士大夫。

[6] 山丹：即龙船花，茜草科，龙船花属。花团锦簇，是炎热地区常见观赏植物。

译文

王世懋　紫荆、郁李、绣球，都不是奇花，但是用它们来点缀春色足够了，也难以弃之不顾。至于金雀、锦带、棣棠、剪春罗，就更加不值一提了，但是花园中怎么能没有呢！绣球也没什么值得欣赏，先前曾见福建人卖一种花，说是产自日本的红绣球，后来我来到福建建宁，见到当地士大夫家庭院中，有花朵攒聚的红球，就像花纸或彩绸剪成的一样，叫作山丹，方才知道红绣球是产自福建的花，也值得栽植在庭院中。

山 茶

原典

一名曼陀罗，树高者丈余，低者二三尺，枝干交加。叶似木樨，硬有棱，稍厚，中阔寸余，两头尖，长三寸许，面深绿光滑，背浅绿，经冬不脱，以叶类茶，又可作饮，故得茶名。花有数种，十月开至二月。

有鹤顶茶，大如莲，红如血，中心塞满如鹤顶，来自云南，曰滇茶；玛瑙茶，红、黄、白、粉为心，大红为盘，产自温州；宝珠茶，千叶[1]攒簇[2]，色深少态；杨妃茶，单叶[3]，花开早，桃红色；焦萼白宝珠，似宝珠而蕊白，九月开花，清香可爱；正宫粉、赛宫粉，皆粉红色；石榴茶，中有碎花；海榴茶，青蒂而小；菜榴茶、踯躅茶，类山踯躅[4]；真珠茶、串珠茶，粉红色。又有云茶、磬口茶、茉莉茶、一捻红、照殿红、千叶红、千叶白之类，叶各不同。不可胜数，就中宝珠为佳，蜀茶更胜。《虞衡志》[5]云："广州有南山茶，花大倍中州[6]，色微淡，叶薄有毛，结实如梨，大如拳，有数核，如肥皂子[7]大。"

梅茶山雀图　[明]朱竺

注释

[1] 千叶：多层花瓣重叠。

[2] 攒簇：聚集。

[3] 单叶：只有一层花瓣。

[4] 山踯躅：杜鹃花。

[5]《虞衡志》：即《桂海虞衡志》，南宋范成大著。

[6] 中州：中原。

[7] 肥皂子：豆科植物肥皂荚的种子。

译文

　　山茶也叫曼陀罗，树干高的能到3米多，低的只有60到90厘米，枝干交错。叶片和木樨叶相似，很硬而且有隆起的主叶脉，有些厚，中间宽3厘米左右，两端细尖，长9厘米左右，叶片的正面很光滑，是深绿色的，背面是浅绿色的，冬天也不落叶，因为叶子像茶叶，又能泡水喝，因此以茶称之。山茶花有很多品种，可以从十月一直开到第二年二月。

　　鹤顶茶，花朵有莲花那么大，颜色鲜红如血，外层大花瓣内挤满层层小花瓣，犹如丹顶鹤的头顶，因为产自云南，也叫滇茶；玛瑙茶，大红色的花瓣上，带有红色、黄色、白色和粉色的花蕊，产自浙江温州；宝珠茶，多层花瓣簇拥聚拢，颜色深，形态不佳；杨妃茶，只有一层花瓣，开花比较早，颜色为桃红色；焦萼白宝珠，与宝珠茶相似，但花蕊是白的，九月开花，花香芬芳，非常可爱；正宫粉、赛宫粉都是粉红色的；石榴茶，外层大花瓣内有碎花瓣；海榴茶，花蒂是绿色的，花朵较小；菜榴茶、踯躅茶长得像杜鹃花；真珠茶、串珠茶都是粉红色的。还有云茶、磬口茶、茉莉茶、一捻红、照殿红、千叶红、千叶白等，花瓣各有不同。难以一一列举，其中宝珠茶较好，蜀茶更好。《桂海虞衡志》记载："广州产南山茶，花朵比中原的山茶花大一倍，颜色较浅，叶片较薄，有茸毛，果实像梨，有拳头那么大，果实中有几个果核，像肥皂荚的种子那么大。"

现代描述

　　山茶，*Camellia japonica*，山茶科，山茶属。灌木或小乔木。叶革质，椭圆形，先端略尖，上面深绿色，下面浅绿色，边缘有相隔2—3.5厘米的细锯齿。花顶生，无柄；花瓣6—7片。蒴果圆球形。花期1—4月。

　　山茶与茶同属于山茶科山茶属，都有众多的种类和园艺品种，以及悠久的栽种历史，西南地区盛产。从现代的观点来看这两类植物的应用，一是作为观赏花卉，一是饮用，但王象晋在"山茶"条目中似乎混入了一些茶树的特点，如秋冬开花、叶子可泡饮，不知是否将一些茶树品种也归入其中。茶树也是有花的，一般为白色。

原典

【栽接】

　　春间、腊月皆可移栽。四季花寄枝，宜用木[1]体；黄花香寄枝，宜用茶体，若用山茶体，花仍红色，白花寄枝同上。一种玉茗[2]，如山茶而色白，黄心、绿萼。磬口花、碗口花宜子种。以单叶接千叶者，则花盛树久。以冬青接，十不活[3]。

注释

[1] 木：当为本之误。
[2] 玉茗：白色山茶花。
[3] 十不活："活"后当脱"一"字。

译文

　　春天和腊月都可以进行移栽。四季花嫁接，适宜用山茶为砧木；黄花香嫁接，适宜用茶树为砧木，若是用山茶，开的花依然是红色的，白花的嫁接也是一样。有一种白茶花，和山茶花相似，但是白色的，花蕊是黄色的，花萼是绿色的。磬口、碗口山茶花适宜通过种子栽培。用单瓣山茶为砧木接重瓣山茶，花朵繁盛，树活得长久。用冬青为砧木，则成活率连十分之一都不到。

原典

【典故】

　　王敬美　浔阳[1]陶狄祠[2]山茶一株，干大盈抱，枝荫[3]满庭。二月三日祭时，花特盛，好事者[4]分种之，竟无一活。绍兴曹娥庙[5]亦有之，止如拱把之半，土人云："千年外物也。"

　　黄山茶、白山茶、红白茶梅皆九月开，二山茶花大而多韵，亦茶中之贵品。杨妃山茶稍后，与白菱同时开，杨妃是淡红，殊不能佳，为是冬初花，当具一种耳。白菱花，纯白而雅，且开久而繁，人云来自闽中，予在闽问之，乃无此种，始在豫章[6]得之，定是岭南[7]花也。花至季冬始尽，性亦畏寒，花后宜藏室中。

　　吾地山茶重宝珠，有一种花大而心繁者，以蜀茶称，然其色类殷红[8]。尝闻人言，滇中绝胜。余官莆[9]，见士大夫家皆种蜀茶，花数千朵，色鲜红，作密瓣，其大如杯。云种自林中丞[10]蜀中得来，性特畏寒，又不喜盆栽。余得一株长七八尺，舁[11]归植澹圃[12]中，作屋[13]幕于隆冬，春时拆去，蕊多辄摘却，仅留二三，花更大绝，为余兄所赏。后当过枝，广传其种，亦花中宝也。

　　于若瀛[14]　宝珠山茶，宝珠[15]千叶，含苞历几月而放，殷红若丹砂，最可爱。闻滇南有高二三丈者，开至千朵，大于牡丹，皆下垂，称绝艳矣。

[1] 浔阳：今江西九江市。

[2] 陶狄祠：东晋人陶渊明和唐代人狄仁杰的祠堂，在今江西省九江市彭泽县。

[3] 荫：覆盖。

[4] 好事者：喜欢多管闲事的人。

[5] 曹娥庙：在今浙江省绍兴市上虞区曹娥街道孝女庙村。

[6] 豫章：今江西南昌。

[7] 岭南：指五岭以南的地区，即广东、广西一带。

[8] 殷红：红中带黑的深红色。

[9] 莆：今福建莆田。

[10] 林中丞：明代林润，担任过御史，故称林中丞。

[11] 赍：携带。

[12] 澹圃：明代王世懋所创建园林，在今江苏苏州太仓市。

[13] 幄：同幄，帐幕。

[14] 于若瀛：明代人，字子步，又字文若，号念东。

[15] 宝珠：此二字应该是衍文。

花　谱

木本

译文

　　王世懋　江西九江彭泽县有陶渊明和狄仁杰的祠堂，祠堂里有一株山茶树，树干有双臂合抱那么粗，树枝能覆盖整个庭院。二月三日举行祭祀时，这株山茶花开得最繁盛，有人分枝扦插，但最终一棵也没种活。浙江绍兴上虞区的曹娥庙也有一株山茶树，只有双手合围的一半粗，当地人说："这棵树超过一千年了。"

　　黄山茶、白山茶、红白茶梅都是九月开花，黄山茶和白山茶的花朵大而富有韵味，是山茶花中珍贵品种。杨妃山茶开花的时间稍微晚一些，与白菱花同时开放，颜色为淡红，算不上好，因为是初冬开花，园林中也应当有一种罢了。白菱花是纯白色的，非常素雅，而且开花时间长、花朵繁盛，有人说产自福建，我在福建寻访，根本没有这种花，刚在江西南昌得到这种花，它一定产自五岭以南的两广地区。白菱花一直开到冬末才全部凋零，本性也惧怕寒冷，花朵凋零后，应当搬到房屋中以避寒。

　　在我们江苏苏州，山茶花中比较珍重宝珠茶，有一种花朵大、内层花瓣繁多的，被叫作蜀茶，但颜色接近深红。曾经听人说云南的蜀茶最好。我在福建莆田任职时，看到当地士大夫家都种蜀茶，一树有数千朵花，颜色鲜红，花朵由多层密集花瓣组成，花朵有杯子那么大，传说蜀茶的种子是林润从四川带回来的，生性非常惧怕寒冷，又不喜欢盆栽。我得到一株蜀茶，高有2.1米到2.4米，带回去种在我在苏州老家创建的园林澹圃中，隆冬的时候，要给蜀茶搭建帷幕，春天再拆去，花蕊繁多的话，就将多余的摘掉，只留下两三个，花朵就会更大，深受我兄长王世贞欣赏。以后我会给它分枝，广泛传播，也算得上是花中的珍宝。

于若瀛　宝珠山茶，有多层花瓣，从花骨朵到开花得经过几个月，颜色深红，好似朱砂，最惹人喜爱。听说云南南部有高达 6 米到 9 米的宝珠茶树，一树花朵能上千，花朵比牡丹花大，都向下垂，称得上极其艳丽。

栀　子

四季花卉卷（局部）［明］沈周

原典

一名越桃、一名鲜支，有两三种，处处有之。一种木高七八尺，叶似兔耳，厚而深绿，春荣秋瘁[1]。入夏开白花，大如酒杯，皆六出，中有黄蕊，甚芬香。结实如诃子[2]状，生青熟黄，中仁深红，可染缯帛。入药用山栀子，皮薄，圆小如鹊脑，房七棱至九棱者佳。一种花小而重台[3]者，园圃中品；一种徽州[4]栀子，小枝、小叶、小花，高不盈尺，可作盆景。《货殖传》曰："栀茜千石[5]，亦比千乘之家。"或云此即西域[6]之檐卜[7]花，檐卜金色，花小而香，西方甚多，非栀也。此花喜肥宜粪浇，然太多又生白虱[8]，宜酌之。

注释

[1] 瘁：落叶。

[2] 诃子：即金诃子。

二如亭群芳谱

[3] 重台：上下多层花瓣的花。

[4] 徽州：今安徽黄山市和江西婺源县。

[5] 石：汉代一石相当于现在六十斤。

[6] 西域：今新疆和中亚地区。

[7] 檐卜：即藏红花，也叫蕃栀子、西红花、番红花等。（宋）周去非《岭外代答》："蕃栀子，出大食国，佛书所谓檐卜花是也。"

[8] 白虱：植物害虫，也叫白粉虱、小白蛾子。

花谱

木本

译文

栀子也叫越桃、鲜支，有两三个品种，到处都有。有一种树高2.1米到2.4米，叶片像兔子的耳朵，比较厚，是深绿色的，春天长叶，秋天落叶。到了夏天开白色的花，花朵有酒杯那么大，有六个花瓣，花蕊是黄色的，花香清芬。果实的形状像金诃子，果实生的时候是绿色的，成熟以后是黄色的，果核是深红色的，可以用来给丝绸染色。入药用山栀的果实，它的皮很薄，是圆形的，只有鹊脑那么大，外有七到九条棱的好。有一种花朵小，有多层花瓣，是园林中的中等品种；有一种叫徽州栀子，枝、叶、花都比较小，高不到30厘米，可以作盆景。《史记·货殖列传》记载："有六千斤的栀子和茜草，和有一千架马车一样富有。"有人说栀子就是西域的檐卜，但檐卜是金黄色的，花朵小且有香味，西方非常多，不是栀子花。栀子花喜欢肥沃的土壤，适宜用粪水浇灌，但粪水浇多了又会生白粉虱，所以浇灌时应当斟酌分量。

现代描述

栀子，*Gardenia jasminoides*，又名水横枝、黄栀、山栀子、水栀子等，茜草科，栀子属。灌木，枝圆柱形，灰色。叶对生，革质，叶形多样；侧脉8—15对，在下面凸起，在上面平；花芳香，通常单朵生于枝顶；花冠白色或乳黄色，高脚碟状，顶部5至8裂，通常6裂。果卵形、近球形、椭圆形或长圆形，黄色或橙红色，有翅状纵棱5—9条；种子多个，扁，近圆形而稍有棱角。花期3—7月，果期5月至翌年2月。分布广泛，北至河北，南至海南，西至甘肃、云南均有分布。

原典

【栽种】

带花移，易活。芒种[1]时，穿腐木板为穴，涂以泥污[2]，剪其枝插板穴中，浮水面，候根生，破板密种之。或梅雨时以沃壤一团，插嫩枝其中，置松畦[3]

内，常灌粪水，候生根移种，亦可。荼蘼、素馨皆同。千叶者，用土压其傍小枝，逾年自生根。十月内，选子淘净，来春作畦种之，覆以粪土，如种茄法。

注释

[1] 芒种：二十四节气之一，阳历每年六月六日或七日。

[2] 泥污：污浊的烂泥。

[3] 畦：田园中分成的小区块。

译文

开花的时候移植，容易成活。芒种时，在朽木板上挖一个洞，洞里涂上污泥，将栀子枝剪下来插在木板的洞中，让木板漂浮在水面上，等栀子枝生根的时候，将木板破开，取出栀子枝，密集种植。也可以在梅雨季节，将栀子的嫩枝插入肥沃的土壤捏成的泥团中，把泥团放在疏松的田地里，常用粪水浇灌，等栀子枝生根了，进行移栽。荼蘼和素馨的栽种方法和栀子是一样的。重瓣栀子花的繁殖，则是用土将斜生的小枝压住，一年后小枝自然会生根。在农历十月，将栀子花的种子淘洗干净，第二年春天在田中做畦进行播种，在种子上面盖上粪土，和种茄子的方法一样。

原典

【典故】

《万花谷》[1] 宰相杜悰[2] 别墅建檐卜馆，形六出，器用之属皆象之。

孟昶[3] 十月宴芳林园，赏红栀花，其花六出而红，清香如梅。

《汉书》[4] 汉有栀茜园。

《晋书》[5] 晋有华林园[6]，种栀子，令诸宫有秋栀子，守护者置吏一人。

《山谷诗话》[7] 栀子有三种，有大花者结山栀，甚贱，有千叶者。大抵重瓣者，叶圆而大；单瓣者，叶细而长，其香一也。

染栀子，花六出，虽香不浓郁；山栀子，花八出，一株可香一圃。

注释

[1]《万花谷》：即《锦绣万花谷》的简称，南宋所编大型类书，作者不详。

[2] 杜悰：唐代人，大诗人杜牧的堂兄。

[3] 孟昶：后蜀高祖孟知祥第三子，五代十国时期后蜀末代皇帝。

[4] 《汉书》：东汉班固著。

[5] 《晋书》：唐房玄龄等合著。

[6] 华林园：晋代御花园，西晋的华林园在河南洛阳，东晋的华林园在江苏南京。

[7] 《山谷诗话》：此书已经亡佚，作者未详。

译文

《锦绣万花谷》 唐代宰相杜悰在自己的别墅里建造檐卜馆，外形模拟栀子花有六个角，馆里的器物用具也都取象于栀子。

五代十国时期后蜀末代皇帝孟昶，十月在芳林园举办宴会，给群臣赏赐红色栀子花，它的花朵有六个花瓣，味道清香，犹如梅花。

《汉书》 汉代有种植栀子和茜草的园子。

《晋书》 晋代的华林园里面种有栀子树，命令各宫有秋栀子树的，需要在管理的人中，设置一个官吏统领。

《山谷诗话》栀子树有三个种类，有一种开大花、结山栀子，非常普通，有花朵为重瓣的。大致来说，重瓣的叶子又圆又大；单瓣的叶子又细又长，花香是一样的。

染栀子的花由六个花瓣组成，虽然有花香，但味道不浓；山栀子的花朵由八个花瓣组成，一株山栀子花的香味能充盈整个花园。

花 谱

木本

合 欢 附录合欢草及合欢诸物

原典

一名宜男、一名合婚、一名合昏、一名青棠、一名夜合，处处有之。枝甚柔弱，叶纤密，圆而绿，似槐而小，相对生，至暮而合，枝叶互相交结，风来辄解，不相牵缀[1]。五月开花，色如醺晕[2]，线下半白，上半肉红，散垂如丝。至秋而实，作荚子，极薄细，花中异品也。树之庭阶[3]，使人释忿恨。根侧分条艺之，子亦可种。或以百合当夜合者，误。

注释

[1] 牵缀：连接。

[2] 醺晕：醉酒后脸上有红晕。

[3] 庭阶：庭院。

译文

五合欢也叫宜男、合婚、合昏、青棠、夜合，到处都有。合欢树的树枝非常柔软，叶片小而密，为圆形、绿色，和槐树的叶片相似但较小，成对而生，到晚上会闭合，如果枝叶相互纠缠在一起，被风一吹就会解开，不再连接。五月开花，颜色与人醉酒后脸上有红晕相似，分散的花丝下半部分为白色，上半部分为肉红色。到秋天结荚果，非常薄且细，是花中的奇异品种。将合欢树种在庭院中，能够使人放下愤怒和怨恨。可以扦插树根旁的小枝条，也可以用种子繁育。有人把百合当成夜合，那是错误的。

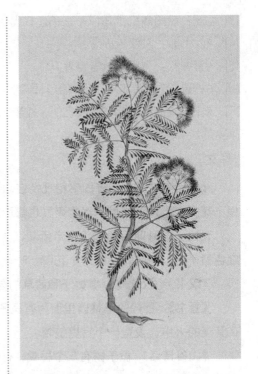

金石昆虫草木状之一 ［明］文俶

现代描述

合欢，*Albizia julibrissin*，豆科，合欢属。落叶乔木，树冠开展；小枝有棱角。二回羽状复叶，羽片 4—12 对，栽培的有时达 20 对；小叶 10—30 对，线形至长圆形。头状花序于枝顶排成圆锥花序；花粉红色；花萼、花冠外均被短柔毛。荚果带状，嫩荚有柔毛，老荚无毛。花期 6—7 月，果期 8—10 月。

原典

【附录】

魏明帝时，苑囿及民家花树，皆生连理[1]。有合欢草，状如蓍，一株百茎，昼则众条扶疏，夜则合为一茎，万不遗一，谓之神草。宋朝东京[2]第宅[3]山池间，无不种之。然则草亦有合欢，不独树也。

逊顿[4]国有淫树，昼开夜合，名曰夜合，亦云有情树，若各自种则无花。

二如亭群芳谱

古有合欢扇、合欢被、合欢带、合欢枕、合欢床、合欢彩[5]、合欢索、合欢香囊之类，皆美其名也，其为人所慕尚如此。

注释

[1] 连理：两株树或花的枝或根合生在一起。
[2] 东京：宋代东京为汴梁，即今河南开封市。
[3] 第宅：住宅。
[4] 逊顿：当为"顿逊"，在今东南亚，具体位置不详。
[5] 合欢彩："合欢彩"不可解，"彩"后"合欢"二字当是衍文，"合欢彩索"，指合欢彩绳，即端午节戴在手腕或脚腕上的彩绳。

花谱

木本

译文

三国曹魏明帝的时候，皇家园林和平民百姓家的花和树，都出现两株的根或枝合生在一起的现象。其中有合欢草，形状和蓍草相似，一株有一百个草茎，白天所有的草茎都分散开来，到了晚上又会合成一茎，每天都这样，被称作神草。在宋代东京汴梁，住宅内的假山、池沼之间，没有不种植的。这样看来，不仅有合欢树，也有合欢草。

顿逊国有一种淫荡的树，白天雌株和雄株分开，晚上雌株和雄株会交缠，也叫有情树，雌株和雄株离得太远，就不会开花。

古代有合欢扇、合欢被、合欢腰带、合欢枕头、合欢床、合欢彩绳、合欢香囊等，都是对物品的美称，合欢就是这样受人推崇和向往。

原典

【典故】

于念东 晋华林园合欢四株，崔豹[1]《古今注》云："欲蠲人之忿，则赠之青棠。"

晋嵇康尝种之舍前，曰："合欢蠲忿，萱草忘忧。"

杜羔[2]妻赵氏，每端午取夜合花置枕中，羔稍不乐，辄取少许入酒，令婢送饮，便觉欢然。

夜合生宛朐[3]及荆山，花俯垂有姿，须端紫点，手拈之即脱，才破萼，香气袭人。金陵[4]盆植者，无根而花，花后不堪留，即留，亦无能再花。

《花谱》[5] 合昏即夜合也，人家多植庭除[6]间，陈藏器[7]曰："其叶至昏则合"，陆倕[8]《刻漏铭》曰："合昏暮卷，蓂荚朝开。"

夜合花，叶似槐，朝开，至暮复合，五月花开，红白色。

注释

[1] 崔豹：字正雄，西晋人。

[2] 杜羔：唐代人，杜佑的孙子。

[3] 宛朐：古代县名，故城在今山东省菏泽市西南。

[4] 金陵：今江苏南京市。

[5] 《花谱》：本书已亡佚，作者未详。

[6] 庭除：庭院。

[7] 陈藏器：唐代中药学家，著有《本草拾遗》。

[8] 陆倕：南朝萧梁人，字佐公，"竟陵八友"之一。

译文

于若瀛 西晋的华林园有四株合欢树，西晋人崔豹《古今注》记载："想要消除别人的愤恨，就给他送青棠。"

西晋人嵇康曾将合欢树种在屋舍的前面，说："合欢树能消除人的愤恨，萱草能使人忘掉忧愁。"

杜羔的妻子赵氏，每逢端午节，摘取夜合花放在枕头中，杜羔稍微有些不开心，就从枕头中拿出一点儿放在酒里，让丫鬟送给杜羔喝，杜羔喝后便会感觉很高兴。

夜合花生长在菏泽和荆山，花朵下垂，姿态美好，花丝顶端有紫色小圆点，用手一拈就会脱落，刚刚冲破花萼，就香气扑面。南京有盆栽的夜合花，没有根却能开花，花落后就不值得保留了，即使留下，也不能再次开花了。

《花谱》 合昏就是夜合，人们大多将它种植在庭院里。陈藏器说："它的叶片到晚上会闭合。"陆倕的《刻漏铭》记载："合昏晚上卷起，莫荚早上展开。"

夜合花，叶片和槐树叶相似，早上展开，到晚上再合起来，五月开花，花丝下白上红。

木芙蓉

原典

灌生，叶大如桐，有五尖及七尖，冬凋夏茂，一名木莲，一名华木，一名拒霜花，一名柜木，一名地芙蓉。有数种，惟大红千瓣、白千瓣、半白半桃红千瓣、醉芙蓉、朝白午桃红晚大红者，佳甚，黄色者，种贵难得。又有四面花、转观花，红、白相间。八九月间次第开谢，深浅敷荣[1]，最耐寒而不落，不结子。总之，此花清姿雅质，独殿[2]众芳，秋江寂寞，不怨东风，可称俟命之君子矣。欲染别色，以水调靛，纸蘸花蕊上，仍裹其尖，开花碧色，五色[3]皆可染。种池塘边，映水益妍。

注释

[1] 敷荣：开花。

[2] 殿：在最后。

[3] 五色：各种颜色。

花鸟册之一 ［明］陈洪绶

译文

　　木芙蓉是丛生灌木，叶片很大，与桐树叶相似，裂成五片或七片，裂片顶端渐尖，冬天落叶，夏天长叶，也叫木莲、华木、拒霜花、枕木、地芙蓉。木芙蓉花有很多种，只有大红色重瓣、白色重瓣、半白半桃红色重瓣、醉芙蓉和早白色中午桃红晚大红色的最好。黄色的因为品种珍贵，很难得到。还有四面花和转观花，这类木芙蓉花为红、白杂色。八九月依次开放、凋零，花的颜色有深浅变化，能够在寒冷的深秋不凋零，不结果实。总体来说，木芙蓉花拥有清雅质朴的姿态，在所有花中最后开放，生长在寂寥清冷的秋水边，不怨东风，可以称作平静等待命运的君子。如果想将木芙蓉花染成别的颜色，用水调和靛蓝，用纸蘸了涂在花蕊上，裹住花尖，那么花瓣就会变成碧蓝色，各种颜色都能染。种植在池塘边，与水色相辉映，更加美丽。

现代描述

木芙蓉，*Hibiscus mutabilis*，锦葵科，木槿属。落叶灌木或小乔木，小枝、叶柄、花梗和花萼均密被星状毛与直毛相混的细绵毛。叶宽卵形至圆卵形或心形，直径 10—15 厘米，常 5—7 裂。花单生于枝端叶腋间，萼钟形，裂片 5，卵形，渐尖头；花初开时白色或淡红色，后变深红色，直径约 8 厘米，花瓣近圆形，直径 4—5 厘米，外面被毛，基部具髯毛。蒴果扁球形，直径约 2.5 厘米，被淡黄色刚毛和绵毛，果爿 5；种子肾形，背面被长柔毛。花期 8—10 月。原产我国湖南，栽培广泛。

原典

【种植】

十月花谢后，截老条长尺许，卧置窖内无风处，覆以干壤[1]及土。候来春有萌芽时，先以硬棒打洞，入粪及河泥浆水灌满，然后插入，上露寸余，遮以烂草，即活，当年即花。若不先打洞，伤其皮即死。

注释

[1] 壤：地下挖出的土。

译文

等到十月花朵凋零后，从树上剪下长 30 厘米左右的老枝条，平放在没有风的地窖里，用地下挖出晾干的土和地表土覆盖。等到来年春天枝条发芽时，先用硬木棒在地上戳出一个洞，用粪土及河里的泥浆水把洞灌满，然后将枝条插在洞里，上面露出 3 厘米左右，用腐烂的草盖住，就能种活，当年就会开花。如果不先打洞，弄伤枝条的皮就会种不活。

原典

【典故】

《成都记》[1] 唐玄宗以芙蓉花汁调香粉作御墨，曰龙香剂。

孟后主[2]成都城上遍种芙蓉，每至秋，四十里如锦绣，高下相照，因名锦城。以花染缯为帐，名芙蓉帐。

《石林燕语》[3] 温州江心寺[4]文丞相[5]祠中，有木芙蓉盛开。其本高二丈，干围四尺，花几百[6]余，畅茂[7]散漫[8]。芙蓉有二种，出于水者，谓之草芙蓉[9]，出于陆者，谓之木芙蓉。又名木莲，乐天诗曰"水莲开尽木莲开"，谓此。

邛州[10] 有弄 [11] 色木芙蓉，一日白，二日浅红，三日黄，四日深红，比落，色紫，人号为文官花。

许智老为长沙，有木芙蓉二株，可庇亩余。一日盛开，宾客盈溢，坐中有王子怀者，言："花朵不逾万数，若过之，愿受罚。"智老许之，子怀因指所携妓贾三英、胡锦鼎文帔 [12] 以酬直 [13]，智老乃命厮 [14] 仆群采，凡一万三千余朵，子怀褫帔纳主人而遁。

庆历 [15] 中，有朝士将晓赴朝，见美女三十余人，靓妆丽服，两两并马而行，观文 [16] 丁度 [17] 按辔于其后。朝士惊曰："丁素俭约 [18]，何姬之众耶？"有一人最后行，朝士问曰："观文将宅眷何往？"曰："非也，诸女御 [19] 迎芙蓉馆主耳！"俄闻丁卒。

欧公 [20] 《归田录》　石曼卿 [21] 去世后，其故人有见之者，云："我今为仙，主芙蓉城 [22]。"欲呼故人共游，不诺，忿然骑一素驴而去。

王敬美　芙蓉特宜水际，种类不同，先后开，故当杂植之。大红最贵，最先开，次浅红，常种也，白最后开。有曰三醉者，一日间凡三换色，亦奇。客言曾见有黄者，果尔，当购之。芙蓉入江西俱成大树，人从楼上观。吾地如蓁荆 [23] 状，故须三年一斫却 [24]。

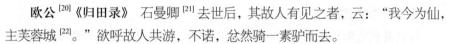

花　谱

木
本

注释

[1]《成都记》：唐代人卢求著。

[2] 孟后主：五代十国时后蜀后主孟昶。

[3]《石林燕语》：宋代叶梦得著。

[4] 江心寺：今浙江省温州市鹿城区江心屿。

[5] 文丞相：南宋末年文天祥，曾担任丞相，故称文丞相。

[6] 百：当为万之误。

[7] 畅茂：旺盛繁茂。

[8] 散漫：弥漫四散。

[9] 草芙蓉：即荷花，又名水芙蓉。

[10] 邛州：今四川邛崃市。

[11] 弄：炫耀。

[12] 文帔：华丽的帔帛。

[13] 直：通值，指赌价。

[14] 厮：家奴。

[15] 庆历：北宋仁宗的年号。

[16] 观文：观文殿学士。

[17] 丁度：字公雅，北宋人。

[18] 俭约：节俭。

[19] 女御：侍妾。

[20] 欧公：北宋欧阳修。

[21] 石曼卿：北宋石延年，字曼卿。

[22] 芙蓉城：传说中的仙境。

[23] 蓁荆：荆棘。

[24] 却：去掉。

译文

《成都记》 唐玄宗把芙蓉花的汁液和香粉调和，制作御用墨，称作龙香剂。

五代十国时后蜀后主孟昶在成都城上到处种芙蓉花，每到秋天花开时，远远望去，犹如四十里的锦绣堆成，高低相辉映，因而把成都叫作锦城。用芙蓉花染色的缯做成帐子，叫作芙蓉帐。

《石林燕语》 浙江温州江心寺的文天祥祠中，有一株盛开的木芙蓉花。这株木芙蓉有 6 米高，树干的周长有 1.2 米，有将近一万朵花，生长繁茂，枝条四散。芙蓉有两种，长在水里的叫作草芙蓉，长在陆地上的叫作木芙蓉。木芙蓉又叫木莲，白居易有一句诗说"水莲花凋零后木莲花开"，说的就是木芙蓉。

邛州（今四川邛崃市）有炫耀颜色的木芙蓉，开花第一天是白色的，第二天变成浅红色，第三天变成黄色，第四天变成深红色，等到落的时候变成紫色，人们将它叫作文官花。

许智老在湖南长沙做官时，有两株木芙蓉，枝叶可以遮蔽一亩多地。有一天繁花盛开，宾客满堂，宾客中有一个叫王子怀的人，说："这两株木芙蓉的花朵总数肯定没过一万，如果超过了，我愿意受罚。"许智老同意和他打赌，王子怀用手指着他所携带的两个歌妓贾三英、胡锦鼎身上所披的华丽帔帛，用它作赌注。许智老命令家奴和仆人一起采摘木芙蓉花，摘下清点后，一共有一万三千多朵，王子怀将歌妓身上的帔帛解下来奉献给许智老后，就落荒而逃了。

北宋仁宗庆历时，有一个士大夫在天快明的时候去上早朝，路上看到三十多个美女，穿着华丽的服装，化着靓丽的妆容，两两骑马并行，观文殿学士丁度骑着马跟在后面。这个上朝的士大夫惊奇地说："丁度一向节俭，为什么会有这么多的姬妾？"有一人走在最后，士大夫就问："丁度带着家眷要去哪里呢？"回答："不是丁度，芙蓉馆主人的侍妾在迎接他罢了！"没过多久，就听说丁度死了。

欧阳修《归田录》 石延年去世后，他以前的朋友再次见到他，石延年说："我现在成仙了，执掌芙蓉城。"想让他的朋友同去，没有答应，石延年很生气地骑着一头白驴走了。

王世懋 木芙蓉特别适宜生长在水边，种类不同，开花的时间也会有先后，所以应当把不同的种类杂种在一起。大红色的最珍贵，开得也最早，其次是浅红色，很常见的品种，白色的最后开放。有一种叫三醉的木芙蓉，一天之内，转换三次颜色，也很稀奇。我的宾客说他曾经见过黄色的木芙蓉，如果他所言不虚，我应当去购买它。江西的木芙蓉都长成了大树，人们站在楼上观赏。我们江苏苏州的木芙蓉长得像低矮荆棘，所以每三年必须修剪一次。

木 槿

四季花卉卷（局部）[明] 沈周

原典

木槿，一名椴、一名榇、一名蕣、一名玉蒸、一名朱槿、一名赤槿、一名朝菌、一名日及、一名朝开暮落花。木如李，高五六尺，多岐，枝色微白，可种可插。叶繁密，如桑叶，光而厚，末尖而有桠齿[1]。花小而艳，大如蜀葵，五出，中蕊一条，出花外，上缀金屑。一树之上，日开数百朵，有深红、粉红、白色、单叶、千叶之殊，朝开暮落，自仲夏[2] 至仲冬[3]，开花不绝。结实轻虚，大如指顶，秋深自裂，其中子如榆荚、马兜铃之仁。嫩叶可数[4]，作饮代茶。

注释

[1] 桠齿：齿状分裂。

[2] 仲夏：夏季第二个月，即农历五月。

[3] 仲冬：疑为"仲秋"之误，应指农历九月较适当。木槿花期没有那么长。

[4] 数：当为茹之误。

译文

木槿，也叫椴、榇、蕣、玉蒸、朱槿、赤槿、朝菌、日及、朝开暮落花。木槿树和李树比较相似，高度在 1.5 米到 1.8 米，树枝有很多分枝，干皮泛白，播种和插枝都可以繁殖。叶片繁盛茂密，长得像桑树叶，光滑厚实，末端尖锐而且会有齿状分裂。花朵较小，但很艳丽，大小和蜀葵花差不多，由五个花瓣组成，花瓣中心有一条花蕊，高出花瓣，花蕊上点缀有金黄色的小颗粒。一株木槿，每天开放几百朵花，花有深红色、粉红色、白色、单瓣和重瓣的区别，早上开放，晚上凋零，从农历五月到农历九月，一直都有木槿花开放。木槿的果实很轻，有手指头那么大，深秋的时候会自己裂开，里面的种子和榆荚、马兜铃的果核相似。木槿的嫩叶可以吃，也可以泡水当茶喝。

现代描述

木槿，*Hibiscus syriacus*，又名木棉，锦葵科，木槿属。落叶灌木。叶菱形至三角状卵形。花单生于枝端叶腋间，花钟形，淡紫色，直径5—6厘米，花瓣倒卵形。蒴果卵圆形，种子肾形。花期7—10月。原产中国，分布广泛，多用于园林栽培，尤其在华北地区是夏季主要花木之一。耐修剪，可以用作绿篱。

木槿的特点是朝开夕落，但以整株而言，花繁而鲜艳，花期长，这一特性很受人关注，被赋予了种种象征内涵。

原典

【扦插】

二三月间，新芽初发时，截作段，长一二尺，如插木芙蓉法，即活。若欲插篱，须一连插去，若少住手便不相接。

译文

农历二三月间，树枝刚抽出新芽的时候，将树枝剪下来一段，长度为30到60厘米，和木芙蓉的扦插方法一样，就能成活。如果想把木槿插成篱笆，就必须连续不断地插下去，稍微一停手就没法连起来了。

原典

【典故】

《开元遗事》[1] 汝阳王进[2]，尝戴砑[3]绡帽打曲。上自摘红槿花一朵，置于帽上笪[4]处，二物皆极滑，久之方安，遂奏《舞山香》一曲，而花不坠。上大喜，赐金器一厨，曰："花奴[5]资质明莹[6]，必是神仙中谪堕来也。"

注释

[1] 《开元遗事》：即《开元天宝遗事》，五代十国王仁裕著。

[2] 进：当为琎之误，唐玄宗长兄让皇帝李宪之子，封为汝阳王。

[3] 砑：磨光。

[4] 笪：斜。

[5] 花奴：李琎的昵称。

[6] 明莹：光亮莹洁。

译文

《开元天宝遗事》 唐玄宗的侄子汝阳王李琎，曾经戴着用磨光的绡做成的帽子，用羯鼓演奏乐曲。唐玄宗亲自摘了一朵红色木槿花，放在李琎所戴帽子的斜坡处，帽子和木槿花都非常光滑，放了好一会儿才放稳，然后李琎演奏一曲《舞山香》，而从始至终花都没有掉下去。唐玄宗非常高兴，赐给李琎一橱黄金器物，说："花奴的资质光明莹洁，一定是从神仙当中贬谪坠落到人间的。"

扶桑木

原典

高四五尺，产南方，枝叶婆娑[1]。叶深绿色，光而厚，微涩如桑。花有红、黄、白三色，红者尤贵。又有朱槿、赤槿、日及等名，以此花与木槿相仿佛也。

注释

[1] 婆娑：松散。

花卉虫草 [清] 居廉

译文

扶桑木高1.2米到1.5米，产自南方，树枝和树叶很松散。树叶是深绿色的，比较光滑且厚，和桑树叶一样，表面有一点涩感。扶桑花有红、黄、白三种颜色，红色的最珍贵。扶桑木又有朱槿、赤槿、日及等别名，这是因为扶桑花和木槿花相似的缘故。

扶桑，*Hibiscus rosa-sinensis*，锦葵科，木槿属，又名朱槿、大红花。常绿灌木。叶阔卵形或狭卵形，先端渐尖，基部圆形或楔形，边缘具粗齿或缺刻。花单生于上部叶腋间，常下垂，花梗长 3—7 厘米；花冠漏斗形，直径 6—10 厘米，玫瑰红色或淡红、淡黄等色。蒴果卵形。花期全年。广东、云南、台湾、福建、广西、四川等地常见。花大色艳，四季常开，多用于园林观赏。

蜡 梅

原典

　　小树、丛枝、尖叶，木身与叶类桃，而阔大尖硬，花亦五出，色欠晶明[1]。子种者，经接过，花疏，虽盛开常半含，名磬口梅，言似磬[2]之口也。次曰荷花，又次曰九英。又有开最先，色深黄如紫檀，花密、香浓，名檀香梅，此品最佳。香极清芳[3]，殆过于梅，不以形状贵也，故难题咏。此花多宿叶，结实如垂铃，尖长寸余，子在其中。

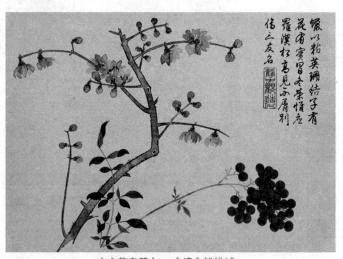

山水花鸟册之一 [清] 钱维城

注释

[1] 晶明：明亮耀眼。

[2] 磬：寺庙中所用仰钵形打击乐器。

[3] 清芳：清雅的香味。

译文

蜡梅是丛生小树，叶片顶端尖锐，树干和树叶与桃树相似，只是比桃树叶更宽、顶端尖硬，花朵由五个花瓣组成，颜色不够明亮耀眼。通过播种繁殖的蜡梅，经过嫁接后，花朵稀疏，在盛开的时候也常常处于半开半合的状态，叫作磬口梅，是说它的花朵和钵磬的口相似。次一等的蜡梅叫荷花，最次的叫九英。还有一种蜡梅开花时间最早，花为深黄色，和紫檀花相似，花朵繁密、花香浓郁，叫作檀香梅，是蜡梅中最好的。蜡梅的花香非常清雅，比之梅花，有过之而无不及，因为蜡梅花的珍贵不是凭借花朵的形状，所以很难题词歌咏。蜡梅多隔年旧叶，所结果实好像下垂的铃铛，尖锐的尾部3厘米多长，种子就包裹在果实之中。

现代描述

蜡梅，*Chimonanthus praecox*，又名腊梅、黄梅。落叶灌木，高达4米; 幼枝四方形，老枝近圆柱形，灰褐色。叶纸质至近革质，卵圆形、椭圆形、宽椭圆形至卵状椭圆形，顶端急尖至渐尖。花着生于第二年生枝条叶腋内，先花后叶，芳香; 内部花被片比外部花被片短，基部有爪。果托近木质化，坛状或倒卵状椭圆形。花期11月至翌年3月，果期4—11月。

蜡梅因形似黄蜡而得名，大概因为冬季开花，常以讹传讹成"腊梅"，在没有梅花的地区，又往往被混同为梅花。蜡梅的花并不太起眼，但蜜香浓郁，引人驻足。在没有花的季节，蜡梅也有一个特点可以辨识: 将叶子从基部往上捋一下，会感到涩而不顺。

原典

【种植】

子既成，试沉水者，种之。秋间发萌放叶，浇灌得宜，四五年可见花。一法，取根旁自出者分栽，易成树。子种不经接者，花小香淡，名狗蝇梅，品最下。

译文

蜡梅的种子成熟以后，放在水中试验，如果沉入水中，就可以拿来播种。秋天的时候发芽生叶，如果灌溉合宜，四五年以后就能开花。还有一种方法，挖取蜡梅树根旁边长出的小树苗，进行移栽，容易长大成树。通过播种繁殖，而没有经过嫁接的蜡梅，所开的花，花朵小、花香淡，叫作狗蝇梅，是最低等的品种。

【典故】

蜡梅难题咏，山谷[1]、简斋[2]惟五言小诗[3]而已。

王敬美 考蜡梅原名黄梅，故王安国[4]熙宁[5]间，尚咏黄梅诗，至元祐[6]间，苏、黄命为蜡梅。而范石湖《梅谱》又云："本非梅种，以其与梅同时，而香又近之，如鹦哥菊，亦以叶梗似菊而花又同时也。"张翊《花经》首云"一品九命[7]"，蜡梅亦在其中。洛阳亦有蜡梅，直九英耳。蜡梅是寒花绝品，人言腊时开，故以腊名，非也，为色正似黄蜡耳。出自河南者曰磬口，香、色、形皆第一，松江[8]名荷花者次之，本地狗缨下矣。得磬口，即荷花可废，何况狗缨。

《花史》 凡三种，上等磬口，最先开，色深黄，圆瓣如白梅者佳，若瓶一枝，香可盈室，楚中荆襄[9]者最佳。次荷花瓣者，瓣有微尖。又次花小香淡，俗呼狗英。蜡梅开时无叶，叶盛则花已卸[10]矣。

注释

[1] 山谷：北宋黄庭坚，字鲁直，号山谷道人。

[2] 简斋：宋代陈与义，字去非，号简斋。

[3] 小诗：短诗。

[4] 王安国：北宋人，字平甫，王安石同母弟。

[5] 熙宁：北宋神宗赵顼的一个年号。

[6] 元祐：北宋哲宗赵煦的第一个年号。

[7] 一品九命：一品为最高等级的官品，九命为最高等级的爵位，用官爵的高低比拟花的高下，一品九命为最高等，依次还有二品八命、三品七命，一直到最低等的九品一命。

[8] 松江：宋代府名，在今上海。

[9] 荆襄：湖北荆门和襄阳的合称。

[10] 卸：通"谢"。

译文

蜡梅不易题词歌咏，黄庭坚和陈与义也只不过写了五言短诗罢了。

王世懋 考证可知，蜡梅原本叫黄梅，所以王安国在宋神宗熙宁年间，还写有歌咏黄梅的诗句，到了宋哲宗元祐年间，苏轼和黄庭坚将黄梅命名为蜡梅。而范成大的《梅谱》又记载："蜡梅和梅花本来不是一个种类，因为和梅花同时开放，而且花香也与梅花接近，正如鹦哥菊，原本和菊花也不是一个种类，只因为它的叶片和花梗与菊花相似，而且开放的时间相同。"宋代张翊《花经》开头所说"一品九命"的花中，就有蜡梅。河南洛阳也有蜡梅，只不过是最低等的九英罢了。蜡梅在寒冬开放的花中是绝品，人们认为它在腊月开，所以叫作"腊梅"，这是不对的，是因为花与黄蜡相似而叫蜡梅。产自河南的磬口梅，无论花朵的颜色、香味，还是形状，都是蜡梅中第一等的，产自松江（今上海）的荷花梅要比磬口梅次一等，江苏苏州的狗缨梅最差。如果有磬口梅，那么荷花梅都可以不要，更何况狗缨梅。

《花史》　蜡梅总共有三个种类，最上等的是磬口梅，开花时间最早，花是深黄色的，以花瓣偏圆形与白梅花相似的为上，如果在花瓶里插上一枝，满屋子都是蜡梅的花香，产自湖北荆门、襄阳一带的最好。比磬口梅差一等的，花瓣与荷花相似，顶端有些许尖锐。再差一等的花朵小、香味淡，俗名叫作狗英。蜡梅开花的时候没有叶子，等到叶片繁盛时，花已经凋零了。

绣　球

花鸟草虫册页　［清］恽寿平

原典

木本，皴体，叶青色微带黑而涩。春月开，花五瓣，百花成朵，团圞[1]如球，其球满树，花有红、白二种。宜寄枝，用八仙花体。

注释

[1] 团圞：圆。

译文

绣球是木本植物，干皮有皴裂，树叶是绿色稍黑且不光滑。春天开花，小花朵有五个花瓣，上百朵小花聚成一大朵，就像一个圆球，树上开满花球，有红、白两种颜色。绣球的繁殖，适宜用八仙花嫁接。

现代描述

绣球荚蒾，*Viburnum macrocephalum*，又名木绣球，忍冬科，荚蒾属。落叶或半常绿灌木，高达 4 米；树皮灰褐色或灰白色。叶临冬至翌年春季逐渐落尽，纸质，卵形至椭圆形或卵状矩圆形，顶端钝或稍尖。聚伞花序直径 8—15 厘米，全部由大型不孕花组成，总花梗长 1—2 厘米，第一级辐射枝 5 条，花生于第三级辐射枝上；花冠白色，辐状，直径 1.5—4 厘米。花期 4—5 月。琼花为其变种。

花有不孕花和可孕花两种，不孕花较大，构成了我们观赏的"绣球"，可孕花则很小。琼花与本种的区别在于不孕花的数量较少，仅分布在外围一圈，通常有 8 个，因此得名"八仙花""聚八仙"。

另一种也名为绣球、八仙花的植物，为虎耳草科绣球属，与本种主要区别在于植株较低矮，枝条柔软，花有红、白、蓝三种颜色，夏季开花，花被片 4 片。常用于插花。

夹竹桃

原典

花五瓣，长筒，瓣微尖，淡红，娇艳[1]类桃花，叶狭长类竹，故名夹竹桃。自春及秋，逐旋[2]继开，妩媚[3]堪赏。性喜肥，宜肥土盆栽，肥水浇之则茂。何无咎[4]云："温台[5]有丛生者，一本至二百余干，晨起扫落花盈斗。"最为奇品。性恶湿而畏寒，九月初宜置向阳处，十月入窖，忌见霜雪。冬天亦不宜太燥，和暖时微以水润之，但不可多，恐冻。来年三月出窖，五六月时可配白茉莉。妇人簪髻，娇袅[6]可挹[7]。

注释

[1] 娇艳：艳丽。

[2] 逐旋：逐渐。

[3] 妩媚：姿容美好、可爱。

[4] 何无咎：明代何白，字无咎。

[5] 温台：浙江温州和台州的合称。

[6] 娇袅：娇美袅娜。

[7] 挹：取。

译文

　　夹竹桃的花朵由五个花瓣组成，长筒形花冠，花瓣稍微带点儿尖，花色为淡红，花朵和桃花一样艳丽，叶片呈狭长形，与竹叶相似，所以叫作夹竹桃。从春天到秋天，逐渐相继开花，花朵的形状美好，值得欣赏。夹竹桃生性喜欢肥沃，适宜栽种在盛有肥土的花盆中，用肥水浇灌，就会生长茂盛。何白说："浙江温州和台州一带，有丛生的夹竹桃，一株能有两百多枝条，早上起来能扫满满一斗落花。"是最珍奇的品种。夹竹桃厌恶潮湿、惧怕寒冷，九月初适宜放置在向阳的地方，十月藏在地窖里，忌讳霜雪。冬天也不宜太干燥，等到和风煦暖的天气，用水稍微湿润一下它，但一定不能浇多了，不然会冻着。第二年三月，从地窖中搬出来，五六月的时候，可以和白茉莉相映生辉。女人将夹竹桃花戴在头发上，会显得娇美袅娜，非常可取。

现代描述

　　夹竹桃，*Nerium indicum*，夹竹桃科，夹竹桃属。常绿直立大灌木，高达 5 米，枝条灰绿色，含水液；嫩枝条具棱。叶 3—4 枚轮生，下枝为对生，窄披针形，叶面深绿，中脉在叶面陷入。聚伞花序顶生，着花数朵；花芳香，花冠深红色或粉红色，栽培演变有白色或黄色，花冠为单瓣呈 5 裂时，其花冠为漏斗状；花冠为重瓣呈 15—18 枚时，裂片组成三轮，内轮为漏斗状，外面二轮为辐状。花期几乎全年，夏秋为最盛；果期一般在冬春季，栽培很少结果。我国南方地区常用于园林栽培，但全株有毒，要避免误食。

原典

【栽种】

　　四月中，以大竹管分两瓣合嫩枝，实以肥泥，朝夕灌水，一月后便生白根，两月后即可剪下另栽。初时用竹帮扶，恐摇动，一二月后新根扎土，便不须用。此物极易变化。

译文

　　四月的时候，将大竹管分成两半，扣合在夹竹桃树的嫩枝上，夹竹桃的嫩枝和竹管之间，用肥沃的泥土填实，早上和晚上不间断地往竹管里灌水，一个月以后，嫩枝便会生出白根，两个月以后，就可以把嫩枝从树上剪下来，进行移栽。刚栽上的时候，需要用竹竿支撑，以防摇动新根，一两个月以后，根须已经扎进土壤里，就不需要竹竿了。夹竹桃非常容易发生变化。

【典故】

王敬美 夹竹桃与五色佛桑[1]，俱是岭南北来货。夹竹桃花不甚佳，而堪久藏，佛桑即谨护，必无存者。茉莉，百无一二可活，然终不能盛花，大抵只宜供一岁之玩。佛桑，间买一二株，茉莉三五株，花事过，即为朽株矣。木槿贱物也，然有大红千叶者，有白千叶者，二种可亚佛桑，宜觅种之。

注释

[1] 佛桑：即扶桑木、朱槿。

译文

王世懋 夹竹桃和各种颜色的扶桑，都是从五岭以南传到北面的，夹竹桃的花虽然不太好，但能够贮藏很长时间，安然越冬，扶桑即使谨慎守护，也一定留不到来年。茉莉花的越冬存活率不到百分之一二，而且存活下来的花朵也不能繁盛，大致来说只能够观赏一年。扶桑偶尔买一两株，茉莉买三五株，花凋零以后，植株也就死了。木槿是最不值钱的花，但大红色重瓣和白色重瓣木槿，可以作为扶桑的补充，我应当寻找并栽种它们。

牡 丹 附录秋牡丹、缠枝牡丹

原典

一名鹿韭，一名鼠姑，一名百两金，一名木芍药。秦、汉以前无考，自谢康乐[1]始言："永嘉[2]水际竹间多牡丹。"而北齐杨子华[3]有画牡丹，则此花之从来旧矣。唐开元中，天下太平，牡丹始盛于长安。逮[4]宋，惟洛阳之花为天下冠，一时名人高士[5]，如邵康节[6]、范尧夫[7]、司马君实[8]、欧阳永叔[9]诸公，尤加崇尚，往往见之咏歌[10]。洛阳之俗，大都好花，阅《洛阳风土记》[11]可考镜[12]也。天彭[13]号小西京，以其好花，有京洛之遗风焉。

大抵洛阳之花，以姚、魏为冠，姚黄未出，牛黄第一，牛黄未出，魏花第一，魏花未出，左花第一。左花之前，惟有苏家红、贺家红、林家红之类，花皆单叶[14]，惟洛阳者千叶[15]，故名曰洛阳花。自洛阳花盛，而诸花诎[16]矣。嗣是，岁益培接，竞出新奇，固不特[17]前所称诸品已也。性宜寒畏热，喜燥恶湿，得新土则根旺，栽向阳则性舒，阴晴相半谓之养花天，栽接剔治，谓之弄花，最忌烈风炎日。若阴晴燥湿得中，栽接种植有法，花可开至七百叶，面可径尺[18]。善种花者，须择种之佳者种之，若事事合法，时时着意，则花必盛茂。间变异品，此则以人力夺[19]天工者也。

錦障曾遮洛浦塵鳳簫遽憶蕭華春北方誰唱延年曲猶有傾城獨立人

擬北宋徐崇嗣設色 惲壽平

牡丹 ［清］惲寿平

注释

[1] 谢康乐：名公义，字灵运，东晋时世袭康乐公爵位，刘宋代晋后降为康乐侯，世称谢康乐，南朝著名山水诗人。

[2] 永嘉：今浙江温州永嘉县。

[3] 杨子华：北齐宫廷御用画家，被称作画牡丹的圣手，苏轼的《牡丹》诗说："丹青欲写倾城色，世上今无杨子华。"

[4] 逮：到。

[5] 高士：志行高洁的人。

[6] 邵康节：北宋理学家，名雍，字尧夫，谥号康节。

[7] 范尧夫：北宋人，名纯仁，字尧夫，范仲淹次子。

[8] 司马君实：北宋司马光，字君实。

[9] 欧阳永叔：北宋欧阳修，字永叔。

[10] 咏歌：吟咏歌唱。

[11]《洛阳风土记》：北宋欧阳修著。

[12] 考镜：参证借鉴。

[13] 天彭：即今四川彭州市。

[14] 单叶：即单瓣，只有一层花瓣。

[15] 千叶：即重瓣，里外有多层花瓣。

[16] 讪：屈服。

[17] 不特：不仅。

[18] 径尺：直径一尺。

[19] 夺：胜过。

译文

牡丹又名鹿韭、鼠姑、百两金、木芍药。秦、汉以前没有记载，因此没办法考证，从南朝谢灵运开始才第一次提到，说："浙江温州永嘉的水边和竹林里，栽种了许多牡丹。"而北齐画家杨子华曾经画过牡丹花，这样看来，牡丹花的渊源很久远啊！唐玄宗开元年间，天下太平，牡丹花开始在都城长安兴盛起来。到了宋代，只有洛阳的牡丹花被称作天下第一，当时名声显赫和志行高洁的人，如邵雍、范纯仁、司马光、欧阳修等人，都特别崇尚牡丹花，经常一看到就吟咏歌唱它。洛阳的风俗，大多数人都喜欢花，翻阅欧阳修的《洛阳风土记》，就能够验证。四川彭州被称作"小西京"，就是因为彭州人也喜欢花，有北宋时西京洛阳所遗留的风俗。

大致来说，洛阳的牡丹花以姚黄和魏花两个品种为第一等，姚黄出现之前，以牛黄为第一等，牛黄出现之前，以魏花为第一等，魏花出现之前，以左花为第一等。左花出现之前，只有苏家红、贺家红、林家红等品种，左花之前的品种都是单瓣花，当时只有洛阳的牡丹是重瓣花，所以牡丹也被叫作洛阳花。牡丹花兴盛以后，其他所有花都被压下去了。自此，每年都会增加培植和嫁接，争相培育新的珍奇品种，所以也不止前面所提到的那些品种。牡丹花喜欢寒冷干燥的气候，厌恶炎热潮湿的环境，更换新土，能让牡丹花根须旺盛，栽种在朝阳的地方，利于牡丹舒展枝叶，半阴半晴的天气最适合牡丹的培养，栽种、嫁接、剔芽、打理，被称作弄花，种植牡丹最怕暴风烈日的天气。如果天气的阴晴干湿都很适宜，栽种嫁接培植的方法也都很正确，那么一朵牡丹花的花瓣最多能达到七百瓣，花盘的直径能达到 30 厘米多。善于养花的人一定会选好品种进行栽种，如果对花的打理，每件事都很合理，时刻留心养护，那么花一定会长得非常茂盛。至于变异产生的奇异品种，那是人力胜过天然的体现。

原典

其花有：

姚黄，花千叶，出民姚氏家，一岁不过数朵。

禁院黄，姚黄别品，闲淡 [1] 高秀 [2]，可亚姚黄。

庆云黄，花叶 [3] 重复，郁然 [4] 轮囷 [5]，以故得名。

甘草黄，单叶，色如甘草，洛人善别花，见其树知为奇花。其叶嚼之不腥。

牛黄，千叶，出民牛氏家，比姚黄差小。

玛瑙盘，赤黄色，五瓣，树高二三尺，叶颇短蹙 [6]。

黄气球，淡黄檀心 [7]，花叶圆正，间背相承，敷腴 [8] 可爱。

御衣黄，千叶，色似黄葵。

淡鹅黄，初开微黄，如新鹅儿，平头[9]，后渐白，不甚大。

太平楼阁，千叶。

以上黄类。

注释

[1] 闲淡：闲静淡泊。

[2] 高秀：高雅清秀。

[3] 花叶：花瓣。

[4] 郁然：繁密。

[5] 轮囷：硕大。

[6] 蹙：局促。

[7] 檀心：雌蕊。

[8] 敷腴：喜悦。

[9] 平头：与楼子相对，即一朵花上下只有一重花瓣。

花　谱

木
本

译文

牡丹花的品种有：

姚黄，花朵为重瓣，产自一个姓姚的平民家中，一年只能开几朵花。

禁院黄，是姚黄的一个分支品种，它闲静淡泊、高雅清秀，只比姚黄差一点。

庆云黄，花瓣重复多层，花瓣繁密，花朵硕大，因而得名。

甘草黄，花朵为单瓣，颜色与甘草相似，洛阳人善于区别花的品种，看到甘草黄的植株就知道它是珍奇的花，把它的叶片放在嘴里咀嚼也不会有腥味。

牛黄，花朵为重瓣，产自一个姓牛的平民家中，花朵比姚黄稍微小一点儿。

玛瑙盘，花朵为红黄色，由五个花瓣组成，植株的高度在 30 到 60 厘米，叶片有些短小狭窄。

黄气球，淡黄色的雌蕊，花瓣组成正圆形的花朵，花瓣的正面和反面相连接，非常可爱，使人愉悦。

御衣黄，花朵为重瓣，颜色与黄葵相似。

淡鹅黄，刚开的时候是淡黄色，与刚孵出的小鹅的羽毛的颜色相似，每朵花上下只有一重花瓣，后来逐渐变成白色，花朵并不太大。

太平楼阁，花朵为重瓣。

以上是黄色的品种。

原典

魏花，千叶，肉红，略有粉梢，出魏丞相仁溥[1]之家。树高不过四尺，花高五六寸，阔三四寸，叶[2]至七百余。钱思公[3]尝曰："人谓牡丹花王，今姚花真可为王，魏乃后也。"一名宝楼台。

石榴红，千叶楼子[4]，类王家红。

曹县状元红，成树宜阴。

映日红，细瓣，宜阳。

王家大红，红而长尖，微曲，宜阳。

大红西瓜瓤，宜阳。

大红舞青猊，胎[5]微短，花微小，中出五青瓣，宜阴。

七宝冠，难开，又名七宝旋心。

醉胭脂，茎[6]长，每开，头垂下，宜阳。

大叶桃红，宜阴。

殿春芳，开迟。

美人红。

莲蕊红，瓣似莲。

翠红妆，难开，宜阴。

陈州红。

朱砂红，甚鲜，向日视之如猩血[7]，宜阴。

锦袍红，古名潜溪绯，深红，比宝楼台微小而鲜粗。树高五六尺，但枝弱，开时须以杖[8]扶，恐为风雨所折。枝叶疏阔，枣芽[9]小弯。

皱叶桃红，叶圆而皱，难开，宜阴。

桃红西瓜瓤，胎红而长，宜阳。

以上俱千叶楼子。

注释

[1] 魏丞相仁溥：即魏仁浦，后周和北宋初年的丞相。

[2] 叶：花瓣。

[3] 钱思公：即钱惟演，五代十国时吴越王钱俶的儿子，谥号为思。

[4] 楼子：与平头相对，即一朵花有上下多重花瓣。

[5] 胎：花萼。

[6] 茎：花梗。

[7] 猩血：猩猩的血，指鲜红色。

[8] 杖：木棍。

[9] 枣芽：外面包有鳞片的牡丹花芽，即可以安全越冬的鳞芽状态。

魏花，重瓣，颜色为肉红，花瓣的边缘为粉色，产自丞相魏仁浦家。植株的高度不超过1.3米，花朵高15到19厘米，宽10到13厘米，一朵花的花瓣能达到七百多片。钱惟演曾经说："人们把牡丹比作花中之王，现在的姚黄真可以算作君王，魏花可以算作是王后。"也叫作宝楼台。

石榴红，内外和上下均重瓣，与王家红相类似。

曹县状元红，长成的植株适宜生长在背阴的地方。

映日红，花瓣细小，适宜生长在向阳的地方。

王家大红，花瓣是红色的，又长又尖，稍微有些弯曲，适宜生长在向阳的地方。

大红西瓜瓤，适宜生长在向阳的地方。

大红舞青猊，花萼稍微有些短，花朵稍微有些小，花朵中心有五个青绿色花瓣，适宜生长在背阴的地方。

七宝冠，不容易开花，也叫作七宝旋心。

醉胭脂，花梗较长，每当盛开的时候，花朵向下俯垂，适宜生长在向阳的地方。

大叶桃红，适宜生长在背阴的地方。

殿春芳，开花时间较晚。

美人红。

莲蕊红，花瓣和莲花相似。

翠红妆，不容易开花，适宜生长在背阴的地方。

陈州红。

朱砂红，花朵的颜色非常鲜艳，对着阳光看，就好像猩猩的血那般鲜红，适宜生长在背阴的地方。

锦袍红，古代的名称为潜溪绯，颜色为深红，花朵要比宝楼台稍微小一些，但又比宝楼台稍微粗一些。植株的高度在1.7到2米之间，但是花枝非常柔弱，开花时必须用木棍支撑，否则在风雨天恐怕会被风吹断。花枝和叶片比较稀疏，花芽有点儿弯曲。

皱叶桃红，叶片近圆形且有褶皱，不容易开花，适宜生长在背阴的地方。

桃红西瓜瓤，花萼为红色的且很长，适宜生长在向阳的地方。

以上是内外和上下都有多重花瓣的品种。

花 谱

木
本

原典

　　大红剪绒，千叶
并头 [1]，其瓣如剪。

　　羊血红，易开。

　　锦袍红。

　　石家红，不甚紧。

　　寿春红，瘦小，
宜阳。

　　彩霞红。

　　海天霞，大如盘，
宜阳。

　　以上俱千叶平头。

姚燮诗意图册 姚魏天潢衍洛中 ［清］任熊

注释

[1] 并头：当为"平头"之误。

译文

　　大红剪绒，花朵重瓣而上下单层，花瓣的顶端有缺口，就像用剪刀剪过
一样。

　　羊血红，容易开花。

　　锦袍红。

　　石家红，花瓣排列不太紧密。

　　寿春红，花朵又瘦又小，适宜生长在向阳的地方。

　　彩霞红。

　　海天霞，花朵有盘子那么大，适宜生长在向阳的地方。

　　以上都是内外重瓣而上下只有一层的品种。

原典

　　小叶大红，千叶，难开。

　　鹤翎红。

　　醉仙桃，外白内红，难开，宜阴。

　　梅红平头，深桃红。

西子红，圆如球，宜阴。

粗叶寿安红，肉红，中有黄蕊，花出寿安县[1]锦屏山，细叶者尤佳。

丹州、延州红。

海云红，色如霞。

桃红线。

桃红凤头，花高大。

献来红，花大，浅红，敛瓣如撮，颜色鲜明。树高三四尺，叶团[2]。张仆射[3]居洛，人有献者，故名。

祥云红，浅红，花妖艳[4]多态，叶最多，如朵云状。

浅娇红，大桃红，外瓣微红而深娇，径过五寸，叶似粗叶寿安，颇卷皱，葱绿色。

娇红楼台，浅桃红，宜阴。

轻罗红。

浅红娇，娇红[5]，叶绿，可爱，开最早。

花红绣球，细瓣，开圆如球。

花红平头，银红色。

银红球，外白内红，色极娇，圆如球。

醉娇红，微红。

出茎红桃，大尺余，其茎长二尺。

西子，开圆如球，宜阴。

以上俱千叶。

注释

[1] 寿安县：即今河南省洛阳市宜阳县。

[2] 团：圆形。

[3] 张仆射：北宋张齐贤，字师亮，曾

经担任右仆射和左仆射之职。

[4] 妖艳：艳丽。

[5] 娇红：嫩红。

译文

小叶大红，花朵为重瓣，不容易开花。

鹤翎红。

醉仙桃，外层花瓣为白色，内层花瓣为红色，不容易开花，适宜生长在背阴的地方。

梅红平头，花朵的颜色为深桃红。

西子红，花朵就像球一样圆润，适宜生长在背阴的地方。

粗叶寿安红，花朵的颜色为肉红，花蕊为黄色，产自河南省洛阳市宜阳县的锦屏山，叶片纤细的最好。

丹州红。

延州红。

海云红，花朵的颜色犹如云霞。

桃红线。

桃红凤头，花朵又高又大。

献来红，花朵较大，颜色为浅红，花瓣收敛成一撮，颜色分外鲜艳明丽。植株的高度在 1 米到 1.3 米，叶子为圆形。张齐贤在洛阳居住时，有人把这种牡丹进献给他，所以叫作献来红。

祥云红，花朵为浅红色，仪态优美而艳丽，花瓣是牡丹中最多的，形状就像一朵云一样。

浅娇红，花朵为深桃红色，外层花瓣偏红色而里层为嫩红色，花朵的直径超过 17 厘米，叶片与粗叶寿安红相似，有些卷曲褶皱，颜色为葱绿。

娇红楼台，花朵为浅桃红色，适宜生长在背阴的地方。

轻罗红。

浅红娇，花朵为嫩红色，叶片是绿色的，很惹人怜爱，开花的时间最早。

花红绣球，花瓣纤细，开放的时候，花朵呈圆形球状。

花红平头，花朵为银红色。

银红球，外层花瓣为白色，内层花瓣为红色，颜色非常娇艳，花朵像球一样圆。

醉娇红，花朵的颜色泛红。

出茎红桃，花朵有 30 多厘米大，花梗的长度有近 70 厘米。

西子，开放的时候，花朵呈圆形球状，适宜生长在背阴的地方。

以上都是重瓣品种。

原典

大红绣球，花类王家红，叶微小。

罂粟红，茜[1]花，鲜粗，开瓣合拢，深檀心，叶如西施而尖长，花中之烜焕[2]者。

寿安红，平头，黄心，叶粗、细二种，粗者香。

鞓红，单叶，深红。张仆射齐贤，自青州[3]驮其种，遂传洛中。因色类腰带鞓[4]，故名，亦名青州红。

胜鞓红，树高二尺，叶尖长，花红赤焕然[5]，五叶。

二如亭群芳谱

088

国色天香图绢本 ［清］马逸

鹤翎红，多瓣[6]，花末白而本肉红，如鸿鹄[7]羽毛，细叶。

莲花萼，多叶，红花，青跌[8]三重如莲萼。

一尺红，深红颇近紫，花面大几尺。

文公红，出西京[9]潞公[10]园，亦花之丽者。

迎日红，醉西施同类，深红，开最早，妖丽[11]夺目。

彩霞，其色光丽[12]，烂然如霞。

梅红楼子。

娇红，色如魏红，不甚大。

绍兴春，祥云子花也，花尤富，大者径尺，绍兴[13]中始传。

金腰楼、玉腰楼，皆粉红花而起楼子，黄白间之，如金玉色，与胭脂楼同类。

政和春，浅粉红，花有丝头[14]，政和[15]中始出。

叠罗，中间琐碎，如叠罗纹。

胜叠罗，差大于叠罗。

瑞露蝉，亦粉红花，中抽碧心，如合蝉[16]状。

乾花，分蝉，旋转，其花亦大。

大千叶、小千叶，皆粉红花之杰者，大千叶无碎花，小千叶则花萼琐碎。

桃红西番头，难开，宜阴。

四面镜，有旋。

以上红类。

注释

[1] 茜：红色。

[2] 烜焕：显赫而负有盛名。

[3] 青州：今山东省潍坊市所辖县级市青州市。

[4] 鞓：革带上的革质带身。

[5] 焕然：光彩鲜明。

[6] 多瓣：花瓣数量介于单瓣和千叶之间。

[7] 鸿鹄：天鹅。

[8] 趺：花萼。

[9] 西京：宋代西京在今河南洛阳。

[10] 潞公：北宋文彦博，爵封潞国公。

[11] 妖丽：艳丽。

[12] 光丽：华美。

[13] 绍兴：南宋高宗赵构的年号。

[14] 丝头：雄蕊的花丝和花药。

[15] 政和：北宋徽宗赵佶的年号。

[16] 合蝉：收敛翅膀的蝉。

译文

大红绣球，花朵与王家红类似，但叶子稍微小一些。

罂粟红，花朵是红色的，花面径有些粗，花瓣收拢在一起，花朵中间有深色蕊，叶片与牡丹中的西施品种相似，但比较尖锐、修长，在群花中显赫而负有盛名。

寿安红，上下只有一重花瓣，黄色蕊，叶片有粗和细两种，叶片粗的那种，花香比较浓。

鞓红，花朵为单瓣，颜色为深红。北宋曾经担任仆射的张齐贤，从山东的青州带来鞓红的种子，于是这种花便在洛阳流传开来了。因为花的颜色与革腰带的带身相似，所以得名，也叫作青州红。

胜鞓红，植株高 60 多厘米，叶片尖锐修长，红色的花朵光彩鲜明，由五片花瓣组成。

鹤翎红，花瓣较多，花瓣顶端是白色的，主体是肉红色的，形状与天鹅的羽毛相似，比较细。

莲花萼，花朵为重瓣，颜色为红，有三层绿色的花萼，与莲花的花萼相似。

一尺红，花朵的颜色为接近紫色的深红色，花朵表面的直径有 30 厘米左右。

文公红，产自洛阳潞国公文彦博的花园中，在群花中属于比较艳丽的品种。

迎日红，和醉西施是同一个品种，花朵为深红色，牡丹花中数它开花时间最早，非常艳丽而夺目。

彩霞，它的花朵颜色华美，犹如灿烂的云霞一般。

梅红楼子。

娇红，花朵的颜色与魏红相似，不算很大。

绍兴春，是由祥云这一品种衍生出来的，花朵非常富态，大的花面直径能达到 30 多厘米，南宋高宗绍兴年间才开始流传。

金腰楼、玉腰楼，都是粉红色的花朵，而且上下不止一层花瓣，黄色和白色相杂，犹如黄金和白玉的颜色，和胭脂楼是同类品种。

政和春，花朵是浅粉红色的，中间有雄蕊凸出，北宋徽宗政和年间才诞生。

叠罗，花朵中间的花瓣细碎，犹如重叠地罗纹。

胜叠罗，花朵大致比叠罗大一些。

瑞露蝉，也是粉红色的花朵，中间长有碧绿色的蕊，形状与收敛翅膀的蝉相似。

乾花，蕊犹如张开翅膀的蝉，花瓣围绕花心呈旋转状，它的花朵也很大。

大千叶、小千叶，都是粉红色牡丹花中比较杰出的品种，大千叶没有细碎的花瓣，小千叶接近花萼的花瓣比较细碎。

桃红西番头，不容易开花，适宜生长在背阴的地方。

四面镜，花瓣呈旋转状。

以上都是红色的品种。

花　谱

木本

原典

庆天香，千叶楼子，高五六寸，香而清，初开单叶，五七年则千叶矣。年远者，树高八九尺。

肉西，千叶楼子。

水红球，千叶，丛生，宜阴。

合欢花，一茎两朵。

观音面，开紧，不甚大，丛生，宜阴。

粉娥娇，大，淡粉红，花如碗大，开盛者饱满如馒头样，中外一色，惟瓣根微有深红，叶与树如天香，高四五尺，诸花开后方开，清香耐久。

以上俱千叶。

译文

庆天香，花朵里外和上下都有多重花瓣，花朵高 17 到 20 厘米，很清香，一开始开单瓣花，五七年以后，则开重瓣花。年代久远的，植株的高度能达到 2.7 米到 3 米。

肉西，花朵里外和上下都有多重花瓣。

水红球，花朵里外有多层花瓣，丛聚生长，适宜生长在背阴的地方；

合欢花，一个花梗上开两朵花。

观音面，开放时花瓣紧凑，花朵不太大，丛聚生长，适宜生长在背阴的地方。

粉娥娇，花朵较大，颜色为淡粉红，花朵有碗那么大，盛开的花朵非常饱满如同馒头一样，里外的颜色都是一样的，只有花瓣根部的颜色偏深红，叶片和植株都与庆天香相似，植株的高度能达到 15 到 17 厘米，其他品种的牡丹花开败后它才开放，花香清香持久。

以上都是重瓣品种。

原典

醉杨妃，二种，一千叶楼子，宜阳，名醉春客，一平头极大，不耐日色 [1]。

赤玉盘，千叶平头，外白内红，宜阴。

回回粉西，细瓣楼子，外红内粉红。

醉西施，粉白花，中间红晕 [2]，状如酡颜 [3]。

西天香，开早，初甚娇，三四日则白矣。

百叶仙人。

以上粉红类。

注释

[1] 日色：日光。

[2] 红晕：中间浓而四周渐淡的一团红色。

[3] 酡颜：饮酒后泛红晕的脸。

译文

醉杨妃，有两种，一种花朵里外和上下都有多重花瓣，适宜生长在向阳的地方，叫作醉春客。另一种花朵上下只有一层花瓣，花面非常大，经不住日光长时间曝晒。

赤玉盘，花朵里外和上下都有多重花瓣，外侧为白色，内侧为红色，适宜生长在背阴的地方。

回回粉西，花瓣较细，上下都有多重花瓣，外侧为红色，内侧为粉红色。

醉西施，花朵为粉白色，花瓣中间有红晕，样子和饮酒后脸上的红晕相似。

西天香，开花时间较早，刚开的时候很娇艳，三四天后就会变成白色。

百叶仙人。

这些都是粉红色的品种。

原典

玉芙蓉，千叶楼子，成树宜阴。

素鸾娇，宜阴。

绿边白，每瓣上有绿色；

玉重楼，宜阴。

羊脂玉，大瓣。

白舞青猊，中出五青瓣。

醉玉楼。

以上俱千叶楼子。

译文

玉芙蓉，花朵里外和上下都有多重花瓣，长成的植株适宜生长在背阴的地方。

素鸾娇，适宜生长在背阴的地方。

绿边白，每个花瓣上都有绿色。

玉重楼，适宜生长在背阴的地方。

羊脂玉，花瓣较大。

白舞青猊，花朵中间有五个青绿色的花瓣。

醉玉楼。

这些品种的花朵，里外和上下都有多重花瓣。

原典

白剪绒，千叶平头，瓣上如锯齿，又名白缨络，难开。

玉盘盂，大瓣。

莲香白，瓣如莲花，香亦如之。

以上俱千叶平头。

粉西施，千叶，甚大，宜阴。

玉楼春，多雨盛开。

万卷书，花瓣皆卷筒，又名波斯头，又名玉玲珑，一种千叶桃红，亦同名。

无瑕玉。

水晶球。

庆天香。

玉天仙。

素鸾。

玉仙妆。

檀心玉凤，瓣中有深檀色。

玉绣球。

青心白，心青。

伏家白。

凤尾白。

金丝白。

平头白，盛者大尺许，难开，宜阴。

迟来白。

紫玉，白瓣中有红丝纹，大尺许。

以上俱千叶。

译文

白剪绒，花朵里外有多层花瓣而上下只有一层，花瓣上边缘不齐整，就和锯齿一样，也叫作白缨络，不容易开花。

玉盘盂，花瓣较大。

莲香白，花瓣和莲花相似，花香也和莲花相似。

这些品种的花朵，都是里外有多层花瓣而上下只有一层。

粉西施，花朵为重瓣，非常大，适宜生长在背阴的地方。

玉楼春，在降雨较多的时候才会盛开。

万卷书，花瓣都卷成筒状，也叫作波斯头、玉玲珑，还有一种重瓣的桃红色牡丹花，也叫这个名。

无瑕玉。

水晶球。

庆天香。

玉天仙。

素鸾。

玉仙妆。

檀心玉凤，花瓣中央为深檀色。

玉绣球。

青心白，蕊是青绿色的。

伏家白。

凤尾白。

金丝白。

平头白，生长茂盛的，花面直径能达到 30 多厘米，不容易开花，适宜生长在背阴的地方。

迟来白。

紫玉，白色花瓣上有像红丝线一样的纹路，花面直径能达到 30 多厘米。

这些都是重瓣品种。

花 谱

木
本

原典

醉春容，色似玉芙蓉，开头差小。

玉板白，单叶，长如拍板，色如玉，深檀心。

玉楼子，白花起楼，高标[1]逸韵[2]，自是风尘[3]外物。

刘师哥，白花带微红，多至数百叶，纤妍[4]可爱。

玉覆盆，一名玉炊饼，圆头白花。

碧花，正一品[5]，花浅碧而开最晚，一名欧碧。

玉碗白，单叶，花大如碗。

玉天香，单叶，大白[6]，深黄蕊，开径一尺，虽无千叶而丰韵[7]异常。

一百五，多叶，白花，大如碗，瓣长三寸许，黄蕊深檀心。枝叶高大亦如天香，而叶大尖长。洛花以谷雨[8]为开候，而此花常至一百五日[9]，开最先，古名灯笼。

以上白类。

注释

[1] 高标：高耸特立，卓然不群。

[2] 逸韵：高雅脱俗、俊逸跌宕的风韵。

[3] 风尘：世俗。

[4] 纤妍：纤细美好。

[5] 正一品：古代官职，从一品到九品，每一品又有正、从之别，正一品为最高官职。

[6] 大白：最白。

[7] 丰韵：仪态优美。

[8] 谷雨：二十四节气之一，在每年阳历四月十九日到二十一日间。

[9] 一百五日：冬至后第一百零五天，也就是寒食节，在清明前一两天。

牡丹图 ［清］恽冰

二如亭群芳谱

译文

醉春容，花朵颜色和玉芙蓉相似，开放时花面直径比玉芙蓉稍微小一些。

玉板白，花朵为单瓣，花瓣有拍板那么长，颜色为玉白色，雌蕊为深色。

玉楼子，花朵为白色，上下有多层花瓣，高耸特立、风韵高逸，本来就不是世俗中的东西。

刘师哥，花朵的颜色白中带点儿红，花瓣多的能达到几百片，纤细美好、惹人怜爱。

玉覆盆，也叫作玉炊饼，花面为圆形，花朵是白色的。

碧花，是牡丹花中第一等的品种，花朵是浅绿色的而且开放时间最晚，也叫作欧碧。

玉碗白，花朵为单瓣，有碗那么大。

玉天香，花朵为单瓣，颜色最白，花蕊是深黄色的，盛开后花面直径能达到 30 多厘米，虽然花朵不是重瓣，但仪态优美而迥异于寻常。

一百五，花瓣较多，花朵是白色的，有碗那么大，花瓣的长度有 10 厘米左右，雄蕊是黄色的，雌蕊是深色的。植株较高大，也和玉天香相似，但是叶片比玉天香的大而且叶尖较长。牡丹花一般在谷雨的时候开放，但这种花的花期经常在冬至后一百零五天的寒食节，在牡丹花中最先开放，古代叫作灯笼。

这些都是白色的品种。

原典

海云红，千叶楼子。

西紫，深紫，中有黄蕊，树生枯燥[1]，古铁[2]色，叶尖长。九月内，枣芽鲜明[3]红润[4]，剪其叶远望若珊瑚然。

即墨子，色类墨葵。

丁香紫。

茄花紫，又名藕丝。

紫姑仙，大瓣。

淡藕丝，淡紫色，宜阴。

以上俱千叶楼子。

注释

[1] 枯燥：干燥。

[2] 古铁：锈铁。

[3] 鲜明：色彩耀眼。

[4] 红润：色红而有光泽。

译文

海云红，花朵里外和上下都有多重花瓣。

西紫，花朵为深紫色，中间有黄色花蕊，植株生长在干燥的地方，枝干颜色为锈铁一样的黄褐色，叶片尖锐修长。九月的时候，花芽红而有光泽，色彩耀眼，把它的叶子剪掉，从远处看就像一株珊瑚一样。

即墨子，颜色和墨葵相近。

丁香紫。

茄花紫，也叫作藕丝。

紫姑仙，花瓣较大。

淡藕丝，花朵是淡紫色的，适宜生长在背阴的地方。

这些品种的花朵，里外和上下都有多重花瓣。

原典

左花，千叶，紫花，出民左氏家，叶密齐如截，亦谓之平头紫。

紫舞青猊，中出五青瓣。

紫楼子。

瑞香紫，大瓣。

平头紫，大径尺，一名真紫。

徐家紫，花大。

紫罗袍，又名茄色楼。

紫重楼，难开。

紫红芳。

烟笼紫，浅淡。

以上俱千叶。

译文

左花，花朵为重瓣，颜色为紫色，产自一个姓左的平民家中，花瓣密集且齐整，就像割断的一样，也叫作平头紫。

紫舞青猊，花朵中间长出五个青绿色的花瓣。

紫楼子。

瑞香紫，花瓣较大。

平头紫，花朵表面直径有 30 多厘米，也叫作真紫。

徐家紫，花朵较大。

紫罗袍，也叫作茄色楼。

紫重楼，不容易开花。

紫红芳。

烟笼紫，花朵颜色浅淡。

这些都是重瓣品种。

原典

紫金荷，花大盘而紫赤色，五六瓣，中有黄蕊，花平如荷叶状，开时侧立翩然[1]。

鹿胎，多叶，紫花，有白点如鹿胎。

紫绣球，一名新紫花，魏花之别品也。花如绣球状，亦有起楼者，为天彭紫花之冠。

乾道紫，色稍淡而晕红。

泼墨紫，新紫花之子也，单叶，深黑如墨。

葛巾紫，花圆正而富丽[2]，如世人所戴葛巾[3]状。

福严紫，重叶，紫花，叶少，如紫绣球，谓之旧紫。

朝天紫，色正紫，如金紫夫人^[4]之服色，今作子，非也。

三学士。

锦团绿，树高二尺，乱生成丛，叶齐小短厚，如宝楼台，花千叶，粉紫色，合纽如撮，瓣细纹多，媚而欠香，根旁易生，古名波斯，又名狮子头、滚绣球。

包金紫，花大而深紫，鲜粗，一枝仅十四五瓣，中有黄蕊，大红如核桃，又似僧持铜击子^[5]。树高三四尺，叶仿佛天香而圆。

多叶紫，深紫花，止七八瓣，中有大黄蕊，树高四五尺，花大如碗，叶尖长。

紫云芳，大紫，千叶楼子，叶仿佛天香，虽不及宝楼台，而紫容深迥^[6]，自是一样清致^[7]，耐久而欠清香。

蓬莱相公。

以上紫类。

注释

[1] 翩然：相反。

[2] 富丽：体态丰满美好。

[3] 葛巾：葛布制成的头巾。

[4] 金紫夫人：佩戴金鱼袋、穿紫色衣服的诰命夫人。

[5] 铜击子：铜质有柄小磬。

[6] 深迥：深远。

[7] 清致：清雅的风度。

译文

紫金荷，花朵有盘子那么大，颜色为紫赤色，有五六片花瓣，中间有黄色的花蕊，花朵表面呈水平状，就如荷叶一般，盛开的时候却正好相反，不再呈水平状，而是向一侧倾斜。

鹿胎，花瓣较多，颜色为紫色，花瓣上有白色斑点，就好像梅花鹿的皮一样。

紫绣球，也叫作新紫花，是魏花的一个分支品种。花朵犹如绣球一般，也有上下不止一层花瓣的，是四川成都彭州紫色牡丹花中最好的品种。

乾道紫，花朵颜色为淡紫色，花瓣上有红晕。

泼墨紫，是由新紫花繁衍出来的品种。花朵为单瓣，颜色为接近墨色的深黑色。

葛巾紫，花朵呈正圆形而且丰满华丽，就好像人们头上戴的葛布巾一样。

福严紫，花瓣较多，花朵为紫色，但比重瓣花朵的花瓣要少，与紫绣球相似，被称作旧紫。

朝天紫，花朵颜色为正紫色，就和佩戴金鱼袋、穿紫色衣服的诰命夫人

花谱

木本

097

所穿衣服的颜色一样，现在把"朝天紫"写成"朝天子"，是错误的。

三学士。

锦团绿，植株的高度达到 60 多厘米，杂乱地聚集在一起生长，叶片齐整，但较短小且厚实，和宝楼台相似，花朵为重瓣，颜色为粉紫色，花瓣扭合成一撮，花瓣上有很多细纹，花朵很媚但是不够清香，花朵经常生长在植株的根附近，古代叫作波斯，也叫作狮子头、滚绣球。

包金紫，花朵较大，颜色为深紫色，花朵稍微粗一些，一朵花只有十四五片花瓣，中间有黄色的雄蕊，雌蕊是大红色的，形状和核桃相似，又和僧人手中所拿铜质有柄小磬相似。植株的高度在 100 到 140 厘米之间，叶片和玉天香相似，但比玉天香圆一些。

多叶紫，花朵为深紫色，只有七八片花瓣，中间有大黄色的花蕊，植株的高度在 1.3 米到 1.7 米之间，花朵有碗那么大，叶片又尖又长。

紫云芳，花朵为大紫色，里外和上下都不止一层花瓣，叶片和玉天香相似，虽然比不上宝楼台，但紫色的仪态，能引发人深远之思，有着不一样的清雅风度，开放时间较长，但不够清香。

蓬莱相公。

这些都是紫色品种。

原典

青心黄，花原一本，或正圆如球，或层起成楼子，亦异品也。

状元红，重叶，深红花，其色与鞓红、潜绯相类，天资富贵，天彭人以冠花品。

金花状元红，大瓣，平头，微紫，每瓣上有黄须，宜阳。

金丝大红，平头，不甚大，瓣上有金丝毫，一名金线红。

胭脂楼，深浅相间，如胭脂染成，重叠累萼，状如楼观 [1]。

倒晕檀心，多叶，红花，凡花近萼色深，至末渐浅，此花自外深色，近萼反浅白，而深檀点其心，尤可爱。

九蕊珍珠红，千叶，红花，叶上有一点，白如珠，叶密蹙，其蕊九丛。

添色红，多叶，花始开色白，经日渐红，至落乃类深红，此造化之尤巧者。

双头红，并蒂 [2] 骈萼 [3]，色尤鲜明，养之得地，则岁岁皆双，此花之绝异者也。

鹿胎红，鹤翎红子花也，色微带黄，上有白点，如鹿胎，极化工 [4] 之妙。

潜溪绯，千叶，绯花，出潜溪寺 [5]，本紫花，忽于丛中特出绯者一二朵，明年移在他枝，洛阳谓之转枝花。

一捻红，多叶，浅红，叶杪 [6] 深红一点，如人以二指捻之。旧传贵妃 [7] 匀面 [8]，余脂印花上，来岁花开，上有指印红迹，帝[9]命今名。

富贵红，花叶圆正而厚，色若新染，他花皆卸，独此抱枝而槁，亦花之异者。

桃红舞青猊，千叶楼子，中五青瓣，一名睡绿蝉，宜阳。

玉兔天香，二种，一早开，头微小，一晚开，头极大，中出二瓣如兔耳。

萼绿花，千叶楼子，大瓣，群花卸后始开，每瓣上有绿色，一名佛头青，一名鸭蛋青，一名绿蝴蝶，得自永宁王[10]宫中。

叶底紫，千叶，其色如墨，亦谓墨紫，花在丛中，旁心生一大枝，引叶覆其上，其开比他花可延十日，岂造物者亦惜之耶？唐末有中官[11]为观军容[12]者，花出其家，亦谓之军容紫。

腰金紫，千叶，腰有黄须一团。

驼褐裘，千叶楼子，大瓣，色类褐衣[13]，宜阴。

蜜娇，树如樗，高三四天[14]，叶尖长，颇阔厚，花五瓣，色如蜜蜡[15]，中有蕊根檀心。

以上间色[16]。

花　谱

木
本

注释

[1] 楼观：楼和观都是古代建筑种类，楼不止一层，观建在高台之上。

[2] 并蒂：两朵花共用一个花梗。

[3] 骈萼：两个花萼并列。

[4] 化工：自然形成的工巧。

[5] 潜溪寺：在今河南洛阳龙门，为石窟寺。

[6] 叶杪：花瓣顶端。

[7] 贵妃：唐玄宗的贵妃杨玉环。

[8] 匀面：化妆时用手搓脸使脂粉匀净。

[9] 帝：唐玄宗。

[10] 永宁王：明代藩王朱鼎材，明太祖朱元璋六世孙，擅长画牡丹。

[11] 中官：宦官。

[12] 观军容：唐代由宦官担任的官职，全称为观军容宣慰处置使，由监军发展而来。

[13] 褐衣：贫贱之人所穿粗布衣服。

[14] 天：当为"尺"之误。

[15] 蜜蜡：蜂蜡。

[16] 间色：杂色，两种原色配成的颜色，或两种以上颜色。

译文

青心黄，一株上往往开两种形态的花，有的花朵像球一样呈正圆形，有的花朵上下不止一层花瓣，也是一个很奇异的品种。

状元红，花瓣较多，花朵为深红色，它的颜色和鞓红、潜绯相似，天生富贵相，四川成都彭州人认为它是牡丹花中最好的品种。

金花状元红，花瓣较大，上下只有一层，颜色偏紫，每个花瓣上都有黄色丝须，适宜生长在向阳的地方。

金丝大红，花朵上下只有一层花瓣，不是很大，花瓣上有金色细丝纹路，也叫作金线红。

胭脂楼，颜色深浅相杂，就好像用胭脂染成的一样，花瓣上下重叠，而且有几层花萼，形状和楼观相似。

倒晕檀心，花瓣较多，花朵为红色，一般的花，花瓣靠近花萼的地方颜色较深，越往花瓣上端，颜色越浅，这种花恰好相反，花瓣上端颜色较深，靠近花萼的地方反而变成了浅白色，而且花朵中心的雌蕊为深檀色，非常惹人怜爱。

九蕊珍珠红，花朵为重瓣，颜色为红色，花瓣上有一个斑点，像珍珠一样洁白，花瓣密集，有九丛花蕊。

添色红，花瓣较多，刚开花的时候，颜色是白的，过几天后，会逐渐变成红色的，等到花落的时候，颜色接近深红，这是承天地最精巧的创造化育而产生的品种。

双头红，两朵花共用一个花梗，两个花萼并列，颜色非常鲜艳明丽，如果养在合适的地方，那么每年都会开并蒂花，这是花里面最奇异的一种。

鹿胎红，是鹤翎红衍化出的品种，花朵的颜色红中稍微带点儿黄，花瓣上有白色斑点，就和梅花鹿的皮一样，极尽天地自然形成的工巧的精妙。

潜溪绯，花朵为重瓣，颜色为绯红色，产自河南洛阳的潜溪寺，在满枝的紫花当中，突然冒出一两朵绯红色的花，第二年绯红色的花朵又会转移到其他花枝上，在洛阳把它叫作转枝花。

一捻红，花瓣较多，颜色为浅红色，花瓣顶端有一个深红色的斑点，就好像是被人用两个手指头捻出来的。以前传说唐玄宗的贵妃杨玉环，用手抹匀脸上的脂粉时，掉落的胭脂粘在了牡丹花上，第二年开花的时候，花瓣上有手指印一样的红斑点，唐玄宗将它命名为现在的名字。

富贵红，花瓣很圆而且很厚实，颜色就像新染成的一样，其他品种的牡丹花开败后，花朵都会从花枝上掉落，只有这个品种，花朵一直留在花枝上，也是花中比较奇异的品种。

桃红舞青猊，花朵上下和里外都不止一层花瓣，中间有五片青绿色的花瓣，也叫作睡绿蝉，适宜生长在向阳的地方。

玉兔天香，有两个品种，一种开花时间早，花朵稍微小一些，一种开花时间晚一些，花朵非常大，花朵中间长出的两片花瓣，就像兔子的耳朵一样。

萼绿花，花朵上下和里外都不止一层花瓣，花瓣较大，其他品种的牡丹花凋零以后，它才开始开放，每个花瓣上都带有绿色，也叫作佛头青、鸭蛋青、绿蝴蝶，诞生在明代永宁王朱鼎材的王宫里。

　　叶底紫，花朵里外不止一层花瓣，颜色像墨一样，也叫作墨紫，花朵生长在枝叶当中，旁边长出一个较大的花枝，牵引叶片覆盖在花朵上，它花期比其他花长十天，难道就连造物主也爱惜它吗？唐代末期有个宦官担任观军容使，这种花就诞生在他家，也叫作军容紫。

　　腰金紫，花朵里外不止一层花瓣，花瓣中间有一团黄色丝须。

　　驼褐裘，花朵里外和上下都不止一层花瓣，花瓣较大，颜色和贫贱之人所穿粗布衣服相似，适宜生长在背阴的地方。

　　蜜娇，植株和樗树相似，高度在 1 到 1.3 米，叶片又尖又长，十分宽阔厚实，花朵由五片花瓣组成，颜色和蜜蜡相似，花朵中间有雄蕊和雌蕊。

　　这些都是杂色品种。

牡丹蝴蝶图 ［元］沈孟坚

原典

大凡红、白者多香，紫者香烈而欠清；楼子高、千叶多者，其叶尖岐 [1] 多而圆厚；红者叶深绿，紫者叶黑绿，惟白花与淡红者略同。此花须殷勤照管，酌量浇灌，仔细培养，花若开盛，主人必有大喜，最忌栽宅内天井 [2] 中，大凶。

注释

[1] 岐：同"歧"，分叉。
[2] 天井：宅院中房子和房子或房子和围墙所围成的露天空地。

译文

大致来说，红色和白色的牡丹花比较清香，紫色的牡丹花香味很浓，但不够清爽；花朵的花瓣，上下和里外层数多的，叶片的尖端就会有较多分叉，而且叶片比较圆且厚实；开红花的牡丹叶片是深绿色的，开紫花的牡丹叶片是黑绿色的，只有开白花和淡红色花的牡丹，叶片大致相同。牡丹花需要殷勤照看、打理，浇灌时要斟酌水量，细心地培养它，牡丹花如果能够盛开，那么花的主人一定会有大喜事降临，最忌讳栽种在住宅内的天井中，是非常不吉利的。

现代描述

牡丹，*Paeonia suffruticosa*，芍药科，芍药属。落叶灌木。叶通常为二回三出复叶，偶尔近枝顶的叶为 3 小叶；顶生小叶宽卵形，3 裂至中部，裂片不裂或 2—3 浅裂，侧生小叶狭卵形或长圆状卵形，2 裂至 3 浅裂不等或不裂。花单生枝顶，直径 10—17 厘米；花瓣 5，或为重瓣，玫瑰色、红紫色、粉红色至白色，通常变异很大，倒卵形，顶端呈不规则的波状。花期 5 月，果期 6 月。

中国人观赏栽培牡丹的历史非常悠久，唐朝是最鼎盛时期，甚至达到了牡丹花开举国疯狂的程度，当时文化和政治中心的中原地区也是最适宜牡丹生长的地方，这种风气之下，牡丹的园艺品种培育非常发达，至后世延续发展，从王象晋列举的牡丹品种可见一斑。一些名贵品种如姚黄、魏紫、赵粉，都是自古代流传下来的。现代的牡丹品种依照花型主要以类、型分类如下。

一、单花类，花朵由单花构成，又分为两大亚类：

千层亚类，花瓣向心增加，排列整齐，雄蕊随着花瓣增加相应减少至消失，花形扁平，下分为单瓣型、荷花型、菊花型、蔷薇型；

楼子亚类，外瓣 2—3 轮，雄蕊瓣化，雌蕊正常、瓣化或退化，多数花形高耸，下分为托桂型、金蕊型、金环型、皇冠型、绣球型。

二、台阁花类，花由 2 朵至数朵叠合构成，是单花高度演化的结果，大大增加重瓣程度。下分为初生台阁型、彩瓣台阁型、分层台阁型、球花台阁型。[1]

此外，也经常按照花色进行分类。

[1] 秦魁杰，李嘉珏.牡丹、芍药品种花型分类研究 [J].北京林业大学学报,1990(1):18—26.

花 谱

木

本

原典
【移植】

移牡丹宜秋分 [1] 后，如天气尚热，或遇阴雨，九月亦可。须全根，宽掘以渐近，勿损细根，将宿土 [2] 洗净，再用酒洗。每窠 [3] 用熟粪土一斗 [4]，白蔹 [5] 末一斤 [6]，拌匀，再下小麦数十粒于窠底，然后植于窠中，以细土覆满。将牡丹提与地平，使其根直，易生，土须与干上旧痕平，不可太低、太高，勿筑实，勿脚踏。随以河水或雨水浇之，窠满即止，待土微干，略添细土覆盖，过三四日再浇。

封培根土，宜成小堆，以手拍实，免风入，吹坏花根。每本约离三尺，使叶相接，而枝不相擦，风通气透，而日色不入，乃佳，不可太密，防枝相磨，致损花芽，不可太稀，恐日晒土热，致伤嫩根。小雪 [7] 前后用草荐 [8] 遮障，勿使透风。若欲远移，将根用水洗净，取红淤土 [9]，罗细末，趁湿，匀粘花根，随用软棉花，自细根尖缠至老根，再用麻纰 [10] 缠定，以水洒之，枝上红芽，用香油纸或矾棉纸，包扎笼住，不得损动 [11]，即万里可致也。或曰中秋为牡丹生日，移栽必旺。

注释

[1] 秋分：二十四节气之一，在每年阳历九月二十二日到二十四日之间。

[2] 宿土：旧土。

[3] 窠：坑穴。

[4] 斗：明代容积单位，十斗为一斛，一斗为十升，一升为十合，一斗为现在 10.74 升。

[5] 白蔹：白蔹，又名山地瓜、野红薯、山葡萄秧、白根、五爪藤等，为葡萄科植物白蔹的干燥块根。

[6] 斤：明代一斤为十六两，一两为十钱，一钱为十分，一斤相当于现在的605克。

[7] 小雪：二十四节气之一，在每年阳历十一月二十二日或二十三日。

[8] 草荐：草席。

[9] 红淤土：淤泥沉淀而成的红色土壤。

[10] 麻纰：麻布。

[11] 损动：摇动。

译文

移植牡丹，适宜在秋分过后，如果秋分过后，天气还很热，或者遇到阴雨天气，推迟到九月再进行移植，也是可以的。一定要把根须全部保住，挖的时候，要从离植株根部较远的地方，逐渐往根部挖，不要损伤小根，把根上带的旧土，用水洗干净，再用酒清洗一次。在挖好的土坑里，先倒入拌了粪的熟土一斗，再倒入一斤白蒅的粉末，将它们搅拌匀称，在土坑底部撒几十粒小麦，然后把牡丹苗竖直放入土坑中，用细土回填土坑。将牡丹苗往上拔一些，让它的根在土里呈垂直状，就容易成活，保证填土高度和牡丹苗原本埋土位置的痕迹是齐平的，高或低都不可以，填土既不要夯实，也不要用脚踩实。接着用河水或雨水浇灌，把土坑浇满就行，等坑里的土稍微干一些的时候，略微用细土将土坑再覆盖一遍，过三四天，再浇一次。

给牡丹苗的根培土的时候，适宜培成小土堆，然后用手把土堆拍实，防止风吹进去，把牡丹花的根吹坏。移植的时候，牡丹苗之间的间隔大约为100厘米，保证它们的叶片能够衔接，但枝干不会相互摩擦，这样既能通风，又能透气，而且阳光照不进去才好。不可以栽得太密集，以防枝干相互摩擦，导致损坏花芽，也不可以栽得太稀疏，免致阳光照进去，把土晒热，导致损伤嫩根。在小雪前后，用草席把牡丹苗遮盖住，不要让寒风吹进去。如果想移植到很远的地方，把牡丹苗的根用水洗干净，取来淤泥沉淀而成的红色土壤，用纱罗筛出细末，趁着根还湿润，把筛出来的细末，均匀地粘在牡丹苗的根上，接着用柔软的棉花，从小根的末端一直缠到老根，再用麻布缠住，在上面洒上水，牡丹枝上的红色花芽，用香油纸或矾棉纸包裹罩住，不要让它摇动，就可以移植到万里之外的地方。有人说中秋是牡丹的生日，在这一天进行移植，它一定可以生长得很旺盛。

原典

【分花】

拣长成大棵茂盛者，一丛七八枝或十数枝，持作一把，摔去土，细视，有根者劈开，或一二枝、或三四枝作一窠，用轻粉[1]加硫黄少许，碾为末，和黄土成泥，将根上劈破处擦匀，方置窠内，栽如前法。

注释

[1] 轻粉：为水银、白矾（或胆矾）、食盐等用升华法制成的无机化合物，成分是氯化亚汞，呈白色粉末状结晶。

译文

选择生长茂盛、大棵的牡丹，将丛聚的七八枝或者十几枝，捏成一把，把根上的土甩掉，仔细观察，把带有根须的分劈开来，一两枝或三四枝分成一小棵，在轻粉中加入少量硫黄，研磨成粉末，拌入黄土中，和成稀泥，把这泥均匀地涂抹在分劈时产生的伤口上，然后放置在挖好的土坑里，用前面所说的方法栽种。

原典

【种花】

六月中，看枝间角[1]微开，露见黑子，收置向风处，晒一日，以湿土拌，收瓦器[2]中。至秋分前后三五日，择善地，调畦[3]土，要极细，畦中满浇水，候干。以水试子，择其沉者，用细土拌白蔹末种之，隔五寸一枚，下子毕，上加细土一寸。冬时盖以落叶，来春二月内用水浇，常令润湿，三月生苗，最宜爱护，六月中以箔[4]遮日，勿致晒损，夜则露之，至次年八月移栽。若待角干收子，出者甚少，即出亦不旺，以子干而津脉[5]少耳。

注释

[1] 角：指牡丹的果实，呈五角形。

[2] 瓦器：陶器。

[3] 畦：田地中划出的小区块。

[4] 箔：用苇子、秫秸等做成的席子。

[5] 津脉：植物输送水分和营养的脉。

译文

六月的时候，观察牡丹枝上呈五角形的果实，等到果壳稍微开裂，能看到里面露出的黑色种子时，将种子采收，放置在通风的地方，晾晒一天，然后把它拌入湿土中，盛放在陶器里。在秋分前后三五天内，选择适宜的土地，整治所种田地的土壤，一定要把土松得非常细，在田中浇满水，等待水干。用水来试验种子，选择沉入水里的，把它和细土、白蔹末搅拌在一起播种，种子的间隔为17厘米一粒，点种完种子以后，在上面覆盖一层3厘米多厚的细土。冬天的时候，在上面覆盖一层落叶，来年春天二月的时候，用水浇灌，使土壤经常保持湿润，三月的时候长出幼苗，最应该爱护，六月的时候用席子遮挡阳光，以防牡丹苗被晒伤，晚上把席子撤掉，等到第二年八月进行移栽。如果等到五角形的果实干燥以后再采收种子，那么出苗率就会很低，而且长出的幼苗生长很不旺盛，这是因为种子干燥以后，输送水分和营养的脉就少了。

原典

【接花】

花不接不佳，接花须秋社[1]后、重阳前，过此不宜。将单叶花，本如指大者，离地二三寸许，斜削一半，取千叶牡丹新嫩旺条，亦用利刀斜削一半，上留二三眼[2]，贴于小牡丹削处，合如一株，麻纴紧扎，泥封严密，两瓦合之，壅以软土，罩以葂[3]叶，勿令见风日，向南留一小户以达气，至来春惊蛰[4]后，去瓦土，随以草荐围之，仍树棘数枝，以御霜，茂者，当年有花，是谓贴接。

或将小牡丹新苗旺盛者，离地二三寸，用利刀截断，以尖刀劂[5]一小口，取上品牡丹枝，上有一二芽者，截二三寸长一段，两边斜削，插于劂处，比量[6]吻合，麻纴扎紧，细湿上壅[7]高一尺，瓦盆盖顶。待二七开视，茂者，其芽红白鲜丽；长及一寸，此极旺者；若未发，再培之，三七开看，活者即发，否则腐毙。活者仍用土培、盆合，至春分去土，恐有烈风，仍用盆盖，时常检点[8]，至三月方放开，全见风日，又恐茂者长高，被风吹折，仍以草罩罩之。

接头枝，如及时截取者，藏新篓润土，十余日行数百里，亦可接活。立春若是子日[9]，茄[10]根上接之，不出一月，花即烂漫。二三月间，取芍药根大如萝卜者，削尖如马耳，将牡丹枝劈开，如燕尾，插下，缚紧，以肥泥培之，即活，当年有花。一二年，牡丹生根，割去芍药根，成真牡丹矣。又椿树接者，高丈余，可于楼上赏玩，唐人所谓楼子牡丹也。

注释

[1] 秋社：秋季祭祀土地神的日子，在立秋后第五个戊日。

[2] 眼：这里指花芽。

[3] 葂：嫩蒲草。

[4] 惊蛰：二十四节气之一，每年阳历三月五日到七日之间。

[5] 劂：划开。

[6] 比量：比照。

[7] 壅：培土。

[8] 检点：查点。

[9] 子日：干支纪日法中，甲子、丙子、戊子、庚子、壬子这五天都是子日。

[10] 茄：即地稔，地稔也叫地茄，野牡丹科、野牡丹属的匍匐状小灌木。

译文

花没有经过嫁接，品种都不好，嫁接花应当在秋季祭祀土地神以后，农历九月初九重阳节以前，过了这段时间就不合适了。枝干犹如手指粗的单瓣牡丹，在地上 6 到 10 厘米的位置，把以上的枝干削去，茬口呈斜面状；截取重瓣牡丹生长旺盛的新生嫩条，用锋利的刀把茬口削成斜面状，嫩条上留两三个花芽，然后把嫩条的斜面茬口和单瓣小牡丹的斜面茬口贴在一起，拼合成一株，然后用麻布将它们紧紧地裹在一起，麻布外面涂抹上稀泥，以达到密封的目的；再用两片瓦扣合，中间的空隙用软土填实，最后用嫩蒲草的叶子覆盖，不要让新接的牡丹植株被风吹日晒，在朝南方向留一个小口，用以保证空气流通；等到第二年春天惊蛰以后，把瓦片和填土去掉，紧接着用草席围裹，在周围插几枝酸枣树枝，可以抵御霜，生长茂盛的话，当年就能开花，这种嫁接方法叫作贴接。

也可以把生长旺盛的小株新生牡丹苗，在地上 6 到 10 厘米的位置，用锋利的刀把上半部分削掉，茬口呈平面，在横截面上用尖刀划一个小口；截取品种优良的牡丹枝条，条长 6 到 10 厘米，条上有一两个花芽，将枝条底端两侧向内斜削，把枝条削尖一端插入小株新生牡丹上划出的小口中，比照着使划开的豁口和接枝的尖端大致吻合，然后用麻布把它们捆扎紧；再给接成的牡丹培上 30 多厘米高的细腻湿土，在培土的顶端盖上瓦盆，等到 14 天以后打开查看，生长茂盛的，接枝上的花芽呈红白色，非常鲜明艳丽；花芽的长度达到 3 厘米多，是生长极其旺盛的；如果没有发芽，那就再给它培好土，等到 21 天以后，再打开来查看，如果嫁接活了，就会发芽，如果没有嫁接活，就会腐烂枯死；嫁接活的仍然给它培土，上面用瓦盆覆盖，等到春分的时候把培土去掉，为避免遇到大风，仍然用瓦盆覆盖，经常去查看它，等到三月的时候才去掉瓦盆，让接活的牡丹吹到风、见着阳光，但怕生长茂盛的接枝长得太高，被风吹断，仍然要用草罩盖住它。

用来嫁接的枝条，如果截取及时，埋藏在新编成的装有湿土的篓子里，十几天内远行到几百里之外的地方，也能够嫁接活。如果立春这一天恰巧是子日，在地茄根上嫁接牡丹，不超过一个月，牡丹花就会开得很绚丽。二三月之间，选取萝卜那么大的芍药根，把它的上端削尖，呈马耳状，再将准备嫁接的牡丹枝下端破开，形状和燕尾相似，把芍药根的尖端插入牡丹枝的开口中，把它们缠紧，再培上肥沃的泥土，就能成活，当年就能开花，一两年以后，牡丹枝生根，把芍药根割掉，就能变成真正的牡丹了。把牡丹枝嫁接在香椿树上，能长到3米多高，可以在楼上观赏，唐代人把它叫作楼子牡丹。

原典

王敬美　牡丹，一接便活者，逐年有花；若初接不活，削去再接，只当年有花。

牡丹本出中州[1]，江阴[2]人能以芍药根接之，今遂繁滋[3]，百种幻出。余澹圃中绝盛，遂冠一州，其中如绿蝴蝶、大红狮头、舞青霓、尺素，最难得开。南都[4]牡丹让江阴，独西瓜瓢为绝品，余亦致之矣，后当于中州购得黄楼子，一生便无余憾。人言牡丹性瘦，不喜粪，又言夏时宜频浇水，亦殊不然，余圃中亦用粪乃佳，又中州土燥，故宜浇水，吾地湿，安可频浇？大都此物，宜于沙土耳。南都人言分牡丹种时，须直其根，屈之则死，深其坑，以竹虚插，培土后拔去之，此种法宜知。

注释

[1] 中州：以豫州为中心的中原地区。
[2] 江阴：今江苏省无锡市所属江阴市。
[3] 繁滋：繁殖增多。
[4] 南都：今江苏南京。

译文

王世懋　牡丹，第一次嫁接便成活的，每年都能开花；如果第一次嫁接没有成活，把枯死的部分削掉重新嫁接，那么只有当年会开花。

牡丹原本产自中原地区，江苏江阴人能在芍药的根上嫁接牡丹，现在繁殖增多，幻化出上百个品种。我的园林澹圃中，牡丹非常兴盛，在苏州首屈一指，其中绿蝴蝶、大红狮头、舞青霓、尺素等品种最不容易开花。江苏南京的牡丹不如江阴的，只有西瓜瓢是绝品，我也得到了，往后我应当购买中州的黄楼子这个品种，如果能够得到，我这一生便没有遗憾了。人们说牡丹生性喜欢贫瘠的土壤，不喜欢粪土，又说夏天的时候，适宜频繁给牡丹浇水，其实根本不对，我花圃中的牡丹，也是浇粪才能茂盛生长，又因为中原土壤干燥，所以适宜浇水，我们苏州这里土壤潮湿，怎么能够频繁浇水呢？大致来说，牡丹适宜生长在沙土当中。南京人说牡丹分株栽种时，必须让根在土里保持直立，如果根屈曲，牡丹就会死，把土坑挖深一些，在坑里虚插上竹竿，给牡丹培过土以后，把竹竿拔掉，这种栽种方法应当知晓。

　　嫁接是一种人工繁育的方式，将性状优良的品种枝或芽即接穗，接到长势强的植物枝干即砧木上，以快速繁殖出既有优良性状又生长旺盛的新植株。作为砧木的植物是亲缘接近或同种的，生理结构相似，嫁接易成活。牡丹常用的砧木有芍药、凤丹牡丹或其他牡丹，都是同科同属甚至同种植物。文中提到将牡丹嫁接到香椿上，可以登楼观赏，大概只是一种文人的想象了。

花　谱

木
本

原典

【浇花】

　　寻常浇灌，或日未出，或夜既静，最要有常。正月一次，须天气和暖，如冻未解，切不可浇。二月三次，三月五次。四月花开，不必浇，浇则花开不齐，如有雨，任之，亦不宜聚水于根旁。花卸后，宜养花，一日一次，十余日后，暂止，视该浇方浇。六月暑中，忌浇，恐损其根须，来春花不茂，虽旱亦不浇。七月后，七八日一浇。八月剪枯枝并叶，上炕土[1]，五六日一浇。九月三五日一浇，浇频，恐发秋叶，来春不茂，如天气寒，则浇更宜稀，此时枝上橐芽[2]渐出，可见浇灌之功也。十月、十一月，一次或二次，须天气和暖，日上时方浇，适可即止，勿伤水，或以宰猪汤[3]，连余垢候冷，透浇一二次，则肥壮宜花。十二月地冻，不可浇，春间开冻时，去炕土，浇时缓缓为妙，不可湿其干。雨水、河水为上，甜水次之，咸水不宜，最忌犬粪。

注释

[1] 炕土：火炕炕洞壁上所挂黑褐色胶状物，长时间过烟形成的烟垢，即炕洞焦油。

[2] 橐芽：处于鳞芽状态的牡丹花芽，由于花芽包裹在鳞片中，所以叫作橐芽。

[3] 宰猪汤：即杀猪水。

译文

　　平时浇灌牡丹，在太阳没出来以前或者夜深人静的时候，都可以，最关键的是浇水时间要有规律。正月浇灌一次，要选择天气和暖的日子，如果大地还没有解冻，则万万不可浇灌。二月浇灌三次，三月浇灌五次。四月牡丹花开放，不一定要浇水，如果浇灌的话，就会造成开花时间不齐整，如果遇到下雨天，也不要去遮挡雨水，也不适宜把雨水聚集在牡丹的根旁边。牡丹花凋零以后，适宜对牡丹进行养护，一天浇一次水，十几天以后，暂时停止，看着应该浇灌了再浇水。六月的时候，天气暑热，忌讳浇灌，害怕会伤害牡丹的根须，那样的话，第二年春天开花就不繁盛，即使天旱也不能浇水。七月以后，七八天浇一次水。八月要把牡丹枯死的枝条和叶子剪掉，并给牡丹根旁埋上炕土，五六天浇灌一次。九月，三五天浇灌一次，如果浇灌太频繁，可能会长出秋叶，第二年春天，牡丹就不能茂盛生长，如果九月天气寒冷的话，那就更应该减少浇水次数，这时候牡丹枝上逐渐长出鳞芽，这正是浇灌作用的体现。十月和十一月，浇灌一次或两次，必须选择天气和暖的日子，太阳升起来以后再浇，适量地浇一些就要停止，不要因为浇水太多，对牡丹造成伤害，或者把杀猪水连里面的污垢一起凉冷，浇灌一两次，一定要浇透，那么就能使土壤肥沃，适宜牡丹开花。十二月，土地冻结，不能浇水，春天解冻时，把所埋炕土去掉，浇灌时一定要慢慢浇才好，不要浇湿牡丹的枝干。浇灌所用的水，以雨水和河水为佳，有甜味的水要差一些，不宜用有咸味的井水浇灌，最忌讳狗屎。

原典

【养花】

凡打揥[1]牡丹，在花卸后五月间，只留当顶一芽，傍枝余朵摘去，则花大。欲存二枝，留二红芽，存三枝，留三红芽，其余尽用竹针[2]挑去。芽上二层叶枝，为花棚，芽下护枝，名花床，养命护胎，尤宜爱惜，花自有红芽，至开时，正十个月，故曰花胎。培养[3]常在八九月时，隔二年一次，取角屑硫黄，磣如面，拌细土粉，挑动花根，壅入土一寸，外用土培，约高二三寸。

地气既暖，入春渐有花蕾，多则惧分其脉，侯如弹子[4]大时，捻之，不实者摘去，止留中心大者二三朵，气聚则花肥，开时甚大，色亦鲜艳。开时，必用高幕遮日，则耐久。花才落，便剪其蒂，恐结子，则夺来春之气，剪勿太长，恐损花芽。伏中[5]仍要遮护花芽，勿令晒损，候日不甚炎，方撤去。八月望[6]后，剪去叶，留梗寸许，存其津脉不上溢，以养囊芽，其花棚、花床，慎不可剪。九月初，培以细土，使下另生芽。冬至[7]，北面竖草荐，以障风寒。冬至日，研钟乳粉，和硫黄少许，置根下土中，不茂者亦茂。每揥一枝，须用泥封、纸固，否则，久必成孔，蜂入水灌，连身皆枯，慎之。

注释

[1] 打掐：去掉植物多余的芽蘖。
[2] 竹针：竹签。
[3] 培养：培土养护。
[4] 弹子：弹丸。
[5] 伏中：指三伏期间，每年阳历七月中旬到八月中旬。
[6] 望：农历每月十五。
[7] 冬至：农历二十四节气之一，阳历每年十二月二十一到二十三日之间。

译文

大致来说，给牡丹摘芽是在牡丹花凋零以后的五月之内，只保留主枝顶部的一个芽，侧枝上多余的芽全部摘掉，这样就能使牡丹花朵非常大。如果想要保留两个花枝，那么就留下两个芽，如果想要保留三个花枝，那么就留下三个芽，其他的芽都用竹签挑掉，芽上方两层枝叶是花的棚子，芽下方的防护枝，叫作花床，它们保护花胎，最应当爱惜，花朵有它自己的红色芽，到开的时候，正好十个月，所以叫作花胎。牡丹花的培土养护经常在八九月的时候，每隔两年一次，选取角屑状的硫黄，碾成面，拌在细腻的土面里，挑起牡丹根上的土，把拌有硫黄面的细土埋入土里3厘米多，外面给它培上土，土的高度大约为 6 到 10 厘米。

土地回暖以后，入春牡丹逐渐长出花蕾，花蕾太多会导致养分分散，等花蕾长到弹丸那么大时，用手指轻轻地捻一下，如果不饱满就摘掉它，只保留中间较大的两三个花蕾，养分聚集则花健壮，开放的时候就会非常大，颜色也会很鲜艳。牡丹花盛开时，一定要用高大的幕布给它遮挡阳光，这样开放的时间长。牡丹花刚刚凋零，便要把花蒂剪掉，以防结实，因为果实会侵夺牡丹来春生长所需要的养分，花梗不要剪得太多，以防伤到花芽。三伏天仍然要遮挡阳光，以防花芽被晒伤，等到日光不太炎热的时候，再把幕布撤掉。八月十五以后，把牡丹的叶子剪掉，只留 3 厘米多长的叶梗，以使养分不被输送到上方供养叶子，而是供给牡丹的鳞芽，花棚和花床一定不要剪掉。九月初，培细土，让牡丹下部的枝上生出新芽。冬至的时候，在牡丹北面竖立草席，用来阻挡风寒。冬至这一天，把钟乳石研磨成粉末，拌入少量硫黄，放置在根下的土里，生长不茂盛的也能变得茂盛。每掐掉一个枝芽时，一定要用细泥封严、用纸固定，不然的话，时间一长一定会变成孔洞，蜜蜂钻进去或雨水灌进去，那么整株牡丹都会枯死，一定要慎重。

【卫花】

　　牡丹根甜，多引虫食，栽时，置白蔹末于根下，虫不敢近。花开渐小，由蠹虫[1]害之，寻其穴，针以硫黄末，其旁枝叶有小孔，乃虫所藏处，或针入硫黄，或以百部[2]塞之，则虫死，而花复盛。又有一种小蜂，能蛀枝梗，秋冬即藏枝梗中。又有红色蠹虫，能蛀木心，寻其穴，填硫黄末，或杉木钉钉之。花生白蚁，以真麻油[3]，从有孔处浇之，则蚁死而花愈茂。又法，于秋冬叶落时，看有穴枯枝，拆开，捉尽其虫，亦妙。又五月五日，用好明雄黄[4]，研细，水调，每根下浇一小钟[5]，不生虫。桂及乌贼鱼骨刺入花梗，必死。又最忌麝香、桐油、生漆，一着其气味，即时萎落。汴[6]中种花者，园旁种辟麝数株，枝叶类冬青，花时，辟麝正发新叶，气味臭辣，能辟麝。凡花为麝伤，焚艾及雄黄末，上风熏之，能解其毒。忌用热手摩抚、摇撼，忌栽木斛，不耐久，花旁勿令长草，夺土脉，不可踏实，地气不升，初开时，勿令秽人、僧尼及有体气者采折，使花不茂。

注释

[1] 蠹虫：蛀虫。

[2] 百部：也叫作婆妇草、药虱草，是百部科的植物，这里指百部根茎磨成的粉末。

[3] 麻油：芝麻油，也叫香油。

[4] 明雄黄：雄黄别名。

[5] 钟：杯子。

[6] 汴：今河南开封。

译文

　　牡丹根的味道是甜的，能够招引很多虫子去啃食，栽种牡丹的时候，一定要在根底下放置白蔹末，这样虫子就不敢接近了。牡丹所开花朵一年比一年小，那是因为受到了蛀虫的伤害，找到它的洞穴，用针把硫黄末戳进去，洞穴旁边的枝叶上有小孔，那是蛀虫的藏身之所，可以用针把硫黄末戳进去，也可以用百部根茎磨成的粉末把小孔堵塞，这样的话就能消灭蛀虫，牡丹花也能重新盛开。还有一种小蜂，能把牡丹的枝梗咬坏，秋天和冬天就藏身在牡丹的枝梗当中。还有一种红色的蛀虫，能够咬坏牡丹枝干的中心，找到它的洞穴，把硫黄末填进去，或者用杉木钉把洞穴钉实。牡丹花朵上如果生了白蚁，就把真正的芝麻油灌入白蚁的巢穴，那样白蚁就会被杀死，而花朵则更加繁盛。还有一个办法，就是在秋、冬两个季节，牡丹的叶子脱落以后，寻找枯枝上白蚁穴，把蚁穴划开，把里面的白蚁都捉干净，这个办法也很好。在每年五月初五端午节，把质量良好的雄黄研磨成细粉，用水调和，在每株牡丹的根底下浇一小杯，这样牡丹就不生虫子了。鳜鱼和乌贼鱼的骨刺一旦

二如亭群芳谱

扎入花梗中，那么牡丹花一定会枯死。又非常忌讳麝香、桐油和生漆，一旦被它们的气味熏着，立刻就会枯萎凋零。河南开封人种植牡丹花，会在牡丹园旁边种几株辟麝，辟麝的枝叶和冬青树相类似，牡丹开花时，辟麝正在生长新叶，它的气味又臭又辣，能够斥退麝香。大致来说，花朵被麝香熏伤，在上风向焚烧艾草和雄黄粉末，让产生的烟气熏染花朵，就能消解麝香的毒气。忌讳用热手抚摸、摇动花朵，忌讳在牡丹旁边栽种木斛，那样会使花朵开放的时间缩短，牡丹花旁边不要让生长杂草，那样会侵夺土壤中的养分，不可以用脚把土壤踩实，那样土壤里的养分无法上升供养牡丹，牡丹花刚开放的时候，不要让不洁净的人、僧人、尼姑和有体气的人采折花朵，不然会导致牡丹花开得不繁盛。

花　谱

木
本

原典

【变花】

　　周日用[1]曰："愚[2]闻，熟地、栯、生菜、兰，持硫黄末筛于其上，盆覆之，即时可待。用以变白牡丹为五色[3]，皆以沃[4]其根，紫草汁则变紫，红花汁则变红。又根下放白术末，诸般颜色皆变腰金。又白花初开，用笔蘸白矾水描过，待干，以藤黄和粉调淡黄色，描之，即成黄牡丹，恐为雨湿，再描清矾水一次。"

注释

[1] 周日用：宋代人，著有《博物志注》。　　[3] 五色：泛指各种颜色。
[2] 愚：谦辞，用于自称。　　[4] 沃：浇灌。

译文

　　周日用说："我听说，在地黄、郁李、生菜和兰的花上，用硫磺末从上往下筛，用盆扣住，能迅速改变颜色。把白色牡丹花变成各种颜色，都是浇灌它的根部，用紫草的汁液，牡丹花就变成紫色，用红花的汁液，牡丹花就变成红色。在牡丹的根底下放上白术的粉末，那么各种颜色的牡丹花腰部都会产生金线。白色的牡丹花刚刚开放的时候，用毛笔蘸上白矾水把花朵描一遍，等干了以后，再用藤黄和铅粉调成的淡黄色水描一遍，白牡丹就会变成黄牡丹，害怕被雨水沾湿，就再用清矾水描一遍。"

原典

【剪花】

　　花宜就观，不可轻剪，欲剪亦须短其枝，庶[1]不伤干，又须急剪，庶不伤根。既剪，旋[2]以蜡封其枝。剪下花，先烧断处，亦以蜡封其蒂，置瓶中，可供数日玩，或养以蜂蜜。芍药亦然。如已萎者，剪去下截烂处，用竹架之水缸中，尽浸枝梗，一夕复鲜。若欲寄远，蜡封后，每朵裹以菜叶，安竹笼中，勿致摇动，马上急递[3]，可致数百里。

注释

[1] 庶：但愿、或许。

[2] 旋：不久、尽快。

[3] 急递：古时的快速驿递。

译文

　　花朵适宜走到近旁去观赏，不可以轻易剪下来，如果实在想剪，也一定不要剪太长花枝，希望这样可以不伤及牡丹的主干，剪的时候一定要快，希望这样可以不伤害牡丹的根。剪了以后，尽快用蜡把剪花枝留下的茬口封住。剪下来的花朵，先用火把剪断的地方烧一下，然后也用蜡把花蒂封住，插在花瓶中，可以玩赏几天，也可以把花枝插在蜂蜜中养。芍药也是一样的方法。如果花朵已经枯萎了，就把花枝下半段已经腐烂的剪掉，用竹竿把它架在水缸里，使花枝和花梗都浸泡在水里，一夜过后，枯萎的牡丹花就能恢复鲜活。如果想把牡丹花寄到遥远的地方，用蜡封住花蒂以后，在每朵花上都裹上菜叶，放置在竹笼里，不要使它晃动，立刻用快速驿递传送，能够寄到几百里以外。

原典

【附录】

　　秋牡丹　草本，遍地蔓延，叶似牡丹，差小，花似菊之紫鹤翎，黄心。秋色寂寥[1]，花间植数枝，足壮秋容。分种易活，肥土为佳。

注释

[1] 寂寥：冷落萧条。

百花图卷（局部）[宋]佚名

译文

　　秋牡丹是草本植物，匍匐根茎遍地蔓延，叶片和牡丹叶相似，但比牡丹叶要小一些，花朵与菊花中的紫鹤翎品种相似，花蕊是黄色的。秋天冷落萧条，在众花中间种植几株秋牡丹，足以使秋景生色。移栽很容易成活，喜欢生长在肥沃的土地上。

现代描述

　　秋牡丹，*Anemone hupehensis var. japonica*，毛茛科，银莲花属，为打破碗花花的重瓣栽培类型。草本，植株高约30—120厘米。根状茎斜或垂直，长约10厘米，基生叶3—5，有长柄，通常为三出复叶，有时1—2个或全部为单叶；中央小叶有长柄，侧生小叶较小；聚伞花序2—3回分枝，有较多花，苞片3，萼片5，紫红色或粉红色，倒卵形，花药黄色，椭圆形，花丝丝形；聚合果球形，瘦果长约3.5毫米。7月至10月开花。

原典

　　缠枝牡丹　柔枝倚附[1]而生，花有牡丹态度，甚小，缠缚小屏[2]，花开烂然，亦有雅趣。

注释

[1] 倚附：攀附依傍。
[2] 屏：屏风。

译文

　　缠枝牡丹，藤本枝条非常柔弱，需要攀附依傍在硬挺的东西上生长，花朵有牡丹花的容态，但非常小，让它的柔弱枝条缠缚在小巧的屏风上，开花的时候很灿烂，也富有高雅的情趣。

本草图谱之一　[日]岩崎灌园

现代描述

缠枝牡丹，*Calystegia dahurica f. anestia*，旋花科，打碗花属，为毛打碗花的重瓣栽培类型。多年生草本，茎缠绕，伸长，有细棱。叶形多变，三角状卵形或宽卵形，顶端渐尖或锐尖，基部戟形或心形；花腋生，1朵；花冠通常白色或有时淡红或紫色，漏斗状，花冠重瓣，撕裂状，形状不规则，花瓣裂片向内变狭，没有雄蕊和雌蕊。蒴果卵形，种子黑褐色，长4毫米。

原典

【典故】

《太平广记》 韩文公[1]侄湘[2]，落魄不羁[3]，自言："解造逡巡酒[4]，能开顷刻花[5]，有人能学我，同共看仙葩[6]。"公曰："子能夺造化而开花乎？"湘曰："何难？"乃聚土以盆覆之，俄生碧牡丹二朵，叶出小金字一联云："云横秦岭家何在，雪拥蓝关马不前。"后谪潮州[7]，至蓝关[8]遇雪，乃悟。

《异人录》[9] 张茂卿好事，园有一楼，四围列植奇花，接牡丹于椿树之杪，花盛开时，延宾客，推[10]楼玩赏。

唐高宗宴群臣，赏双头牡丹，赋诗，上官昭容[11]云："势如连璧友，心似臭[12]兰人。"

武后[13]诏游后苑，百花俱开，牡丹独迟，遂贬于洛阳，故洛阳牡丹冠天下。是不特芳姿艳质，足压群葩，而劲骨刚心，尤高出万卉，安得以富贵一语概之？

明皇[14]时，沉香亭前木芍药盛开。一枝两头，朝则深碧，暮则深黄，夜则粉白，昼夜之间，香艳各异。帝曰："此花木之妖也。"赐杨国忠[15]，国忠以百宝为栏。

注释

[1] 韩文公：唐代人，名愈，字退之，自称"郡望昌黎"，谥号文。

[2] 侄湘：韩湘是韩愈的侄孙，不是侄子。

[3] 落魄不羁：潦倒失意，行为放纵。

[4] 逡巡酒：传说中神仙能在顷刻间酿成酒，也称"顷刻酒"。

[5] 顷刻花：传说中神仙能在顷刻间使花枝现蕾、开花。

[6] 仙葩：仙界的异草奇花。

[7] 潮州：今广东潮州市。

[8] 蓝关：即蓝田关，在今陕西省西安市蓝田县。

[9] 《异人录》：即传奇小说集《江淮异人录》的省称，北宋吴淑著，共二卷。

[10] 推：让出。

[11] 上官昭容：唐代人，上官仪的孙女，小字婉儿，唐中宗封她为昭容，因聪慧善文，被武则天重用，掌管宫中制诰多年，有"巾帼宰相"之名。

[12] 臭：通"嗅"。

[13] 武后：唐高宗李治的皇后武则天。

[14] 明皇：即唐玄宗李隆基，玄宗为庙号，明皇为谥号。

[15] 杨国忠：唐玄宗时宰相，杨贵妃族兄。

花　谱

木本

译文

《太平广记》　韩愈的侄孙韩湘，潦倒失意，行为放纵，自称："了解顷刻间酿成酒的方法，能在顷刻间使花枝现蕾、开花，如果有人能学会我的本领，我们就可以一起去欣赏仙界的奇花异草。"韩愈问："你真的能夺天地造化之功，让花在顷刻之间开放？"韩湘回答："这有什么困难？"于是韩湘聚拢一小堆土，用盆子盖住，过了一会儿，长出了两朵白绿色的牡丹花，花瓣上有一联小金字题诗，诗的内容为"云横出于秦岭，遮住了视线，我望不见家在哪里。大雪封住蓝田关，我所乘之马也不肯前行。"后来韩愈被贬谪到广东潮州，走到陕西蓝田县的蓝田关时，遇到了大雪天气，这时才明白牡丹花瓣上所题诗句的意思。

《江淮异人录》　张茂卿喜欢多事，他的园圃中有一座楼阁，楼阁的四周都栽种着奇异的花卉，他把牡丹嫁接在香椿树的树梢上，等到牡丹花盛开的时候，便延请宾客到楼上一起观赏。

唐高宗宴享群臣，一起观赏并蒂牡丹花，并吟诗，上官婉儿所吟诗句为："姿态犹如两块并联的玉璧，内质好像轻嗅兰花的高士。"

武则天颁布诏书，说要到皇宫的后花园去游览，所有的花都开放了，只有牡丹花迟迟不开，于是武则天把牡丹贬谪到洛阳，因此洛阳的牡丹花是天下最好的。所以说牡丹不仅有美妙的姿态、艳丽的资质，足以超越群花，更有刚劲的风骨和内心，这一点更远超其他花，怎么能够用一句富贵来概括它呢？

唐玄宗时，沉香亭前的木芍药（牡丹）开得很繁盛。一个花枝上开着两朵花，早晨的时候是深绿色的，傍晚的时候会变成深黄色，晚上会变成粉白色，白天和夜晚之间，花香各不相同。唐玄宗说："这是花木中的妖怪啊！"把它赐给了杨国忠，杨国忠用百种宝物给它做围栏。

　　玄宗赏牡丹，问侍臣陈正己曰："牡丹诗谁为称首？"对曰："李正封 [1] 诗云'国色朝酣酒，天香夜染衣。'"因谓贵妃曰："妆镜台前饮一紫金盏，则正封之诗可见矣。"

　　明皇植牡丹数本于沉香亭前，会花方繁开，上乘照夜白 [2]，妃子以步辇 [3] 从。诏梨园 [4] 子弟，李龟年 [5] 手捧檀板，押众乐前，将欲歌，上曰："赏名花，对妃子，焉用旧乐词为？"遽 [6] 命龟年持金花笺，宣赐翰林李白，立进《清平乐》词三章，承旨犹苦宿醒，因援笔赋之云云。

　　明皇与贵妃幸华清宫 [7]，宿酒初醒，凭妃肩看牡丹，折一枝，与妃递嗅其艳，曰："此花香艳，尤能醒酒。"

　　明皇时，有献牡丹者，诏栽仙春馆，时贵妃匀面，口脂在手，印于花上。来岁花开，瓣上有指印红痕，帝名为"一捻红"。

　　《异人录》　宋单父 [8] 有种艺 [9] 术，牡丹变易千种，上皇 [10] 诏至骊山 [11]，种花万本，色样各殊，内人 [12] 呼为花神。

　　《杂俎》[13]　开元 [14] 末，裴士淹 [15] 使幽、冀 [16]，过汾州 [17] 众香寺，得白牡丹一株，移置长安私第，为都城奇赏。又兴唐寺 [18]，昔有一株，开花一千朵，有正、晕、红、紫、黄、白不同。

　　诸葛颖 [19] 精于数，晋王广 [20] 引为参军，甚见亲重。一日共坐，王曰："吾卧内牡丹盛开，试为一算。"颖布策 [21]，度 [22] 一二子，曰："开七十九朵。"王入掩户，去左右，数之，政 [23] 合其数，有二蕊将开，故倚栏看传记伺之。不数十行，二蕊大发，乃出谓颖曰："君算得无左 [24] 乎？"颖再挑一二子，曰："过矣，乃八十一朵也！"王告以实，尽欢而退。

注释

[1] 李正封：唐代人，字中护。

[2] 照夜白：唐玄宗所喜爱的御马的名字。

[3] 步辇：古代一种用人抬的代步工具，类似轿子。

[4] 梨园：唐玄宗训练乐工的地方。

[5] 李龟年：唐玄宗时著名乐工。

[6] 遽：于是。

[7] 华清宫：唐代离宫，在今陕西省西安市临潼区骊山脚下。

[8] 宋单父：字仲儒，京兆人，唐朝著名的牡丹栽培专家。

[9] 种艺：种植。

[10] 上皇：太上皇，此指退位的唐玄宗。

[11] 骊山：山名，在今陕西省西安市临潼区。

[12] 内人：宫女。

[13] 《杂俎》：即《酉阳杂俎》的省称，唐代段成式著。

[14] 开元：唐玄宗的年号。

[15] 裴士淹：唐代官员，著有《白牡丹》诗，收录在《全唐诗》。

[16] 幽冀：即幽州和冀州，唐代幽州在今河北北部和北京一带，冀州在今河北中南部。

[17] 汾州：今山西省汾阳市。

[18] 兴唐寺：在今山西省临汾市洪洞县。

[19] 诸葛颖：字汉丹，建康人，生于梁武帝大同二年，卒于隋炀帝大业八年。

[20] 晋王广：晋王杨广，即后来的隋炀帝。

[21] 策：筹策，卜卦时所用，由蓍草茎制成。

[22] 度：测算。

[23] 政：通"正"。

[24] 左：差错。

花　谱

木
本

译文

唐玄宗在观赏牡丹时，问随侍的臣子陈正己："谁写的牡丹诗最好？"陈正己回答："李正封所写牡丹诗说'牡丹的姿态就像早晨喝醉后的美女，牡丹的花香在夜晚浸染在人的衣服上。'"唐玄宗对杨贵妃说："你到化妆的镜台前喝上一紫金盏的酒，就能看到李正封诗中所描写的景象了。"

唐玄宗在沉香亭前种植了数棵牡丹，赶上牡丹盛开，玄宗骑着心爱的御马照夜白，贵妃乘坐步辇跟随而至。招来梨园弟子，李龟年手中捧着檀木板，在众多乐工前面压阵，正准备唱词，玄宗说："和贵妃一起观赏名花，怎么能用旧乐词呢？"于是命李龟年拿着金花笺纸，向翰林待诏李白宣旨，让他立刻在金花笺纸上题写三章《清平乐》歌词，李白接旨时，昨夜醉酒尚未清醒，就拿笔在纸上赋词。

唐玄宗和杨贵妃游幸华清宫，昨夜醉酒刚刚清醒，玄宗斜倚在贵妃肩上观赏牡丹花，玄宗折取一枝，和杨贵妃嗅闻牡丹花的香味，并说道："牡丹花芳香艳丽，最有醒酒功效。"

唐玄宗时代，有人进献牡丹，命栽种在仙春馆，当时杨贵妃正在抹脸，口红胭脂沾在了手上，手指印留在了花朵上。第二年牡丹花开放的时候，花瓣上有像手指印一样的红色痕迹，玄宗把这种牡丹命名为"一捻红"。

《江淮异人录》 宋单父擅长园艺技术，培育出上千种牡丹品种，太上皇唐玄宗把他招到骊山，种植了一万株花，颜色和形态都不相同，宫女把他称作"花神"。

《酉阳杂俎》 唐开元末年，裴士淹巡察幽州和冀州，路过山西汾阳众香寺的时候，得到一株白牡丹，把它移植到都城长安的家中，是都城最值得观赏的奇花。山西省临汾市洪洞县的兴唐寺，以前有一株牡丹，能开一千朵花，花的颜色有正色、晕色、红色、紫色、黄色、白色等不同颜色。

诸葛颖精通术数，晋王杨广招他担任参军，很受杨广亲近和重视。有一天坐在一起闲谈，晋王说："我卧室里的牡丹花盛开，你算一下开了多少朵？"诸葛颖排布筹策，用了一两根筹策测算，说："开了七十九朵。"晋王走进卧室，屏退左右侍从，亲自数了一下，正好和诸葛颖所测算的数相符合，还有两朵即将开放，就故意倚靠在栏杆上阅读传记，等待那两朵开放。没看几十行，那两朵就盛开了，于是晋王走出去对诸葛颖说："您算得没差错吧？"诸葛颖拿出一两根筹策又测算了一次，说："算错了，是八十一朵！"晋王把实情告诉了诸葛颖，又尽情欢乐后，方才退散。

原典

唐时，此种尚少，长庆[1]间，开元寺[2]僧惠澄，自都下[3]得一本，谓之洛花，白乐天[4]携酒赏之。唐张处士[5]有《牡丹》诗，宋苏子瞻[6]有《牡丹记》，自古名人逸士多爱此花。

会昌[7]中，有朝士寻芳[8]至慈恩寺[9]，时东廊白花可爱，相与倾酒[10]而坐，因云牡丹未识红深者，院主[11]微笑曰："安得无之？但诸贤未见耳！"朝士求之不已，僧曰："众君子欲看此花，能不泄于人否？"朝士誓云："终身不复言。"僧引至一院，有殷红牡丹一本，婆娑[12]几及千朵，浓姿[13]半开，炫耀[14]心目，朝士惊赏留恋，及暮而去。信宿[15]，有权要子弟至院，引僧曲江[16]闲步，将出门，令小仆寄安茶笈，裹以黄帕[17]。至曲江岸，藉草[18]而坐，忽弟子奔来云："有数十人入院掘花，禁之不止！"僧俯首无言，惟自呼叹，坐中但相盼[19]而笑。既归至寺门，见一大畚[20]盛花，异[21]而去。徐[22]谓僧曰："窃知贵院旧有名花，宅中咸欲一看，不敢预告，恐难见，舍适[23]所寄笼子中，有金三十两、蜀茶[24]二斤，以为酬赠。"

唐韩弘[25]罢宣武节[26]，归长安私第，有牡丹杂花，命斫去之，曰："吾岂效儿女辈耶？"当时为牡丹包羞[27]。

二如亭群芳谱

注释

[1] 长庆：唐穆宗李恒的年号。

[2] 开元寺：中国有多座开元寺，这里指浙江杭州的开元寺。

[3] 都下：都城。

[4] 白乐天：唐代白居易，字乐天，号香山居士。

[5] 处士：有才德而隐居不仕的人。

[6] 苏子瞻：宋代苏轼，字子瞻。

[7] 会昌：唐武宗李炎的年号。

[8] 寻芳：游赏美景。

[9] 慈恩寺：在今陕西省西安市雁塔区。

[10] 倾酒：倾杯饮酒。

[11] 院主：方丈。

[12] 婆娑：姿态优美。

[13] 浓姿：艳丽的姿态。

[14] 炫耀：光彩闪耀。

[15] 信宿：两三天。

[16] 曲江：即曲江池，在今陕西省西安市长安区。

[17] 黄帕：黄色的织物。

[18] 藉草：把草铺在地上。

[19] 眄：视。

[20] 畚：簸箕。

[21] 舁：抬。

[22] 徐：缓缓地。

[23] 舍适：刚才。

[24] 蜀茶：四川产的茶。

[25] 韩弘：唐朝中期藩镇、将领。

[26] 宣武节：即宣武军节度使，唐朝在今河南省东部设立的节度使，治所在汴州，今河南省开封市。

[27] 包羞：忍受羞辱。

花　谱

木
本

译文

唐代时，牡丹花还比较少，唐穆宗李恒长庆年间，浙江杭州开元寺的僧人惠澄，从都城得到一株，称作洛花，白居易带着酒去观赏它。唐代有一个姓张的隐士曾写过《牡丹》诗，宋代苏轼写过《牡丹记》，自古名人和隐士大多喜爱牡丹花。

唐会昌年间，有朝臣到慈恩寺游赏美景，寺院东廊的白色牡丹花惹人怜爱，于是坐在一起倾杯饮酒，谈到没见过深红色的牡丹花，慈恩寺的方丈微笑着说："怎么会没有深红色的牡丹花呢？只是你们没有见过罢了。"这两个朝臣就不断恳求方丈，方丈说："你们想看深红色的牡丹，能保证不向别人泄露吗？"朝臣发誓："我们一辈子都不会向别人说的。"方丈把他们引到一个院子里，有一株开殷红色花的牡丹花，花朵姿态优美，将近千朵，姿态艳丽，尚未全开，但光彩闪耀，夺人心目。朝臣惊奇地观赏，非常留恋，一直到傍晚才离开。过了两三天，有一个权贵子弟来到寺院，请方丈到曲江池去散步，临出门的时候，让童仆把放置茶叶的箱笼寄存在寺院里，用黄色的织物包裹。来到曲江池岸边，以草荐地而坐，忽然寺院的弟子跑来传讯说："有几十个人进入寺院挖掘牡丹花，阻拦不住！"方丈低着头一言不发，只兀自在那里叹息，在座诸人相视而笑。返回来到寺院门口，方丈看见他们用一个大簸箕盛放牡丹花，把花抬走了。这个权贵子弟缓缓地对方丈说："我私下知道你们寺院里有名贵的牡丹花，家里人都想看一看，不敢提前告诉你，怕你不会轻易让我见到，我刚才寄存的箱笼里有三十两黄金、二斤四川产的茶，就当是我的酬谢。"

唐代韩弘被免去宣武军节度使后，回到都城长安的家中，庭院里有牡丹和其他杂花，韩弘命令人把它们都砍了，说："我怎么能效仿小儿女辈呢？"当时为牡丹感到羞耻。

原典

《清异录》[1] 洛阳大内[2]临芳殿，乃庄宗[3]所建，殿前有牡丹千余本，如百叶仙人、月宫花、小黄娇、雪夫人、粉奴香、蓬莱相公、卵心黄、御衣红、紫龙杯、三云紫等。

唐李进贤[4]好客，牡丹盛开，延客赏花，内室楹柱[5]，皆列锦绣。器用悉是黄金，阶前有花数丛，覆以锦幄，妓妾俱服纨绮[6]、执丝簧[7]，多善歌舞，客左右皆有女仆双鬟者二人，所须无不毕至，承接之意，常日指使者不如。芳酒、绮殽，穷极水陆，至于仆乘[8]供给，靡不丰盈，自亭午[9]迄于明晨。

穆宗禁中牡丹花开，夜有黄白蛱蝶[10]数万，飞绕花间，宫人罗扑不获，上令网空中，得数百。迟明[11]视之，皆库中金玉，形状工巧[12]，宫人争用丝缕络其足，以为首饰。

田弘正[13]宅中有紫牡丹，每岁花开，有小人五六，长尺余，游于花上，人将掩之，辄失所在。

孟蜀[14]时，礼部尚书李昊[15]，每将牡丹花数枝，分遗明友[16]，以兴平酥同赠，曰："俟花凋谢，即以酥煎食之，无弃秾艳[17]。"其风流贵重如此。

南汉[18]地狭力贫，不自揣度，有欺四方、傲中国[19]之志，每见北人，盛夸岭海[20]之强。世宗[21]遣使入岭，馆接者遗以茉莉，名曰小南强。及铱[22]面缚[23]到阙，见牡丹大骇，有缙绅谓之曰："此名大北胜。"

王简卿[24]尝赴张无功镃[25]牡丹会，云众宾既集，一堂寂无所有，俄问左右云："香发未？"答曰："已发。"命卷帘，则异香自内出，郁然满坐。群妓以酒殽、丝竹[26]，次第而至，别有名姬十辈，皆衣白，凡首饰衣领，皆牡丹，首戴照殿红，一妓执板奏歌侑觞[27]，歌罢乐作乃退。复垂帘谈论自如，良久香起，卷帘如前，别十姬，易服与花而出。大抵簪白花则衣紫，紫花则衣鹅黄，黄花则衣红。如是十杯，衣与花凡十易，所讴者皆前辈牡丹名词。酒竟，歌乐无虑[28]数百十[29]人，列行送客，烛光香雾，歌吹杂作，客皆恍然如仙游。

二如亭群芳谱

注释

[1] 《清异录》：北宋陶穀著，杂采隋唐至五代典故所写笔记。

[2] 大内：皇宫。

[3] 庄宗：五代十国时，后唐庄宗李存勖。

[4] 李进贤：唐代朔方军节度使。

[5] 楹柱：厅堂前部的柱子。

[6] 纨绮：精美的丝织品。

[7] 丝簧：弦乐器和管乐器。

[8] 仆乘：仆从与舆马。

[9] 亭午：正午。

[10] 蛱蝶：蝴蝶。

[11] 迟明：黎明。

[12] 工巧：精致美妙。

[13] 田弘正：本名兴，字安道，唐朝中期担任魏博节度使。

[14] 孟蜀：即五代十国时后蜀，因为皇族姓孟，故称孟蜀。

[15] 李昊：李昊，字穹佐，五代时关中人，先后担任前蜀翰林、后蜀宰相。

[16] 明友：当为"朋友"之误。

[17] 秾艳：即"浓艳"，艳丽。

[18] 南汉：五代十国时十国之一，辖地大致在今广东和广西地区。

[19] 中国：中原正统国家。

[20] 岭海：五岭以南，南海以北，即南汉的辖地。

[21] 世宗：五代十国时后周世宗柴荣。

[22] 铢：后汉后主刘铢，亡国后投降北宋。

[23] 面缚：双手反绑于背而面向前。古代用以表示投降。

[24] 王简卿：即南宋王居安，字资道，一字简卿，台州人，淳熙十四年丁未科探花。

[25] 张无功镃：即南宋张镃，字功甫，这里记为"无功"，当为讹误。

[26] 丝竹：弦乐器与竹管乐器之总称。

[27] 侑觞：劝酒。

[28] 无虑：大约、总共。

[29] 百十：概数，表示很多。

花　谱

木
本

译文

《清异录》　东都洛阳皇宫里的临芳殿，是后唐庄宗李存勖所建造，临芳殿前面有千余株牡丹，品种如百叶仙人、月宫花、小黄娇、雪夫人、粉奴香、蓬莱相公、卵心黄、御衣红、紫龙杯、三云紫等。

唐代朔方军节度使李进贤喜好接纳和款待宾客，每逢牡丹花盛开的时候，就会延请宾客来赏花，从卧室到厅堂前面的柱子之间，都摆放着织锦和刺绣，所用器物都是黄金制品，台阶前面有几丛牡丹花，用锦制的帐子覆盖。侍奉的姬妾都穿着精美的丝织品制成的衣服、手里拿着各种弦乐器和管乐器，大多都能歌善舞，宾客左右两边都有两个梳双鬟髻的女仆，宾客需要什么她们都会立刻拿来，伺候得比宾客平日所指使的丫鬟都好。芳香的醇酒、美好的菜肴，只要是水里、陆上有的，都能在饭桌上找到，至于对仆从和舆马的供给，也都非

123

常丰足，宴会从正午一直持续到第二天早晨。

唐穆宗皇宫里的牡丹花盛开，夜晚有几万只黄色和白色的蝴蝶，在牡丹花中间飞来绕去，宫女用网子去捕捉却没能抓到，穆宗让宫女们把网子架在空中，捕到了几百只，等到黎明察看，发现所捕捉的蝴蝶都是国库里的黄金和白玉，形状精致美妙，宫女们争着用丝线拴住蝴蝶的腿，当作头饰使用。

唐朝中期魏博节度使田弘正家里有紫色牡丹花，每年牡丹花盛开的时候，都会有五六个高 30 厘米左右的小人，在牡丹花上走来走去，每当人们打算捕捉他们的时候，他们就会消失不见。

五代十国时，后蜀的礼部尚书李昊，每每将几枝牡丹花，分别赠送给他的朋友，同时赠送兴平酥，说："等到牡丹花枯萎凋零的时候，就把兴平酥和牡丹花一块儿煎了吃，不要把艳丽的牡丹花扔掉。"李昊就是这么风雅潇洒、高贵尊严。

五代十国时，南汉的领地狭小、国力贫弱，却没有自知之明，有欺压四邻、傲视中原正统国家的想法，每当见到北方来的人，都会极力夸耀南汉的强大。后周世宗柴荣派遣使者进入五岭以南的南汉，驿馆的接待人员向后周使者赠送了茉莉花，把茉莉花称作小南强。等到后汉后主刘铱亡国投降，被押送到京城汴梁的时候，看见牡丹花非常惊奇，有士大夫告诉他："这叫作大北胜。"

南宋人王居安曾参加张镃举办的牡丹宴会，所有的宾客都到齐后，厅堂上却非常寂静，什么都没有。过了一会儿，张镃问左右侍从："牡丹花散发出花香了没有？"回答："已经散发出花香了。"就命令把帘子卷起来，于是就有奇异的花香从帘内飘出，非常浓郁，充满四座。一群歌妓带着美酒佳肴和弦管乐器，依次来到宾客面前，另有十个有名的美女，都穿着白衣服，所佩戴的首饰和衣领上的花纹都是牡丹花，头上戴一朵照殿红牡丹；有一个歌妓拿着拍板唱歌劝酒，唱完劝酒歌，音乐响起，这十个美女退回帘内。张镃命令再次放下帘子，和宾客自在谈论。过了好一会儿，花香生发，像刚才一样把帘子卷起来，另外十个美女，更换了与刚才不同的衣服和所簪牡丹花，走了出来。大致说来，簪白色牡丹花就穿紫色衣服，簪紫色牡丹花就穿鹅黄色衣服，簪黄色牡丹花就穿红色衣服。这样饮了十杯酒，美女所穿的衣服和所簪戴的牡丹花也更换了十次。歌妓所唱的都是前人以牡丹花为题所写著名诗词。喝完酒后，一百多名歌妓乐姬排成行，恭送宾客，在朦胧的烛光和芳香的烟雾中，歌声乐音同时响起，宾客都感觉好像在和神仙交游一样。

原典

《童蒙训》[1] 康节[2]访赵郎中[3]与章子厚[4]同会，子厚议论纵横，因及洛中牡丹之盛，赵曰："邵先生洛人也，知花甚详。"康节因言："洛人以见根拨[5]而知花之高下者，上也；见枝叶而知高下者，次也；见蓓蕾[6]而知高下者，下也。如公所说，乃知花之下也。"章默然。

洛阳至东京[7]六驿，旧不进花，自徐州李相迪[8]留守时，始进。岁遣牙校[9]一员，乘驿马，一日一夕至京，所进不过姚黄、魏紫三数朵。以菜叶实竹笼子，藉覆之，使马上不动摇，以蜡封花蒂，数日不落。

宋钱惟演为留守，始置驿，贡洛花，识者鄙之。

《闻见录》[10] 李泰伯[11]携酒赏牡丹，乘醉取笔蘸酒图之，明晨嗅枝上花，皆作酒气。

富郑公[12]留守西京[13]，府园牡丹盛开，召文潞公[14]、司马端明[15]、邵康节先生诸人共赏，客曰："此花有数乎？请先生筮之。"既毕，曰凡若干朵，使人数之，如先生言。及问此花几时开尽，先生再揲筮[16]，良久曰："此花尽来日午时[17]。"坐客皆不答，郑公因曰："来日食后可会于此，以验先生之言。"次日食毕，花尚无恙，泊[18]烹茶之际，忽群马逸出，与客马相蹄啮[19]，奔花丛中，既定，花尽毁折。于是洛中愈重先生。

范景仁[20]云："去年入洛，有献黄花乞名者，潞公名之曰女真黄。又有献浅红乞名者，镇名之曰洗妆红。"二花洛人盛传。

宋淳熙[21]三年春，如皋县[22]孝里庄园，牡丹一本，无种自生，明年花盛开，乃紫牡丹也。杭州推官[23]某，见花甚爱，欲移分一株，掘土尺许，见一石如剑，长二尺[24]，题曰："此花琼岛[25]飞来种，只许人间老眼看。"遂不敢移。以是，乡老诞日，值花开时，必往宴为寿。间亦有约明日造花所，而花一夕凋者，多不吉。惟李嵩[26]三月八日生，自八十看花至一百九岁。

青城山[27]有牡丹，树高十丈，花甲[28]一周始一作花。永乐[29]中，适当花开，蜀献王[30]遣使视之，取花以回。

陆成[31]之宅，牡丹一株，百馀年矣，朵朵茂盛，颜色鲜明。有李氏者，欲得之，既移，其花朵朵皆背主面墙，强之向人，不能也，未几，凋残零落，无复前观。

锡山[32]安氏[33]圃牡丹最盛，天顺[34]中，老仆徐奎闻圃中叹声吃吃，听之，声出牡丹中，云："我等蒙主翁灌溉有年，未获善已，来日厄又至，奈何？"群花咸若哽咽，奎叱之乃止。翼日，主翁邀客携酒诣圃，奎以告，客皆异之。一恶少独嗔其妄，竟阅姣且大者，折以去。

花 谱

木
本

125

注释

[1] 《童蒙训》：宋代吕本中著，共三卷。

[2] 康节：即北宋末年邵雍，字尧夫，谥号康节。

[3] 赵郎中：北宋商州太守，商州即今陕西商洛地区。

[4] 章子厚：即北宋章惇，字子厚。

[5] 根拨：花木的根株。

[6] 蓓蕾：花蕾，含苞未放的花。

[7] 东京：北宋东京即开封府，今河南开封市。

[8] 李相迪：即李迪，曾经担任宰相，故称"李相"。

[9] 牙校：低级武官。

[10] 《闻见录》：即《邵氏闻见前录》的简称，宋代邵雍之子邵伯温著。

[11] 李泰伯：即北宋李觏，字泰伯。

[12] 富郑公：即北宋富弼，字彦国，封郑国公。

[13] 西京：北宋西京为洛阳，即今河南洛阳市。

[14] 文潞公：即北宋文彦博，字宽夫，号伊叟，封潞国公。

[15] 司马端明：即北宋司马光，字君实，号迂叟，封温国公，谥文正，曾任端明殿学士，学者称涑水先生。

[16] 揲蓍：数蓍草进行卜筮。

[17] 午时：上午十一点到下午一点之间。

[18] 洎：到。

[19] 蹄啮：马用蹄踢和用嘴咬。

[20] 范景仁：即北宋范镇，字景仁。

[21] 淳熙：南宋孝宗赵昚的年号。

[22] 如皋县：今江苏南通如皋市。

[23] 推官：宋代在各州与临安府设置观察推官，管理司法事务。

[24] 尺：宋代一尺接近现在 32 厘米。

[25] 琼岛：传说中的仙岛。

[26] 李嵩：如皋县人，著名寿星。

[27] 青城山：山名，在今四川省成都市都江堰市西南。

[28] 花甲：六十年。

[29] 永乐：明成祖朱棣的年号。

[30] 蜀献王：即明太祖朱元璋的儿子朱椿，封蜀王，谥号为献。

[31] 陆成：明代人。

[32] 锡山：即锡山县，在今江苏省无锡市锡山区。

[33] 安氏：即明代人安国，字民泰，住处所营苗圃较多，著名出版家、藏书家。

[34] 天顺：明英宗朱祁镇的年号。

译文

《童蒙训》　北宋人邵雍去拜会商州太守赵郎中，和章惇一同聚会，章惇无所顾忌地谈古论今，因谈到洛阳地区牡丹花的繁盛，赵郎中说："邵先生是洛阳人，一定对牡丹花非常了解。"邵雍说："洛阳人把看到牡丹的根茎就知道优劣的，称作上等见识；看到牡丹的枝叶就知道优劣的，称作中等见识；把看到牡丹的花蕾知道优劣的，称作下等见识，从您的谈论中可知，您对花的见识属于下等。"章惇默不作声。

北宋时从西京洛阳到东京汴梁，要经过六个驿站，原来是不进贡牡丹花的，自从做过徐州通判和宰相的李迪，担任西京留守的时候，开始进贡牡丹花。每年派遣一个低级武官，骑乘驿马，一天一夜就能抵达京都汴梁，所进贡的牡丹花，也就是几朵姚黄和魏紫而已。把牡丹花放在竹笼子里，用菜叶把竹笼子填实，在牡丹花的上面盖上菜叶，下面也垫上菜叶，确保装在竹笼子里的牡丹花在马上不会摇晃，用蜡封住牡丹花的花蒂，能使牡丹花保持几天而不凋零。

北宋钱惟演担任西京留守的时候，开始设置驿站，进贡洛阳牡丹花，有识之士都很鄙视他这一做法。

《邵氏闻见前录》北宋李觏带着酒去观赏牡丹花，乘着酒醉，拿毛笔蘸酒，描绘牡丹花，第二天早晨，闻花枝上的牡丹花，都有一股酒味儿。

北宋富弼担任西京留守的时候，留守府的花园里牡丹花盛开，召请文彦博、司马光、邵雍等人一起观赏。有一个宾客对邵雍说："这些牡丹花总共有多少朵呢？请先生卜一卦。"邵雍卜卦后，说有多少朵，让人去数，数量相同。于是又问这些牡丹花什么时候凋零，邵雍再次卜卦，过了好一会儿才说："这些牡丹花会在明天午时凋零。"在座宾客都不说话，富弼说："明天吃过饭后可以来这儿聚会，顺便验证一下邵先生所说对不对。"第二天吃过饭后，牡丹花还好好的，等到煮茶的时候，忽然马厩里的马群跑了出来，和宾客所乘的马，相互用蹄踢、用嘴咬，跑进了牡丹花丛中，等到把这些马安定下来，牡丹花都被毁坏了。因此在洛阳地方更加看重邵雍。

北宋范镇说："去年去洛阳，有人进献黄色牡丹花，央求给它起名，潞国公文彦博命名为女真黄。又有人进献浅红色牡丹花，央求给它起名，我把它命名为洗妆红。"这两个品种的牡丹花，在洛阳人中间广泛传播。

南宋孝宗淳熙三年的春天，如皋县（今江苏南通如皋市）孝里的庄园里，有一株无人栽种自己长出来的牡丹花，第二年这株牡丹花盛开，是紫色牡丹花。杭州临安府的一个推官，见到这株牡丹花后非常喜爱，打算分出一株进行移植，挖了30厘米左右，看到一块形状像剑的石头，有60多厘米长，上面有题字："此花是从仙岛上飞来的，只允许人间的老人观赏。"于是这个推官就不敢移植了。因此，当地老人每逢生日，遇上这株牡丹花盛开的时候，必定会去那里摆宴庆寿。有时约定第二天去牡丹花那里摆宴，而这株牡丹花一夜之间凋零，碰到这种情况的老人大多不吉利。只有一个名叫李嵩的人，生日是三月初八，

花 谱

木本

127

从八十岁开始观赏这株牡丹花，一直观赏到一百零九岁。

四川都江堰西南的青城山有一株牡丹，高30多米，六十年才开一次花。明成祖朱棣永乐年间，正好赶上这株牡丹花开放，明太祖朱元璋的儿子蜀献王朱椿，派人去看，并带回了这株牡丹上的花朵。

明代人陆成的住宅里，有一株牡丹，已经存活了一百多年了，每朵花都很繁茂，颜色鲜明艳丽。有一个姓李的人，想得到这株牡丹，移植以后，这株牡丹的花朵，每朵都面向墙背对着新主人，强迫让它面朝主人，最终也没能成功，没过多久，这株牡丹就衰败凋零，没有以前的丰采了。

江苏无锡锡山安国的园圃里，牡丹花生长得最繁盛。明英宗天顺年间，安国的老仆人徐奎，听到园圃中有吃吃的叹息声，细听分辨后，发现声音是牡丹花发出的，说："我们多年来蒙受主人浇灌之恩，还没报答主人呢，不久又会遭逢灾厄，怎么办呢？"所有花都好像在哭泣，徐奎叱责它们，它们才停止哭泣。第二天，安国邀请宾客，带着酒来到园圃，徐奎把昨天夜里的事情告诉了他们，宾客都感觉很奇异。只有一个恶少年，生气地指责徐奎胡说八道，最终选了一朵又大又美的牡丹花，摘走了。

瑞 香 附录结香、鸡舌香、七里香

原典

一名露甲，一名蓬莱紫，一名风流树。高者三四尺许，枝干婆娑，柔条厚叶，四时长青，叶深绿色，有杨梅叶、枇杷叶、荷叶、挛枝[1]。冬春之交，开花成簇，长三四分，如丁香状。共数种，有黄花、紫花、白花、粉红花、二色花、梅子花、串子花，皆有香，惟挛枝花紫者，香更烈。枇杷叶者，结子，其始出于庐山，宋时人家种[2]之，始著名；挛枝者，其节挛曲[3]，如断折之状，其根绵软而香，叶光润[4]似橘叶，边有黄色者，名金边瑞香。枝头甚繁，体干柔韧，性畏寒，冬月须收暖室或窖内，夏月置之阴处，勿见日。此花名麝囊，能损花，宜另植。

注释

[1] 挛枝：枝条蜷曲。

[2] 家种：人工栽培，与野生相对。

[3] 挛曲：蜷曲。

[4] 光润：光亮润泽。

二如亭群芳谱

瑞香

本草图汇之一 ［日］佚名

译文

　　瑞香也叫露甲、蓬莱紫、风流树。树高 1 米到 1.3 米，枝干稀疏分散，枝条柔软、叶片肥厚，四季常青不落，叶子是深绿色，有杨梅叶、枇杷叶、荷叶和挛枝的品种。冬春交替的时候，花朵簇拥在一起开放，花朵长 10 到 13 厘米，形状和丁香花相似。有好几个品种，如黄花、紫花、白花、粉红花、二色花、梅子花、串子花，都有花香，只有枝条弯曲且花朵为紫色的品种，花香比其他品种更浓烈。枇杷叶这个品种，会结果实，最早产自庐山，宋朝人对它进行人工栽培，才开始出名；挛枝这个品种，它的枝条弯曲，就好像折断了一样，它的根很柔软而且有香味，它的叶片光亮润泽和橘树叶相似，叶片有黄色边缘的，叫作金边瑞香。生长在枝顶的瑞香花非常繁盛，瑞香的枝干柔软而坚韧，生性畏惧寒冷，冬天那三个月，一定要收藏在暖室或者地窖里，夏天那三个月放置在背阴的地方，不要让太阳光直射。瑞香花也叫作麝囊，对其他花有损害，适宜单独种植。

现代描述

　　瑞香，*Daphne odora*，瑞香科，瑞香属。常绿直立灌木；枝粗壮，通常二歧分枝。叶互生，纸质，长圆形或倒卵状椭圆形，侧脉 7—13 对，与中脉在两面均明显隆起，叶柄粗壮。花外面淡紫红色，内面肉红色，无毛，数朵至 12 朵组成顶生头状花序。果实红色。花期 3—5 月，果期 7—8 月。中国和日本均广泛栽培。

原典

【栽种】

梅雨[1]时折其枝,插肥阴之地,自能生根。一云,左手折下,旋即扦插,勿换手,无不活者。一云,芒种时,就老枝上,剪其嫩枝,破其根,入大麦一粒,缠以乱发,插土中,即活。一说,带花插于背日处,或初秋插于水稻侧,俟生根,移种之,移时不得露根,露根则不荣。

注释

[1] 梅雨:初夏六七月,在江淮流域持续较长的阴雨天气,因时值梅子黄熟,故称梅雨。

译文

初夏六七月梅雨的时候,把瑞香的枝条折下来,扦插在肥沃、阴凉的土壤里,自然就会生根。有人说,用左手折取瑞香枝条,随即进行扦插,不要把枝条在手里倒换,没有不成活的。也有人说,在芒种那一天,在瑞香的老枝上剪取嫩枝,把剪下来的嫩枝的尾部弄破,放入一粒大麦,再用乱头发缠住,插在土壤里,就能成活。还有一种说法,把带花的枝条插在太阳照不到的地方,或者在初秋时插在水稻旁边,等枝条生根以后,进行移栽,移栽时不要把根露出来,否则就不能茂盛生长。

原典

【浇灌】

瑞香恶太湿,又畏日晒。以挏[1]猪汤,或宰鸡、鹅毛水,从根浇之,甚肥。蚯蚓喜食其根,觉叶少萎,以小便浇之,令出,即寻逐之,须河水多浇之,以解其咸。以头垢[2]拥根,则叶绿。大概香花怕粪,瑞香为最,尤忌人粪,犯之辄死。

注释

[1] 挏:拔。
[2] 头垢:头皮上的污垢。

译文

瑞香厌恶过于潮湿的土壤,又害怕太阳晒。用煺猪毛的水,或者宰杀鸡、鹅后煺毛的水,在根上浇灌它,非常有肥力。蚯蚓喜欢吃瑞香的根,如果感觉它的叶片有些枯萎,就用小便浇灌它,把蚯蚓逼出来,然后寻找抓住它,结束后必须用河水多浇灌几次,把小便中所含的盐分稀释掉。把头皮上的污垢拥堆在根部,叶子就会很绿。大致来说清香的花都怕粪,瑞香花是花中最怕粪的,尤其忌讳人的大便,一旦被人的大便触犯,就会死去。

原典

【附录】

结香 干、叶如瑞香，而枝甚柔韧，可绾结[1]。花色鹅黄，比瑞香稍长，开与瑞香同时，花落始生叶。

注释

[1] 绾结：打结。

译文

结香的枝干和叶片与瑞香相似，但是枝条非常柔软、坚韧，可以打成结系起来。花朵是鹅黄色的，比瑞香花稍微长一些，开花时间和瑞香相同，花朵凋零以后开始长叶子。

花 谱

木
本

现代描述

结香，*Edgeworthia chrysantha*，瑞香科，结香属，又名打结花、梦花。灌木，高约 0.7—1.5 米，小枝粗壮，常作三叉分枝。叶在花前凋落，长圆形。头状花序顶生或侧生，具花 30—50 朵成绒球状；花芳香，无梗，外面密被白色丝状毛，内面无毛，黄色，顶端 4 裂，裂片卵形。果椭圆形，绿色。花期冬末春初，果期春夏间。产河南、陕西及长江流域以南诸省区。

结香的独特在于枝干柔软，可以被打结，所以被赋予"喜结连理"的花语。还有一个传说是，如果晚上做梦了，早晨起来在结香上打个结，就能化解噩梦，实现好梦，因此又得名"梦花"。

原典

鸡舌香 产昆仑[1]南，枝叶及皮并似罂粟，花似梅，子似枣核，此雌者也，雄者花而不实。酿之为香，汉以赐侍中[2]。

注释

[1] 昆仑：古代泛指中南半岛南部及南洋诸岛各国，即今天的东南亚地区。
[2] 侍中：汉代官职，侍从皇帝左右，出入宫廷，参议朝政。

鸡舌香产自东南亚南部地区，枝叶和树皮都与罂粟相似，花朵和梅花相似，种子和枣核相似，这是雌性鸡舌香的特征，雄性鸡舌香只开花不结果实。可以用来酿制香料，汉代把这种香料赏赐给随侍皇帝左右的侍中官（用来去除口臭）。

金石昆虫草木状之一 ［明］文俶

现代描述

丁子香，*Syzygium aromaticum*，桃金娘科，蒲桃属，即鸡舌香，又名丁香。常绿乔木，叶对生，叶片革质，卵状长椭圆形，密布油腺点，叶柄明显。花3朵1组，圆锥花序，花瓣4片，白色微紫，花萼呈筒状，顶端4裂。裂片呈三角形，鲜红色；浆果卵圆形，红色或深紫色。花期1—2月，果期6—7月。原产于印尼等热带地区，中国有引种栽培。

"雌者"即"母丁香"，实际上是加工后的果实，"雄者"即"公丁香"则是加工后的花蕾。丁子香虽非中国原产，但早在汉代的医药典籍就有它的记载，广泛用作香料。皇帝赐予臣子的，就是用作"口香糖"，后来，"口含鸡舌香"演变为一种约定俗成的朝堂礼仪。可能因为没有见过真正的植株，对花朵、干皮的描述都是不准确的，但由这一小物件引起在朝为官的联想，出身官宦世家的王象晋对这从未谋面的花格外关注也是很自然的。

原典

七里香 一名指甲花，树婆娑，略似紫薇，花开蜜色，叶 [1] 如碎珠，红色，清香袭人，寘 [2] 发中，久而益香，捣其叶，染指甲，甚红，出仙游 [3]。

注释

[1] 叶：应为"蕊"之误。
[2] 寘：应为"置"之误。
[3] 仙游：在今福建省莆田市仙游县。

译文

七里香也叫作指甲花，树的枝干稀疏分散，与紫薇树大略相似，盛开的花朵为蜂蜜一样的淡黄色，花蕊像细碎的珍珠一样，是红色的，七里香的花朵清香熏人，把它放在头发里，时间越长，香味越浓，把七里香的叶片捣碎，用它来染指甲，能染出鲜红的颜色，产自福建省莆田市仙游县。

现代描述

散沫花，*Lawsonia inermis*，又名指甲花、指甲叶，千屈菜科，散沫花属。大灌木，小枝略呈 4 棱形。叶交互对生，薄革质，椭圆形或椭圆状披针形，花序长可达 40 厘米；花极香，白色或玫瑰红色至朱红色，直径约 6 毫米，盛开时 8—10 毫米；花萼 4 深裂，花瓣 4，雄蕊通常 8，花丝丝状。蒴果扁球形，通常有 4 条凹痕。花期 6—10 月，果期 12 月。广东、广西、云南、福建、江苏、浙江等省区有栽培，可能原产于东非和东南亚。花极香，其叶可作红色染料。

注：从植物描述看，七里香应指散沫花，但《中国植物志》中，散沫花未提及别名七里香。后文"指甲花"词条再次出现，未能确定具体所指。

藤 本

迎春花

山水花鸟册之一 [清] 钱维城

原典

一名金腰带，人家[1]园圃多种之，丛生，高数尺，有一丈者。方茎，厚叶如初生小椒叶而无齿，面青背淡，对节生小枝，一枝三叶。春前有花如瑞香，花黄色，不结实。虽草花[2]，最先点缀春色，亦不可废。花时移栽，土肥则茂，焯[3]牲水灌之，则花蕃[4]，二月中可分。

注释

[1] 人家：民宅。

[2] 草花：草本花，迎春花实际上是灌木。

[3] 焯：用开水烫后去毛。

[4] 蕃：茂盛。

译文

迎春花又名金腰带，民宅园圃中多有种植，为丛聚而生的灌木，最高能长到3米多。小枝为方棱形，叶片较厚，就像刚长出来的小花椒叶，但叶片边缘没有裂齿，正面绿色，背面浅绿色，枝条上成对生长小枝，每个小枝上有三个叶片。春天即将到来时开花，花朵和瑞香花相似，颜色为黄色，花落后不结果实。虽然属于草花，但它最早装点春天的景致，也不可以废弃不植。开花的时候进行移植，土壤肥沃就能茂盛生长，用牲畜煺毛水浇灌，能使花朵繁盛，农历二月的时候可以分株。

现代描述

迎春花，*Jasminum nudiflorum*，木犀科，素馨属。落叶灌木，直立或匍匐，高 0.3—5 米，枝条下垂。枝稍扭曲，小枝四棱形，棱上多具狭翼。叶对生，三出复叶，小枝基部常具单叶；小叶片卵形、长卵形或椭圆形。花单生于去年生小枝的叶腋，花冠黄色，裂片 5—6 枚，长圆形或椭圆形。花期 2—3 月。常见园林植物，北方地区栽培较多。

花　谱

藤

本

凌霄花

原典

一名紫葳，一名陵苕，一名女葳，一名菱华，一名武威，一名瞿陵，一名鬼目，处处皆有，多生山中，人家园圃亦栽之。野生者，蔓缠数尺，得木而上，即高数丈，蔓间须如蝎虎[1]足，附树上甚坚牢，久者藤大如杯。春初生枝，一枝数叶，尖长有齿，深青色，开花一枝十余朵，大如牵牛，花头开五瓣，赭黄色，有数点[2]，夏中乃盈，深秋更赤。八月结荚，如豆角，长三寸许，子轻薄如榆仁[3]、如马兜铃仁，根长亦如兜铃根，秋深采之，阴干。

注释

[1] 蝎虎：壁虎。

[2] 点：斑点。

[3] 榆仁：榆荚。

译文

凌霄花也叫作紫葳、陵苕、女葳、菱华、武威、瞿陵、鬼目，到处都有，大多生长在山里，民宅花园里也有栽种。野生的凌霄花，藤蔓缠绕数米长，附着在大树上往上爬，能长到几十米高，藤蔓间所生须，就像壁虎的脚一样，牢牢地附着在大树上，生长时间长的，藤蔓能有杯口那么粗。初春生长小枝，每个小枝上有几片叶子，叶片较长，顶端尖锐，边缘有裂齿，颜色为深绿色，一根枝条上开十几朵花，有牵牛花那么大，花朵由五个花瓣组成，颜色为红黄色，上面有几个斑点，夏天的时候才盛开，深秋的时候，颜色会变得更红一些。农历八月开始结荚果，荚果和豆角相似，长度在 10 到 13 厘米之间，种子又轻又薄，就像榆荚一样，形状和马兜铃的果仁相似，凌霄花的根和马兜铃的根差不多长，深秋的时候采集，放在阴凉的地方晾干。

凌霄，*Campsis grandiflora*，攀援藤本；茎木质，表皮脱落，枯褐色，有气生根。叶对生，为奇数羽状复叶；小叶 7—9 枚，卵形至卵状披针形，边缘有粗锯齿。顶生疏散的短圆锥花序，花萼钟状，长 3 厘米，分裂至中部，裂片披针形，长约 1.5 厘米。花冠内面鲜红色，外面橙黄色，长约 5 厘米，裂片半圆形。雄蕊着生于花冠筒近基部，花丝线形，花药黄色，个字形着生。蒴果顶端钝。花期 5—8 月。

花卉四屏之一 ［清］居廉

原典

【典故】

《**本事集**》[1] 西湖 [2] 藏春坞 [3]，门前有二古松，各有凌霄花络其上。诗僧 [4] 清顺，常昼卧其下。子瞻 [5] 为郡，一日屏骑从 [6] 过之，松风搔然 [7]，顺指落花觅句 [8]，子瞻为作《木兰花》[9]。

富郑公居洛 [10]，圃中凌霄花，无所因附而特起 [11]，岁久遂成大树，高数寻 [12]，亭亭 [13] 可爱。

注释

[1]《本事集》：宋人著作，书已亡佚，详情未知。

[2] 西湖：在今浙江杭州。

[3] 藏春坞：北宋仁宗、英宗两朝任职馆阁的刁景纯，晚年所筑居室名藏春坞。

[4] 诗僧：能作诗的僧人。

[5] 子瞻：即北宋苏轼，字子瞻。

[6] 骑从：骑马的随从。

[7] 搔然：即"骚然"，风吹动的样子。

[8] 觅句：构思词句。

[9]《木兰花》：词牌名，此为《减字木兰花》的省称。

[10] 洛：即洛阳。

[11] 特起：耸立。

[12] 寻：一寻等于八尺，2.4 米左右。

[13] 亭亭：高耸直立。

二如亭群芳谱

译文

《本事集》 浙江杭州西湖有北宋刁景纯所建造的藏春坞，坞门前有两棵古老的松树，每棵松树上都有凌霄花缠绕。能作诗的僧人清顺和尚，常常大白天躺在松树底下。苏轼担任杭州通判的时候，有一天他屏退骑马的随从，去拜访清顺和尚，风吹动松树，清顺和尚指着被风吹落在地上的凌霄花，请苏轼构思词句，苏轼用《减字木兰花》填了一阕词。

北宋郑国公富弼居住在洛阳的时候，花园中有凌霄花，这株凌霄花没有依附任何东西，却直直地耸立在那里，时间久了就长成了一棵大树，高达十几米，高耸直立，惹人怜爱。

素 馨

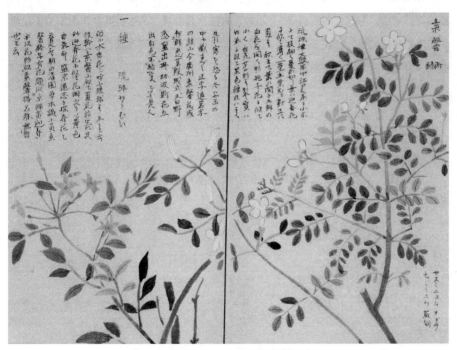

本草图谱之一 ［日］岩崎灌园

原典

一名那悉茗[1]花，一名野悉蜜花，来自西域[2]，枝干袅娜[3]，似茉莉而小，叶纤而绿，花四瓣，细瘦，有黄、白二色，须屏架扶起，不然不克自竖。雨中妖态，亦自媚人。

137

[1] 那悉茗：应为"耶悉茗"之误。
[2] 西域：即今中国新疆和中亚地区。
[3] 袅娜：细长柔美。

译文

　　素馨也叫作耶悉茗花、野悉蜜花，由新疆、中亚一带传播来，枝干细长柔美，花像茉莉而较小，叶片细长，绿色，花朵由四个花瓣组成，花瓣又小又细，有黄色和白色两种颜色，必须用花架作背屏扶持它，不然素馨是无法自己竖立起来的。在雨中它姿态妩媚，也很讨人喜欢。

现代描述

　　素馨花，*Jasminum grandiflorum*，木犀科，素馨属。攀援灌木，小枝圆柱形，具棱或沟。叶对生，羽状深裂或具 5—9 小叶，叶轴常具窄翼，顶生小叶片常为窄菱形。聚伞花序顶生或腋生，有花 2—9 朵；花芳香，花冠白色，高脚碟状，花冠管长 1.3—2.5 厘米，裂片多为 5 枚，长圆形。花期 8—10 月。

原典

【典故】

　　《龟山志》[1] 昔刘王 [2] 有侍女，名素馨，冢上生此花，因以得名。

　　王敬美　素馨出闽 [3]，广 [4] 者不甚香，亦间携至吾地。白者，香胜于茉莉，即彼中亦未之见。广中又有树兰、赛兰二种，赛兰，一名珍珠兰，即广人以为兰香 [5] 者，亦曾移种吾地，多不能生。

注释

[1]《龟山志》：宋代黄晔著，原书已经亡佚。
[2] 刘王：五代十国时南汉皇帝。
[3] 闽：指福建。
[4] 广：指广东。
[5] 兰香：兰香草，又名山薄荷。

译文

　　《龟山志》 古代南汉皇帝有一个侍女，名叫素馨，她的坟头上生长着这种花，因此得名。

　　王世懋　素馨产自福建，广东的素馨花不是很香，也有偶尔带到我们江苏苏州的。白色的素馨花，比茉莉花还香，在福建也没有见过这样的。广东又有树兰和赛兰，赛兰也叫珍珠兰，就是广东人认成兰香的植物，也曾经移植在我们这里，但大多数不能成活。

茉　莉 附录指甲花、雪瓣

原典

一名抹厉，一名没利，一名末利，一名末丽，一名雪瓣，一名抹丽，谓能掩众花也，佛书名缦华。原出波斯，移植南海[1]，北土名柰。《晋书》[2]："都人簪柰花。"则此花入中国久矣。弱茎繁枝，叶如茶而大，绿色，团尖。夏、秋开小白花，花皆暮开，其香清婉[3]柔淑[4]，风味[5]殊胜[6]。花有草本者，有木本者，有重叶者，惟宝珠小荷花最贵。

此花出自暖地，性畏寒。喜肥，壅以鸡粪，灌以焊猪汤或鸡、鹅毛汤，或米泔[7]，开花不绝。六月六日，以治鱼水一灌，愈茂，故曰"清兰花，浊茉莉"。勿安床头，恐引蜈蚣。一种红色者，甚艳，但无香耳；又有朱茉莉，其色粉红；有千叶者，初开花时，心如珠，出自四川。

注释

[1] 南海：南部沿海
地区。

[2] 《晋书》：唐代
宰相房玄龄领衔
编撰。

[3] 清婉：清新美好。

[4] 柔淑：柔美。

[5] 风味：风采。

[6] 殊胜：特别优美。

[7] 米泔：淘米水。

本草图汇之一　[日]佚名

　　茉莉也叫作抹厉、没利、末利、末丽、雪瓣、抹丽，是说它能够掩盖其他花的美，佛经里把它叫作缦华。原产地在现今伊朗、沙特阿拉伯一带，移栽到了我国南方的海边，北方把它叫作柰。唐代宰相房玄龄领衔编撰的《晋书》记载："京城人簪戴柰花。"可见茉莉花传入中国已经很长时间了。茉莉的枝干柔软，枝条繁茂，叶子和茶树叶相似，但比茶树叶大一些，颜色为绿色，呈圆形而有尖端。夏秋开白色小花，开花的时间都在傍晚，花香清新而柔和，风采姿态也特别优美。茉莉花有草本、木本和重瓣等不同品种，其中最珍贵的是宝珠小荷花。

　　茉莉产自温暖的地方，生性畏惧寒冷。喜欢肥沃的土壤，培上鸡粪，用煺猪毛或鸡、鹅毛的废水浇灌，或者用淘米水灌溉，能促使茉莉花不断开放。农历六月初六，用洗剥鱼的废水浇灌，生长会更加茂盛，所以说"清兰花，浊茉莉"。不要把茉莉花摆放在床头，恐怕会招来蜈蚣。有一种红色茉莉花，非常艳丽，但是没有花香；朱茉莉，花朵为粉红色；有重瓣茉莉，刚刚开放的时候，花蕊就像珍珠一样，产自四川。

现代描述

　　茉莉花，*Jasminum sambac*，木犀科，素馨属。直立或攀援灌木，小枝圆柱形或稍压扁状，有时中空。叶对生，单叶，叶片纸质，圆形、椭圆形、卵状椭圆形或倒卵形，侧脉 4—6 对，在上面稍凹入，下面凸起，细脉在两面常明显，微凸起。聚伞花序顶生，通常有花 3 朵，有时单花或多达 5 朵，花极芳香；花冠白色，花冠管长 0.7—1.5 厘米，裂片长圆形至近圆形。果球形，径约 1 厘米，呈紫黑色。花期 5—8 月，果期 7—9 月。原产印度，中国南方和世界各地广泛栽培。

原典

【扦插】

　　梅雨时取新发嫩枝，从节折断，将折处劈开，入大麦一粒，乱发缠之，插肥土阴湿，即活，与扦瑞香法同。

译文

　　梅雨季节的时候，选取新长出来的嫩枝，从枝节处把它折断，把断口劈开，放入一粒大麦，用乱头发缠住，扦插在肥沃、背阴、潮湿的土壤里，就能成活，和扦插瑞香的方法相同。

原典

【收藏】

霜时移北房檐下，见日不见霜。大寒移入暖处，围以草荐。盆中任其干，至干极，略用河水盏许，浇其根，仅活其命。枝叶上有白色小虫，刮去，不然即黄萎。十月入窖中，枝头入地尺许，地上加柴，柴上加土尺许，封盖严密，不透风气为佳。春分后朝南开一孔通气，立夏后方可出窖，见春风早，即枯槁。出窖后，叶落无妨，先放檐下见日色处，渐移之日中。去上面及周围旧土一层，再加新土培之。二三年后，取出全换旧土，莫伤根。换土后，只浇清水，不宜太肥，至叶稍大，方可浇肥，剪去枯枝。梅雨不绝，移置檐下。

若南方，冬月只于朝南屋内掘一浅坑，将盆放下，以篾笼[1]罩花，口傍以泥筑实，无隙通风，或用棉花子覆根五寸许，亦以篾罩罩之，用纸封罩。五六日一次，将花核[2]取开，用冷茶浇之，仍以花核壅之。立夏前，方可去罩。盆中周围去土一层，以肥土填上，用水浇之，大约入夏后三日，方可移出露天，最怕春风，清明前尤怕风。芽发方可灌以粪，次年和根取起，换土栽过，无不活者，如此收藏[3]，多年可延。

花 谱

藤

本

注释

[1] 篾笼：竹笼。

[2] 花核：即上文所说棉花籽。

[3] 收藏：收聚保存。

译文

每年秋天降霜的时候，把茉莉搬到北面的房檐底下，使它能够照到阳光，不被霜打。大寒节气的时候，把它搬到温暖的地方，用草席围住。盆里的土，任其自然干燥，等到干透，略微用一盏左右的河水，浇灌它的根部，只要保证不会干死就行了。枝条和叶片上如果有白色的小虫子，要把它们刮掉，不然就会枯萎变黄。阴历十月的时候，把它搬进地窖里，枝头距离地面30厘米左右，地上盖上柴，柴上压上30厘米左右的土，覆盖密封时，确保风和空气不会透进去。春分节气以后，在朝南的地方开一个小通气孔，立夏节气以后，才可以移出地窖，如果过早被春风吹了，就会枯死。移出地窖以后，叶片凋零也不会影响，先放置在屋檐下能照到阳光的地方，然后逐渐移到太阳光下。把盆里上面和周围的旧土去掉一层，换上新土。每过二三年，把盆里的旧土全部取出来换上新土，换土的时候不要伤到根须。换土以后，只能浇清水，不适宜浇太肥的水，等到叶片长大一些，才可以浇肥水，把枯萎的枝条剪掉。梅雨不断的时候，搬到屋檐底下。

如果是在南方，冬天只在朝南的屋里挖一个浅坑，把花盆放进去，用竹笼把花罩住，笼口和地面接触的地方，用泥封严，不要留下透风的隙缝，也可以用棉花籽在根上覆盖17到20厘米厚，也用竹笼罩住，用纸把竹笼封住。每隔五六天就把棉花籽拿开，用冷茶水浇灌一次，浇灌后再用棉花籽覆盖。一直到立夏节气前夕，才可以把竹笼拿掉。把盆里周围的土去掉一层，换上新的肥土，用水浇灌，大约立夏三天以后，才能搬出来放在露天的地方，最害怕被春风吹，清明节气以前尤其害怕风吹。发芽以后才可以用粪水浇灌，第二年连根拔起，换上新土重栽，没有栽不活的，这样收聚保存，能活很多年。

原典

于念东　茉莉自夏首至秋杪皆花，开必薄暮，半放冉冉[1]，作奇香，次晨则香减。霜后犹生朵，但渐小耳，经大寒无不萎者。向余得一本，根下有铁少许，盖鬻者利其必萎，彼钻核[2]者又何足异？余去其铁，易土而植之，灌以腥汁，开甚盛。遇大寒，藏之暖室，历三岁犹花，但干老花疏，总之风气不宜也，金陵[3]易得，每岁购二三本，霜后辄弃之，不复藏。

注释

[1] 冉冉：柔弱下垂。
[2] 钻核：典出自南朝刘义庆《世说新语·俭啬》。西晋王戎家有味道非常好的李子，经常拿出去卖，害怕别人得到种子，就把李子的核钻透后再出售。
[3] 金陵：今江苏南京。

译文

于若瀛　茉莉从夏初到秋末都会开花，开花的时间一定在傍晚的时候，半开的时候柔弱下垂，有奇异的花香，第二天早上花香就会减弱。秋天落霜以后还能打花骨朵，但花骨朵会逐渐变小，大寒以后花朵全部会枯萎凋零。我以前得到一株，根底下有少量的铁，大概卖花的人不希望买花的人把它养活，这样才会再去买他的花，这样看来卖李钻核又有什么奇怪呢？我把根上的铁去掉，换土后重新栽种，用带鱼腥肥的水浇灌，花开得非常繁盛，遇到非常寒冷的天气，就把它保存在暖室里，过了三年还能开花，只不过枝干衰老、花朵稀疏，概括地说，收聚保存的时候，不适宜透风见气，茉莉花江苏南京很容易买到，每年购买两三株，秋天落霜以后就扔掉了，不再收聚保存。

原典

【储土】

　　每日屋下扫聚尘土，堆积于闲静空屋，俟发热过，筛细用。

译文

　　每天把屋子里的尘土扫在一起，堆积在幽静的空屋子里，等发热以后，用筛子筛选细土以备用。

原典

【附录】

　　指甲花　夏月开，香似木樨，可染指甲，过于凤仙花，有黄、白二色。

花　谱

藤

本

译文

　　指甲花在夏天开放，花香和木樨花相似，可以用来给指甲染色，效果比凤仙花还好，有黄色和白色两种颜色。

原典

　　雪瓣　一名狗牙，似茉莉而瓣大，其香清绝[1]，出南海。

注释

[1] 清绝：清雅至极。

译文

　　雪瓣也叫作狗牙，花朵和茉莉花相似，但花瓣较大，它的花香清雅至极，产自南海。

现代描述

　　单瓣狗牙花，*Ervatamia divaricata*，夹竹桃科，狗牙花属。灌木，通常高达 3 米；枝和小枝灰绿色，有皮孔，干时有纵裂条纹。叶坚纸质，椭圆形或椭圆状长圆形，短渐尖，基部楔形，叶面深绿色，背面淡绿色。聚伞花序腋生，通常双生，着花 6—10

朵；花冠白色，花冠筒长达2厘米。另有重瓣花变种。花期6—11月，果期秋季。分布于云南、广东、广西、海南、台湾等地。

原典

【典故】

《南方草木状》[1]　那悉茗花与茉莉花，皆胡人自西域移植南海，南人爱其芳香，竞植之。

陆贾[2]《南越行纪》　南越[3]之境，五谷[4]无味，百花不香，惟茉莉、悉那茗二花，特芳香，不随水土而变，与夫橘北为枳者，异矣。彼处女子，用彩丝穿花心，以为首饰。

《郑松窗诗话》[5]　广州城九里，曰花田，尽栽茉莉及素馨。

宋孝宗[6]禁中纳凉，多植茉莉、建兰等花，鼓以风轮[7]，清芳满殿。

注释

[1]《南方草木状》：西晋嵇含著。

[2] 陆贾：西汉初年人，能言善辩，曾出使南越国。

[3] 南越：秦末赵佗所建立，领地在今广东、广西地区，被汉武帝所灭。

[4] 五谷：泛指各谷物。

[5]《郑松窗诗话》：南宋福州人郑域所著。

[6] 宋孝宗：南宋孝宗赵昚。

[7] 风轮：古代夏天取凉用的机械装置。

译文

《南方草木状》　耶悉茗花和茉莉花，都是外国人从中亚和西亚地区移植到中国南部沿海地区的，南方人非常喜欢它们的花香，争先恐后地种植。

陆贾《南越行纪》　古南越的领地内，各种谷物都没有味道，各种花都没有香味，只有茉莉和悉那茗两种花特别芳香，不会因水土不同而发生改变，和橘树生长在淮河以北就会变成枳树，是不一样的。那里的女人，把彩色的丝线从花朵中心穿过去，当作头饰使用。

《郑松窗诗话》　距离南宋广州城九里的地方叫作花田，田里栽种的都是茉莉和素馨。

南宋孝宗赵昚在皇宫里乘凉的地方，种植了很多茉莉、建兰等花，用风轮鼓风，整个宫殿里都会充满花的清香。

二如亭群芳谱

木 香

原典

灌生，条长有刺，如蔷薇。有三种，花开于四月，惟紫心白花者为最，香馥[1]清远[2]，高架万条，望若香雪。他如黄花、红花、白细朵花、白中朵花、白大朵花，皆不及。

注释

[1] 香馥：香气。　　　　　　　　[2] 清远：清美幽远。

译文

木香是丛生灌木，藤蔓很长，蔓上有刺，和蔷薇相似。有三个品种，农历四月开花，只有白色花瓣、紫色花蕊的最好，花香清美幽远，众多藤蔓架在高处，看着就像有香味的雪。其他品种，如黄花、红花、白色小花、白色中花、白色大花，都比不上它。

现代描述

木香花，*Rosa banksiae*，蔷薇科，蔷薇属。攀援小灌木，小枝圆柱形，有短小皮刺；老枝上的皮刺较大，坚硬。小叶3—5，小叶片椭圆状卵形或长圆披针形，基部近圆形或宽楔形。花小形，多朵成伞形花序，花瓣重瓣至半重瓣，白色，倒卵形，先端圆，基部楔形。花期4—5月。原产四川、云南，广泛用于园林栽培。

原典

【栽种】

四月中，扳[1]条入土，泥壅一段，俟月余根长，自本生枝剪断移栽，可活，若剪条扦插，多难活，荼蘼等同此法。

注释

[1] 扳：拉。

译文

农历四月的时候，把木香的藤条拉下来压在土里，用泥封一段，等到一个多月后，藤条长出根须，就把它从原本的植株上剪下来进行移栽，可以成活，如果直接把藤条剪下来进行扦插，大多很难成活，荼蘼等的栽种方法也是这样。

玫　瑰

花卉写生图册之一 ［五代］黄居寀

原典

　　一名徘徊花，灌生，细叶，多刺，类蔷薇，茎短，花亦类蔷薇，色淡紫，青萼[1]，黄蕊，瓣末白，娇艳芬馥，有香有色。堪入茶、入酒、入蜜，栽宜肥土，常加浇灌，性好洁，最忌人溺，溺浇即毙。燕[2]中有黄花者，稍小于紫，嵩山[3]深处有碧色者。

注释

[1] 萼：花萼。

[2] 燕：今河北北部、辽宁西部一带。

[3] 嵩山：山名，在河南省登封市。

玫瑰也叫作徘徊花，是丛生灌木，叶片较细，枝干上有很多尖刺，和蔷薇相类似，枝干较短，花朵也和蔷薇相类似，花瓣为淡紫色，花萼是绿色的，花蕊是黄色的，花瓣末端是白色的，艳丽而清香，花形和花香都很好。可以用来调茶、调酒、调蜜，适宜栽种在肥沃的土壤里，经常对它进行浇灌，生性洁净，最忌讳人的小便，浇小便就会枯死。河北北部、辽宁西部一带有黄花玫瑰，花朵比紫色玫瑰稍微小一些，河南登封嵩山的深山里有青白色的玫瑰花。

现代描述

玫瑰，*Rosa rugosa*，蔷薇科，蔷薇属。直立灌木，高可达 2 米；茎粗壮，丛生；小枝有直立或弯曲、淡黄色的皮刺。小叶 5—9，小叶片椭圆形或椭圆状倒卵形，边缘有尖锐锯齿，上面深绿色，叶脉下陷，下面灰绿色，中脉突起，网脉明显。花单生于叶腋，或数朵簇生，花瓣倒卵形，重瓣至半重瓣，芳香，紫红色至白色。果扁球形，直径 2—2.5 厘米，砖红色，肉质。花期 5—6 月，果期 8—9 月。原产我国华北以及日本和朝鲜。我国各地均有栽培。

花 谱

藤

本

原典

【栽种】

株傍生小条，不可久存，即宜截断另植，既得滋生，又不妨旧丛，不则大本必枯瘁。

夏间生嫩枝，时有黑翅黄腹飞虫，名镌花娘子[1]，以臀入枝生子，三五日出小虫，黑嘴青身，伤枝食叶，大则又变前虫。蔷薇、月季亦生此虫，俱宜捉去。

注释

[1] 镌花娘子：即玫瑰三节叶蜂，成虫产卵于玫瑰嫩茎上，造成嫩茎干枯折断，幼虫嚼食叶片，严重者将叶片全部食光，只留主叶脉及叶柄。

译文

植株旁边所生小枝条，不能存活太久，应当剪下来扦插到别的地方，这样既能繁殖，又不会对原来的植株产生影响，否则原植株就必然会枯萎。

玫瑰夏天长出嫩枝，经常会有一种黑色翅膀、黄色腹部的飞虫，名叫镌花娘子，把尾部插进嫩枝生子，三五天后小虫孵化，嘴巴是黑色的、身体是绿色的，会损坏嫩枝、啃食嫩叶，长大后又会变成飞虫的样子。蔷薇和月季上也会生这种虫，都应该捉走。

原典

【典故】

王敬美 玫瑰，非奇卉也，然色媚而香，甚旖旎[1]，可食、可佩，园林中宜多种。又有红、黄刺梅二种，绝似玫瑰而无香，色瓣胜之。黄者出京师[2]，蔓花。五色[3]蔷薇俱可种，而黄蔷薇为最贵，易蕃而易败。余圃中酴醾芳香，惟紫心小白为佳。宋人所称白蘼者，今竟不知何物，疑即是白木香耳，今所植酴醾，白而不香，定非宋人所珍也。

南海谚云："蛇珠[4]千枚，不及玫瑰。"玫瑰，美珠也，今花中亦有玫瑰，盖贵之，因以为名。

注释

[1] 旖旎：繁盛美好貌。

[2] 京师：都城，此处指北京。

[3] 五色：泛指各种颜色。

[4] 蛇珠：蛇吐出来的珠。

译文

王世懋 玫瑰并不是珍奇的花卉，但是颜色妩媚且有清香，非常美好，可以食用，也可以佩戴，适宜在园林中多多栽种。红刺梅和黄刺梅，与玫瑰极其相似，但是没有花香，而花朵颜色要比玫瑰好看。黄刺梅产自北京，花朵长在蔓枝上。各种颜色的蔷薇都可以栽种，而黄色蔷薇最珍贵，容易繁盛也容易衰败。我的园圃里酴醾非常芳香，其中花蕊为紫色的小白花最好。宋代人所盛赞的白蘼，现在人已经不知道到底是哪种花了，怀疑就是白色的木香，现在栽种的荼蘼，虽然是白色的，但是没有花香，一定不是宋代人所珍视的白蘼。

南部沿海地区有句谚语说："即使有一千枚蛇珠，也比不上一颗玫瑰。"玫瑰，是美好的宝珠，现在花里面也有玫瑰，大概是因为珍视，所以用作它的名称。

刺 蘼

原典

灌生，茎多刺，叶圆细而青，花重叶，状似玫瑰而大，艳丽可爱，惜无香耳。春时分根旁小株种之，亦易活。

译文

刺蘼是丛生灌木，茎条上长着很多刺，叶片较细、呈圆形、绿色，花朵为重瓣，形状和玫瑰花相似，但比玫瑰花大一些，艳丽而惹人怜爱，只可惜没有花香。春天的时候，将根旁边的小苗进行移栽，也很容易成活。

酴醾 附录金沙罗

原典

一名独步春，一名百宜枝，一名琼绶带，一名雪缨络，一名沉香蜜友。藤身，灌生，青茎多刺，一颖[1]三叶如品字形，面光绿，背翠色，多缺刻，花青跗红萼，及开时变白，大朵千瓣，香微而清，盘作高架，二三月间烂熳[2]可观。盛开时折置书册中，冬取插鬓，犹有余香。本名荼蘼，一种色黄似酒，故加酉字。

注释

[1] 颖：末端。

[2] 烂熳：同"烂漫"，形容草木茂盛。

译文

酴醾也叫独步春、百宜枝、琼绶带、雪缨络、沉香蜜友。藤本，丛生灌木，绿色的藤蔓上长着很多刺，小枝末端的三片叶子呈品字形排列，叶片正面为绿色而有光泽，背面也为绿色，叶片边缘有很多裂齿，花梗青色，花萼红色，花开放时变成白色，重瓣，花面径较大，花香虽然微弱但清芬，把它盘在高高的花架上，农历二三月的时候，花朵繁盛，很值得一观。春天花朵盛开时折下来夹在书中，冬天拿出来插戴在鬓发上，还有残留的花香。原名为荼蘼，有一个品种的花朵颜色为黄色，和酒的颜色相似，所以加上了"酉"字旁。

现代描述

酴醾究竟指何种植物尚无定论。重瓣空心泡和香水月季均为一种说法。

重瓣空心泡，*Rubus rosifolius var. coronarius*，蔷薇科，悬钩子属，又名荼蘼花、

佛见笑。直立或攀援灌木，高2—3米；小枝圆柱形，常有浅黄色腺点，疏生较直立皮刺。小叶5—7枚，卵状披针形或披针形，顶端渐尖，基部圆形，边缘有尖锐缺刻状重锯齿。花常1—2朵，顶生或腋生；花重瓣，白色，芳香，直径3—5厘米。果实卵球形或长圆状卵圆形，长1—1.5厘米，红色，有光泽；核有深窝孔。花期3—5月。

香水月季，*Rosa odorata*，蔷薇科，蔷薇属，又名黄酴醿、芳香月季。常绿或半常绿攀缘灌木，有散生而粗短的钩状皮刺。小叶5—9枚，椭圆形、卵形或长圆卵形，先端急尖或渐尖，边缘有紧贴锯齿。花单生或2—3朵；花单瓣、半重瓣或重瓣，白色、粉红色或黄色、橘黄色，芳香，直径3—10厘米。果实呈扁球形，稀梨形。花期6—9月。

原典

【附录】

金沙罗 似酴醿花，单瓣，红艳夺目。

译文

金沙罗和酴醿花相似，花朵为单瓣，艳丽的红色很耀眼。

原典

【典故】

唐时，寒食宴宰相，用酴醿酒。又召侍臣、学士，食樱桃、饮酴醿酒，盛以琉璃盘，和 [1] 以香酪。

大西洋国 [2]，花如牡丹，蛮中遇天气凄寒 [3]，零落 [4] 凝结，蔼 [5] 若甘露，芬芳袭人。夷女泽体腻发，香经月不灭，五代时充贡，名蔷薇水。[6]

注释

[1] 和：拌入。

[2] 大西洋国：这里指阿拉伯半岛一带的国家。

[3] 凄寒：寒冷。

[4] 零落：当为"零露"之讹误。

[5] 蔼：温和。

[6] 这段引文引自《广东志》，但与原文有出入，现将原文附录于此："酴醿，海国所产为盛，出大西洋国者，花大如中国之牡丹，蛮中遇天气凄寒，零露凝结，他草木乃冰澌叶萎，殊无香韵，惟酴醿花上琼瑶清莹，芬芳袭人，若甘露焉，夷女以泽体、腻发，香经月不灭，国人贮以铅瓶，行贩他国。"

译文

唐代时，会在每年冬至后第一百零五天寒食节那天，宴请宰相，饮用酴醿酒。又召唤随侍近臣和学士，吃樱桃、饮酴醿酒，用琉璃制作的盘子盛装，再拌上醇香的奶酪。

阿拉伯半岛一带的国家，有一种花和牡丹花相似，在那里遇到寒冷的天气，花上的露水凝结掉落，就像甘露一样温和，散发着沁人心脾的芳香。那里的女人把它涂在身体和头发上，香味能保持一个多月，五代十国时，曾经把它当作贡品进献给中国，名叫蔷薇水。

原典

范蜀公 [1] 居许下 [2]，造大堂，名以长啸，前有酴醿架，高广可容十客。每春季花繁，燕客其下，约曰："有飞花堕酒中者，嚼一大白 [3]。"或笑语喧哗 [4] 之际，微风过之，满座无遗，时号飞英会。

舒雅 [5] 作青纱连二枕，满贮酴醿、木犀、瑞香散蕊，甚益鼻根 [6]。蜀 [7] 人取酴醿造酒，味甚芳烈。

注释

[1] 范蜀公：范镇，字景仁，北宋文学家、史学家，翰林学士，封蜀国公。

[2] 许下：今河南省许昌市。

[3] 白：通"杯"。

[4] 笑语喧哗：大声说笑。

[5] 舒雅：字子正，南唐状元，入宋后，为将作监丞，大中祥符二年，值昭文馆，官至刑部郎中。

[6] 鼻根：佛教的六根之一，指鼻的功能。

[7] 蜀：今四川。

译文

北宋蜀国公范镇住在在河南许下，建造了一个大堂，命名为长啸堂，堂前有酴醿架，其下能够容纳十个宾客。每年春天繁花盛开的时候，就在酴醿架底下宴享宾客，相互约定："如果飞舞的花瓣掉落在谁的酒杯里，就要喝一大杯。"正在大声说笑的时候，微风吹过，在座所有人的酒杯里都掉进了花瓣，于是将这宴会叫作飞英会。

舒雅创制青纱连二枕，在枕头里面装满酴醿、木樨和瑞香的花蕊，对鼻根很有益。四川人用酴醿酿造酒，酒香非常浓烈。

151

蔷薇 附录蔷薇露

原典

　　一名刺红，一名山枣，一名牛棘，一名牛勒，一名买笑。藤身，丛生，茎青多刺，喜肥，但不可多，花单而白者更香，结子名营实，堪入药[1]。有朱千蔷薇，赤色多叶，花大叶粗，最先开；荷花蔷薇，千叶，花红，状似荷花；刺梅堆，千叶，色大红，如刺绣所成，开最后；五色蔷薇，花亦多叶而小，一枝五六朵，有深红、浅红之别；黄蔷薇，色蜜花大，韵雅态娇，紫茎修条，繁夥[2]可爱，蔷薇上品也；淡黄蔷薇、鹅黄蔷薇，易盛难久；白蔷薇，类玫瑰；又有紫者、黑者，出白马寺[3]；肉红者、粉红者、四出者，出康家；重瓣厚叠者、长沙千叶者，开时连春接夏，清馥可人[4]，结屏甚佳；别有野蔷薇，号野客，雪白、粉红，香更郁烈。

　　法于花卸时，摘去其蒂，如凤仙法，花发无已。如生莠虫，以鱼腥水[5]浇之，倾银炉灰撒之，虫自死。他如宝相、金钵盂、佛见笑、七姊妹、十姊妹，体态[6]相类，种法亦同，又有月桂一种，花应月圆缺。

注释

[1] 入药：用作药物。

[2] 繁夥：繁多。

[3] 白马寺：在今河南省洛阳市洛龙区白马寺镇。

[4] 可人：合人心意。

[5] 鱼腥水：洗剖鱼产生的废水。

[6] 体态：样子。

白蔷薇图 ［宋］马远

二如亭群芳谱

译文

蔷薇也叫作刺红、山枣、牛棘、牛勒、买笑。藤本植物，丛聚而生，绿色的藤蔓上长有很多刺，喜肥，但不能施太多，白色单瓣蔷薇花的香味更浓郁，所结种子叫作营实，可以用作药物。有朱千蔷薇，花朵为重瓣、红色，花大，花瓣较粗，在蔷薇中开花时间最早；荷花蔷薇，花朵为重瓣、红色，形状和荷花相似；刺梅堆，重瓣、大红色，就好像用刺绣的方法绣成一样，在蔷薇中开花时间最晚；五色蔷薇，花朵也是重瓣，但花较小，一个花枝上有五六朵花，分为深红色和浅红色；黄蔷薇，花朵颜色为蜂蜜一样的淡黄色，花较大，风韵雅致、体态娇美，修长的紫色枝条，繁多而惹人怜爱，是蔷薇中的上等品种；淡黄蔷薇和鹅黄蔷薇，容易繁盛却难以持久；白蔷薇，和玫瑰花相类似；又有紫色和黑色的蔷薇，产自河南洛阳白马寺；肉红色、粉红色和一朵四个花瓣的蔷薇，产自一个姓康的人家；重瓣厚叠和长沙千叶蔷薇，在春夏之交开放，清香馥郁、合人心意，用它接成的屏墙，非常美妙；另外还有野生蔷薇，被称作野客，颜色为雪白色和粉红色，香味更加浓郁。

在花朵凋零后，随即把花梗摘掉，和打理凤仙花的方法一样，能够使花不断开放。如果蔷薇上生了莠虫，就用洗剂鱼产生的废水浇灌，再把银质香炉的炉灰倾倒出来，撒在生虫的蔷薇上，莠虫自然就会被杀死。其他品种，如宝相、金钵盂、佛见笑、七姊妹、十姊妹，样子都相类似，种植方法也相同，还有一个品种叫月桂，花开花谢和月亮圆缺相应。

花　谱

藤

本

现代描述

野蔷薇，*Rosa multiflora*，蔷薇科、蔷薇属。攀缘灌木，小枝有短粗、稍弯曲皮刺，小叶 5—9 枚，小叶片倒卵形、长圆形或卵形，边缘有尖锐单锯齿；花多朵，排成圆锥状花序，花直径 1.5—4 厘米，单瓣或重瓣，有白、粉红等色。果近球形，直径 6—8 毫米，红褐色或紫褐色，有光泽，无毛。常见变种有粉团蔷薇、七姊妹、白玉堂等。

原典

【种植】

立春折当年枝连榾柮[1]，插阴肥地，筑实其傍，勿伤皮，外留寸许，长则易瘁[2]。或云，芒种及三、八月皆可插。黄蔷薇，春初将发芽时，取长条卧置土内，两头各留三四寸，即活，须见天不见日处。一云，芒种日插之，亦活。

注释

[1] 榾柮：通"榾柮"，根部。
[2] 瘁：憔悴、枯槁。

译文

立春的时候，连根折取当年生的枝条，插在肥沃背阴的土壤里，插好后把土捣实，不要损伤枝条的外皮，插枝时露出3厘米多的头，头留得太长，容易枯槁。有人说，芒种的时候以及三月、八月都可以进行插枝。黄蔷薇，在初春即将发芽的时候，截取长条横放在土里，两端都留出10到13厘米的头，就能成活，必须保证压枝的地方露天但照不到阳光。也有人说，芒种的时候进行扦插，也能成活。

原典

【附录】

蔷薇露　出大食国 [1]、占城国 [2]、爪哇国 [3]、回回国 [4]，番名 [5] 阿剌吉。洒衣，经岁其香不歇 [6]，能疗人心疾 [7]，不独调粉为妇人容饰而已。五代时，曾以十五瓶入贡，今人多取其花浸水以代露，或采茉莉为之。试法，以琉璃瓶盛之，翻摇数四 [8]，其泡周 [9] 上下者为真。

注释

[1] 大食国：指阿拉伯帝国，在今天伊朗、沙特阿拉伯一带。

[2] 占城国：位于中南半岛东南部，北起今越南河静省的横山关，南至平顺省潘郎、潘里地区。

[3] 爪哇国：东南亚古国，其境主要在今印度尼西亚爪哇岛一带。

[4] 回回国：泛称中亚地区信仰伊斯兰教的国家。

[5] 番名：外国名称。

[6] 歇：消散。

[7] 心疾：劳思、忧愤等引起的疾病。

[8] 数四：多次。

[9] 周：当为"自"之讹误。

译文

蔷薇露产自大食国、占城国、爪哇国、回回国，外国名称叫作阿剌吉。喷洒在衣服上，它的香味能保持一年而不消散，能够治疗因劳思、忧愤等引起的疾病，不是只有用来调制妇女妆扮的脂粉这么一个功用。五代十国的时候，外国人曾经进贡十五瓶，现在人们大多用浸泡过蔷薇花的水来代替蔷薇露，也有用茉莉花制作的。试验是不是真蔷薇露的办法是，把它盛装在琉璃瓶里面，翻转摇晃多次，产生的气泡从上面往下面移动就是真的。

原典

【典故】

武帝[1]与丽娟[2]看花时，蔷薇始开，态若含笑[3]，帝曰："此花绝胜佳人笑也。"丽娟戏曰："笑可买乎？"帝曰："可。"丽娟奉黄金百斤[4]，为买笑钱。蔷薇名买笑，自丽娟始。

梁元帝[5]竹林堂中多种蔷薇，以长格[6]校[7]其上，花叶相连其下，有十间花屋，枝叶交映，芬芳袭人。

徐知诰[8]会客，令赋蔷薇诗，先成者赐以锦袍，陈濬[9]先得之。

东平[10]城南许司马后圃，蔷薇花太繁，欲分于别地栽插。忽花根下掘得一石如鸡，五色粲然，遂呼蔷薇为玉鸡苗。

景陵[11]，张耒[12]谪居日建亭其侧，植蔷薇，临别题诗云："他年若问鸿轩[13]人，堂下蔷薇应解语[14]。"

花 谱

藤

本

注释

[1] 武帝：即汉武帝刘彻。

[2] 丽娟：汉武帝刘彻所宠爱的官女的名字。

[3] 含笑：面带笑容。

[4] 斤：汉代一斤相当于现在半斤，重250克。

[5] 梁元帝：即南朝萧梁的皇帝萧绎，梁武帝萧衍第七子。

[6] 格：长枝。

[7] 校：交错。

[8] 徐知诰：即南唐的创立者烈祖李昇，早年被徐温收养，取名徐知诰。

[9] 陈濬：五代十国时吴国官员，曾为中书舍人、翰林学士，著有《吴录》。

[10] 东平：今山东省泰安市东平县。

[11] 景陵：即景陵县，在今湖北省天门市。

[12] 张耒：北宋文学家，字文潜，号柯山，人称宛丘先生，苏门四学士之一。

[13] 鸿轩：古轩名，在今湖北省天门市。

[14] 解语：会说话。

译文

汉武帝和丽娟在观赏花的时候，蔷薇刚刚开放，姿态好像面带笑容一样，汉武帝说："这花比美人的笑容还好看。"丽娟开玩笑说："笑可以买吗？"汉武帝说："可以。"丽娟拿出了一百斤的黄金，作为买笑的钱。蔷薇被称作买笑，是从丽娟开始的。

南朝梁元帝萧绎，在竹林堂里种植了很多蔷薇花，用蔷薇的长枝条交错成屋顶，下面的部分由蔷薇的花朵和叶子连接而成，建成十间花屋，组成花屋的枝条和叶片交相辉映，芬芳的花朵沁人心脾。

徐知诰会见宾客，让众宾客以蔷薇为题赋诗，最先完成的人，会被赐予锦袍，翰林学士陈溶最先完成，得到了锦袍。

山东泰安东平县城南面，许司马的后花园里，蔷薇花生长太过繁茂，打算分出一部分移栽到其他地方。忽然在蔷薇花的根底下挖出一块形状像鸡的五彩斑斓的石头，于是把蔷薇称作"玉鸡苗"。

湖北省天门市有一座鸿轩，北宋张耒被贬谪居住在那里的时候，在鸿轩旁边建了一座亭子，并在那里栽种了很多蔷薇花，张耒将要离开那里的时候，题写了一首诗说："以后如果有人问鸿轩里的人去哪里了，堂下的蔷薇花应该会告诉他吧！"

月季花

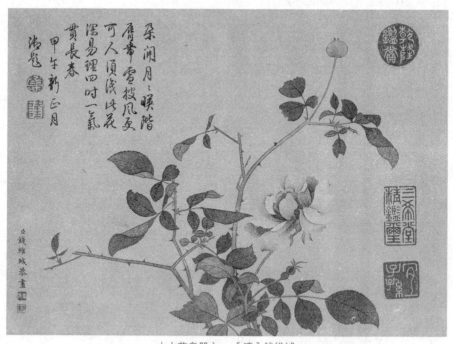

山水花鸟册之一 ［清］钱维城

原典

一名长春花，一名月月红，一名胜春，一名瘦客。灌生，处处有，人家多栽插之。青茎，长蔓，叶小于蔷薇，茎与叶俱有刺，花有红、白及淡红三色，白者须植不见日处，见日则变而红。逐月一开，四时不绝，花千叶厚瓣，亦蔷薇之类也。

译文

月季花也叫作长春花、月月红、胜春、瘦客。灌木，到处都有，很多民宅里都有栽种。枝干是绿色的，呈长蔓状，叶子要比蔷薇叶小，枝干和叶片上都有刺，花朵有红色、白色和淡红色三种，白色月季必须种在阳光照射不到的地方，一旦被阳光照射，花朵就会变成红色。每个月都能开放，四季都有花，为重瓣，花瓣较厚，和蔷薇是同一类。

现代描述

月季花，*Rosa chinensis*，蔷薇科，蔷薇属。灌木，小枝粗壮，圆柱形，有短粗的钩状皮刺。小叶 3—5，小叶片宽卵形至卵状长圆形，先端长渐尖或渐尖，基部近圆形或宽楔形，边缘有锐锯齿，上面暗绿色，常带光泽，下面颜色较浅；花几朵集生，稀单生，直径 4—5 厘米；边缘常有羽状裂片，稀全缘，花瓣重瓣至半重瓣，红色、粉红色至白色，倒卵形，先端有凹缺，基部楔形。果卵球形或梨形，红色。花期 4—9 月，果期 6—11 月。原产中国，各地普遍栽培。月季花和其他蔷薇属植物杂交培育出的园艺品种很多。

原典

【种植】

春前剪其枝，培肥土中，时时灌之。俟生根，移种，辅以屏架，花谢结子即摘去，花恒不绝；或云人家住宅内，不宜种此花。

译文

在春天之前，剪取月季的枝条，培养在肥沃的土壤里，经常浇灌它。等到枝条生根以后，进行移栽，月季枝干柔软，需要花架作为背屏，把花朵凋零后所结种子摘掉，能保证不断开花；也有人说民宅里不能种植月季。

金雀花

原典

丛生，茎褐色，高数尺，有柔刺，一簇数叶。花生叶旁，色黄，形尖，旁开两瓣，势如飞雀，甚可爱。春初即开，采之，滚汤入少盐微焯[1]，可作茶品、清供[2]。春间分栽，最易繁衍[3]。

注释

[1] 焯：把蔬菜放到沸水中略微一煮就捞出来。
[2] 清供：清雅的供品。
[3] 繁衍：繁盛众多。

译文

金雀花，丛生，枝干是褐色的，高1—2米，枝干上有柔软的尖刺，一簇数片叶子。花朵生长在叶片旁边，为黄色，形状尖锐，旁边长出两个花瓣，就好像飞翔的雀鸟一样，非常惹人怜爱。花朵初春就能开放，把它采摘下来，在放入少许盐的开水里焯一下，可以作为茶饮，也可以作为清雅的供品。春天进行移栽，最容易繁盛生长。

现代描述

锦鸡儿，*Caragana sinica*，又名金雀花，豆科，锦鸡儿属。灌木，高1—2米。树皮深褐色，托叶三角形，硬化成针刺，叶轴脱落或硬化成针刺，小叶2对，羽状，上部1对常较下部的为大，倒卵形或长圆状倒卵形，上面深绿色，下面淡绿色。花单生，花萼钟状，花冠黄色，常带红色，长2.8—3厘米，旗瓣狭倒卵形，翼瓣稍长于旗瓣，龙骨瓣宽钝。荚果圆筒状。花期4-5月，果期7月。

二如亭群芳谱

草本 (一)

葵 附录蒲葵、凫葵、天葵、兔葵

原典

阳草也，一名蜀葵，一名吴葵，一名露葵，一名戎葵，一名滑菜，一名卫足，一名一丈红，处处有之。本丰而耐旱，味甘而无毒，可备蔬茹[1]，可防荒俭[2]，可疗疾病，润燥利窍，服丹石人最宜。生郊野地，不问肥瘠，种类甚多，宿根[3]自生，亦可子种。天有十日，葵与终始，故葵从癸。能自卫其足，又名卫足。叶微大，花如木槿而大。肥地勤灌，可变至五六十种，色有深红、浅红、紫、白、墨紫、深浅桃红、茄紫、蓝数色，形有千瓣、五心、重台、重叶、单叶、剪绒、锯口、细瓣、圆瓣、重瓣数种[4]。昔人谓其"疏茎密叶，翠萼艳花，金粉檀心"，可谓善状此花已。五月繁华，莫过于此，庭中、篱下，无所不宜。茎有紫、白二种，白者为胜。

注释

[1] 茹：菜。

[2] 荒俭：饥荒、歉收。

[3] 宿根：二年生或多
  年生草本植物的根，
  茎叶枯萎后可以继
  续生存，次年春重
  新发芽，所以叫作
  宿根。

[4] 此句对花型分类，
  多有重复，千瓣、
  重叶、重瓣，都是
  重瓣花，只是表述
  方式不同而已。

蜀葵 ［宋］佚名

译文

葵是喜欢阳光的草花，也叫作蜀葵、吴葵、露葵、戎葵、滑菜、卫足、一丈红，到处都有。它的根系发达，抗旱性强，葵叶味道甘美且不含毒素，可以当作蔬菜的备用品，可以预防饥荒，可以治疗疾病，滋润燥症，通利大小便，最适宜服食丹药的人食用。生长在荒郊野外，不挑土壤肥沃还是贫瘠，品种非常多，宿根第二年自然会重新发芽，也可以通过播种种子繁殖。天干纪日，从甲到癸共有十个，葵叶每天都向太阳倾斜，所以"葵"字是由"艹"和"癸"两个意符构成。葵叶能够阻挡阳光，保护自己的根不被晒伤，所以又叫作卫足。叶片稍微大一些，花朵和木槿花相似，但比木槿花大。如果种植在肥沃的土壤里，并勤加浇灌，可以产生五六十个变种，花朵颜色有深红色、浅红色、紫色、白色、墨紫色、深桃红色、浅桃红色、茄紫色、蓝色等数种，花朵形状有里外重瓣、五个花蕊、上下重瓣、单瓣、剪绒花形、锯口形、细瓣、圆瓣等数种。古人说它"枝干稀疏而叶片密集，绿色的花萼，鲜艳的花瓣，黄色和浅红色的花蕊"，可以说善于形容这种花了。农历五月繁花盛开，但没有一种花能比得过它，庭院之中、篱墙之下，都适合栽种。枝干有紫色和白色两种，白色的要比紫色的好。

现代描述

蜀葵以观花为主，大部分古籍中可食用的葵则指冬葵，原文疑将两种植物混同为一种。

蜀葵，*Althaea rosea*，锦葵科，蜀葵属。二年生直立草本，高达 2 米，茎枝密被刺毛。叶近圆心形，直径 6—16 厘米，掌状 5—7 浅裂或波状棱角，裂片三角形或圆形，中裂片长约 3 厘米，宽 4—6 厘米，上面疏被星状柔毛。花腋生，单生或近簇生，排列成总状花序式；花大，直径 6—10 厘米，有红、紫、白、粉红、黄和黑紫等色，单瓣或重瓣，花瓣倒卵状三角形。果盘状，直径约 2 厘米，被短柔毛。花期 2—8 月。

冬葵，*Malva crispa*，锦葵科，锦葵属，又名葵菜、冬寒菜等。一年生草本，高 1 米；不分枝，茎被柔毛。叶圆形，常 5—7 裂或角裂，基部心形，裂片三角状圆形，边缘具细锯齿，并极皱缩扭曲。花小，白色，直径约 6 毫米，单生或几个簇生于叶腋，花瓣 5。果扁球形，径约 8 毫米；种子肾形，径约 1 毫米，暗黑色。花期 6—9 月。我国早在汉代以前即已栽培供蔬食。

原典

又有：

锦葵，一名荍，一名荍[1]苝，丛低，叶微厚，花小如钱，文彩[2]可观，

二如亭群芳谱

又名钱葵，色深红、浅红、淡紫，皆单叶，开亦耐久。《诗》："视尔如荍。"《注》："荍，蚍[3]茉也。"即此种，同蜀葵一种。

戎葵，奇态百出。

秋葵，一名侧金盏，与蜀葵另一种，高六七尺，黄花、绿叶、檀蒂、白心，叶如芙蓉，有五尖，如人爪形，狭而多缺。六月放，花大如碗，淡黄色，六瓣而侧，雅淡[4]堪观，朝开、午收。花落即结角，大如拇指，长二寸许，六棱有毛，老[5]则黑，其棱自绽[6]，内六房，子累累[7]在房内。与葵相似，故名秋葵，朝夕倾阳，此葵是也。秋尽收子，二月种，以手高撒，梗亦长大。

旌节花，高四五尺，花小，类茄花，俗讹为锦茄儿，花节节对生，红紫如锦。

西番葵，茎如竹，高丈余，叶似蜀葵而大，花托[8]圆，二三尺，如莲房[9]而扁，花黄色，子如萆麻子而扁。孕妇忌经其下，能堕胎。

花 谱

草 本 （一）

注释

[1] 荍："荍"当为"芘"之讹误。

[2] 文彩：艳丽而错杂的色彩。

[3] 蚍："芘"的通假字。

[4] 雅淡：雅致素净。

[5] 老：与"嫩"相对。

[6] 绽：裂开。

[7] 累累：连接成串。

[8] 花托：花梗顶端长花的部分。

[9] 莲房：莲蓬。

译文

葵的品种还有：

锦葵，也叫作荍、荍茉，植株低矮、丛生，叶片较厚，花朵只有铜钱那么大，艳丽而错杂的色彩，很值得观赏，又叫作钱葵，花朵颜色有深红色、浅红色、淡紫色，都是单瓣花，开花的时间很长。《诗经》说："把你比作荍。"《注》说："荍，就是蚍茉。"说的就是锦葵，和蜀葵是同一个种类。

戎葵，有各种各样的奇异形态。

秋葵，也叫作侧金盏，和蜀葵是同一个种类，植株的高度在2到2.3米左右，花瓣是黄色的，叶片是绿色的，花梗是紫红色的，花蕊是白色的，叶片和木芙蓉的叶子相似，分裂成五个小叶，和人摊开手指的手相类，小叶较细，且有很多裂口。农历六月开花，花朵有碗那么大，花瓣是淡黄色的，花朵有六个花瓣，开时向一旁倾斜，雅致素净，值得观赏，早上花瓣散开，中午花瓣闭拢。花朵凋零以后就会结角形果实，有拇指那么大，长6厘米左右，角上有六条棱脊，表皮覆盖茸毛，老了以后，角会变成黑色的，棱脊也会自然裂开，角里有六个子房，连接成串的种子就长在子房里。和葵相类似，所以叫作秋葵，白天随着太阳倾斜，这就是葵的特征。秋天过后采收种子，农历二月播种，用手抛高撒种，花梗就能变长变大。

旌节花，植株高度为 1.3 到 1.7 米左右，花朵较小，和茄子花相似，世俗讹传，把它称作锦茄儿，花朵每节成对生长，花瓣为红紫色，就像织锦一样。

西番葵，主干和竹竿相似，高 3 米多，叶片和蜀葵叶相似，但比蜀葵叶大，花托是圆形的，圆周长 60 到 100 厘米，和莲蓬相似，但比莲蓬扁平，花瓣是黄色的，种子和蓖麻的种子相似，但比蓖麻子扁平。孕妇不可以在西番葵的花下走过，会导致流产。

现代描述

这些被视为葵的不同品种，实际上是不同种类的植物。

锦葵，*Malva sinensis*，锦葵科，锦葵属。二年生或多年生直立草本，高 50—90 厘米，分枝多，疏被粗毛。叶圆心形或肾形，具 5—7 圆齿状钝裂片，长 5—12 厘米，宽几相等；花 3—11 朵簇生，紫红色或白色，直径 3.5—4 厘米，花瓣 5，匙形，长 2 厘米，先端微缺，爪具髯毛。果扁圆形，径约 5—7 毫米，分果爿 9—11，肾形，被柔毛；种子黑褐色，肾形，长 2 毫米。花期 5—10 月。

黄蜀葵，*Abelmoschus manihot*，锦葵科，秋葵属，即秋葵。一年生或多年生草本，高 1—2 米，疏被长硬毛。叶掌状 5—9 深裂，直径 15—30 厘米，裂片长圆状披针形，具粗钝锯齿，两面疏被长硬毛。花单生于枝端叶腋；花大，淡黄色，内面基部紫色，直径约 12 厘米。蒴果卵状椭圆形，被硬毛；种子多数，肾形。花期 8—10 月。

旌节花，《中国植物志》中有旌节花属植物，与描述差别较大，故暂不收录。

西番葵，*Helianthus annuus*，即向日葵，菊科，向日葵属。一年生高大草本。茎直立，高 1—3 米，粗壮，被白色粗硬毛，不分枝或有时上部分

景年花鸟画谱之一 ［日］今尾景年

 二如亭群芳谱

枝。叶互生，心状卵圆形或卵圆形。头状花序极大，径约 10—30 厘米，单生于茎端或枝端，常下倾。舌状花多数，黄色、舌片开展；管状花极多数，棕色或紫色，结果实。瘦果倒卵形或卵状长圆形，稍扁压。花期 7—9 月，果期 8—9 月。

向日葵原产北美，明朝传入中国，本书为中国最早记述向日葵的书籍之一。

原典

【种植】

实大如指顶，皮薄而扁，子如芜荑仁 [1]，轻虚 [2]，易种，收子以多为贵。八九月间，锄地下种，冬有雪，辄耢 [3] 之，勿令飞去，使地保泽、无虫灾。至春初，删其细小 [4]，余留在地，频浇水，勿缺肥，当有变异色者发生，满庭花开，最久至七月中尚蕃。大风雨后，即宜扶起，壅根少迟，其头便曲，不堪观矣。寻千叶者四五种，墙篱向阳处，间色种之，干长而直，花艳而久，胜种罂粟十倍。一法，陈葵子微炒，令爆咤，撒熟地 [5]，遍蹋 [6] 之，朝种暮生，迟不过经宿。

注释

[1] 芜荑仁：大果榆的果仁。

[2] 轻虚：轻而不实。

[3] 耢：即"耮"，用荆条等编成的一种农具，长方形，用来平整土地、松田保墒。

[4] 细小：微小。

[5] 熟地：经过多年耕种的土地。

[6] 蹋：通"踏"。

译文

蜀葵的蒴果和手指头相似，果皮很薄，蒴果扁平，种子和芜荑仁相似，轻而不实，容易播种，采收种子的时候，越多越好。农历八九月之间，用锄头翻地播种，冬天每当下雪后，就耮一次，不要让种子被风吹飞，也能够使土壤保墒、不发生虫灾。到了初春，将生长不良的幼苗拔掉，茁壮生长的保留在田地里，频繁浇灌，不要使它缺少肥料，应当会产生变异的品种，满院蜀葵花盛开，最晚到农历七月，花朵依然繁盛。刮大风、下大雨以后，一定要将倒地的蜀葵尽快扶起来，根部培土，稍微晚一些，就会导致蜀葵的头部弯曲，那样就不值得观赏了。寻找四五种重瓣蜀葵，不同的颜色杂种在篱笆墙向阳的地方，枝干修长而笔直，花朵艳丽且耐久，比种罂粟花要强十倍。还有一种种法，把陈年的蜀葵种子，稍微炒一下，使种子爆裂，撒播在耕种多年的土地里，再用脚把地踏实，早上播种，晚上就能发芽，最迟过一晚必能发芽。

原典

【制用】

插瓶用沸汤，以纸塞口，则不萎；或以石灰蘸过，令干方插，花开至顶，叶仍如旧，凤仙、芙蓉，插法同。葵甚易生，地不论肥瘠，宜于不堪作田[1]之地多种，以防荒年，采瀹[2]晒干收贮。晒黄葵，须破其蕊，则不腐。花开尽，带青收其秸，勿令枯槁，水中浸一二日，取皮为缕，可织布及作绳用。收必待霜降，伤晚则黄烂，伤早则黑涩。枯时烧灰，藏火耐久。花干入香炭[3]墼[4]内，引火耐烧。叶可染纸，所谓葵笺也。

注释

[1] 作田：种地。

[2] 瀹：腌渍。

[3] 香炭：燃烧熏香时所用的木炭。

[4] 墼：砖状物。

葵石峡蝶图 ［明］戴进

译文

把蜀葵插在花瓶中时，适宜在花瓶中贮开水，用纸把瓶口塞严实，花就不会枯萎；也可以把枝干蘸上石灰浆，等石灰干了以后再插瓶，花朵一直开到枝头，花枝上的叶子还和刚折下来时一样鲜活，凤仙花和芙蓉花的插瓶方法也是相同的。葵非常容易存活，不论是肥沃的还是贫瘠的土地，都能生长，适宜在不能种地的地方多多种植，用来防备饥荒之年的到来，把葵菜采收以后进行腌渍，然后晒干收藏。晾晒黄葵的时候，要把花蕊弄破，就不会腐烂。葵花凋零以后，趁着葵的枝干还是绿色的时候，收集它的秸秆，不要让秸秆干枯，放在水里浸泡一两天，把皮扒下来做成线，可以用来织布，也可以用来拧绳。采收葵菜一定要等霜降以后，采收晚了就会发黄枯烂，采收早了就会发黑苦涩。葵的秸秆干枯以后烧成灰，用来保存火种，能使火种很长时间不熄灭。把干枯的葵花加入熏香时所用的香炭砖里，能够导火使香炭砖燃烧很长时间。葵叶可以用来给纸张染色，染成的纸就是人们所说的葵笺。

原典

【附录】

　　蒲葵 叶似葵，可食。

　　凫葵 生水中，叶圆似莼，名水葵。

　　天葵 一名蔄蒵葵，雷公[1]所谓紫背天葵是也，叶如钱而厚，嫩背微紫，生崖石。凡丹石[2]之类，得此始神，但世人罕识。

　　兔葵 似葵而叶小，状如藜，刘禹锡[3]《诗叙》所云"兔葵、燕麦动摇春风"者，即此。

花　谱

草本（一）

注释

[1] 雷公：即雷敩，南朝刘宋药学家，著有《雷公炮炙论》。

[2] 丹石：即丹砂，用来炼制的丹药。

[3] 刘禹锡：字梦得，唐代文学家。其《再游玄都观》诗《序》中有："重游玄都观，荡然无复一树，唯兔葵、燕麦动摇于春风耳。"全诗为："百亩庭中半是苔，桃花净尽菜花开。种桃道士归何处？前度刘郎今又来。"

译文

　　蒲葵，叶片与蜀葵叶相似，可以吃。

　　凫葵，生长在水里，叶子是圆形的，与莼菜叶相似，也叫作水葵。

　　天葵也叫作蔄蒵葵，就是雷敩所说的紫背天葵，叶片和铜钱相似，但比铜钱厚，嫩叶的背面有些发紫，生长在山崖的石头上。用来炼制丹药的丹砂石上生长天葵，才能产生神奇作用，但是世间很少有人认识。

　　兔葵，和蜀葵相似，但叶片比蜀葵叶小，形状和藜相似，唐代刘禹锡在《再游玄都观》诗的《序》中说"兔葵和燕麦在春风里摇摆"，说的就是它。

蒲葵与《中国植物志》中蒲葵差异较大，暂不收录。

凫葵，即荇菜，详见《卉谱·荇菜》。

天葵，*Semiaquilegia adoxoides*，又名紫背天葵，毛茛科，天葵属。块根外皮棕黑色；茎1—5条，高10—32厘米。掌状三出复叶；叶片轮廓卵圆形至肾形，小叶扇状菱形或倒卵状菱形，三深裂，深裂片又有2—3个小裂片。花小，直径4—6毫米；萼片白色，常带淡紫色；花瓣匙形，长2.5—3.5毫米。菁葖卵状长椭圆形，种子卵状椭圆形，褐色至黑褐色。3—4月开花，4—5月结果。

菟葵，*Eranthis stellata*，根状茎球形，叶片圆肾形，三全裂。花葶高达20厘米，无毛；花直径1.6—2厘米；花瓣约10，长3.5—5毫米，漏斗形。菁葖果星状展开，长约15毫米，有短柔毛，喙细，长约3毫米，心皮柄长约2毫米；种子暗紫色，近球形，直径约1.6毫米。3—4月开花，5月结果。

原典

【典故】

董仲舒[1]《策》 公仪休相鲁，食于舍而茹葵，葵美，愠而拔之曰："又夺园夫、红女[2]之利乎？"

《左传》[3] 仲尼[4]曰："鲍庄子[5]之智不如葵，葵犹能卫其足！"

《列女传》[6] 鲁漆室[7]之女，见鲁君老、太子幼，倚柱而叹。邻妇问之，曰："昔有客[8]马逸，践园葵，使吾终岁不饱葵。吾闻河润九里，渐濡[9]三百里[10]，鲁国有患，君臣、父子被其辱，妇女独安所避？"

《韩诗外传》[11] 鲁监门女婴[12]，相从绩，中夜泣曰："卫世子不肖，是以泣。"其偶问其故，曰："宋司马[13]得罪于宋，出奔于卫[14]，马逸，食吾园葵，是岁失利一半，由是观之，祸福相及也。"[15]

注释

[1] 董仲舒：西汉思想家、政治家，提出"推明孔氏，抑黜百家。"

[2] 红女：即工女，古代指从事纺织、缝纫等工作的妇女。

[3] 《左传》：即《春秋左氏传》，相传是春秋末期的鲁国史官左丘明所著。

[4] 仲尼：即孔子，姓孔，名丘，字仲尼，春秋末期鲁国人。

[5] 鲍庄子：即鲍牵，春秋时期齐国人，鲍叔牙曾孙，鲍国之兄，谥号为庄子。因告发齐灵公之母声孟子私通，后被诽谤遭刖足，故孔子有如此评价。晋朝杜预注解为："葵倾叶向日，以蔽其根也。"

[6]《列女传》：西汉刘向著。

[7] 漆室：鲁国邑名。

[8] 客：外出的人。

[9] 渐濡：即渐洳，低湿、泥泞。

[10] 里：当为"步"之讹误。

[11]《韩诗外传》：相传为西汉时韩婴所著。

[12] 婴：鲁国负责看门的人的女儿的名字。

[13] 宋司马：即春秋时宋国司马桓魋。

[14] 卫：当为"鲁"之讹误。

[15] 此段引文，删节错乱，语义不明，原文："鲁监门之女婴，相从绩，中夜而泣涕，其偶曰：'何谓而泣也？'婴曰：'吾闻卫世子不肖，所以泣也。'其偶曰：'卫世子不肖，诸侯之忧也。子曷为泣也？'婴曰：'吾闻之，异乎子之言也。昔者宋之桓司马得罪于宋君，出于鲁，其马佚而骇吾园，而食吾园之葵，是岁，吾闻园人亡利之半。越王勾践起兵而攻吴，诸侯畏其威，鲁往献女，吾姊与焉，兄往视之，道畏而死，越兵威者吴也，兄死者我也。由是观之，祸与福相及也，今卫世子甚不肖，好兵，吾男弟三人，能无忧乎？'"

译文

西汉董仲舒《策》 春秋时的公仪休在担任鲁国国相的时候，在家里吃饭时吃到了葵菜，葵菜的味道特别鲜美，公仪休很生气地把葵菜都拔了，说："这又是在夺园丁、工女之利啊！"

《左传》 孔子说："鲍庄子还不如葵有智慧，葵还知道保护自己的根！"

西汉刘向《列女传》 春秋时鲁国漆室邑有一个女子，看见鲁国国君已经老迈，而太子尚且年幼，就倚靠在柱子上叹息。邻居家的妇女问她为何叹息，她回答："以前有一个晋国人来到我们鲁国，他的马奔逃，把我菜园里葵菜踩踏了，使得我一整年都没能饱餐葵菜。我听说一条河水，会向两岸滋润九里宽，泥泞三百步，鲁国产生祸患，不论君臣还是父子都会受辱，难道唯独我们妇女能够避开祸患？"

《韩诗外传》 鲁国看门人的女儿名叫婴，和同伴一起纺麻线，半夜哭泣。同伴问："为什么哭泣？"回答道："卫国的世子不肖，所以哭泣。"同伴问其缘故。婴说："宋国司马桓魋得罪了宋国的国君，出逃到鲁国，他的马奔逃，吃了我菜园里的葵菜，这一年损失了一半收成。越王勾践起兵攻打吴国，各诸侯畏惧他的威势，鲁国献美女，我的姐姐在其中，哥哥前去看她，在路上恐惧而死。越国的军队攻打的是吴国，死去哥哥的是我。由此看来，祸福都是互相关联的。如今卫世子不肖、好战，我有三个弟弟，能不担心吗？"

原典

《列仙传》[1] 丁次都为丁氏作奴，丁氏常[2]使求葵，冬得生葵，问："从何得此？"云："从日南[3]来。"

《南史》[4] 周颙[5]清贫，终日长斋[6]，王俭[7]问曰："卿山中何食最胜？"答曰："赤米、白盐、绿葵、紫蓼。"[8]

《北齐本传》[9] 彭城王攸在郡[10]，王氏种葵三亩，被人盗。王密令书葵叶，明旦市中盗。

《异苑》[11] 符坚[12]将欲南师，梦葵生城南，以问妇，曰："若军远出，难为将。"

《说文》[13] 黄葵，常倾叶向日，不令照其根。

《南方草木记》[14] 浙中人种葵，俗名一丈红，有五色。

注释

[1] 《列仙传》：相传为西汉时刘向所著。

[2] 常："尝"的通假字。

[3] 日南：汉代郡名，在今越南的顺化等地。

[4] 《南史》：唐代李延寿撰，中国历代官修正史"二十四史"之一。

[5] 周颙：南朝萧齐人，字彦伦。

[6] 长斋：长期素食。

[7] 王俭：字仲宝，琅琊临沂人，南齐名臣、文学家、目录学家，东晋丞相王导五世孙。

[8] 此段引文，删节错乱，语义不明，附原文于此：颙于钟山西筑隐舍，休沐则居之，终日长蔬，颇以为适。王俭尝问："卿山中何所食？"颙曰："赤米，白盐，绿葵，紫蓼。"文惠太子问："菜食何味最胜？"答曰："春初早韭，秋末晚菘。"

[9] 《北齐本传》：《全芳备祖·前集》作《北史本传》，即引自唐代李延寿所著《北史》的《本纪》和《列传》。

[10] 在郡：担任州刺史。

[11] 《异苑》：南朝刘宋时期刘敬叔所著。

[12] 符坚：十六国时期前秦的君主，字永固，又字文玉，小名坚头，氐族。

[13] 《说文》：即《说文解字》的简称，东汉许慎著。

二如亭群芳谱

译文

《列仙传》 丁次都给辽东丁氏当家奴，丁氏曾经让他去弄点葵菜来，他在大冬天拿来了鲜的葵菜，丁氏问他："从哪儿得来？"回答说："从日南郡取来。"

唐代李延寿《南史》 南朝萧齐时的周颙，生活清寒贫苦，整天吃素，王俭问他："您隐居在山里吃什么食物？"回答道："红色的米、白色的盐、绿色的葵菜、紫色的蓼菜。"

唐代李延寿《北史》 北齐彭城王高攸在担任州刺史时，州中一个姓王的人家，种植了三亩葵菜，却被人偷走了。彭城王高攸暗中让王氏在葵菜叶上写上字，第二天早晨就在集市上抓住了偷菜贼。

南朝刘敬叔《异苑》 十六国时期前秦君主符坚，打算南征东晋，梦见城南长满了葵菜，就问妻子这个梦是什么意思，妻子回答说："如果大军远征，恐怕不会有好结果。"

东汉许慎《说文解字》 黄葵的叶片经常随着太阳倾斜，不让阳光照射到它的根部。

《南方草木记》 浙江人所种的葵，俗称一丈红，花朵有各种颜色。

萱 <small>附录鹿葱</small>

原典

一名忘忧，一名疗愁，一名宜男，通作谖、藼、蘐、萲，本作蘐。苞[1]生，茎无附枝，繁萼攒连，叶四垂，花初发如黄鹄[2]嘴，开则六出。时有春花、夏花、秋花、冬花四季，色有黄、白、红、紫、麝香、重叶、单叶数种，与鹿葱相似，惟黄如蜜色者清香。春食苗，夏食花，其稚芽、花跗皆可食，性冷，能下气[3]，不可多食。《草木记》："妇人怀孕，佩其花，必生男。"采花入梅酱[4]、砂糖，可作美菜，鲜者积久成多，可和鸡肉，其味胜黄花菜，彼则山萱[5]故也。雨中分勾萌[6]种之，初宜稀，一年后自然稠密。或云："用根向上，叶向下种之，则出苗最盛。"夏萱固繁，秋萱亦不可无，盖秋色甚少，此品亦庶几可壮[7]秋色耳。

注释

[1] 苞：丛聚。

[2] 鹄：天鹅。

[3] 下气：中气下泄。

[4] 梅酱：梅子制成的果酱。

[5] 山萱：野生萱草。

[6] 勾萌：草木的嫩芽。

[7] 壮：增加。

花卉虫草之一 ［清］居廉

译文

萱也叫作忘忧、疗愁、宜男，"谖""蕿""蘐""萲"都是萱的通假字，萱的本字是"蕙"。丛聚生长，花茎直接从根上长出，没有枝干，花茎上数个花朵聚集连接，叶片向四方下垂，花刚开的时候，就像黄色的天鹅嘴，盛开以后，花朵有六个花瓣。有春、夏、秋、冬四季开花的品种，花朵有黄色的、白色的、红色的、紫色的、麝香味的、重瓣的、单瓣的等几种，和鹿葱相类似，只有花朵颜色像蜂蜜黄色的香味最清淡。春天可以吃萱草的嫩苗，夏天可以吃萱草的花朵，萱草的嫩芽、花梗都能吃，萱属于冷性食物，能够使中气下泄，不能吃得太多。《草木记》记载："怀有身孕的妇女，佩戴萱花，一定会生男孩。"采收萱草的花朵，加入梅子制成的果酱和砂糖，可以制作成鲜美的菜肴，长期积攒萱草的鲜花，积攒足够多了，就可以用来调和鸡肉，味道要比用黄花菜好，因为黄花菜是野生萱草的花朵。下雨的时候，分离萱草的嫩芽移植，移植的时候要种得稀疏一些，一年以后自然就会长得很稠密。有人说："把萱草的嫩芽根朝上、叶朝下进行栽种，那么长出来的嫩苗生长最旺盛。"夏天开花的萱草种类固然繁多，秋天开花的萱草也不能没有，大概是因为秋天的花色本来就很少，秋天开花的萱草也差不多可增加秋天的花色了。

现代描述

萱草，*Hemerocallis fulva*，百合科，萱草属。根近肉质，中下部如纺锤状膨大；叶一般较宽；花早上开晚上凋谢，无香味，橘红色至橘黄色，内花被裂片下部一般有

∧形采斑。花果期为5—7月。萱草在我国有悠久的栽培历史，早在二千多年前的《诗经·魏风》中就有记载。由于长期的栽培，萱草的类型极多，变异很大，不易划分，分布区也难以判断。李时珍就注意到，在不同土质上栽培的萱草，花的质地，色泽的深浅和花期的长短是有变化的。

能够食用的种类名为黄花菜，现代园林中的萱草、大花萱草等不可食用。

原典

【附录】

鹿葱　色颇类，但无香耳，鹿喜食之，故以命名，然叶与花茎，皆各自一种。萱叶绿而尖长，鹿葱叶团[1]而翠绿；萱叶与花同茂，鹿葱叶枯死而后花；萱一茎实心，而花五六朵节开，鹿葱一茎虚心，而花五六朵并开于顶；萱六瓣而光，鹿葱七八瓣。《本草注·萱》[2]云"即今之鹿葱"，误。

注释

[1] 团：圆形。

[2]《本草注》：即《神农本草经集注》的简称，南朝萧梁陶弘景所撰。

译文

鹿葱花的颜色和萱花很相似，但鹿葱花没有香味，鹿喜欢吃它，因此叫作鹿葱，但是它们的叶片和花茎，都是不相同的。萱草的叶片是绿色的，而且又尖又长，鹿葱的叶片是翠绿色的，呈现短圆状；萱草的叶子和花朵一起茂盛生长，鹿葱的叶子枯死以后才开花；萱草的花茎是实心的，一个花茎上有五六朵花节节开放，鹿葱的花茎是空心的，一个花茎上有五六朵花，都在顶部开放；萱草的花朵由六个花瓣组成，而且很有光泽，鹿葱的花朵由七八个花瓣组成。南朝萧梁陶弘景所撰《神农本草经集注》对萱的注释说"就是现在的鹿葱"，那是错误的。

现代描述

鹿葱，*Lycoris squamigera*，石蒜科，石蒜属。鳞茎卵形，直径约5厘米。秋季出叶，长约8厘米，立即枯萎，到第二年早春再抽叶，叶带状，顶端钝圆，绿色，宽约2厘米。花茎高约60厘米；伞形花序有花4—8朵；花淡紫红色；花被裂片倒披针形；花期8月。

【典故】

宋氏[1]**《种植书》** 萱有三种，单瓣者，可食，千瓣者，食之杀人，惟色如蜜者，香清叶嫩，可充高斋[2]清供[3]，又可作蔬食，不可不多种也。

王敬美 萱草忘忧，其花堪食。又有一种小而绝黄者，曰金萱，甚香而可食，尤宜植于石畔。

注释

[1] 宋氏：明代宋公望，宋诩的儿子。

[2] 高斋：高雅的书斋。

[3] 清供：即清玩，室内放置在案头供观赏的物品、摆设。

译文

明代宋公望《种植书》 萱草有三个种类，其中花朵是单瓣的，可以食用，花朵是重瓣的不能吃，会把人毒死，只有花朵颜色如蜂蜜的，花香清淡、叶片鲜嫩，可以摆放在书斋里充当清玩，也可以当蔬菜食用，这类萱草一定要多多种植。

王世懋 萱草能够让人忘却忧愁，它的花朵可以食用。又有一种花朵较小而颜色非常黄的萱草，叫作金萱，花朵非常香而且能吃，非常适合种植在石头旁边。

兰
附录朱兰、伊兰、风兰、蒻兰、赛兰、树兰、珍珠兰、含笑花

原典

香草也，一名蕑，一名都梁香，一名水香，一名香水兰，一名香草，一名兰泽香，一名女兰，一名大泽香，一名省头香。生山谷，紫茎赤节，苞生柔荑[1]，叶绿如麦门冬，而劲健特起[2]，四时常青，光润可爱。一荑一花，生茎端，黄绿色，中间瓣上有细紫点。幽香[3]清远，馥郁袭衣，弥旬[4]不歇。常开于春初，虽冰霜之后，高深自如，故江南以兰为香祖，又云兰无偶，称为第一香。紫梗青花为上，青梗青花次之，紫梗紫花又次之，余不入品。

注释

[1] 柔荑：穗状花。

[2] 特起：耸立。

[3] 幽香：清淡的香气。

[4] 弥旬：满十天。

花卉山水图册页之一 ［清］汪士慎

译文

　　兰是有香味的草，也叫作蕳、都梁香、水香、香水兰、香草、兰泽香、女兰、大泽香、省头香。生长在山谷之中，紫色的花茎，花茎上分枝关节为红色，花朵聚生成穗状，绿色的叶片和麦门冬叶相似，但比麦门冬叶强健有力，高高耸立，四季都是绿色的，温润而有光泽，非常可爱。每个花梗上只有一朵花，生长在花茎的顶端，花朵为黄绿色，中间的花瓣上有细小的紫色斑点。清淡的花香清美而幽远，浓厚的香味沾染在衣服上，满十天都不会消散。常常在初春开放，即使在经过寒霜和冰雪天气，依然是那么的高大深邃，所以长江以南把兰当作香料的鼻祖，又说没有能和兰匹配成对的香料，是香料中第一等。紫色花梗、绿色花瓣的是上等品种，绿色花梗、绿色花瓣的是中等品种，紫色花梗、紫色花瓣的是下等品种，其他的不入品类。

173

现代描述

兰科兰属（*Cymbidium*）植物：

附生或地生草本，罕有腐生，通常具假鳞茎，通常包藏于叶基部的鞘之内。叶数枚至多枚，通常生于假鳞茎基部或下部节上，二列，带状或罕有倒披针形至狭椭圆形。花葶侧生或发自假鳞茎基部，直立、外弯或下垂；总状花序具数花或多花，较少减退为单花；花苞片长或短，在花期不落；花较大或中等大；唇瓣3裂，侧裂片直立，中裂片一般外弯；花粉团2个，或4个。

全属约48种，我国有29种，广泛分布于秦岭山脉以南地区。本属的地生种类，如春兰、蕙兰、寒兰、建兰、墨兰等，在我国有一千余年的栽培历史。

名词解释

假鳞茎——兰科植物特有的一种变态茎，生于叶基部，贮藏水和养分。

花葶——有部分植物地上无茎，连接其地下茎和花序梗的部分称为花葶，无叶，形似花茎而非花茎。

原典

其类紫者有：

陈梦良，色紫，每干十二萼，花头[1]极大，为紫花之冠。至若朝晖微照，晓露暗湿，则灼然[2]腾秀[3]，亭然[4]露奇，敛肤傍干，团圆[5]四向，婉媚[6]娇绰，伫立凝思，如不胜情[7]。花三片，尾如带，微青，叶三尺，颇觉弱，黯然[8]而绿，背虽似剑脊，至尾棱则软薄，斜撒粒许带缁。最为难种，故人希[9]得其真者。种用黄净无泥瘦沙，忌肥，恐致腐烂。

吴兰，色深紫，有十五萼，干紫，荚红，得所养则岐而生，至有二十萼，花头差大，色映人目，如翔鸾翥[10]凤，千态万状。叶高大，刚毅[11]劲节[12]，苍然[13]可爱。不堪受肥，须以清茶沃[14]之，冀得其本生土地之性。

潘花，色深紫，有十五萼，干紫，圆匝齐整，疏密得宜，疏不露干，密不簇枝，绰约[15]作态，窈窕[16]逞姿，真所谓艳中之艳，花中之花也。愈久愈见精神[17]，使人不能舍去，花中近心处，色如吴紫，艳丽过于众花，叶则差小于吴，峭直[18]雄健[19]，众莫能及。其气特深，未能受肥，清茶沃之，二种[20]用赤沙泥。

赵师博[21]，色紫，十五萼，初萌甚红，开时若晚霞灿目，色更晶明[22]，叶劲直肥耸，超出群品。

以上俱上品。

何兰、大张青、蒲统领、陈八斜、淳监粮，以上俱中品。

萧仲和、许景初、石门红、何首座、小张青、林仲孔、庄观成，俱下品。纵土质、浇灌，有太过、不及，亦无大害。

金棱边，色深紫，十二萼，出于长泰[23]陈家，色如吴兰，片则差小，叶亦劲健，所可贵者，叶自尖处分二边，各一线许，映日如金线，紫花品外之奇。用黄色粗沙和泥，少添赤沙泥，妙，半月一用肥。

注释

[1] 花头：花朵。

[2] 灼然：明显。

[3] 腾秀：闪耀着秀色。

[4] 亭然：卓立。

[5] 团圆：圆形。

[6] 婉媚：柔美。

[7] 胜情：尽情。

[8] 黯然：黑。

[9] 希：通"稀"。

[10] 翥：鸟向上飞。

[11] 刚毅：刚强果决。

[12] 劲节：坚贞的节操。

[13] 苍然：墨绿色。

[14] 沃：浇灌。

[15] 绰约：柔婉美好。

[16] 窈窕：娴静美好。

[17] 精神：要旨，事物的精微所在。

[18] 峭直：严峻刚正。

[19] 雄健：刚健有力。

[20] 二种：移栽。

[21] 博：应为"傅"之误。

[22] 晶明：明亮耀眼。

[23] 长泰：地名，今福建省漳州市长泰县。

译文

紫色的品种有：

陈梦良，花是紫色的，每个花茎上有十二朵花，花朵非常大，是紫色兰花中最好的品种。若早上的阳光微微照射，早晨的露水默默浸润，花朵就会明显闪耀着秀色，卓然独立显露奇异，收敛自身依附花茎，圆形的花朵向四面伸展，柔美娇媚、风姿绰约，好似站在那里沉思，又似不能尽情。花朵有三个花瓣，花瓣的尾端变细呈带状，泛绿色，叶片长 1 米左右，感觉颇有些柔弱，颜色为墨绿色，叶片的背面有犹如剑脊一样的叶脉，叶脉延伸到叶片的尾端以后，就会变软变薄，斜着散开一段后泛黑色。最不容易种活，所以很少有人能够得到真正的陈梦良兰。栽种在干净不含泥土的黄色细沙里，忌讳肥料，恐怕会导致它腐烂。

吴兰，花为深紫色，每个花茎上有十五朵花，花茎是紫色的，花荚是红色的，如果培养得当，花茎上就会分出更多花梗，多的能达到一个花茎上有二十多朵花，花朵较大，映入眼帘就好像飞翔的龙凤一样，千姿百态。叶片又高又大，刚强果决又有坚贞的节操，墨绿的颜色非常惹人喜爱。不能忍受肥料，必须用茶水浇灌，希望这样能够使土壤接近它原来生长之地的土性。

潘花，花为深紫色，每个花茎上有十五朵花，花茎是紫色的，穗状花呈圆形，疏密刚刚好，不会因为稀疏露出花茎，也不会因为稠密遮挡枝叶，风姿柔婉美好而有姿态，娴静美好而有姿容，真可以说是艳丽中最艳丽的，花里最美的花。养得越久，越能体会到它的精微所在，让人欲罢不能，花朵中间接近花蕊的地方，颜色和吴兰的紫色相近，是兰花中最艳丽的，叶片要比吴兰的叶子稍微小一些，严峻刚正而刚健有力，不是其他种类的兰叶能够比得上的。它的气韵特别深厚，不能接受肥料，用茶水浇灌，移栽的时候种在红沙泥里。

赵师傅，花为紫色，每个花茎上有十五朵花，刚刚萌发花骨朵的时候颜色非常红，等到开放的时候就像晚霞一样灿烂夺目，花朵的颜色很明亮耀眼，肥厚的叶片刚劲有力，笔直耸立起来，超过其他品种。

以上的都是紫色兰花中的上等品种。

何兰、大张青、蒲统领、陈八斜和淳监粮，都是紫色兰花中的中等品种。

萧仲和、许景初、石门红、何首座、小张青、林仲孔和庄观成，都是紫色兰花中的下等品种。纵然土壤的质地、浇灌，有过和不足的，也没有什么大的损害。

金棱边，花为深紫色，每个花茎上有十二朵花，产自福建长泰县一个姓陈的人家，花朵颜色和吴兰相似，但花瓣要比吴兰小一些，叶片刚劲强健，值得珍贵的是，叶片自尖端那里，分出来一根线左右的两条边，太阳照射在上面就好像金线一样，是紫色兰花中不归入品类的奇异品种。栽种在黄色粗沙和成的泥里，再添加上一些红沙泥，最好，每隔半个月施一次肥。

原典

白者有：

济老，色白，有十二萼，标致 [1] 不凡，如淡妆西子 [2]，素裳缟衣，不染一尘。叶似施花，更高一二尺，得所养则岐而生。亦号一线红，白花之冠。宜沟中黑沙泥和粪种，爱肥，一任浇灌。

灶山，一名绿衣郎，有十二萼，色碧玉，花枝间体肤松美 [3]，颙颙 [4] 昂昂 [5]，雅特闲丽 [6]，真兰中之魁品也。每生并蒂花，干最碧，叶绿而瘦薄，如苦荬菜。

山下流聚沙泥种亦可，肥戒多。

黄殿讲，一名碧玉干、西施花，色微黄，有十五萼，并干而生，计二十五萼，或迸于根。叶细，最绿，肥厚，花头似开不开。第干虽高而实瘦，叶虽劲而实柔，且朵不起，秸[7]根有萎叶，是其所短者耳。

李通判，色白，十五萼，峭特[8]雅淡[9]，追风浥露[10]，如泣如诉。人多爱之，以较郑花，则减一头地。用泥同灶山。

叶大施，叶剑脊最长，惜不甚劲直。

惠知客，色白，有十五萼，赋质[11]清癯[12]，团簇齐整，娇柔瘦润。花英[13]淡紫，片尾凝黄，叶虽绿茂，但颇柔弱。用泥同济老。

马大同，色碧而绿，有十一萼，花头微大，间有向上者，中多红晕，叶则高耸，苍然肥厚，花干劲直，及其叶之半，一名五晕丝。用泥同济老。

以上俱上品。

花　谱

草　本　（一）

注释

[1] 标致：优美、秀丽。

[2] 西子：即春秋末期的美女西施，子为美称，如孔丘被称作孔子。

[3] 松美：松软鲜美。

[4] 颙颙：肃然起敬。

[5] 昂昂：出群。

[6] 闲丽：安静优美。

[7] 秸：茎干。

[8] 峭特：峭拔独特。

[9] 雅淡：雅致素净。

[10] 浥露：被露水湿润。

[11] 赋质：禀赋、资质。

[12] 清癯：清瘦。

[13] 花英：花朵。

译文

白色的兰花品种有：

济老，花朵为白色，每个花茎上有十二朵花，优美秀丽、迥然不凡，就好像化了淡妆的西施一样，穿着一尘不染的素白衣裳。叶片和西施花的叶子相似，但要比西施花的叶子高30到70厘米，如果培养得当，花茎上就能分出更多花梗。也叫作一线红，是白色兰花中最好的品种。适宜种植在水沟中的黑沙泥和粪土的混合土里，喜欢肥料，随便浇灌。

灶山，又名绿衣郎，每个花茎上有十二朵花，花朵为青白色，花枝间的表皮松软鲜美，出类拔萃，使人肃然起敬，高雅出群，安静优美，真正是兰花中最好的品种。常常出现并蒂的情况，花茎是最绿的，绿色的叶片又窄又薄，和苦荬菜的叶子相似。可以用山洪冲在山下聚成的泥沙栽种，不要施太多肥。

黄殿讲，又名碧玉干、西施花，花朵颜色微黄，每个花茎上有十五朵花，两个花茎一起生长，共计有二十五朵花，有的从根部迸发出来。叶片较细，颜色最绿，肥厚，花朵半开不开。只是花茎虽然高但太瘦弱，叶片看似强劲，其实很柔软，而且花朵立不起来，花茎的根部有枯叶，这是它的不足之处。

李通判，花为白色，每个花茎上有十五朵花，峭拔独特，雅致素净，被风吹动、被露水湿润，就好像在哭泣，又好像在倾诉。虽然现在的人大都很喜欢它，但是和郑少举兰相比，它还要低一等。栽种所用的泥土和灶山所用泥土相同。

叶大施，叶片背面的剑脊形叶脉是兰花中最长的，只可惜叶子不够刚劲笔直。

惠知客，花为白色，每个花茎上有十五朵花，天生具有清瘦的姿态，不但花团锦簇，而且很整齐，娇美柔弱、消瘦温润。花朵是淡紫色的，花瓣尾端呈黄色，绿色的叶片虽然茂盛，但颇有些柔弱。栽种所用泥土和济老所用泥土相同。

马大同，花朵是白绿色的，每个花茎上有十一朵花，花朵稍微有些大，偶尔有朝上生长的，花瓣中大多有红晕，肥厚的墨绿色叶片高高耸立，花茎刚劲笔直，能有叶片的一半高，也叫作五晕丝。栽种所用泥土和济老所用泥土相同。

以上的都是白色兰花中的上等品种。

九兰图 [清] 恽寿平

原典

郑少举，色白，十四萼，莹然[1]孤洁[2]，极为可爱，叶修长散乱，所谓蓬头少举也。有数种，花有多少、叶有软硬之别，白花之能生者，无出于此。其花之资质可爱，为群花翘楚[3]。用粪壤泥及河沙，内用草鞋屑铺四围种之，累试甚佳，大凡用轻松[4]泥皆可。

黄八兄，色白，有十二萼，善于抽干，颇似郑花，叶绿而直，惜干弱不能

二如亭群芳谱

支持耳。用泥同济老。

周染，色白，十二萼，与郑花无异，但干短弱。用泥同郑少举。

以上俱中品。

夕阳红，花八萼，花片[5]凝尖，色则凝红，如夕阳返照。肥瘦任意，当视沙之燥湿，蓄雨水沃之，令色绿为妙。观堂主、名弟同。

观堂主，花白，有七萼，花聚如簇，叶不甚高，可供妇女时妆。

名弟，色白，有五六萼，花似郑，叶最柔软，如新长叶，则日叶随换，人多不种。

弱脚，色绿，花大如鹰爪，一干一花，比叶高二三寸，叶瘦，高二三尺，入腊方花，香馥可爱。外有云峤、朱花、青蒲、玉[6]小娘之类。

以上俱下品。

花　谱

草本（一）

注释

[1] 莹然：光洁。

[2] 孤洁：孤高清白，洁身自好。

[3] 翘楚：本指高出杂树丛的荆树，后用以比喻杰出的人才或突出的事物。

[4] 轻松：轻软松散。

[5] 花片：花瓣。

[6] 玉：应为"王"之误。

译文

郑少举，花白色，每个花茎上有十四朵花，孤高光洁，非常惹人喜爱，叶片又细又长，但是很分散杂乱，就是常说的蓬头少举。有好几个品种，花朵数量有多有少，叶片有软有硬，白色兰花中滋生品种最多的就是它。它天生丽质，非常可爱，在众多兰花中很突出。栽种在粪土和河沙的混合土中，栽种时用草鞋的碎屑围在它的四周，试验了好多次，这种方法非常好，大致来说，用轻软松散的泥土栽种，都是可以的。

黄八兄，花是白色的，每个花茎上有十二朵花，很容易抽出花茎，和郑少举很有些相似，绿色的叶片很笔直，只可惜花茎太柔弱，不能支持花朵。栽种所用泥土和济老所用泥土相同。

周染，花朵是白色的，每个花茎上有十二朵花，和郑少举兰没什么区别，只是花茎要比郑少举兰短且柔弱，栽种所用泥土和郑少举兰所用泥土相同。

以上都是白色兰花中的中等品种。

夕阳红，每个花茎上有八朵花，花瓣的末端细尖且呈红色，就像返照的夕阳一样。栽种所用沙土，肥沃或贫瘠都行，应当观察沙土，根据它的干湿，蓄

179

积雨水进行浇灌，使它的叶片常常保持绿色才好。观堂主和名弟也是一样的。

观堂主，花朵是白色的，每个花茎上有七朵花，花朵聚集成一簇，叶片不是很高，可以供妇女化妆时使用。

名弟，花朵是白色的，每个花茎上有五六朵花，花朵和郑少举兰相似，叶片是兰花中最柔软的，如果长出新叶，老叶便会随着更换，人们大多不栽种它。

弱脚，花朵颜色偏绿，花朵有鹰爪那么大，一个花茎上只有一朵花，花茎要比叶片高6到10厘米，叶片瘦薄，高度在60到100厘米，到了腊月才开始开花，花香浓郁，非常可爱。另外还有云峤、朱花、青蒲、王小娘等品种。

以上都是白色兰花中的下等品种。

原典

鱼魫兰，又名赵花，十二萼，花片澄澈[1]如鱼魫[2]，沉水中无影，叶劲绿，此白花品外之奇。山下流聚沙泥种，戒肥腻。

都梁，紫茎绿叶，芳馨远馥，都梁县[3]西有小山，山上停水[4]清浅，山悉生兰，山与邑得名以此。

建兰，茎叶肥大，苍翠[5]可爱，其叶独阔，今时多尚之，叶短而花露者尤佳。若非原盆，须用火烧山土栽，根甚甜，招蚁，以水㲃[6]隔之，水须日换，恐起皮则蚁易度。频分则根舒，花开不绝，此已试妙法也。浇洗须如法，又有按月培植之方，乃闽中士绅所传，宜照行之。

杭兰，惟杭城有之，花如建兰，香甚，一枝一花，叶较建兰稍阔，有紫花黄心，色若胭脂，有白花黄心，白若羊脂，花甚可爱。取大本根内无竹钉者，用横山黄土拣去石块种之，见天不见日，浇以羊鹿粪水，花亦茂盛，鸡鹅毛水亦可，若浇灌得宜，来年花发，其香胜新栽者远甚。一说用水浮炭种之，上盖青苔，花茂，频洒水，花香。花紫白者，名荪，出法华山[7]。

江南[8]兰只在春芳，荆楚[9]及闽中者，秋复再芳，故有春兰、夏兰、秋兰、素兰、石兰、竹兰、凤尾兰、玉梗兰。春兰花生叶下，素兰花生叶上，至其绿叶紫茎，则如今所见，大抵林愈深而茎愈紫尔。沅澧[10]所产花，在春则黄，在秋则紫，春花不如秋之芳馥。凡兰皆有一滴露珠在花蕊间，谓之兰膏，不啻[11]沆瀣[12]，多取则损花。

注释

[1] 澄澈：清亮明洁。

[2] 鱼魫：鱼头骨中的枕骨，又叫鱼脑石，形似光洁的白色石子。古代用作装饰。

[3] 都梁县：古县名，治所在今天湖南省隆回县桃花坪。

[4] 停水：积水。

[5] 苍翠：青绿。

[6] 水匧：盛水的匣盒。

[7] 法华山：山名，在今浙江省杭州市余杭区。

[8] 江南：指今江苏、安徽两省的南部和浙江省一带。

[9] 荆楚：在今湖北、湖南一带。

[10] 沅澧：即沅水和澧水，代指湖南、湖北。

[11] 不啻：不仅。

[12] 沆瀣：露水。

花谱

草本（一）

译文

鱼魫兰，又名赵花，每个花茎上有十二朵花，花瓣清亮明洁，就好像鱼头骨中的枕骨，把花朵摘下来放在水里，是看不到踪影的，绿色的叶片很劲挺，它是白色兰花中不归入品类的奇异品种，栽种在山洪冲到山下聚集成的沙泥里，忌讳油腻。

都梁，紫色的花茎、绿色的叶片，花香芬芳能传很远，都梁县（今湖南省隆回县）桃花坪的西面有一座小山，山上有一汪很浅的积水，山上到处都生长着都梁兰，都梁山和都梁县因此得名。

建兰，花茎和叶片都很肥大，青绿的颜色非常可爱，它的叶片比较宽，现在的人很崇尚这个品种，叶片较短露出花朵的最好。如果不是原来的盆土，要栽种在烧过荒草的山土里，它的根味道很甜，很容易招来蚂蚁，必须把花盆放在盛水的匣盒里，以隔绝蚂蚁，匣盒里的水必须每天换，怕水面形成皮以后，蚂蚁很容易就过去了。频繁分植，能使它的根须保持舒展，就会不断开花，这是经过试验的奇妙方法。浇灌和清洗都要遵循方法进行，又有根据月份培养栽种的方法，是福建的士绅流传出来的方法，应当遵照执行。

杭兰，只有杭州城有，花朵和建兰相似，花香非常浓郁，一个花茎上只有一朵花，它的叶片要比建兰稍微宽一些，有紫色花瓣、黄色花蕊，红色像胭脂一样的品种，也有白色花瓣、黄色花蕊，白色像羊脂玉一样的品种，花朵非常可爱，选取植株较大、根里没有竹钉的，栽种在剔除石块的横山黄土里，放置在露天但照不到阳光的地方，用羊粪和鹿粪制成的粪水浇灌，花朵也会非常繁盛，熄鸡毛和鹅毛的废水也可以用来浇灌，如果浇灌得合适，第二年开花，花香要比刚栽的强很多。还有一种说法，把它栽种在漂浮着炭的水里，上面盖上一层绿色的苔藓，花朵就会很繁盛，经常给它洒水，花朵就会很芳香。花朵为紫白色的，叫作荪，产自法华山。

江南的兰花只在春天开花，湖北、湖南一带和福建的兰花，秋天会再开一次花，所以有春兰、夏兰、秋兰、素兰、石兰、竹兰、凤尾兰、玉梗兰。春天开花的兰，花朵开在叶片下方，开素花的兰，花朵开在叶片上方，至于绿色的叶片、紫色的花茎，和现在看到的一样，大致来说，生长在越幽深的竹林中，花茎越紫。产自湖南、湖北的兰花，在春天开黄花，在秋天开紫花，春天开的兰花不如秋天开的兰花芳香，大凡兰花，在花蕊中间都有一滴露珠，被称作兰膏，不仅仅是露水，取多了对兰花有损害。

原典

【正讹】

群芳主人[1]题：兰之为世重，尚矣，今世重建兰，北方尤为难致，间得一本，置之书屋，爱惜郑重[2]，即拱璧[3]不啻也。及详阅载集[4]，如《遁斋闲览》《楚辞辨证》《本草纲目》[5]《草木疏》诸书，乃知今所崇尚，皆非灵均[6]九畹[7]故物，至有谓春花为兰、秋花为蕙者，其视"纫秋兰为佩"之语，不刺谬[8]乎？第沿袭既久，习尚[9]难更，姑识[10]简端，取正博雅[11]。

注释

[1] 群芳主人：即本书作者王象晋，自
　　号群芳主人。

[2] 郑重：珍重。

[3] 拱璧：大玉璧。

[4] 载集：记载。

[5] 《本草纲目》：明代李时珍著。

[6] 灵均：战国时楚国人屈原的字。

[7] 畹：古代称三十亩地为一畹。

[8] 刺谬：违背、悖谬。

[9] 习尚：习惯、风尚。

[10] 识：标记。

[11] 博雅：渊博高雅。

墨兰图 ［明］文彭

译文

　　群芳主人：兰花被世人看重，由来已久，现今世间珍重建兰，北方地区尤其难以获得，偶尔得到一株，放置在书房里，对它的珍重爱惜，超过了大玉璧。等到我详细查阅了相关文献记载后，如陈正敏的《遁斋闲览》、朱熹的《楚辞辨证》、李时珍的《本草纲目》和《草木疏》等书，才发现现在所崇尚的兰花，都不是屈原在《离骚》中所说的"余既滋兰之九畹兮"的兰，甚至有人把春天开花的兰称作兰，秋天开花的兰称作蕙，和屈原在《离骚》中所说"纫秋兰以为佩"对看，难道不是很荒谬吗？但是已经因循承袭了很久，形成的习惯和时尚很难改变，姑且把我的想法标记在文章的前面，希望得到渊博高雅之人的指正。

原典

　　《草木疏》云："兰为王者香草，其茎叶皆似泽兰，广而长节，节中赤，高四五尺，藏之书中，辟蠹鱼 [1]，故古有兰省、芸阁，芸亦辟蠹。"

　　朱文公 [2]《楚辞辨证》　兰、蕙二物，《本草》[3] 言之甚详，刘次庄 [4] 云："今沅、澧所生花，在春则黄，不若秋紫之芬馥。"又黄鲁直 [5] 云："一干一花而香有余者，兰；一干数花而香不足者，蕙。"今按《本草》所言之兰，虽未之识，然而云似泽兰，则今处处有之，蕙则自为零陵香，尤不难识，其与人家所种，叶类茅而花有两种，如黄说者，皆不相似，大抵古之所谓香草，必其花叶皆香，而燥湿不变，故可刈而为佩。若今之所谓兰蕙，则其花虽香，而叶乃无气，其香虽美，而质弱易萎，皆非可刈而佩者也。

　　《遁斋闲览》[6]《楚辞》所咏香草，曰兰、曰荪、曰茝、曰药、曰薰、曰芷、曰荃、曰蕙、曰薰、曰蘪芜、曰江蓠、曰杜若、曰杜衡、曰揭车、曰留夷，释者但一切谓之香草而已。如兰一物，或以为都梁香，或以为泽兰，或以为猗兰草，今当以泽兰为正。山中又有一种，如大叶门冬，春开花，极香，此则名幽兰，非真兰也。荪，则今人所谓石菖蒲者；茝、药、薰、芷虽有四名，正是一物，今所谓白芷是也；蕙，即零陵香，一名薰；蘪芜，即芎䓖苗也，一名江蓠；杜若，即山姜也；杜蘅，今人呼为马蹄香。惟荃与揭车、留夷，终莫能识。余他日当遍求其本，列植栏槛 [7] 间，以为楚香亭。

注释

[1] 蠹鱼：虫名，即蟫，又称衣鱼，蛀蚀书籍、衣服。体小，有银白色细鳞，尾分二歧，形稍如鱼，故名。

[2] 朱文公：即南宋朱熹，字元晦、仲晦，号晦庵，晚称晦翁，谥号为文，故世称朱文公。

[3] 《本草》：即《神农本草经》的简称。

[4] 刘次庄：北宋人，字中叟，晚号戏鱼翁。

[5] 黄鲁直：即北宋黄庭坚，字鲁直，号山谷道人，晚号涪翁。

[6] 《遁斋闲览》：北宋陈正敏著，陈正敏自号遁斋。

[7] 栏槛：栏杆。

译文

《草木疏》记载："兰是香草中的王者，它的花茎和叶片都和泽兰相似，较长的花茎上分出花梗，花梗和花茎的关节处是红色的，花茎的高度在 1.3 米到 1.7 米，把兰夹在书中，能够辟除蛀虫，所以古代有兰省和芸阁的名称，芸草也能辟除蛀虫。"

南宋朱熹《楚辞辩证》 兰和蕙是两种植物，《神农本草经》里的解说非常详细，北宋刘次庄说："现今沅、澧所生长的兰花，在春天开的黄花，不如秋天开的紫花芳香。"黄庭坚说："一个花茎一朵花，而且花香浓郁的，是兰；一个花茎数朵花，而且花香浅淡的，是蕙。"现在考察《神农本草经》所说的兰，虽然不能明确识别，但既然说和泽兰相似，那么现在到处都有；蕙则是零陵香，更不难识别；和人家所种的那种叶片类似茅草、花有两种的，和黄庭坚所说的都不相似。大致来说，古代所说的香草，一定是花朵和叶片都有香味，而且不论在干燥或湿润的时候，香味都不会改变，因此可以割下来，佩戴在身上，至于现在所说的兰蕙，它的花朵虽然有香味，但是叶片没有香味，它的花香虽然好，但本质柔弱，很容易枯萎，都不是能够割下来佩戴的兰。

北宋陈正敏《遁斋闲览》 《楚辞》里所歌咏的香草有兰、荪、茝、药、虈、芷、荃、蕙、薰、蘪芜、江蓠、杜若、杜衡、揭车、留夷，注释的人把它们都泛泛解释成香草。比如说兰这种植物，有人认为是都梁香，有人认为是泽兰，有人认为是猗兰草，现在看来泽兰是正确的。山中又有一种兰，和大叶门冬相似，春天开花，花香非常浓郁，这种兰叫作幽兰，不属于真正的兰。荪，就是现在人所说的石菖蒲；茝、药、虈、芷虽然有四个名称，却只是一种植物，就是现在所说的白芷；蕙，就是零陵香，也叫作薰；蘪芜，就是芎藭苗，也叫作江蓠；杜若，就是山姜；杜衡，现在的人把它称作马蹄香。只有荃与揭车、留夷，不能辨识，我以后应当把这些香草全都找到，把它们种在围栏内，建为楚香亭。

二如亭群芳谱

184

原典

【附录】

　　朱兰 花开肖兰，色如渥丹[1]，叶阔而柔，粤种也。

注释

[1] 渥丹：润泽光艳的朱砂。

译文

　　朱兰，开花和兰花相似，花朵的颜色就像润泽光艳的朱砂一样，叶片宽阔而柔弱，是广东的品种。

现代描述

　　朱兰，*Pogonia japonica*，兰科，朱兰属。根状茎直生，具细长的、稍肉质的根。茎直立，纤细，在中部或中部以上具 1 枚叶。叶稍肉质，通常近长圆形或长圆状披针形，先端急尖或钝，基部收狭，抱茎。花单朵顶生，向上斜展，常紫红色或淡紫红色；萼片狭长圆状倒披针形，花瓣与萼片相似，近等长，唇瓣近狭长圆形。蒴果长圆形。花期 5—7 月，果期 9—10 月。

原典

　　伊兰 出蜀中，名赛兰香，树如茉莉，花小如金粟，香特馥烈，戴之香闻一步，经日不散。

译文

　　伊兰，产自四川，称为赛香兰，植株和茉莉相似，花朵较小，就像黄色的粟米一样，佩戴它，花香能飘到一步之外，而且一整天都不会消散。

现代描述

　　依兰，原产于东南亚地区，我国南部有栽培，可提炼精油，气味与茉莉相似。但植物特征与文中叙述不符，录入供参考。

　　依兰，*Cananga odorata*，又名加拿楷、依兰香，番荔枝科，依兰属。常绿大乔木；树干通直，树皮灰色。叶大，膜质至薄纸质，卵状长圆形或长椭圆形，侧脉每边 9—

12 条。花序单生于叶腋内或叶腋外，有花 2—5 朵；花大，长约 8 厘米，黄绿色，芳香，倒垂。成熟的果近圆球状或卵状，黑色。花期 4—8 月，果期 12 月到翌年 3 月。

原典

风兰 温、台山阴谷中，悬根而生，干短劲，花黄白，似兰而细。不用土栽，取大窠者，盛以竹篮，或束[1]以妇人头髻铜铁丝，头发衬之，悬见天不见日处，朝夕噀[2]以冷茶、清水，或时取下，水中浸湿。挂至春底，自花，即不开花，而随风飘扬，冬夏长青，可称仙草，亦奇品也，最怕烟烬[3]。一云此兰能催生，将产，挂房中最妙。

注释

[1] 束：捆住。

[2] 噀：含在口中而喷出。

[3] 烟烬：烟和灰烬。

译文

风兰，生长在浙江温州和台州的山峰背阴的山谷中，根悬挂在空中生长，花茎较短，但很劲挺，花朵是黄白色的，和兰花相似，但比兰花要小。不是栽种在土壤里，选取一棵较大的，盛放在竹子编成的篮子里，或者以女人固定发髻所用的铜丝或铁丝捆住，在铜丝或铁丝里垫上头发，悬挂在露天但照不到阳光的地方，早晚把冷茶或者清水含在口里喷在风兰上，也可以时不时把它拿下来，在水里泡湿。悬挂到春天末尾，自然会开花，即使不开花，把它挂在那里随风摇摆，一年四季都是绿色的，可以把它称作仙草，也是一个奇异的品种，最害怕烟和灰烬。有人说风兰具有催产效果，把它悬挂在即将生产的孕妇的房中，效果最好。

现代描述

风兰，*Neofinetia falcata*，兰科，风兰属。茎长 1—4 厘米，稍扁，被叶鞘所包。叶厚革质，狭长圆状镰刀形，先端近锐尖，基部具彼此套叠的 V 字形鞘。总状花序长约 1 厘米，具 2—3 (—5) 朵花；花白色，芳香；花瓣倒披针形或近匙形，先端钝，具 3 条脉；唇瓣肉质，3 裂；花期 4 月。

原典

箬兰　叶似箬[1]，花紫，形似兰而无香，四月开，与石榴红同时，大都产海岛阴谷中，羊山[2]、马迹[3]诸山亦有，性喜阴，春雨时种。

注释

[1] 箬：一种竹子。
[2] 羊山：山名，在今浙江省舟山市嵊泗县。
[3] 马迹：山名，在今浙江省舟山市嵊泗县。

译文

箬兰，叶片和箬竹相似，花朵为紫色，花朵形状和兰花相似，但没有花香，农历四月开花，和石榴开红花的时间相同，大多数都产自海岛背阴的山谷里，羊山、马迹等山（位于今浙江省舟山市嵊泗县）也有生长，生性喜欢背阴的地方，春天下雨的时候栽种。

现代描述

白及，*Bletilla striata*，即箬兰，兰科，白及属。假鳞茎扁球形，茎粗壮，劲直。叶4—6枚，狭长圆形或披针形。花序具3—10朵花，花序轴或多或少呈"之"字状曲折；花大，紫红色或粉红色；萼片和花瓣近等长，狭长圆形，花瓣较萼片稍宽。花期4—5月。

原典

赛兰　蔓生。
树兰　木生，其香皆与兰等。

译文

赛兰，枝干柔弱，蔓延生长。
树兰，是木本植物，它的花香和兰花相同。

现代描述

赛兰一说即珍珠兰（详见后文），未能确定。

米仔兰，*Aglaia odorata*，又名树兰、米兰，楝科，米仔兰属。灌木或小乔木；茎多小枝。叶轴和叶柄具狭翅，有小叶3—5片；小叶对生，厚纸质，侧脉每边约8条，极纤细。圆锥花序腋生，花芳香，直径约2毫米；花瓣5，黄色，长圆形或近圆形。果为浆果，卵形或近球形。花期5—12月，果期7月到翌年3月。

真珠兰 [1] 一名鱼子兰，色紫，蓓蕾 [2] 如珠，花成穗，香甚浓。四月内，节边断二寸插之，即活，喜肥忌粪，以鱼腥水浇，则茂。十月半，收无风处，以盆覆土封之，水浇勿令干，来年愈茂。花戴之髻，香闻甚远，以蒸牙香、棒香 [3]，名兰香，非此不可，广中甚盛，叶能断肠。

注释

[1] 真珠兰："真"通"珍"。

[2] 蓓蕾：花蕾。

[3] 牙香：用多种香料研末制成的香。

棒香：用细竹棍或细木棍做芯的香。

译文

珍珠兰，也叫作鱼子兰，紫色，它的花蕾就像珍珠一样，穗状花序，香气非常浓烈。农历四月的时候，截取 6 到 8 厘米的带节枝条进行扦插，就能成活，喜欢肥沃的土壤，但忌讳粪土，用洗剥鱼的废腥水进行浇灌，就会茂盛生长。农历十月中旬，把它收藏在避风的地方，用盆罩住，在盆上面盖上土，经常浇水，不要让土变干，第二年生长会更加茂盛。把珍珠兰的花戴在发髻上，很远都能闻到香味，通过蒸馏提取被称作兰香的牙香和棒香，就一定要用珍珠兰，广东非常盛行，服食它的叶片能让人肝肠寸断。

现代描述

金粟兰，*Chloranthus spicatus*，又名珍珠兰、珠兰，金粟兰科，金粟兰属。半灌木，直立或稍平卧；茎圆柱形，叶对生，厚纸质，椭圆形或倒卵状椭圆形。穗状花序排列成圆锥花序状，通常顶生，少有腋生；花小，黄绿色，极芳香。花期 4—7 月，果期 8—9 月。

《中国植物志》中，鱼子兰为另一种植物，二者植株很相似，但金粟兰花为黄色，鱼子兰为白色。

原典

含笑花 产广东，其花如兰，形色俱肖，花不满，若含笑，然随即凋落。子初得自广中，仅高二尺许，今作拱把 [1] 之树矣，且不惧冬。

注释

[1] 拱把：径围大如两手合围。

译文

含笑花，产自广东，它的花和兰花相似，形状和颜色都相似，花朵半开，就像面带笑容又没笑出声一样，但是很快就会凋零飘落。我的含笑花最早是从广东得到的，只有 60 多厘米高，现在已经长成径围大如两手合围的树了，而且不惧冬天的寒冷。

现代描述

含笑花，*Michelia figo*，木兰科，含笑属。常绿灌木，树皮灰褐色，分枝繁密；芽、嫩枝，叶柄，花梗均密被黄褐色绒毛。叶革质，狭椭圆形或倒卵状椭圆形。花直立，淡黄色而边缘有时红色或紫色，具甜浓的芳香，花被片 6，肉质，较肥厚，长椭圆形。聚合果长 2—3.5 厘米。花期 3—5 月，果期 7—8 月。本种花开放，含蕾不尽开，故称"含笑花"。

原典

【养兰口诀】

正月安排在坎方[1]，离明[2]相对向阳光，

晨昏日晒都休管，要使苍颜不改常。

二月栽培其实难，须防叶作鹧鸪斑，

四围插竹防风折，惜叶犹如惜玉环。

三月新条出旧丛，花盆切忌向西风，

提防湿处多生虱，根下犹嫌太粪浓。（以猪血和清水灌之，佳。）

四月庭中日乍炎，盆间泥土立时干，

新鲜井水休浇灌，腻水时倾味最甜。

五月新芽满旧窠，绿阴深处最平和，

此时叶退从他性，剪了之时愈见多。

六月骄阳暑气加，芬芳枝叶正生花，

凉亭水阁堪安顿，或向檐前作架遮。

注释

[1] 坎方：北方。

[2] 离明：太阳。

译文

农历正月放置在北方，对着太阳朝着阳光，早晨和黄昏被太阳照射都不要管，要确保叶片一直保持绿色。

农历二月对它进行栽培其实是很难的，一定要慎防叶片上出现斑点，在兰的四周插上竹子以防兰叶被风吹断，爱惜兰叶就像爱惜玉环一样。

农历三月的时候开始抽新叶，花盆万不可放置在西风能吹到的地方，要提防潮湿的地方大多容易生花虱，根部尤其忌讳粪水太浓。（用猪血和清水浇灌才好。）

农历四月庭院里的太阳猛地炙热起来，花盆里的土壤顷刻就会被晒干，一定不要用新打的井水浇灌，要用肥腻的水时时浇灌。

农历五月的时候植株上已经长满了新芽，把它放在树荫深处最适宜，这时老叶脱落就让它脱落吧，把老叶剪了会长出更多新叶。

农历六月阳光强烈天气炎热，芳香的枝叶正在长花，可以安置在凉亭或临水的亭阁中，也可以在屋檐前搭花架遮蔽。

原典

七月虽然暑渐消，只宜三日一番浇，
最嫌蚯蚓伤根本，苦皂煎汤尿汁调。

八月天时稍觉凉，任他风日也无妨，
经年污水今须换，却用鸡毛浸水浆。

九月时中有薄霜，阶前檐下慎行藏，
若生蚁螳[1]妨[2]黄肿，叶洒油茶庶不伤。

十月阳春暖气回，年来花笋[3]又胚胎，
幽根不露真奇法，盆满尤须急换栽。

十一月天宜向阳，夜间须要慎收藏，
常教土面微生湿，干燥之时叶便黄。

腊月风寒雪又飞，严收暖处保孙枝[4]，
直教冻解春司令，移向庭前对日晖。

注释

[1] 蚁螳：蚂蚁。

[2] 妨：阻止。

[3] 花笋：花芽。

[4] 孙枝：新枝。

二如亭群芳谱

译文

农历七月暑气渐渐消退，只适合三天浇灌一次，最害怕蚯蚓啃食兰根，用苦皂熬汤再兑上尿液浇灌。

农历八月天气转凉，任他被风吹也无妨，要把放置了一年的污水换掉，用熄鸡毛的肥水浇灌。

农历九月的时候已经开始降霜，需要把兰花收藏在屋檐下的台阶上，如果生蚂蚁要防止叶片黄肿，在叶片上洒上油茶树种子所榨的油，也许能使兰花不受损伤。

被称作小阳春的农历十月，天气煦暖，花芽又开始孕育，不使根部袒露是奇妙的方法，兰长满花盆以后，要尽快换盆。

农历十一月适宜放置在向阳的地方，夜晚必须谨慎收藏，一定要保持土壤湿润，土一干，叶子就会变黄。

农历十二月天气寒冷而且会降雪，一定要收藏在保暖的地方保护新枝，一直到春天解冻，才移到庭院里晒太阳。

墨兰图 [宋] 赵孟坚

原典

【种植】

性喜阴，女子同种，则香。《淮南子》[1]曰："男子种兰，美而不芳。"其茎叶柔细，生幽谷竹林中者，宿根移植腻土，多不活，即活，亦不多开花。茎叶肥大而翠劲可爱者，率自闽广移来。种法，九月时，将旧盆轻击碎，缓缓挑起旧本，删去老根，勿伤细根，取有窍新盆，用粗碗覆窍，以皮屑[2]、尿缸瓦片铺盆底，仍用泥沙半填。取三季者，三笼[3]作一盆，互相枕藉[4]，新蒖在外，分种之，搀[5]土壅培，勿用手捺实，使根不舒畅。长满复分，大约以三岁为度，盆须架起，仍不可著泥地，恐蚯蚓、蝼蚁入孔伤根，令风从孔进，透气为佳。

191

十月时，花已胎孕，不可分，若见霜雪大寒，尤不可分，否则必至损花。分之次年，不可发花，恐泄其气，则叶不长。凡善于养花，切须爱其叶，叶耸则不虑花不茂也。

注释

[1]《淮南子》：西汉淮南王刘安著。

[2] 皮屑：树皮碎屑。

[3] 篦：植物茎叶。

[4] 枕藉：倚靠。

[5] 糁：颗粒。

译文

兰生性喜阴，和女人一起栽种，就会很香。西汉淮南王刘安所著《淮南子》记载："男人种植兰，虽然好看但不香。"兰的花茎和叶片都柔软而纤细，生长在幽深的山谷里或者竹林中，把老根移植在肥腻的土壤中，大多养不活，即使养活了，也不能开很多花。花茎和叶片肥厚、宽大，而且翠绿劲直的品种，都是从福建和广东移植来的。栽种方法，在农历九月，把原来的花盆轻轻地敲碎，慢慢地把旧根挑起来，把老根去掉，但不要损伤小根须。选取有孔洞的新花盆，用粗糙的碗把孔洞盖住，把树皮碎屑和尿缸的碎瓦片铺在花盆底部，接着填入半盆泥沙。选取生长了三季的兰，三株种在一个花盆里，相互依靠，新株种在外侧，分开栽种，然后用颗粒状的土覆盖根部，不要用手把土压实，那样会让兰根不舒畅。长满花盆以后再进行分株，大致来说三年分一次，花盆必须架空，不要直接放在泥地上，免得蚯蚓和蝼蚁从花盆的孔洞钻进去损害兰根，要使风能从孔洞吹进去，通风透气才好。农历十月的时候，兰就开始孕育花朵，这时不可以分株，如果遇到降霜、下雪的寒冷天气，尤其不可以分株，不然一定会对兰花造成损伤。分株的第二年，不能让兰开花，害怕漏泄元气，就会使叶片没法生长。大凡善于养花的人，一定要爱惜它的叶子，叶片耸立就不用担心花不繁盛。

原典

【位置】

兰性好通风，台不可太高，高则冲阳，亦不可太低，低则隐风；地不必旷，旷则有日，亦不可太狭，狭则蔽气；前宜面南，后宜背北，盖欲通南薰[1]而障北吹也；右宜近林，左宜近野，欲引东日而被[2]西阳也；夏遇炎热则荫之，冬逢沍寒[3]则曝之；沙[4]欲疏，疏则连雨不能淫，上沙欲濡，濡则酷日不能燥。至于插引叶之架，平护根之沙，防蚯蚓之伤，禁蝼蚁之穴，去其莠草，除其丝网，助其新箆，剪其败叶，尤当一一留意者也。

注释

[1] 南薰：南风。

[2] 被：遮蔽。

[3] 沍寒：寒气凝结，谓极为寒冷。

[4] 沙："沙"字前脱一"下"字。

译文

　　兰生性喜好通风的地方，放置兰的台子不能太高，太高了就会正对着太阳，也不能太低，太低了通风效果就不好；栽种兰的地方不能太空旷，太空旷就遮不住阳光，也不能太局促，太局促空气就不流通；年初适宜放在朝南的地方，年末适宜放在背对北方的地方，大概是为了吹到春天的南风而屏蔽冬天的北风；西面要接近树林，东面要接近旷野，想要照到东升的朝阳而遮蔽西坠的夕阳；夏天遇到非常炎热的天气要给它遮蔽阳光，冬天遇到极其寒冷的天气要让它晒太阳；下层沙土要疏松，那样能使兰不惧怕连续降雨，上层沙土要潮湿，那样能使兰在酷热的时候保持土壤湿润。至于给兰插牵引叶片的架子，平整保护根的沙土，防止蚯蚓损伤兰根，禁止蝼蚁钻进通风的孔洞啃咬兰根，除去杂草，除去蜘蛛网，辅助新生的茎叶，剪掉衰败的老叶，都应当一件一件用心去做。

原典

【修整】

　　花时，若枝上蕊多，留其壮大者，去其瘦小，若留之开尽，则夺来年花信[1]。性畏寒暑，尤忌尘埃，叶上有尘即当涤去。兰有四戒，春不出、夏不日、秋不干、冬不湿，养兰者不可不知。

注释

[1] 花信：花期。

译文

　　开花的时候，如果花茎上有很多花朵，就把健壮硕大的留下，把瘦弱微小的去掉，如果把花都留下，让它们都开花后凋零，那么就会丧失第二年的花期。兰生性惧怕寒冷和暑热，尤其忌讳尘埃，叶子上一旦落上灰尘就应当用水洗掉。兰花有四条戒律，春天不搬出来、夏天不晒太阳、秋天不能让土壤干燥、冬天不能让土壤潮湿，养兰花的人一定要知道。

【浇灌】

春三二月无霜雪时，放盆在露天，四面皆得浇水，浇用雨水、河水、皮屑水、鱼腥水、鸡毛水、浴汤。夏用皂角水、豆汁水，秋用炉灰、清水，最忌井水。须四面匀灌，勿得洒下，致令叶黄，黄则清茶涤之。日晒不妨，逢十分大雨，恐堕其叶，用小绳束起，如连雨三五日，须移避雨通风处。四月至七月，须用疏密得所竹篮遮护，置见日色通风处，浇须五更[1]或日未出一番，黄昏一番，又须看干湿，湿则勿浇。梅天忽逢大雨，须移盆向背日处，若雨过即晒，盆内水热，则荡叶伤根。七八月时，骄阳[2]方炽，失水则黄，当以腥水或腐秽[3]浇之，以防秋风肃杀之患。九月，盆干用水浇，湿则不浇，十月至正月不浇不妨。最怕霜雪，更怕春雪，一点著叶，一叶即毙。用密篮遮护，安朝阳日照处，南窗檐下，须两三日一番旋转，使日晒匀，则四面皆花。用肥之时，当俟沙土干燥，遇晚方始灌溉，候晓以清水碗许浇之，使肥腻之物，得以下渍其根，自无勾蔓逆上、散乱盘盆之患。更能预以瓮缸之属，储蓄雨水，积久色绿者，间或灌之，其叶渹然[4]挺秀[5]，濯然[6]争茂，盈台簇槛[7]，列翠罗青，纵无花开，亦见雅洁[8]。

注释

[1] 五更：凌晨三点到五点。

[2] 骄阳：猛烈的阳光。

[3] 腐秽：腐败污秽的水。

[4] 渹然：兴起。

[5] 挺秀：秀异出众，挺拔秀丽。

[6] 濯然：盛大。

[7] 槛：栏杆。

[8] 雅洁：雅致高洁。

译文

农历二三月，不降霜也不下雪的春天，把养兰的花盆放在露天的地方，兰花四面都可以浇水，浇灌应该用雨水、河水、树皮碎屑水、洗剥鱼的废腥水、煺鸡毛的废水、洗澡水。夏天用熬的皂角水、豆汁水浇灌，秋天用炉灰水、清水浇灌，最忌讳用井水浇灌。浇灌的时候，要从兰的四面均匀浇灌，不要在叶片上方喷洒，会使叶片变黄，如果叶片变黄就用清茶清洗。阳光照射并不妨事，遇到大暴雨，害怕把叶子打落，用细绳把叶子捆扎起来，如果连续降雨三五天，就要把兰花搬到避雨通风的地方。

农历四月到七月，要用疏密适当的竹篮遮挡保护兰花，把它放在能照到阳光而且通风的地方。要在凌晨三点到五点或者太阳还没有出来的时候浇一次，黄昏的时候浇一次，浇灌的时候要察看土壤的干湿，如果潮湿就不要浇了。梅雨天忽然下大雨，要把花盆移到太阳照不到的地方，如果刚下过大雨就被太阳暴晒，导致花盆里的水温热，就会摇荡茎叶、损伤根须。

农历七八月的时候，猛烈的阳光正炽盛，如果土壤失去水分，叶片就会变黄，应该用血水或者腐烂污秽的水进行浇灌，用来预防秋风肃杀带来的祸患。

农历九月，花盆里土干就用水浇灌，土湿就不浇灌。农历十月到来年正月，不浇灌也没什么影响。兰最惧怕秋天和冬天的霜雪，更惧怕春天的雪，叶片沾上一点，这片叶子就会枯死。需要用细密的篮子遮盖防护，安置在太阳能照到的向阳地方，朝南窗户的屋檐底下，必须两三天旋转一次，让太阳光均匀照晒，那么就能使兰的四个方向都开花。

施肥的时候，应当等沙土干燥以后，到了晚上才开始灌溉肥水，等到天明以后再用大约一碗的清水浇灌，使肥料能够向下渗透到根部，兰的茎叶自然就不会有勾连逆生，也不会有使花盆里分散杂乱的祸患。也可以预先把雨水储存在瓮缸之中，时间长了水变成绿色的，时不时用这种水灌溉，能够使兰叶茂盛挺拔，争繁竞茂，长满花台，簇聚在栏杆旁，罗列青翠之色，纵使不开花也雅致高洁。

原典

【收藏】

冬作草囤[1]，比兰高二三寸，上编草盖，寒时将兰顿[2]在中，覆以盖，十余日河水微浇一次。待春分后去囤，只在屋内，勿见风，如上有枯叶，剪去，待大暖，方可出外见风，春寒时亦要进屋。常以洗鲜鱼血水，并积雨水或皮屑浸水、苦茶灌之。

注释

[1] 草囤：用草编织成的存放东西的器物。

[2] 顿：安放。

译文

冬天的时候，用草做成囤子，要比兰高6到10厘米，上面用草给它编上盖子，寒冷的时候，把兰放在草囤子里，盖上盖子，每隔十几天就用河水稍微浇一次。等到第二年春分以后，把草囤子拿掉，但只能把兰放在室内，不要让风吹到它，如果有枯死的叶片就剪掉它，等到天气大暖以后，才能拿到室外吹风，春天寒冷的时候也要搬到室内。经常用洗剥鱼的血腥废水、蓄积的雨水、浸泡有树皮碎屑的水、苦茶水浇灌。

花 谱

草 本 （一）

原典

【卫护】

忽然叶生白点，谓之兰虱，用竹针轻轻剔去，如不尽，用鱼腥水或煮蚌汤，频洒之，即灭，或研蒜和水，新羊毛笔蘸洗去，珍珠兰法同。盆须安顿树阴下，如盆内有蚓，用小便浇出，移蚓他处，旋以清水解之。如有蚁，用腥骨或肉，引而弃之。

译文

兰叶上突然生出白色的斑点，被称作兰虱，要用竹签轻轻地把白点剔掉，如果不能剔除干净，就用洗剥鱼的血腥废水或者煮蚌的废水频繁洒在上面，就能消灭兰虱，也可以把蒜捣碎兑上水，用崭新的羊毛笔蘸着它清洗白点，珍珠兰去除兰虱的方法也是一样的。花盆要安放在树荫底下，如果花盆里有蚯蚓，就用小便浇灌，把蚯蚓逼出来移到其他地方，浇灌小便以后要尽快浇灌清水。如果根上有蚂蚁，就用有腥味的骨头或肉，把蚂蚁吸引出来扔掉。

原典

【酿土】

用泥不拘，大要先于梅雨后取沟内肥泥，曝干罗细备用。或取山上有火烧处，水冲浮泥，再寻蕨菜，待枯以前泥薄覆草土[1]，再铺草，再加泥，如此三四层，以火烧之，浇入粪，干则再加再烧数次，待干取用。一云，将山土用水和匀，搏[2]茶瓯[3]，大猛火煅红，火煅者，恐蚁蚓伤根也，锤碎拌鸡粪待用。如此蓄土，何患花之不茂？

注释

[1] 土：此"土"字当是衍文。

[2] 搏：附着。

[3] 茶瓯：茶碗。

译文

栽种所用泥土不必拘泥，大致来说，在梅雨过后，挖取水沟里的肥沃泥土，晒干后用纱罗筛取细土以备使用。也可以选择山上被火烧过的地方，用水把表层的浮土冲下来，再寻找蕨菜，等蕨菜干枯了以后，把水冲浮土所得的泥覆盖在蕨菜上，再铺一层蕨菜，再覆盖一次泥，这样叠加三四层以后，用火焚烧，浇上粪水，干了以后再叠加几次泥和蕨菜，再焚烧几次，等干后拿来使用。也有人说，把山上的土倒上水拌匀，附着在茶碗上，用猛烈的大火煅烧成红色的，之所以用火煅烧，是因为害怕蚂蚁啃食兰根，把烧好的土捣碎，拌上鸡粪以备使用。这样蓄积花土，何用担忧兰花不繁盛呢？

原典

【典故】

《左传》[1] 郑文公有贱妾曰燕姞，梦天使与己兰，曰："余为伯夷[2]，余而祖也，以是为而子，以兰有国香[3]，人服媚[4]之。"文公与之兰而御之，辞曰："妾不才，幸而有子，将不信，敢征兰乎？"公曰："诺。"生穆公，名之曰兰。

《越绝书》[5] 勾践[6]种兰渚山[7]，王右军[8]兰亭是也。今会稽山[9]甚盛，余姚县[10]西南并江有浦，亦产兰，其地曰兰墅洲。自建兰盛行，不复齿及，移入吴越[11]辄涸，有善藏者售之，辄得高价，而香终少减。

汉尚书郎，每进朝时，怀香握兰，口含鸡舌香。[12]

《蜀志》[13] 先主[14]杀张裕[15]，诸葛亮救之，帝曰："芳兰当门，不得不除。"故袁淑[16]《诗》："种兰忌当门。"

花 谱

草 本 （一）

注释

[1] 《左传》：即《春秋左氏传》的简称，相传是春秋时鲁国人左丘明所著。

[2] 伯夷：当为"伯鲦"的讹误。

[3] 国香：香甲于一国。

[4] 服媚：喜爱佩带。

[5] 《越绝书》：有人说是春秋时子贡所著，也有人说汉代的袁康和吴平所著。

[6] 勾践：春秋末期，越国国君。

[7] 渚山：在今浙江绍兴。

[8] 王右军：即东晋王羲之，曾经担任右军将军，所以被称作王右军。

[9] 会稽山：在今浙江绍兴。

[10] 余姚县：即今浙江省宁波余姚市。

[11] 吴越：今江苏和浙江。

[12] 此引文引自应劭的《风俗通义》。

[13] 《蜀志》：即《三国志·蜀志》，西晋陈寿著。

[14] 先主：三国时蜀国开创者刘备。

[15] 张裕：字南和，汉末三国时期蜀国术士。

[16] 袁淑：南朝刘宋人，字阳源。

译文

《左传》 郑文公有一个侍妾叫燕姞，梦见天神的使者给了自己一株兰，并对她说："我叫伯鲦，是你的祖先，把这株兰送给你作你的儿子，因为兰香甲于一国，人们都喜爱佩带。"郑文公送了燕姞一株兰并且临幸了她，燕姞对郑文公说："我没有才能，如果这次侥幸怀孕，害怕您到时不相信，就用这株兰作信物可以吗？"郑文公说："可以。"燕姞生下了后来的郑穆公，给他起名叫兰。

《越绝书》越王勾践在浙江绍兴兰渚山种兰，就是东晋王羲之所说的兰亭。现今浙江绍兴会稽山的兰非常繁盛，浙江余姚县西南的江边也生长兰，那地方叫作兰墅洲。自从建兰盛行于世以后，人们就不再说到这种兰，把建兰移植到江浙地区，都会凋零，有善于保藏建兰的人出卖建兰，都能卖个好价钱，但是花香终究会有所减退。

应劭《风俗通义》汉代的尚书郎，每次进宫朝见皇帝的时候，都在怀里揣着香草，手里握着兰草，口里含着鸡舌香。

西晋陈寿所著《三国志·蜀志》三国时蜀国先主刘备将要诛杀术士张裕，诸葛亮向刘备求情，刘备说："即使是香兰，挡住了门，也不得不除去。"所以南朝刘宋人袁淑在《种兰诗》里写道："种兰忌挡门。"

原典

《晋书》[1] 谢安[2] 尝谓诸子弟曰："子弟何预人事？"答曰："譬如芝兰、玉树，欲其生于庭阶云尔。"[3]

《汗漫录》[4] 晋罗含[5]，字君章，莱阳[6]人。致仕还家，阶庭忽兰、菊丛生，人以为德行之感。

王摩诘[7] 贮兰用黄磁[8] 斗，养以绮石，累年弥盛。

吴孺子[9] 藏兰百本，静开一室，良适幽情[10]。

《唐书》[11] 帝[12] 幸新丰[13]，赐李泌[14] 汤池，给香粉[15]、兰泽[16]。

唐德宗[17] 龙朔[18] 年，改秘书省曰兰台，秘书郎曰省郎。

《曲江春宴录》[19] 霍定与友生游曲江[20]，以千金求人窃贵侯[21] 亭榭中兰花，插帽兼自持，往罗绮[22] 丛中卖之，士女争买，抛掷金钱。

注释

[1] 《晋书》：唐代房玄龄领衔编著。

[2] 谢安：字安石，东晋政治家。

[3] 此段引文有删节，语义不明，原文：谢太傅问诸子侄："子弟亦何预人事，而正欲使其佳？"诸人莫有言者。车骑答曰："譬如芝兰玉树，欲使其生于庭阶耳。"

[4] 《汗漫录》：原书已经亡轶，作者时代不详。

[5] 罗含：东晋人，字君章。

[6] 莱阳：当为"耒阳"之误，耒阳在今湖南省衡阳市耒阳。

[7] 王摩诘：唐代王维，字摩诘，著名诗人。

[8] 磁：通"瓷"。

[9] 吴孺子：明代道士，字少君，号破瓢道人、懒和尚、玄铁、元铁道人、赤松山道士。

[10] 幽情：深远、高雅的情思。此条引自《花史》。

[11] 《唐书》：与原文有出入，不能确认是《新唐书》还是《旧唐书》。

[12] 帝：指唐德宗李适。

[13] 新丰：今陕西省西安市临潼区。

[14] 李泌：字长源，德宗宰相。

[15] 香粉：搽脸或身体的芳香的粉。

[16] 兰泽：用兰浸制的润发香油。

[17] 唐德宗：唐代宗李豫长子，名李适。

[18] 龙朔：年号。

[19] 《曲江春宴录》：原书已经亡佚，时代、作者不详。

[20] 曲江：在今陕西省西安市长安区。

[21] 贵侯：贵人公侯。

[22] 罗绮：指衣着华贵的女子。

花谱

草本（一）

译文

《晋书》　谢安曾经对谢氏诸子弟说："子弟们和自己又有什么关系呢，为什么要培养他们出类拔萃？"大家都不说话。只有车骑将军谢玄回答说："好比芝兰、玉树，总想让它们生长在自家的庭院中啊！"

《汗漫录》　东晋罗含，字君章，湖南省耒阳县人。退休以后回到家乡，庭院和台阶上忽然长出了一丛丛的兰花和菊花，人们都认为是受他美好德行的感召出现的。

唐代大诗人王维把兰花养在黄色的瓷斗里，再放上有花纹的石头，时间越长越茂盛。

《花史》　明代道士吴孺子收藏了一百株兰花，静静地在一室内开放，与深远、高雅的情思非常搭配。

《唐书》　唐德宗李适到新丰县（今陕西省西安市临潼区），赏赐给李泌一个温泉浴池，并由朝廷提供搽脸和身体的香粉和用兰浸制的润发香油。

唐德宗李适龙朔年间，把秘书省改称兰台，秘书郎改称省郎。

《曲江春宴录》　霍定和一群朋友去曲江游玩，悬赏一千金让人去偷贵人公侯亭阁里的兰花，偷来后把兰花簪戴在帽子上，并握在手里，到衣着华贵的女子当中去叫卖，女人争着购买，向他抛掷金钱。

原典

苏东坡 宋[1]罗畸[2]，元祐[3]四年为滁州[4]刺使，明年治廨宇[5]于堂前，植兰数十本，为之《记》曰："予之于兰，犹贤朋友，朝袭其馨，暮撷其英，携书就观，引酒对酌。"

浙江兰溪县兰阴山，多兰蕙。

武义[6]菊妃山，多兰菊，旁有妃水溪。

南昌府宁州[7]内有石室，北多兰茞。黄鲁直[8]云："清水岩[9]为天下胜处，岩前巨室，可坐千人。"

蜂采百花，俱置股间，惟兰则拱背入房，以献于王，物亦知兰之贵如此。

盱眙[10]亦产兰，乃香草，能辟不详。

黄州[11]东南三十里为沙湖，亦曰螺师店，予买田其间，因往相田，得疾，闻麻桥人庞安常，善医而聋，遂往求疗。安常虽聋，而颖悟[12]绝人，以指画字，不数字，辄深了人意，予戏之曰："予以手为口，君以眼为耳，皆一时异人也。"疾愈，与之同游清泉寺[13]，在蕲水[14]郭门外二里许，有逸少[15]洗笔泉，水极甘，下临兰溪，水西流，予作歌云："山下兰芽短浸溪，松间沙路净无泥，萧萧暮雨子规啼。谁道人生无再少？君看流水尚能西！休将白发唱黄鸡[16]。"是日，剧饮而归。

注释

[1] 宋：此"宋"字当为衍文。

[2] 罗畸：北宋人，字畴老。

[3] 元祐：北宋哲宗的年号。

[4] 滁州：今安徽滁州市。

[5] 廨宇：官舍。

[6] 武义：今浙江省金华市武义县。

[7] 宁州：在今江西省九江市修水县。

[8] 黄鲁直：即北宋黄庭坚，字鲁直，号山谷道人。

[9] 清水岩：在今福建省泉州市安溪县。

[10] 盱眙：今江苏省淮安市盱眙县。

[11] 黄州：今湖北省黄冈市黄州区。

[12] 颖悟：聪明、理解力强。

[13] 清泉寺：在今湖北省黄冈市浠水县。

[14] 蕲水：宋代县名，在今湖北省黄冈市浠水县东。

[15] 逸少：即东晋王羲之，字逸少。

[16] 黄鸡：黄羽毛的鸡。

译文

苏轼 罗畸在哲宗元祐四年，担任滁州刺史，第二年在堂前修治官舍，并种植了数十株兰花，为它写了一篇《记》："我对兰花，就像对待贤明的朋友一样，早上被它的芳香浸染，晚上摘取它的花朵，拿着书去观赏它，带着酒和它一起喝。"

浙江兰溪县（今浙江省兰溪市）的兰阴山上，长着很多兰和蕙。

武义（今浙江省武义县）的菊妃山上，生长着很多兰花和菊花，山旁边就是妃水溪。

南昌府宁州（今江西省九江市修水县）境内有一个石房子，石房子的北面长着很多兰草和茝草。黄庭坚说："清水岩是天下风景优美的地方，岩前面有一个非常大的房子，能坐下一千人。"

蜜蜂采集各种花都是用大腿夹着，只有采集兰花时背在背上，进入蜂房后把它献给蜂王，动物也知道兰花的可贵。

盱眙（今江苏省盱眙县）也产兰花，是香草，能够辟除不祥。

黄州（今湖北省黄冈市黄州区）东南三十里的地方是沙湖，也叫作螺师店，我在那里购买了田地，因去那里考察田地，却生病了，听说麻桥的庞安常精通医术但耳朵聋了，于是就去他那里治病。庞安常虽然聋，但是理解能力超群，用手指头写字，短短几个字就能深刻领悟别人的意思，我和他开玩笑说："我用手来代替口，你用眼睛代替耳朵，咱俩都算得上是一时奇异之人。"我病好了以后，就和庞安常一起去湖北浠水县的清泉寺游玩，清泉寺在蕲水县城门外二里多的地方，那里有东晋王羲之洗毛笔的泉水，泉水非常甘甜，下面紧邻兰溪，兰溪的水往西流，我写了一首词："山脚下刚生长出来的兰芽浸泡在溪水中，松林间的沙路被雨水冲洗得一尘不染，傍晚，下起了小雨，布谷鸟的叫声从松林中传出。谁说人生就不能再回到少年时期？你看溪水还能向西边流淌！不要到了老年就感叹时光的飞逝啊！"这一天，喝了很多酒才回去。

原典

王敬美 建兰盛于五月，其物畏风、畏寒、畏鼠、畏蚓、畏蚁，其根甜，为蚁所逐，养者常以水盒隔，不令得入。予作一屋于竹林南，外施两重草席，坎^[1]地令稍深，贮兰于其上，无风有好日，开门暴^[2]之，所畜二三十盆，无不盛花者。其种亦多，玉鳅为第一，白干而花上出者是也，次四季，次金边，名曰兰，其实皆蕙也。闽产为佳，赣州兰华不长劲，价当减半。

于若瀛 一茎一花者曰兰，宜兴山中特多，南京、杭州俱有，虽不足贵，香自可爱，宜多种盆中。今日绝重建兰，却只是蕙，见古人画兰，殊不尔。虎丘戈生曾致一盆，叶稀而长，稍粗于兴兰，出数蕊，正春初开花，特大于常兰，香亦倍之，经月不凋，酷似马远^[3]所画，戈云："得之他方。"今尚活，花时当广求此种，以备春兰之绝品^[4]。

注释

[1] 坎：坑，这里名词作动词，指挖坑。

[2] 暴：通"曝"，晾晒。

[3] 马远：南宋绘画大师，字遥父，号钦山。

[4] 绝品：极品。

秋兰绽蕊图页 ［宋］佚名

译文

王世懋 建兰在农历五月盛开，它害怕风吹、寒冷、老鼠、蚯蚓、蚂蚁，它的根味道是甜的，蚂蚁追着啃食，养建兰的人常常用盛水的盒子来隔绝蚂蚁，使得蚂蚁不能进入兰花盆里。我在竹林的南边盖了一个屋子，屋子外面盖了两层草编的席子，在地上挖了一个比较深的坑，把兰花收藏在里面，不刮风而天气和煦的时候，就把门打开进行晾晒，收藏了二三十盆兰花，都能够繁花盛开。品种也很多，其中玉魫兰是最好的品种，白色的花茎，花朵开在上面的就是，其次是四季兰，再次是金边兰，叫作兰，其实都是蕙。产自福建的品种较好，江西赣州的兰花后劲不足，价钱应该比福建产的兰花少一半。

于若瀛 一个花茎上只开一朵花的是兰，江苏宜兴的山里边有很多，江苏南京和浙江杭州也有，虽然不值得珍贵，但它的花香很惹人怜爱，适宜在花盆里多多栽种。现在世间极其看重建兰，但建兰是蕙，不是兰，看古代人所画的兰花，和建兰绝不相似。江苏苏州虎丘一个姓戈的书生曾经得到一盆春兰，叶片稀疏但很长，比宜兴兰的叶片要粗一些，有几个花蕊，正是在初春的时候开花，花朵要比普通的兰花大，花香也超过普通兰花的一倍，能够开放一个月而不凋谢，和南宋画家马远所画的兰花非常相似，姓戈的书生说："从其他地方得到的。"现在还活着呢。等到它开花时，我要多多寻求这个品种，这样我就拥有了最极品的春兰。

花谱

草本（一）

蕙

原典

蕙，一名薰草，一名香草，一名燕草，一名黄零香，即今零陵香也。零陵，地名，旧治在今全州[1]，湘水发源，出此草。今人所谓广零陵香，乃真薰草，今镇江[2]、丹阳[3]皆莳此草，刈之，洒以酒，芬香更烈。与兰草并称香草，兰草即泽兰，今世所尚乃兰花，古之幽兰也。蕙草生下湿地方，茎叶如麻，相对生，七月中旬开赤花，甚香，黑实。江淮亦有，但不及湖岭[4]者更芬郁耳。

题咏家多用兰、蕙，而迷其实，今为拈出，以正讹误。《楚词》[5]言兰必及蕙，畹兰而亩蕙[6]也，氾兰而转蕙[7]也，蕙肴蒸而兰籍[8]也。蕙虽不及兰，胜于余芳远矣。《楚辞》又有菌阁、蕙楼[9]，盖芝草干杪敷华[10]，有阁之象，而蕙华亦以干杪重重[11]累积，有楼之象云。

注释

[1] 全州：明代州名，在今广西桂林市全州县。

[2] 镇江：明代府名，今江苏省镇江市。

[3] 丹阳：明代县名，在今江苏省镇江市所属丹阳市。

[4] 湖岭：即湖广和岭南，湖广即今天湖北和湖南，岭南即今天广东和广西。

[5]《楚词》：即《楚辞》。

[6] 畹兰而亩蕙：《楚辞·离骚》："予既滋兰之九畹，又树蕙之百亩。"

[7] 氾兰而转蕙：《楚辞·招魂》："光风转蕙，氾崇兰些。"

[8] 蕙肴蒸而兰籍：《楚辞·九歌·东皇太一》："蕙肴蒸兮兰藉，奠桂酒兮椒浆。"

[9] 菌阁、蕙楼：《楚辞·九怀》："菌阁兮蕙楼，观道兮从横。"

[10] 敷华：开花。

[11] 重重：层层。

译文

蕙，也叫作薰草、香草、燕草、黄零香，就是现在的零陵香。零陵，是地名，以前的治所在今广西桂林市全州县，湘水的源头就在这里，出产蕙草。现在人所说的广零陵香，才是真正的薰草，在镇江和丹阳都种植薰草，把它割下来，洒上酒，香味更加浓烈。薰草和兰草都称作香草，兰草就是泽兰，现今世间所崇尚的兰是兰花，也就是古人所说的幽兰。蕙草生长在低下潮湿的地方，茎干和叶片与麻类似，成对生长，农历七月半开红花，花非常香，果实是黑色的，长江和淮河之间也有生长，但是不如两湖和两广的芳香。题词歌咏的人经常使用兰和蕙，却不知什么是兰、什么是蕙，现在把它提出来，纠正错误的说法。《楚辞》说到兰就一定会提蕙，所谓"予既滋兰之九畹，又树蕙之百亩""光风转蕙，氾崇兰些""蕙肴蒸兮兰藉，奠桂酒兮椒浆"。蕙虽然比不上兰，却比其他香草要强得多。《楚辞》里又提到菌阁和蕙楼，大概是因为芝草在茎干顶端开花，和阁相似，蕙草的花层层集聚在茎干顶端，和楼相似。

二如亭群芳谱

现代描述

兰、蕙所指的植物历史上是否有变化，自古就有一定的争议。《诗经》中有"士与女，方秉蕳兮"，陆玑注为兰；《离骚》中有"余既滋兰之九畹兮，又树蕙之百亩"。通常认为，这两种应为水边较常见的植物，并非兰花、蕙兰，直到唐末，诗文中才出现符合兰属植物特征的兰。如王象晋所言，《离骚》的兰指兰草，即菊科泽兰属的佩兰；蕙指香草，又名熏草、零陵香。零陵香究竟是什么植物，有罗勒、藿香、佩兰等说法，而罗勒较符合"叶如麻，相对生，赤花，黑实"的描述。

罗勒，*Ocimum basilicum*，唇形科，罗勒属。一年生草本，高20—80厘米。茎直立，钝四棱形，绿色，常染有红色，多分枝。叶卵圆形至卵圆状长圆形。总状花序顶生于茎、枝上，各部均被微柔毛，通常长10—20厘米，由多数具6花交互对生的轮伞花序组成。花萼钟形，花冠淡紫色，或上唇白色下唇紫红色，伸出花萼，长约6毫米。小坚果卵珠形，长2.5毫米，宽1毫米，黑褐色，有具腺的穴陷，基部有1白色果脐。花期通常7—9月，果期9—12月。

原典

【制用】

用以浸油，妇人泽发，香无以加。夏用刈取，以酒油洒制，缠作把子，为头泽[1]，佩带令头不腻[2]，与泽兰同。可和合香，及面脂[3]、澡豆[4]。编为席荐[5]，性暖宜人。

注释

[1] 头泽：润发油脂。

[2] 腻：粘。

[3] 面脂：滋润脸的油脂。

[4] 澡豆：古代洗沐用品，有去污和保养皮肤的作用。

[5] 席荐：草席。

花　谱

草本（一）

把蕙草浸油，做成润发香脂，女性用来涂抹头发，不会有比这更香的了。夏天割取蕙草，洒上油和酒，缠成一把，制成润发油脂，佩戴它能够使头发不黏结，和泽兰的效果一样。可以用来制作合香，以及滋润脸的油脂和洗沐用品。用蕙草编成的席子，具有暖性，适宜人使用。

原典

【典故】

《邵氏集》[1] 蕙，零陵香也，唐人名零子香，以其花倒悬，如零[2]也。

注释

[1]《邵氏集》：即《邵氏闻见后录》，宋代邵伯温之子邵博著。

[2] 零：当为"铃"之讹。

译文

宋代邵博《邵氏闻见后录》 蕙，就是零陵香，唐代人把它叫作零子香，因为它的花朵倒挂，就像铃铛一样。

古法今观
中国古代科技名著新编

二如亭群芳谱

明代园林植物图鉴 下册

[明]王象晋 著

李春强 编译

上海交通大学出版社
SHANGHAI JIAO TONG UNIVERSITY PRESS

图书在版编目（CIP）数据

二如亭群芳谱：明代园林植物图鉴 / (明) 王象晋
著；李春强编译 . -- 上海：上海交通大学出版社，
2020
ISBN 978-7-313-23149-9

Ⅰ. ①二… Ⅱ. ①王… ②李… Ⅲ. ①园林植物—观
赏园艺—中国—明代 Ⅳ. ① S68

中国版本图书馆 CIP 数据核字 (2020) 第 061035 号

二如亭群芳谱：明代园林植物图鉴（下册）
ERRUTING QUNFANGPU:MINGDAI YUANLIN ZHIWU TUJIAN(XIACE)

著　　者：[明] 王象晋	编　　译：李春强
出版发行：上海交通大学出版社	总 定 价：149.00 元（上、下册）
邮政编码：200030	地　　址：上海市番禺路 951 号
印　　制：雅迪云印（天津）科技有限公司	电　　话：021—64071208
开　　本：710mm×1000mm 1/16	经　　销：全国新华书店
总 字 数：300 千字	总 印 张：31
版　　次：2020 年 7 月第 1 版	印　　次：2023 年 3 月第 2 次印刷
书　　号：ISBN 978-7-313-23149-9	

告读者：如发现本书有印装质量问题请与印刷厂质量科联系
联系电话：022—69310791

目录

草 本（二）

菊
附录丈菊、五月白菊、七月菊、翠菊

瓯香馆写生册之一 ［清］恽寿平

原典

一名治蘠，一名日精，一名节花，一名傅公，一名周盈，一名延年，一名更生，一名阴威，一名朱嬴，一名帝女花。《埤雅》[1]云："菊本作蘜，从鞠，穷也，花事至此而穷尽也。"宿根在土，逐年生芽，茎有棱，嫩时柔，老则硬，高有至丈余者，叶绿，形如木槿而大，尖长而香。花有千叶、单叶、有心、无心、有子、无子、黄、白、红、紫、粉红、间色、浅、深、大、小之殊，味有甘、苦之辨，大要以黄为上，白次之。性喜阴恶水，种须高地，初秋烈日 [2]，尤其所畏。《本草》[3] 及《千金方》[4]，皆言菊有子，将花之干者，令近湿土，不必埋入土，明年自有萌芽，则有子之验也。菊之紫茎、黄色、冗心、气香而味甘者，为真菊，当多种。

注释

[1] 《埤雅》：北宋陆佃所著。

[2] 烈日：炎热的日光。

[3] 《本草》：即《神农本草经》的简称。

[4] 《千金方》：《备急千金要方》的简称，唐代孙思邈著。

译文

菊花也叫作治蘠、日精、节花、傅公、周盈、延年、更生、阴威、朱嬴、帝女花。北宋陆佃所著《埤雅》记载："菊的本字是蘜，蘜为意符，是穷尽的意思，菊花开后，一年的花也就开完了。"老根在土壤里，每年都会发新芽，茎干上有棱脊，嫩的时候很柔软，老的时候会变硬，植株的高度最高能达到 3 米多，叶片是绿色的，形状和木槿叶相似，但比木槿叶大，又尖又长且有香味。菊花的种类有重瓣、单瓣、有花蕊、没有花蕊、结种子、不结种子、黄色、白色、红色、紫色、粉红色、间色、浅色、深色、大朵、小朵的不同，味道有甘甜和苦涩的区别，大致来说黄色花朵的是上等品种，白色花朵的是次等品种。生性喜阴，但厌恶水，一定要种在地势较高的地方，尤其畏惧初秋时炎热的日光。《神农本草经》和《千金方》都说菊花有种子，把已经干枯的菊花，放在湿土上，不需要埋在土里，第二年就能发芽，这就能证明菊花是有种子的。菊花中拥有紫色茎干、黄色花瓣、较多花蕊，气味芳香且味道甘美的，是真正的菊花，应当多多种植。

现代描述

菊花，*Dendranthema morifolium*，菊科，菊属。多年生草本，高 60—150 厘米。茎直立，分枝或不分枝，被柔毛。叶卵形至披针形，羽状浅裂或半裂。头状花序直径 2.5—20 厘米，大小不一。舌状花颜色各种，管状花黄色。

我国菊花的培育有悠久的历史，自宋朝起就开始对菊花进行品种分类，今天已拥有 1000 余个品种，成为所有花卉中品种最多的。古代主要依据花色进行品种分类，现代汤忠皓提出的分类法，首先根据花面径大小、花枝习性分成两大区，再根据舌状花与管状花数量之比分成舌状花系与盘状花系，最后再依据瓣形及瓣化程度分成类和型。菊花是一种经过人们长期的定向（主要是取其观赏价值）人工选择的杂种混合体，对菊花品种详尽的起源和发展情况还有待于未来更深入的科学研究。

原典

花　谱

草本（二）

其类有：

甘菊，一名真菊，一名家菊，一名茶菊。花正黄，小如指顶，外尖，瓣内细，萼柄细而长，味甘而辛，气香而烈。叶似小金铃而尖[1] 更多，亚[2] 浅，气味似薄荷，枝干嫩则青、老则紫，实如葶苈而细，种之亦生苗，人家[3] 种以供蔬茹[4]。凡菊叶，皆深绿而厚，味极苦，或有毛，惟此叶淡绿柔莹[5]，味微甘，咀嚼，香、味俱胜，撷以作羹及泛茶，极有风致。

都胜，一名胜金黄，一名大金黄，一名添色喜容。蓓蕾殷红[6]，瓣阔而短，花瓣大者，皆有双画直纹，内外、大小重叠相次，面黄背红。开也，黄晕[7] 渐大、红晕渐小，突起如伞顶。叶绿，皱而尖，其亚深，瘦则如指，肥则如掌。茎紫而细，劲直如铁，瘦矬，肥则高，可至六七尺。叶常不坏，小花中之极美者也，九月末开，出陈州[8]。

御爱，出京师[9]，开以九月末，一名笑靥，一名喜容。淡黄，千叶，花如小钱[10]，大叶有双纹，齐短而阔，叶端皆有两缺，内外鳞次，上二三层，花色鲜明，下层浅色带微白，心十余缕，色明黄。叶比诸菊最小而青，每叶不过如指面大，或云出禁中[11]，因得名。

金芍药，一名金宝相，一名赛金莲，一名金牡丹，一名金骨朵。蓓蕾黄，红花金光，愈开愈黄，径可三寸，厚称之，气香、瓣阔。叶绿而泽、稀而弓、长而大、亚深，枝干顺直而扶疏，高可六七尺，菊中极品。

黄鹤翎，蓓蕾朱红如泥金[12]，瓣面红背黄，开也，外晕黄而中晕红。叶青、弓而稀、大而长、多尖如刺，枝干紫黑，劲直如铁，高可七八尺，韵度超脱[13]，菊中之仙品也。蜜鹤翎，久不可见，白者次之，粉者又次之，紫者为下。

注释

[1] 尖：即叶尖。

[2] 亚：叶片裂口。

[3] 人家：民家。

[4] 蔬茹：蔬菜。

[5] 柔莹：柔和而光洁。

[6] 殷红：深红。

[7] 晕：晕色，颜色由里向外逐渐变浅。

[8] 陈州：今河南省周口市淮阳县。

[9] 京师：指北宋都城汴梁，今河南省开封市。

[10] 小钱：即小平钱，是铜钱中价值和型号最小的，一个即一文钱。

[11] 禁中：宫廷。

[12] 泥金：用金粉或金属粉制成的金色涂料，用来涂饰器物。

[13] 超脱：高超脱俗。

译文

菊花的种类有：

甘菊，也叫作真菊、家菊、茶菊。花朵为正黄色，只有手指头那么大，花瓣较细而有尖顶，花梗又细又长，味道甜中带辣，花香浓烈。叶片和小金铃菊相似，但比小金铃菊叶的叶尖要多，叶片裂口较浅，气味和薄荷相似，枝干嫩的时候是绿色的，老了以后就变成紫色的了，果实和葶苈子相似，但比葶苈子要小，播种它的种子也会长出菊苗，民家种植甘菊充当蔬菜。大体来说，菊花的叶子都是深绿色的，而且较肥厚，味道非常苦，有的叶片上长有茸毛，只有甘菊的叶片是淡绿色的，柔和而光洁，味道有点儿甜，用嘴咀嚼，气味和味道都非常好。摘取甘菊的叶子，用来做汤或泡茶，都非常有风致。

都胜，也叫作胜金黄、大金黄、添色喜容。花蕾是深红色的，花瓣宽阔而较短，较大的花瓣上都有双线直纹，内层和外层的花瓣、大花瓣和小花瓣相互重叠排列。花瓣的正面是黄色的，背面是红色的，开放的时候，黄晕色会逐渐变大，红晕色会逐渐变小，凸起的花朵就和伞顶一样。叶片是绿色的，有褶皱而尖锐，叶片的裂口较深，肥力不足时，叶片和手指相似，肥力足够时，叶片和手掌相似。紫色的枝干较细，就像铁杆一样刚劲笔直，肥力不足时，植株比较矮小，肥力足够时，植株比较高大，能达到 2 米到 2.4 米。叶片不会凋零，是花朵较小的菊花中最美的品种。农历九月底开花，产自河南淮阳县。

御爱，产自京师（今河南省开封市），农历九月底开放，也叫作笑靥、喜容。花朵是淡黄色的，重瓣，只有小平钱那么大，大花瓣上有双线纹，花瓣齐整，较短而宽，花瓣顶端都有两个缺口，内层和外层花瓣像鱼鳞一样排列，上面的两三层花瓣颜色鲜明，下层花瓣颜色较浅，泛白色，十几个花蕊，是明黄色的。叶片比其他品种的菊叶都小，是绿色的，每个叶片都只有手指表面那么大，有人说是从宫廷里流传出来的，因此得名御爱。

金芍药，也叫作金宝相、赛金莲、金牡丹、金骨朵。花蕾是黄色的，红色花瓣上泛着黄光，越开花瓣颜色越黄，花面径能达到 10 厘米，花朵厚度和花面径相当，有香气，花瓣较宽。绿色的叶片有光泽，稀疏而向内弯曲，又长又大，裂口较深，枝干笔直而繁茂，植株高度能达到 2 米到 2.4 米，是菊花中的极品。

黄鹤翎，花蕾就好像在朱红色的底上涂饰金泥一样，花瓣正面是红色的，背面是黄色的，开放的时候，花瓣外面是黄晕色，里面是红晕色。叶片是绿色的，弯曲而稀疏，又大又长，有很多像刺一样的叶尖。枝干是紫黑色的，就像铁杆一样刚劲笔直，植株高度能达到 2.4 米到 2.7 米。风韵、气度高超脱俗，是菊花中罕见非凡的品种。蜜鹤翎，已经很久没见到了，白色的低一等，粉色的又低一等，紫色的是下品。

花 谱

草本（二）

原典

木香菊，多叶，略似御衣黄，初开浅鹅黄，久则淡白，花叶尖薄，盛开则微卷，芳气最烈，一名脑子菊。

大金黄，花头大如折三钱[1]，心、瓣黄，皆一色，其瓣五六层，花片亦大。一枝之杪，多独生一花，枝上更无从蕊，绿叶亦大，其梗浓紫色。

小金黄，花头大如折二，心、瓣黄，皆一色。开未多日，其瓣鳞鳞[2]，六层而细，态度秀丽。经多日则面上短瓣亦长，至干整整而齐，不止六层，盖为状先后不同也。如此秾密，状如笑靥花，有富贵气，开早。

胜金黄，花头大过折二钱，明黄瓣，青黄心，瓣有五六层，花片比大金黄差小，上有细脉。枝杪凡三四花，一枝之中有少从蕊，颜色鲜明，玩之快人心目。但条梗纤弱，难得团簇，作大本，须留意扶植[3]，乃成。

黄罗伞，花深黄，径可二寸，体薄，中有顶瓣，纹似罗，下垂如伞，柄长而劲。叶绿而稀，厚而长，亚深，枝干细直，劲如铁，高可六七尺。

报君知，一名九日黄，一名早黄，一名蟹爪黄。花黄赤而有宝色[4]，开于霜降前，久而愈艳，径二寸有半，气香，瓣末稍岐，有尖突起。叶青而稀，长而大，亚深，茎紫，枝干劲挺，高可八九尺。

金锁口，一名黄锦鳞，一名锦鳞菊。瓣、叶、茎、干颇类黄鹤翎，开亦同时，体厚莹润[5]，绝类西施。瓣背深红，面正黄，瓣展则外晕黄而内晕红，既彻[6]则一黄菊耳，径可二寸有半。沈注[7]："深红、千瓣，周边黄色，半开时红黄相杂如锦。"

银锁口，花初黄后淡，周边白色如银，半开时，黄白相杂，可爱。

上二花，可为绝品，非其他小巧者可比。

注释

[1] 折三钱：一个折三铜钱能够折换三个小平钱，即相当于三文钱，型号也比小平钱大一些。

[2] 鳞鳞：像鱼鳞一样。

[3] 扶植：扶持培植。

[4] 宝色：瑰丽珍奇的颜色。

[5] 莹润：晶莹润泽。

[6] 彻：开败。

[7] 沈注：当为"沈谱"的讹误，"沈谱"即南宋沈竞所著《菊谱》。

译文

木香菊，花瓣较多，和御衣黄有些相似，刚开的时候是浅鹅黄色的，开的时间长了就会变成淡白色，花瓣又尖又薄，盛开的时候稍微有些卷曲，花香最浓烈，也叫作脑子菊。

大金黄，花朵有折三钱那么大，花蕊和花瓣都是黄色的，从初开到凋零一直保持相同的颜色，有五六层花瓣，单个花瓣也很大。一个花枝的顶端，大多只生长一朵花，花枝上再没有其他花朵伴生。绿色的叶片也很大，叶梗是深紫色的。

小金黄，花朵有折二钱那么大，花蕊和花瓣都是黄色的，从初开到凋零一直保持相同的颜色。开放没几天，它的花瓣就像鱼鳞一样排列，有六层但较细，姿态清秀美丽。经过许多天以后，花面上短花瓣也会长长。等到干枯时，所有花瓣都会长得齐齐整整，花瓣也会多于六层，大概其形状有先后之别。这么浓密的花瓣，形状和笑靥花相似，具有富贵气息，开放时间早。

胜金黄，花朵比折二钱还大，花瓣是明黄色的，花蕊是黄绿色的，有五六层花瓣，单个花瓣要比大金黄稍微小一些，花瓣上有细纹路。花枝顶端总共有三四朵花，每一个花枝上有少量伴生的花朵，花朵颜色耀眼，把玩它能够使人的眼睛和内心获得快意。但是枝干和花梗都很纤细柔弱，很难聚成一团，培养大植株的时候，一定要用心去扶持培植，才能成功。

黄罗伞，花朵是深黄色的，花面径有6厘米多，花朵较薄，花朵中央有顶瓣，纹路和螺纹相似，其他花瓣向下垂，花朵就像伞一样，花梗较长且有韧劲。绿色的叶片很稀疏，又厚又长，叶片裂口较深，枝干又细又直，像铁杆一样刚劲，植株高度能达到2米到2.3米。

报君知，也称为九日黄、早黄、蟹爪黄。花朵是黄红色的，而且有瑰丽珍奇的颜色，在霜降前开放，开放时间长了更加艳丽。花面径有8厘米多，有花香，花瓣末端有一点分裂，尖端凸起。绿色的叶片很稀疏，又长又大，叶片裂口较深，花茎是紫色的，枝干刚劲挺拔，植株高度能达到2.7米到3米。

金锁口，也叫作黄锦鳞、锦鳞菊。花瓣、叶片、花茎、枝干都很像黄鹤翎，开放的时间也是相同的，花朵较厚而且晶莹润泽，和西施菊非常相似。花瓣背面是深红色的，正面是正黄色的，花瓣舒展开来后，外面有黄晕色，里面有红晕色，开败后，又变成了一朵黄菊花，花面径有8厘米多。南宋沈竞所著《菊谱》记载："深红色，重瓣，花瓣四周边缘为黄色，半开的时候，红色和黄色相杂，就像织锦一样。"

银锁口，花朵刚开的时候是黄色的，后来变成淡黄色，花瓣四周边缘是银白色的，半开的时候，黄色和白色相杂，非常可爱。以上的金锁口和银锁口，可以算得上是菊花中的极品，不是其他小巧的菊花能够比拟的。

花　谱

草本（二）

原典

鸳鸯锦，一名四面佛，一名鸳交凤友，一名孔雀尾。初作蓓蕾时，每一蒂即进[1]成三四，亦有至五六者，其瓣面重黄，而背重红。开也奇怪，一分为三截，下截皆黄，中截则红，其顶又红，四面支撑，红黄交杂如锦。开彻，四面尽露，红背尽隐。厚，径二寸余，上尖，高二寸，如楼台，气香。叶黑绿泽，皱而瓦，有棱角，其尖最多，亚甚深，叶根多宜[2]，茎紫，枝干劲挺，高可四五尺。

御袍黄，一名琼英黄，一名紫梗御袍黄，一名柘袍黄，一名大御袍黄。花如小钱大，初开中赤，既开莹黄，径三寸半，瓣阔，开早，瓣末如有细毛，开最久，残则红。叶绿，稀而长，厚而大，亚深，叶根青净，茎、叶、枝干扶疏，高可一丈，状类御爱，但心有大、小之分。

青梗御袍黄，一名御衣黄，一名浅色御袍黄。朵、瓣、叶、干俱类小御袍黄，但瓣疏而茎清耳，范《谱》[3]曰："千瓣，初开深鹅黄，而差疏瘦[4]，久则变白。"

侧金盏，此品类大金黄，其大过之，有及一寸八分者。瓣有四层，皆整齐，花片亦阔大，明黄色，深黄心，一枝之杪，独生一花，枝中更无从蕊。名以侧金盏者，以其花大而重，欹侧[5]而生也。叶绿而大，梗淡紫。

[1] 迸：裂开。

[2] 宜："宜"当是"冗"的讹误，即冗枝。

[3] 范《谱》：即南宋范成大所著《范村菊谱》。

[4] 疏瘦：消瘦。

[5] 欹侧：倾斜。

译文

鸳鸯锦，也叫作四面佛、鸾交凤友、孔雀尾。开始作为花蕾的时候，每一个花蒂上即分裂成三四部分，也有分裂成五六部分的，它的花瓣正面是亮黄色的，背面是亮红色的。开的时候也很奇怪，花朵分成三段，下段都是黄色的，中段都是红色的，顶端比中段更红，四个方向相互支撑，红色和黄色相杂，就像织锦一样。全开以后，四面都显露出来了，花瓣背面的红色都隐没不见。花朵较厚，花面径有 6 厘米多，花朵上端尖锐，高 6 厘米多，好像楼台一样，有花香。墨绿色的叶片很有光泽，褶皱成板瓦形，有棱角，它的叶尖最多，叶片裂口很深，叶子根部大多会长冗枝，花茎是紫色的，枝干刚劲挺拔，植株高度能达到 1.3 米到 1.7 米。

御袍黄，也叫作琼英黄、紫梗御袍黄、柘袍黄、大御袍黄。花朵只有小平钱那么大，刚开的时候，是中红色，盛开以后变成莹黄色，花面径有 12 厘米，花瓣较宽，开放时间较早，花瓣末端好像有细绒毛，开放时间最长，开败以后会变成红色。绿色的叶片稀疏且较长，又厚又大，叶片的裂口较深，叶子根部没有冗枝，花茎、叶片、枝干都很茂密，植株高度能达到 3 米多，形状和御爱相似，但花蕊的大小不同。

青梗御袍黄也叫作御衣黄、浅色御袍黄。花朵、花瓣、叶片和枝干都像小御袍黄，只是比小御袍黄的花瓣稀疏，且花茎没有冗叶，南宋范成大所著《范村菊谱》记载："重瓣，刚开的时候是深鹅黄色的，但是有些消瘦，开的时间长了，就会变成白色的。"

侧金盏，这个品种和大金黄菊相似，但是花朵要比大金黄菊大一些，有的花面径能达到 6 厘米。花瓣有四层，都很齐整，单个花瓣也很宽大，为明黄色，花蕊为深黄色，每一个花枝顶端只开一朵花，花枝上没有其他伴生的花朵。之所以被叫作侧金盏，是因为它的花朵较大且重，只能倾斜生长。绿色的叶片较大，花梗是淡紫色的。

原典

状元黄，一名小金莲。其花焦黄焰焰[1]，始终一色，瓣疏，细而茸[2]，作馒头之形，径二寸许，萼深绿，开甚早，气香。叶绿而大，长而瓦，厚而绵，似金芍药而尖，叶根清净，茎淡红，枝干顺直扶疏，高七八尺。

剪金球，一名剪金黄，一名金凤毛，一名金楼子，一名密剪球。其色莹黄，瓣末细碎[3]如剪，顶突，有细萼，相杂茸茸[4]，气香，其残也红。叶青而绿，皱而稠，肥而厚，阔而短，亚深，叶根冗甚，枝干劲挺，高可五六尺。

黄绣球，一名金绣球，一名黄罗衫，一名木犀球，一名金球。花深黄，叶色稍淡而高大。

晚黄球，深黄，千瓣，开极大。

十采球，黄，千瓣，如球。

大金球，金黄，千瓣，瓣反成球。

小金球，一名球子菊，一名球子黄，一名金缨菊，一名金弹子。深黄，千瓣，中边一色，花较小，突起[5]如球。

注释

[1] 焰焰：鲜明。

[2] 茸：柔软。

[3] 细碎：小而琐碎。

[4] 茸茸：丛集。

[5] 突起：高耸。

译文

状元黄，也叫作小金莲。它的花朵是鲜明的焦黄色，从初开到开败，颜色始终不变，花瓣稀疏，小而柔软，花朵呈馒头形，花面径有 6 厘米多，花萼是深绿色的，开放时间很早，有花香。绿色的叶片较大，较长而卷曲，较厚而绵软，和金芍药菊的叶片相似，但比金芍药菊的叶片尖锐，叶子根部没有冗枝，花茎是淡红色的，枝干柔顺笔直而繁茂，植株高度能达到 2.4 米到 2.7 米。

剪金球，也叫作剪金黄、金凤毛、金楼子、密剪球。花朵为莹黄色，花瓣末端小而琐碎，就像用剪刀剪成的一样，花顶突起，有小花萼，杂聚在一起，有花香，开败以后变成红色。叶片是青绿色的，有褶皱而稠密，较肥厚，宽而短，叶片裂口较深，叶子根部有很多冗枝，枝干刚劲挺拔，植株高度能达到 1.7 米到 2 米。

黄绣球，也叫作金绣球、黄罗衫、木犀球、金球。花朵为深黄色，叶片颜色比较浅淡，但很高大。

晚黄球，花朵为深黄色，重瓣，开放的时候很大。

十采球，花朵为黄色，重瓣，就像球一样。

大金球，花朵为金黄色，重瓣，花瓣翻转呈球形。

小金球，也叫作球子菊、球子黄、金缨菊、金弹子。花朵为深黄色，重瓣，中间和外边颜色相同，花朵较小，高高耸起就像球一样。

原典

球子，开以九月中，深黄，千叶，尖细，重叠，皆有伦理[1]。一枝之杪，丛生百余花，若小球。菊诸黄花，最小无过此者，然枝青叶碧，花色鲜明，相映尤好。

金铃菊，花头甚小，如铃之圆，深黄，一色。其干之长与人等，或言有高近一丈者，可以上架，亦可蟠结[2]为塔，故又名塔子菊。一枝之上，花与叶层层相间有之，不独生于枝头，绿叶尖长，七出，凡菊叶多五出。

金万铃，开以九月末，深黄，千叶。菊以黄为正，铃以金为质，是菊正黄色，而叶有铎[3]形，则于名实两无愧也。菊有花密枝偏者，谓之鞍子菊，与此花一种，特以地脉肥瘠，使之然尔。又有大黄铃、大金铃、蜂铃之类，或形色不正，较之此花，大非伦比。

小金铃，一名馒头菊，花似大金铃而小，外单瓣，中筒瓣，叶似甘菊而厚大，开以十月。

夏金铃，出西京[4]，开以六月，深黄，千叶，与金万铃相类，而花头瘦小，不甚鲜茂[5]，以生非其时故也。

秋金铃，出西京，开以九月中，深黄，双纹，重叶，花中细蕊，皆出小铃萼中，亦如铃叶，但比花叶短广而青，有如蜂铃状。初出时，京师戚里[6]相传，以为爱玩[7]。

蜂铃，开以九月中，千叶，深黄，花形圆小，而中有铃叶，拥聚蜂起[8]，细视，若有蜂窠[9]之状，似金万铃，独以花形差小而尖，又有细蕊出铃叶中，以此别尔。

大金铃，开以九月末，深黄。有铃者皆如铎之形，而此花之中，实皆五出细花，下有大叶开之，每叶有双纹。枝与常菊相似，叶大而疏，一枝不过十数叶。俗名大金铃，花形似秋万铃。

注释

[1] 伦理：条理。

[2] 蟠结：盘聚。

[3] 铎：大铃铛。

[4] 西京：指北宋西京，今河南洛阳。

[5] 鲜茂：鲜艳茂盛。

[6] 戚里：外戚。

[7] 爱玩：喜爱和玩赏。

[8] 蜂起：像群蜂飞舞，纷然并起。

[9] 蜂窠：即蜂巢。

译文

　　球子，在农历九月中旬开放，花朵为深黄色，重瓣，花瓣又尖又细，相互重叠，都很有条理，一个花枝顶部，丛聚生长着上百朵花，像小球一样。在所有黄色菊花中，没有比球子菊的花朵更小的了，但它有青绿色的枝干、碧绿色的叶片，花朵颜色鲜明，枝叶和花朵相互辉映，更是好看。

　　金铃菊，花朵非常小，为像铃铛一样的圆形，深黄色，从初开到开败，颜色始终不变。它的枝干有人那么高，也有人说有高度超过3米的，可以攀上花架，也可以盘聚成塔形，所以也叫作塔子菊。在一个枝干上，花朵和叶片层层相杂，而不是只长在枝干顶部，绿色的叶片又尖又长，一个叶片有七裂，而绝大多数菊叶都只有五裂。

　　金万铃，在农历九月末开放，花朵为深黄色，重瓣。菊花的颜色中，黄色才是正色，铃铛的材质为金。金万铃菊的花朵正是黄色的，而且花瓣聚集成大铃铛的形状，可以说这种菊花的名称和实质是相符的。菊花里有一种花朵密集、枝干偏斜的品种，叫作鞍子菊，和金万铃是同一个品种，只是生长的土壤有的肥沃、有的贫瘠，才造成鞍子菊和金万铃的不同。又有大黄铃、大金铃、蜂铃等菊花品种，有的颜色和形状不正，和金万铃根本没法比。

　　小金铃，也叫作馒头菊，花朵形状和大金铃相似，但比大金铃要小一些，外侧只有一重花瓣，中间的花瓣呈筒状，叶片和甘菊叶相似，但比甘菊叶厚而且大。农历十月开花。

　　夏金铃，产自西京（今河南洛阳），农历六月开花，花朵为深黄色，重瓣，和金万铃相似，但是比金万铃的花朵要瘦小一些，不是很鲜艳繁茂，因为它开花的时间不对。

　　秋金铃，产自西京（今河南洛阳），农历九月中旬开花，花朵为深黄色，花瓣上有双线纹路，花瓣较多，花朵中间的花蕊也是从铃铛形的小花萼里长出来的，和铃形花瓣相似，但宽而短，而且是绿色的，形状和蜂铃菊相似。这个品种刚刚出现的时候，在都城的外戚中间传播，得到喜爱和玩赏。

蜂铃，在农历九月中旬开花，重瓣，花朵为深黄色，圆形而较小，花朵中间有铃形花瓣，聚集在一起，蜂拥而起，仔细观察，形状像蜂巢，与金万铃相似，只是比金万铃的花朵要小而尖，而且在铃形花瓣中长有花蕊，以此来区别。

大金铃，在农历九月末开花，花朵为深黄色。名字带铃的菊花，花朵形状都和大铃铛相似，而大金铃的花朵中间，其实都是五瓣小花，小花下有大花瓣开放，大花瓣上都有双线纹路。枝干和普通菊花相似，叶片较大而稀疏，一个枝子上只有十几个叶片。俗称大金铃，花朵形状和秋万铃相似。

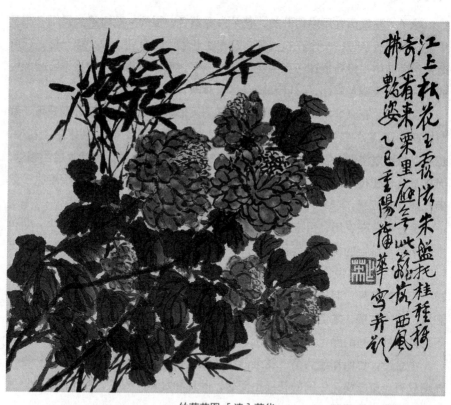

竹菊花图 ［清］蒲华

原典

千叶小金钱，略似明州黄，花叶中外，叠叠整齐，心甚大。

单叶小金钱，花心尤大，开最早，重阳前已烂熳。

小金钱，开早，大于小钱，明黄瓣，深黄心，其瓣齐齐三层，花瓣展，其心则舒而为筒。

大金钱，开迟，大仅及折二，心、瓣明黄，一色，其瓣五层，此花不独生于枝头，乃与叶层层相间而生，香色与态度皆胜。

金钱，出西京，开以九月末，深黄，双纹，重叶，似大金菊，而花形圆齐，颇类滴滴金，人未有识者，或以为棠棣菊，或以为大金铃，但以花叶瓣[1] 之，乃可见。

荔枝菊，花头大于小钱，明黄细瓣，层层鳞次不齐，中央无心，须乃簇簇[2] 未展，小叶至开遍，凡十余层，其形颇圆，故名荔枝菊，香清甚。姚江[3] 士友[4] 云："其花黄，状似杨梅。"

金荔枝，一名荔枝黄，花金黄，径二寸余，厚半之，瓣短而尖，开迟。叶青而稠，大而尖，其亚浅，高可三四尺。

荔枝红，一名红荔枝，红黄，千瓣。

花 谱

草本（二）

注释

[1] 瓣：应为"辨"。

[2] 簇簇：丛聚。

[3] 姚江：今浙江余姚。

[4] 士友：古代称在官僚知识阶层或普通读书人中的朋友。

译文

千叶小金钱，和明州黄有些相似，里外的花瓣都重叠得很整齐，花蕊非常大。

单叶小金钱，花蕊极其大，开放的时间最早，在农历九月初九重阳节以前就开得很绚丽了。

小金钱，开花时间较早，花朵要比小平钱大一些，花瓣是明黄色的，花蕊是深黄色的，它有三层齐齐整整的花瓣，花瓣展开以后，花心就会舒展成筒形。

大金钱，开花时间较晚，花朵只有折二钱那么大，花蕊和花瓣都是明黄色的，从初开到开败，花朵颜色始终不变，有五层花瓣，花朵不仅生长在枝干的顶端，而且和叶层层相杂而生，花香和颜色以及姿态都很好。

金钱，产自西京（今河南洛阳），在农历九月末开放，花朵为深黄色，花瓣上有双线纹路，花瓣较多，和大金菊相似，但是花朵呈圆形，而且很齐整，和滴滴金有些相似，没能识别它的，有人以为是棠棣菊，有人以为是大金铃，只有通过花瓣分辨，才能识别。

荔枝菊，花朵要比小平钱大，花瓣为明黄色，较细，一层层花瓣像鱼鳞一样排列，层次不齐，花朵中央没有花蕊，花须丛聚而不伸展，等到全开以后，小花瓣有十多层，花朵形状有些圆，所以叫作荔枝菊，花香非常清淡。姚江的朋友说："它的花是黄色的，形状和杨梅相似。"

金荔枝，也叫作荔枝黄，花朵是金黄色的，花面径有 6 厘米多，花朵厚度是花面径的一半，花瓣又短又尖，开放时间较晚。绿色的叶片很稠密，又大又尖，叶片的裂口较浅，植株高度能达到 1 米到 1.3 米。

荔枝红，也叫作红荔枝，花朵为红黄色，重瓣。

原典

棣棠，出西京，开以九月末，双纹，多叶，自中至外，长短相次 [1]，如千叶棣棠状。凡黄菊，类多小花，如都胜、御爱，虽稍大而色皆浅黄，其最大者，若大金铃菊，则又单叶浅蒲 [2]，无甚佳处。惟此花，深黄多叶，大于诸菊，而又枝叶甚青，一枝丛生至十余朵，花叶相映，颜色鲜好。

金馓子，花比甘菊差大，纤秾酷似棣棠，色艳如赤金 [3]，它花色皆不及，盖奇品也。叶亦似，窠 [4] 株不甚高，金陵最多，开早。

九炼金，一名渗金黄，一名销金菊。花似棣棠菊而稍大，瓣似荔枝菊而稍秃，开于九月前，外晕金黄，中晕焦黄。叶绿，狭而尖，亚深，叶根多冗，茎紫而细，劲直如铁，高可一丈。

黄二色，九月末开，鹅黄，双纹，多叶，一花之间，自有深淡两色。然此花甚类蔷薇菊，惟形差小，又近蕊多有乱叶，不然，亦不辨其异种也。

橙菊，花瓣与诸菊绝异，黄色不甚深，其瓣成筒排竖，生于萼上，小片婉娈 [5]。至于成团，众瓣之下，又有统裙 [6] 一层承之，亦犹橙皮之外包也，其中无心。

小御袍黄，一名深色御袍黄，花全似御袍黄，瓣稍细，开颇迟，心起突，色如深鹅黄，菊瘦，有心不突。

黄万卷，一名金盘橙，其色金黄，径二寸有半，厚三之二，其外夹瓣，其中筒瓣，开迟。叶青而稠，大而瓦，其末团，其亚深，叶根多冗，枝干偃蹇 [7] 而粗大，高五六尺。

邓州黄，开以九月末，单叶，双纹，深于鹅黄而浅于郁金，中有细叶出铃萼上，形样甚似邓州白，但差小耳。按陶隐居 [8] 云："南阳郦县 [9] 有黄菊而白，以五月采。"今人间相传，多以白菊为贵，又采以九月，颇与古说相异。惟黄菊味甘、气香，枝干、叶形全类白菊，疑弘景所说即此。

注释

[1] 相次：依次。

[2] 蒲：当为"薄"之讹误。

[3] 赤金：黄金。

[4] 窠：通"棵"。

[5] 婉娈：美丽。

[6] 统裙：即筒裙。

[7] 偃蹇：屈曲。

[8] 陶隐居：即陶弘景，字通明，齐梁间道士、医学家，自号华阳隐居，卒谥贞白先生。

[9] 南阳郦县：古地名，治所在今河南省南阳市内乡县西北。

译文

棣棠，产自西京（今河南洛阳），在农历九月末开放，花瓣上有双线纹，花瓣较多，从里层到外层，花瓣由长变短，形状和重瓣棣棠花相似。大体来说，黄色的菊花花朵大多较小；至于都胜和御爱，花朵虽然稍微大一些，但颜色都是浅黄色；而黄色菊花中花朵最大的，如大金铃菊，却又是微薄的单瓣花，没什么值得称道的。只有这棣棠菊，是深黄色重瓣花，比其他黄色菊花要大，而且枝干和叶片很绿，一个枝条上能够聚生十几朵花，花朵和叶片交相辉映，姿态颜色鲜丽美好。

金馒子，花朵比甘菊要大一些，粗细和棣棠菊非常相似，颜色鲜艳就像黄金一样，其他菊花的颜色都比不上它，可以算得上是奇异的品种。叶片也和棣棠菊叶相似，植株不是很高。这种菊花在金陵生长最多，开放时间也早。

九炼金，也叫作渗金黄、销金菊。花朵和棣棠菊相似，但比棣棠菊稍微大一些，花瓣和荔枝菊相似，但没有荔枝菊尖锐，在农历九月以前就开放了，外层有金黄晕色，里层有焦黄晕色。绿色的叶片又窄又尖，裂口较深，叶子根部有很多冗枝，紫色的花茎很纤细，但刚劲笔直，就像铁杆一样，植株高度能达到 3 米多。

黄二色，在农历九月底开花，花朵为鹅黄色，花瓣上有双线纹路，花瓣较多，同一朵花上，天生就会有深、浅两种颜色。但是黄二色和蔷薇菊非常相似，只是形体比蔷薇菊稍微小一些，而且接近花蕊的地方大多有散乱的花瓣，不然分辨不出它们是不同的品种。

橙菊，花瓣和其他菊花都很不相同，黄色的花瓣颜色不是很深，它的花瓣卷成筒形垂直排列，生长在花萼之上，之后筒形花瓣逐渐变成美丽的小片，等到变成团花的时候，在上层花瓣的底下，有一层像筒裙一样的花瓣承接，就像橙子皮包裹在外一样，花朵中间没有花蕊。

小御袍黄，也叫作深色御袍黄，花朵和御袍黄完全相似，花瓣要比御袍黄稍微细一些，开花时间有些迟，花蕊高高凸起，颜色和深鹅黄色相似，菊花消瘦的话，虽然有花蕊，但不会凸起。

黄万卷，也叫作金盘橙，花朵为金黄色，花面径8厘米多，花朵的厚度是花面径的三分之二，外层花瓣为夹瓣，里层花瓣为筒形花瓣，开放时间晚。绿色的叶片很稠密，较大而卷曲，叶片裂口较深，末端呈圆形，叶子根部有冗枝，枝干屈曲且粗大，植株高度能达到1.7米到2米。

邓州黄，在农历九月底开花，单瓣，花瓣上有双线纹路，颜色要比鹅黄深，但比郁金黄浅，花朵中间有小花瓣从铃形花萼上长出来，形状和邓州白非常相似，只是比邓州白稍微小一点儿。参考南朝陶弘景所说："在南阳郦县（今南阳市内乡县）有黄色的菊花变成白色，在农历五月采收。"现今世间相传，大多重邓州白，但是在农历九月采收，和古代的说法很不同。邓州黄除了味道甘甜、有花香之外，枝干和叶片形状与邓州白完全相似，怀疑陶弘景所说的就是邓州黄。

原典

金丝菊，花头大过折二，深黄，细瓣，凡五层一簇，黄心甚小，与瓣一色，颜色可爱，名为金丝者，以其花瓣显然起纹绺也，十月方开，此花根荄[1]极壮。

垂丝菊，花蕊深黄，茎极柔细，随风动摇，如垂丝海棠。

锦牡丹，花之红黄、赤黄者，多以锦名，花之丰硕而矬者，多以牡丹名，或又名秋牡丹。

檀香球，色老黄，形团，瓣圆厚，开彻整齐，径几三寸，厚三之二，气香，叶干短蹙。

麝香黄，花心丰腴，旁短叶密承之，格极高胜[2]，亦有白者，大略似白佛顶，而胜之远甚，吴中[3]比年始有。

黄寒菊，花头大如小钱，心、瓣皆深黄色，瓣有五层，甚细，开至多日，心与瓣并而为一，不止五层，重数甚多，耸突而高，其香与态度皆可爱，状类金铃菊，差大耳。

蔷薇，九月末开，深黄，双纹，单叶，有黄细蕊出小铃萼中。枝干差细，叶有枝股[4]而圆，又蔷薇有红黄千叶、单叶两种，而单叶者差尖，人间谓之野蔷薇，盖以单叶尔。

鹅毛，开以九月，淡黄，纤如细毛，生于花萼上。凡菊，大率花心皆细叶，如下有大叶承之，间谓之托叶，今鹅毛花自内自外，叶皆一等，但长短上下有次尔，花形小于万铃，亦近年花也。

二如亭群芳谱

注释

[1] 根荄：根部。

[2] 高胜：高明优异。

[3] 吴中：今江苏地区。

[4] 枝股：分叉。

译文

金丝菊，花朵比折二钱大，颜色为深黄色，花瓣较细，总共五层花瓣聚成一簇，黄色的花蕊非常小，和花瓣的颜色相同，颜色很可爱。之所以叫作金丝菊，是因为它的花瓣上明显有丝线形纹路，农历十月方才开花，它的根部极其粗壮。

垂丝菊，花蕊是深黄色的，花茎极其柔软纤细，随风摇摆，就像垂丝海棠一样。

锦牡丹，花朵颜色为红黄、赤黄的，大多以锦命名，花朵丰满硕大且矮小的，大多以牡丹命名，有时也叫作秋牡丹。

檀香球，花朵为老黄色，圆形，花瓣又圆又厚，全开以后，依然整齐，花面径接近11厘米，花朵厚度是花面径的三分之二，有花香，叶片和枝干短小局促。

麝香黄，花蕊很饱满，旁边有密集短小的花瓣承接，品格极其高明优异，也有白色的，大体和白佛顶菊相似，但比白佛顶菊好得多，吴中（今江苏地区）近年才开始出现。

黄寒菊，花朵有小平钱那么大，花蕊和花瓣都是深黄色的，有五层花瓣，非常纤细，开放许多天以后，花蕊和花瓣合一，花朵就不止有五层花瓣了，有很多重，高高耸立凸起，它的花香和姿态都很可爱，形状和金铃菊相似，但比金铃菊要大一些。

蔷薇，农历九月底开花，花朵为深黄色，花瓣上有双线纹路，单瓣，有黄色的纤细花蕊，从较小的铃形花萼中长出来。枝干有些细，圆形的叶片有分叉，蔷薇菊还有红黄色单瓣和重瓣两个品种，而红黄色的单瓣蔷薇菊，花朵有些尖锐，世间把它叫作野蔷薇，大概因为它是单瓣花吧！

鹅毛，在农历九月开花，花朵为淡黄色，花瓣纤细就像毛发一样，生长在花萼上。大致来说，菊花的花朵中间都是小花瓣，如果下面有承托的大花瓣，有时把它叫作托叶。鹅毛菊的花朵，从里到外，花瓣都是一样的，只是有长有短、有上有下罢了，花朵形状要比万铃菊小一些，也是近几年才产生的品种。

原典

金孔雀，一名金褥菊，蓓蕾甚巨，初开金黄，既开赤黄，径三寸半，厚称之，其气不嘉，瓣尖而下垂，随开随悴。叶青而浊，长大而皱，其亚深，根冗甚，枝干偃蹇而粗大，高可一丈。

黄五九菊 [1]，花鹅黄色，外尖瓣一层，中瓣茸茸 [2] 然，径仅如钱，夏、秋二度开。叶青而稠，长而多尖，其亚深，叶根有冗，枝干细，而高仅二三尺。

九日黄，大如小钱，黄瓣黄心，心带微青，瓣有三层，状类小金钱，但此花开在金钱之前也。开时或有不甚盛者，惟地土得宜，方盛。绿叶甚小，枝梗细瘦。

殿秋黄，一名黄芙容 [3]，一名金芙容，一名近秋黄，一名晚节黄，一名大蜡瓣。花蜜蜡色，径二寸有半，瓣阔微皱，开于秋末。叶青稀，厚而瓦，大如掌，亚深，枝干粗劲如树，高可八九尺。

小殿秋黄，朵、瓣、叶、干俱似殿秋黄，而清雅 [4] 过之。

叠罗黄，状如小金黄，花叶尖瘦，如剪罗縠，三两花自作一高枝，出丛上，态度潇洒 [5]。

伞盖黄，花似御袍黄而小，柄长而细，萼黄，茎青。

注释

[1] 五九菊：在农历五月和九月各开一次花，有黄五九菊和白五九菊。

[2] 茸茸：柔细浓密。

[3] 容：通"蓉"。

[4] 清雅：清新雅致。

[5] 潇洒：洒脱不拘、超凡脱俗。

译文

金孔雀，也叫作金褥菊，花蕾非常大，刚开的时候是金黄色的，盛开以后变成赤黄色，花面径有 13 厘米，花朵厚度和花面径差不多，它的花香不好，花瓣尖锐且下垂，刚开放就枯萎了。叶片是灰绿色的，又长又大且有褶皱，叶片裂口较深，叶子根部有很多冗枝，枝干屈曲而粗大，植株高度能达到 3 米多。

黄五九菊，花朵为鹅黄色，外面有一层尖锐的花瓣，里层的花瓣柔细浓密，花面径只有铜钱那么大，夏天和秋天各开一次花。绿色的叶片很稠密，修长且有很多叶尖，叶片裂口较深，叶子根部有冗枝，枝干纤细，植株高度仅有 60 到 90 厘米。

九日黄，花朵只有小平钱那么大，花蕊和花瓣都是黄色的，花蕊带一点儿绿，总共有三层花瓣，形状和小金钱菊相似，但是九日黄开花的时间在金钱菊之前。开放的时候，有的不是很繁盛，只有栽种在适宜的土壤里，才能使花朵繁盛。绿色的叶片非常小，枝干和花梗都很纤细瘦弱。

殿秋黄，也叫作黄芙蓉、金芙蓉、近秋黄、晚节黄、大蜡瓣。花朵为蜜蜡色，花面径有8厘米多，花瓣宽阔但有些褶皱，在秋末开花。绿色的叶片很稀疏，较厚而卷曲，有手掌那么大，叶片裂口较深，枝干粗壮劲健，就像树一样，植株高度有2.7米到3米。

小殿秋黄，花朵、花瓣、叶片、枝干都和殿秋黄菊相似，但比殿秋黄菊更加清新雅致。

叠罗黄，形状和小金黄菊相似，花瓣又尖又细，和剪罗縠菊相似，两三朵花生长在一个高出其他枝干的花枝上，姿态洒脱不拘、超凡脱俗。

伞盖黄，花朵和御袍黄菊相似，但比御袍黄菊要小一些，花梗又细又长，花萼是黄色的，花茎是绿色的。

花谱

草本（二）

原典

小金眼，一名杨梅球，一名金带围，一名腰金紫。与大金眼同，花朵差小，枝干稍细，高仅三四尺。

太真黄，花如小金钱，色鲜明，此花小甚。

黄木香，一名木香菊，深黄，小，千瓣，花仅如钱。

黄剪绒，色金黄。

黄粉团，黄花，千瓣，中心微赤。

黄蜡瓣，花淡黄。

锦雀舌，一名金雀舌，重黄，多瓣，瓣微尖，如雀舌。

金玲珑，一名锦玲珑，一名金络索，金黄，千瓣，瓣卷如玲珑[1]。

锦丝桃，一名锦苏桃，瓣背紫而面黄，余类紫丝桃。

黄牡丹，其花鹅黄，其背色稍大[2]。

注释

[1] 玲珑：梅花。

[2] 大：当是"深"的讹误。

译文

小金眼，也叫作杨梅球、金带围、腰金紫。和大金眼菊相同，只是花朵要小一些，枝干要细一些，植株高度只有 1 米到 1.3 米。

太真黄，花朵和小金钱菊相似，颜色鲜明，它的花朵非常小。

黄木香，也叫作木香菊，花朵为深黄色，较小，重瓣，花朵只有铜钱那么大。

黄剪绒，花朵为金黄色。

黄粉团，花朵为黄色，重瓣，花蕊泛红。

黄蜡瓣，花朵为淡黄色。

锦雀舌，也叫作金雀舌，花朵为亮黄色，花瓣较多，有些尖锐，就像雀鸟的舌头一样。

金玲珑，也叫作锦玲珑、金络索，花朵为金黄色，重瓣，花瓣像梅花一样卷曲。

锦丝桃，也叫作锦苏桃，花瓣背面是紫色的，正面是黄色的，其他和紫丝桃菊相似。

黄牡丹，花朵为鹅黄色，花瓣背面的颜色要比正面深一些。

原典

金纽丝，一名金捻线，一名出谷笺，一名金纹丝。色莹黄，开迟，高可一丈，瘦则薄而小，肥则与银纽丝同。

锦西施，红黄，多瓣，形态似黄西施。

黄西施，嫩黄，多瓣。

玛瑙西施，红黄，多瓣。

二色玛瑙，金红、淡黄二色，千瓣。

锦褒姒，金黄，千瓣，似粉褒姒，而韵态尤胜。

鸳鸯菊，一名合欢金，千朵小黄花，皆并蒂，叶深碧。

波斯菊，花头极大，一枝只一葩，喜倒垂下，久则微卷，淡黄，千瓣。

茉莉菊，花头巧小，淡淡黄色，一蕊只十五六瓣，或止二十片，一点绿心，其状似茉莉花，不类诸菊。叶即菊也，每枝条之上抽出十余层小枝，枝皆簇簇[1]有蕊。

注释

[1] 簇簇：一丛丛。

译文

金纽丝，也叫作金捻线、出谷笺、金纹丝。花朵颜色莹黄，开放较迟，植株高度能达到3米多，土地贫瘠，花朵就会又薄又小，土地肥沃，花朵就会和银纽丝菊相同。

锦西施，花朵为红黄色，花瓣较多，形状姿态和黄西施相似。

黄西施，花朵为嫩黄色，花瓣较多。

玛瑙西施，花朵为红黄色，花瓣较多。

二色玛瑙，花朵有金红和淡黄两种颜色，重瓣。

锦褒姒，花朵为金黄色，重瓣，和粉褒姒相似，而风韵姿态尤其好。

鸳鸯菊，也叫作合欢金，上千朵小黄花，都是并蒂而生。叶片是深绿色的。

波斯菊，花朵非常大，一个花枝上只生长一朵花，喜欢倒垂而下，开的时间长了，就会稍微有些收卷，花朵为淡黄色，重瓣。

茉莉菊，花朵小巧，淡黄色，一朵花只有十五六个花瓣，有的有二十个花瓣，花蕊是绿色的，形状和茉莉花相似，和其他品种的菊花反而不相像。叶片和菊叶相同，每个枝条上都会长出十几层小枝，每个枝条上都聚生着一丛丛花朵。

花　谱

草本（二）

原典

紫粉团，黄花，千瓣，中心微赤。

锦麒麟，一名回回菊，其花极耐霜露，径可二寸，萼黄，瓣初赤红，既开则面金黄而背赤红。叶绿而黑，长厚而尖，其亚深，叶根有冗，高可五六尺。

莺羽黄，一名莺乳黄，嫩黄，千瓣，如大钱。

鹅儿黄，一名鹅毛黄。开以九月末，淡黄，纤细，如毛生于花萼上。

楼子佛顶，花鹅黄，其瓣大约四层，下一层瓣单而大，二层数叠稍缩，三层亦数叠又缩，第四层黄萼细铃，茸茸然突起作顶，径仅如钱，经霜即白。其叶微似锦绣球，青而皱，长厚而尖，其亚浅，叶根有冗，其枝干劲直，高可四五尺。凡花之外有大瓣，而中有细萼，茸茸然突起作顶，似铃非铃、似管非管者，不问千瓣、多瓣、单瓣，皆当从佛顶之称，惟铃、管分明者，则不可得而混也。

黄佛顶，一名佛头菊，一名黄饼子，一名观音菊。黄，千瓣，中心细瓣高起，花径寸余，心突起似佛顶，四边单瓣，瓣色深黄。

黄佛头，花头不及小钱，明黄色，状如金铃菊，中、外不辨，心、瓣但见混同，纯是碎叶，突起甚高，又如白佛头菊之黄心也。

佛头菊，无心，中、边亦同。

小黄佛顶，一名单叶小金钱花，佛头[1]颇瘦，花心微洼。

兔色黄，蓓蕾、叶、干俱似绣芙蓉，瓣似荔枝菊，色似兔毛，径仅二寸，殊不足观。

021

野菊，亦有三两种，花头甚小，单层，心与瓣皆明黄色，枝茎极细，多依倚他草木而长。别有一种，其花初开，心如旱莲草，开至涉日则旋吐出蜂须[2]，周围蒙茸[3]然，如莲花须之状。枝茎颇大，绿叶五出，能仁寺[4]侧府城墙上最多。

以上黄色。

译文

紫粉团，花朵为黄色，重瓣，花蕊有些泛红。

锦麒麟，也叫作回回菊，它的花朵很能承受霜露，花面径能有 6 厘米多，花萼是黄色的，花瓣一开始是赤红色的，开放以后，正面是金黄色的，背面是赤红色的。墨绿色的叶片，又长又厚且尖锐，叶片裂口较深，叶子根部有冗枝，植株高度 1.7 米到 2 米。

莺羽黄，也叫作莺乳黄，花朵为嫩黄色，重瓣，和大金钱菊相似。

鹅儿黄，也叫作鹅毛黄。九月底开花，淡黄色，纤细，像花萼上长了细毛。

楼子佛顶，花朵是鹅黄色的，一朵花约有四层花瓣，最底下一层只有一重且花瓣较大，第二层有好几重但比第一层小一些，第三层也有好几重但比第二重又缩小一些，第四层为小铃形黄色萼瓣，这层花瓣柔细浓密，凸起成为顶部，花面径只有铜钱那么大，被霜打以后，就会变成白色的。它的叶片和锦绣球菊的叶子有一些相像，绿色的叶片有褶皱，又长又厚且尖锐，叶片裂口较浅，叶子根部有冗枝，它的枝干刚劲笔直，植株高度能达到 1.3 米到 1.7 米。大凡花朵外层有大花瓣，中间有柔细浓密的小萼瓣，凸起成为顶部，像铃铛又不是铃铛、像管又不是管的，不论是重瓣、多瓣，还是单瓣，都应当称作佛顶，只有明显可辨是铃铛形还是管状的，不能相互混淆了。

黄佛顶，也叫作佛头菊、黄饼子、观音菊。花朵为黄色，重瓣，中间的小花瓣高高凸起，花面径有 3 厘米多，花蕊凸起和佛顶相似，四周只有一重花瓣，是深黄色的。

黄佛头，花朵还没有小平钱大，是明黄色的，形状和金铃菊相似，里层和外层的花瓣很难辨别，花蕊和花瓣相互混杂，都是小花瓣，凸起得很高，又和白佛头菊的黄色花蕊相似。

佛头菊，没有花蕊，里层和外层的花瓣也相同。

小黄佛顶，也叫作单叶小金钱花，中间凸起的顶部花瓣有些瘦小，花蕊稍微有些下凹。

兔色黄，花蕾、叶片、枝干都和绣芙蓉相似，花瓣和荔枝菊相似，颜色和兔子毛相似，花面径只有6厘米多，很不值得观赏。

野菊，也有两三个品种，花朵非常小，单瓣，花蕊和花瓣都是明黄色的，枝干和

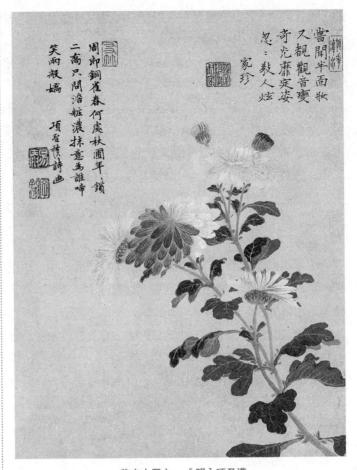

花卉十开之一 ［明］项圣谟

花茎非常细，大多要倚靠在其他草木上生长。另有一种，花朵刚开的时候，花蕊和旱莲草相似，开几天就会突然长出像蜜蜂的触须一样的花须，杂乱繁密地长在花蕊四周，和莲花的花须相似。枝干和花茎比较大，绿色的叶片分裂成五个小叶，能仁寺旁边府邸的墙上，生长得最多。

以上是黄花品种。

原典

九华菊，此渊明[1]所赏，今越[2]俗多呼为大笑，瓣两层者曰九华，白瓣、黄心，花头极大，有阔及二寸四五分者，其态异常，为白色之冠，香亦清胜[3]，枝叶疏散，九月半方开，昔渊明尝言"秋菊盈园"，其诗集中仅存九华之一名。

喜容，千叶，花初开微黄，花心极小，花中色深，外微晕淡[4]，欣然[5]丰

艳[6]，有喜色[7]，甚称其名，久则变白。尤耐封植[8]，可以引长七八尺至一丈，亦可揽结[9]，白花中高品也。

金杯玉盘，中心黄，四旁浅白，大叶三数层，花头径三寸，菊之大者不过此。本出江东，比年稍移栽吴中[10]。

粉团，亦名玉球，此品与诸菊绝异。含蕊时，色浅黄带微青，花瓣成筒排竖，生于萼上，其中央初看，一似无心，状如灯菊[11]；盛开则变作一团纯白色，形甚圆，香甚烈；至白瓣凋谢，方见瓣下有如心者，甚大，白瓣皆匼匝[12]出于上；经霜则变紫色，尤佳。绿叶甚粗，其梗柔弱。

龙脑，一名小银台，出京师，开以九月末，类金万铃而叶尖，花色类人间紫郁金，而外叶纯白，香气芬烈，甚似龙脑，是香与色俱可贵也。

新罗，一名玉梅，一名倭菊，出海外[13]，开以九月末，千叶，纯白，长短相次，花叶尖薄，鲜明莹彻[14]若琼瑶[15]。始开有青黄细叶，如花蕊之状，盛开后，细叶舒展，始见蕊。枝正紫，叶青，支股甚小。凡菊，类多尖阙，而此花之蕊分为五出，如人之有支股，与花相映，标韵[16]高雅，非寻常比。

玉球，出陈州[17]，开以九月末，多叶，白花，近蕊微有红色，花外大叶有双纹，莹白[18]齐长，而蕊中小叶如剪茸。初开时，有壳青[19]，久乃退去，盛开后，小叶舒展，皆与花外长叶相次侧垂，以玉球目之者，以其有圆聚之形也。枝干不甚粗，叶尖长无残阙，枝叶皆有浮毛，颇与诸菊异，然颜色[20]标致，固自不凡。近年以来，方有此本。

注释

[1] 渊明：即东晋陶渊明，名潜，字渊明，号五柳先生，私谥"靖节"，文学家。

[2] 越：即今浙江地区。

[3] 清胜：清雅优美。

[4] 晕淡：渐次变淡。

[5] 欣然：喜悦。

[6] 丰艳：丰满艳丽。

[7] 喜色：欣喜的神色。

[8] 封植：扶植。

[9] 揽结：收揽打结。

[10] 吴中：吴地也在江东，疑有误。

[11] 灯菊：疑应为"橙菊"。

[12] 匼匝：周匝环绕。

[13] 海外：国外。

[14] 莹彻：莹洁透明。

[15] 琼瑶：美玉。

[16] 标韵：韵致。

[17] 陈州：今河南省淮阳市。

[18] 莹白：晶莹洁白。

[19] 壳青：鸭蛋壳青色。

[20] 颜色：容貌。

译文

九华菊，这个品种受到东晋陶渊明的欣赏，浙江民间大多把它叫作大笑，有两层花瓣的叫作九华，白色的花瓣、黄色的花蕊，花朵非常大，有的花面径能达到 8 厘米多，它的姿态和普通菊花不同，是白色菊花中最好的品种，花香也清雅优美。枝叶稀疏松散，农历九月中旬才开花。以前陶渊明曾经说"秋菊盈园"，但他的诗集中只有九华这一个名称。

喜容，重瓣，花刚开的时候有些泛黄，花朵非常小，里层花瓣颜色较深，外层花瓣颜色有些逐渐变淡，喜悦而丰满艳丽，有欣喜的神色，和它的名字非常相称，开的时间长了就会变成白色，非常适合扶植，可以拉长到 2.4 米到 2.7 米，甚至 3 米多，也可以收揽打结，是白色菊花中的上等品种。

金杯玉盘，中间的花瓣是黄色的，四周的花瓣是浅白色的，大花瓣有三层左右，花面径有 10 厘米左右，菊花花朵没有比它大的。原产自长江以东，近年才移植到江苏地区。

粉团，也叫作玉球，这个品种和其他品种的菊花绝不相同。含苞待放的时候，颜色是带点儿绿色的浅黄色，筒形花瓣竖直排列，生长在花萼之上，花朵中央，猛一看好像没有花蕊，形状和橙菊相似；花朵盛开的时候变成一团纯白色，形状非常圆，花香非常浓烈；等到白色的花瓣凋零，方才看到花瓣底下有像花蕊的东西，非常大，白色的花瓣都环绕长在它上面；被霜打以后，花瓣就会变成紫色的，非常好看。绿色的叶片很粗，叶梗很柔弱。

龙脑，也叫作小银台，产自京城（今北京），在农历九月底开花，和金万铃菊相似，而花瓣较尖锐，花朵颜色和民间的紫郁金相似，外层的花瓣是纯白色的，花香芬芳浓烈，和龙脑香非常相似，龙脑菊的花香和形状都很珍贵。

新罗，也叫作玉梅、倭菊，产自国外，在农历九月底开花，重瓣，花朵为纯白色，花瓣根据长短依次排列，又尖又薄，鲜艳明丽、莹洁透明，就像美玉一样。刚刚开放的时候，有黄绿色的小花瓣，和花蕊的形状相似，盛开以后，小花瓣舒展开来，才能看到花蕊。枝干是正紫色的，叶片是绿色的，分叉非常小。大体来说，菊花大都尖端有缺，但是新罗菊的花朵分成五部分，就好像人有四肢和躯干五部分一样，和花瓣相互辉映，韵致高雅，不是普通菊花所能比拟的。

玉球，产自陈州（今河南省淮阳市），在农历九月底开花，花瓣较多，花朵为白色，接近花蕊的花瓣上，微微泛着红色，花朵外层的大花瓣上有双线纹路，晶莹洁白而长短相同，而花朵里层的小花瓣就好像修剪过一样。刚开放的时候，花瓣上有鸭蛋壳青色，开的时间长了，才会褪去，盛开以后，小花瓣舒展开来，都和外层大花瓣依次斜垂，之所以把它看成玉球，是因为它的花朵聚拢成圆形。枝干不是很粗，叶片又尖又长，但没有裂口，枝干和叶片上都附着有细绒毛，和其他品种的菊花很有些不同，但它的容貌标致，天生就很不平凡。近些年，才产生了这个品种。

原典

出炉银，一名银红西施，一名粉芙蓉。花宝色[1]，瓣厚大，初微红，后苍白，如银出炉，终始可爱，径三寸许，形团。叶青而黄，有纹，蜡色，皱而瓦，长厚而尖，叶根冗，茎青，枝干屈曲，高仅三四尺。

白绣球，一名银绣球，一名白罗衫，一名琼绣球，一名玉绣球，一名白木犀，一名玉球。色青白而有光焰[2]，花抱蒂，大于鹅卵，其瓣有纹，中有细萼，开最久，残则牙红。叶稀而青，长大而多尖，亚深，枝干劲直而扶疏，高可一丈。

玉牡丹，一名青心玉牡丹，一名莲花菊。花千瓣，洁白如玉，径二寸许，中晕青碧[3]，开早，开彻疏爽[4]。叶青而稀，长而厚，狭而尖，亚深，叶根有冗，茎淡红，枝干劲挺，高仅二三尺。

玉芙蓉，一名酴醾菊，一名银芙蓉。初开微黄，后纯白，径二寸有半，香甚，开早，瓣厚而莹，疏而爽，开最久，其残也粉红。叶靛色，微似银芍药，皱而尖，叶根多冗，茎亦靛色，枝干偓蹇，高仅三四尺。

银纽丝，一名白万卷，一名万卷书，一名银绞丝，一名捻银条，一名鹅毛菊，一名银捻丝。初微黄，后莹白如雪，径可三寸，体薄，开早，气香味甘。萼黄，开彻瓣纽[5]，则萼亦不见。瓣如纸捻，残则淡红。叶青而稠，亚浅，枝干劲直扶疏，高可六七尺。

注释

[1] 宝色：瑰丽珍奇的颜色。

[2] 光焰：光辉。

[3] 青碧：青绿色。

[4] 疏爽：分明。

[5] 纽：拧成丝线状。

译文

出炉银，也叫作银红西施、粉芙蓉。花色瑰丽珍奇，花瓣又厚又大，刚开的时候有些泛红，后来变成苍白色，就好像刚从炼炉里倒出来的银水的颜色一样，花朵一直很好看，花面径有 10 厘米左右，呈圆形。叶片为黄绿色，上面有蜡色纹路，褶皱而卷曲，又长又厚且尖锐，叶子根部有冗枝，花茎是绿色的，枝干弯曲，植株高度只有 1 米到 1.3 米。

二如亭群芳谱

白绣球也叫作银绣球、白罗衫、琼绣球、玉绣球、白木犀、玉球。花朵为有光辉的白绿色，花瓣环抱着花蒂，花朵要比鹅蛋大一些，花瓣上有纹路，花朵中间有小萼瓣，开放时间最长，开败以后就会变成牙红色。绿色的叶片很稀疏，又长又大且叶尖较多，裂口较深，枝干刚劲笔直且茂密，植株高度能达到3米多。

玉牡丹，也叫作青心玉牡丹、莲花菊。花朵为重瓣，洁白的花瓣就像玉一样，花面径有7厘米左右，中间的花瓣上有青绿色的晕，开放时间早，全开以后，花朵分明。绿色的叶片很稀疏，又长又厚，又窄又尖，裂口较深，叶子根部有冗枝，花茎是淡红色的，枝干坚实挺直，植株高度仅有60厘米到1米。

玉芙蓉，也叫作酴醾菊、银芙蓉。刚开的时候，花瓣微微泛黄，后来就会变成纯白色，花面径有8厘米多，花香非常浓烈，开放时间早，花瓣肥厚且莹润，疏朗而清爽，开放的时间最长，开败以后会变成粉红色。蓝紫色的叶片，和银芍药菊的叶片有些相似，褶皱而尖锐，叶子根部有很多冗枝，花茎也是蓝紫色的，枝干屈曲，植株高度仅有1米到1.3米。

银纽丝，也叫作白万卷、万卷书、银绞丝、名捻银条、鹅毛菊、银捻丝。刚开的时候，花瓣微微泛黄，后来就变得晶莹洁白，像雪一样，花面径有10厘米，花朵较薄，开放时间早，有花香且味道甘美。花萼是黄色的，全开以后，花瓣会拧成丝线状，花萼也会消失不见，花瓣就会变得像纸捻子一样。开败以后，花瓣会变成淡红色。绿色的叶片很稠密，裂口较浅，枝干刚劲笔直而茂密，植株高度能达到2米到2.4米。

花　谱

草本（二）

原典

一搦雪，一名胜琼花，花硕大，有宝色，其瓣茸茸[1]然，如雪花之六出。叶似白西施而长大，干枝顺直高大。

玉宝相，白，多瓣，初开微红，花径三尺许，上可坐人，其瓣如大杓，容二三升，或以为粉雀舌，非也。

蜡瓣西施，一名蜜西蜡瓣，花不甚大，而温然[2]玉质，其品甚高。此外有红蜡瓣、大蜡瓣，虽冒蜡瓣之名，而实不相似，惟紫蜡瓣，花略相似，而枝叶又全不类。

白叠罗，一名新罗菊，一名叠雪罗，一名玉梅，一名白叠雪，一名倭菊。蓓蕾难开，中晕青而微黄，开彻莹白如雪，径可三寸，厚三之二，其瓣罗纹，其残粉红。叶青而稠，大而仰，其末团，其亚深，枝干劲挺，高仅三四尺。

一团雪，一名白雪团，一名簇香球，一名斗婵娟。花极白、晶莹，瓣如勺，长而厚，疏朗[3]香清，中萼黄，开迟，最久，径可二寸，残时紫红。叶稀似艾，白而青，大而长，尖而厚，阔如掌，亚最深，叶极耐日，深冬，五色斑然[4]如画。枝干劲直，高可六七尺。

玉玲珑，一名玉连环，蓓蕾初淡黄而微青，渐作牙红，既开，纯白，其瓣初仰而后覆。叶青，长而阔，厚而大，有棱角，叶根净，秋有采色[5]，茎淡红，枝干顺直，高可至丈。

玉铃，开以九月中，纯白，千叶，中有细铃，甚类大金铃，凡白花中，如玉球、红罗，形态高雅，而此花可与争胜。

白麝香，似麝香黄，花差小，亦丰腴韵胜。

莲花菊，如小白莲，花多叶而无心，花头疏，极潇散[6]清绝[7]，一枝只一葩，绿叶甚纤巧。

万铃菊，中心淡黄馄子[8]，旁白花叶绕之，花端极尖，香尤清烈[9]。

注释

[1] 茸茸：柔细浓密。

[2] 温然：和润。

[3] 疏朗：稀疏。

[4] 斑然：文采。

[5] 采色：绚丽的颜色。

[6] 潇散：洒脱不俗。

[7] 清绝：清雅至极。

[8] 馄子：蒸饼。

[9] 清烈：清郁强烈。

译文

一搦雪，也叫作胜琼花，花朵很大，有瑰丽珍奇的颜色，它的花瓣柔细浓密，就像六瓣雪花一样。叶片和白西施菊相似，但比白西施菊的叶子要长一些、大一些，枝干柔顺笔直且高大。

玉宝相，花朵为白色，花瓣较多，刚开的时候微微泛红，花面径能有1米多，花朵上能够坐人，它的花瓣就像一把大勺子，能容二三升。有人把它当作粉雀舌，是不对的。

蜡瓣西施，也叫作蜜西蜡瓣，花朵不是很大，但它很和润，就像玉一样，它的品质很高。除了蜡瓣西施以外，还有红蜡瓣和大蜡瓣，虽然假托蜡瓣的名称，其实和蜡瓣西施并不相似，只有紫蜡瓣的花朵和蜡瓣西施大略有些相似，但花枝和叶片又完全不相似。

白叠罗，也叫作新罗菊、叠雪罗、玉梅、白叠雪、倭菊。花蕾开放很不容易，中间的花瓣有黄绿色的晕色，全开以后，莹润洁白，就像雪一样，花面径能达到10厘米，花朵厚度是花面径的三分之二，花瓣上有螺纹，开败以后会变成粉红色。绿色的叶片很稠密，较大而上仰，叶端是圆形的，叶片裂口较深，枝干刚劲挺拔，植株高度仅有 1 米到 1.3 米。

一团雪，也叫作白雪团、簇香球、斗婵娟。花朵非常白且晶莹剔透，花瓣形状和勺子相似，又长又厚，稀疏而有清香，花朵中间的萼瓣是黄色的，开放时间晚，但持续时间长，花面径有 7 厘米左右，开败后花瓣变成紫红色。叶片稀疏就像艾草一样，颜色为青白色，又大又长、又尖又厚，有手掌那么宽，叶片裂口最深，叶子不惧太阳照射，在严冬的时候，各种颜色很有文采，就像画一样。枝干刚劲笔直，植株高度能达到 2 到 2.4 米。

玉玲珑，也叫作玉连环，花蕾刚开始是微微泛着绿色的淡黄色，渐渐变成牙红色，等到开放以后，就会变成纯白色，它的花瓣刚开始是上仰的，后来就变成下垂了。绿色的叶片，又长又宽，又厚又大，且有棱角，叶子根部没有冗枝，秋天的时候会有绚丽的颜色，花茎是淡红色的，枝干柔顺笔直，植株高度能达到 3 米多。

玉铃，在农历九月中旬开花，花朵是纯白色的，重瓣，花朵中间有小铃形的萼瓣，和大金铃菊非常相似。大凡白色的菊花，比如玉球菊和红罗菊，形状和姿态都很高雅，玉铃菊正可和它们一较高下。

白麝香，和麝香黄菊相似，但花朵要小一些，也很丰满而有韵致。

莲花菊，和小白莲相似，花朵的花瓣较多但没有花蕊，花朵很稀疏，非常洒脱不俗且清雅至极，一个花枝上只生长一朵花，绿色的叶片很小巧。

万铃菊，花朵中间是淡黄色的蒸饼状花瓣，旁边有白色的花瓣环绕，花朵顶端非常尖锐，花香尤其清郁强烈。

原典

月下白，一名玉兔华，花青白色，如月下观之。径仅二寸，其形团，其瓣细而厚。叶青似水晶球，长而狭，其背弓，其亚浅，其枝干劲挺，高可三四尺。

水晶球，其花莹白而嫩，初开微青，径二寸许，其瓣细而茸，中微有黄萼，初褊薄，后乃暄泛。叶稀而弓，青而滑，肥而厚，大而长，亚浅，根有冗。茎青，枝干挺劲，高可七八尺。

芙蓉菊，开就者如小木芙蓉，尤秾盛者如楼子芍药，但难培植，多不能繁。

象牙球，其花丰硕，初开黄白色，其后牙色，微作鸭卵之形。柄弱不任其花，色稠青而毛，茎亦青。

劈破玉，小白花，每瓣有黄纹如线，界之为二。

大笑，白瓣、黄心，本与九华同种，其单层者为大笑。花头差小，不及两层者之大，其叶类栗木叶，亦名栗叶菊。

译文

月下白，也叫作玉兔华，花朵是白绿色的，就好像在月光下观看一样。花面径只有 7 厘米左右，呈圆形，它的花瓣又细又厚。绿色的叶片和水晶球菊相似，又长又窄，背面卷曲，叶片裂口较浅，它的枝干刚劲挺拔，植株高度能有 1 米到 1.3 米。

水晶球，它的花朵莹润洁白而鲜嫩，刚开的时候，微微泛绿色，花面径 7 厘米左右，它的花瓣又细又软，花朵中间有一些黄色的萼瓣，一开始又窄又薄，后来才变得蓬松。叶片稀疏而卷曲，又绿又光滑，肥厚且长大，裂口较浅，叶子根部有冗枝。花茎为绿色，枝干刚劲挺拔，植株高度能达到 2.1 米到 2.4 米。

芙蓉菊，全开以后和小木芙蓉花相似，尤其繁盛的和楼子芍药相似，但是不好培植，大多不能繁盛。

象牙球，它的花朵非常丰满硕大，刚开的时候是黄白色的，后来就变成了牙白色，形状有些像鸭蛋。花梗柔弱不能支撑花朵，颜色为浓绿色且附着茸毛，花茎也是绿色的。

劈破玉，白色的花朵较小，每个花瓣上有黄色的细线纹路，将花瓣分成两部分。

大笑，花瓣为白色，花蕊为黄色，原本和九华菊是同一个品种，只有一层花瓣的被称作大笑。花朵较小，没有两层花瓣的花朵大，叶片和栗树叶相似，也叫作栗叶菊。

原典

徘徊，淡白瓣，黄心，色带微绿。瓣有四层，初开时，先吐瓣三四片，只开就一边，未及其余，开至旬日，方及周遍，花头乃见团圆。按字书[1]，徘徊为不进，此花之开若是，其名不妄。十月初方开，或有一枝，花头多者至攒聚五六颗，近似淮南菊。

佛顶，亦名佛头菊，中黄心极大，四旁白花一层绕之，初秋先开白色，渐沁微红。

玉楼春，一名土粉西。花初桃红、后苍白，径可二寸有半，瓣厚而大，莹而润，开疏爽。叶青而毛、稀可数，大如茄叶，亚浅，枝干劲直如木，高可六七尺。

酴醾，出相州[2]，开以九月末。纯白，千叶，自中至外，长短相次，花之大小，正如酴醾，而枝干纤柔，颇有态度。若花叶稍圆，加以檀蕊[3]，真酴醾也。

玉盆，出滑州[4]，开以九月末。多叶，黄心，内深外淡，而下有阔白大叶连缀承之，有如盆盂中盛花状。世人相传为玉盆菊者，大率皆黄心、碎叶，初不知其得名之繇[5]，后请于识者，乃知物之见名于人者，必有形似之实云。

波斯，花头极大，一枝只一萼，喜倒垂下，久则微卷，如发之鬔[6]。

白西施，一名白粉西，一名白二色。花初微红，其中晕红而黄，既则白而莹，径三寸以上，厚二寸许，瓣参差，开早。叶青而稠，狭而尖，其亚深，叶枝多冗，枝干偃蹇，高仅三四尺。

花谱

草本（二）

注释

[1] 字书：以字为单位，解释汉字的形体、读音和意义的书，如《说文解字》。

[2] 相州：古地名，在今河南安阳。

[3] 檀蕊：浅红色的花蕊。

[4] 滑州：今河南濮阳滑县。

[5] 繇：同"由"。

[6] 鬔：头发卷曲。

译文

徘徊，花瓣是淡白色的，花蕊是黄色的，微微泛绿，有四层花瓣，刚开的时候，先展开三四片花瓣，都开在花朵的一面，其他三面的花瓣都不舒展，开上十天以后，花朵四面的花瓣才全部展开，花朵才变成圆形。考查字书，徘徊的意思是不肯前进，徘徊菊开花的时候也是逡巡不前，这名字一点儿也不错。农历十月初才开花，有的一个花枝上，花朵多达五六个，和淮南菊相似。

佛顶，也叫作佛头菊，花朵中间的黄色花蕊非常大，四周环绕一层白色花瓣，初秋的时候，先开白色的花朵，后来逐渐染上一层淡红色。

玉楼春，也叫作土粉西。花朵刚开的时候是桃红色的，后来变成苍白色，花面径有8厘米多，花瓣又厚又大，晶莹润泽，开得分明。绿色的叶片上有茸毛，稀疏可数，有茄子叶那么大，叶片裂口较浅，枝干刚劲笔直就像树木一样，植株高度达2米到2.4米。

酴醾，产自相州（今河南安阳），在农历九月底开花。花朵为纯白色，重瓣，从里到外，长短依次排列，花朵有酴醾花那么大，它的枝干纤细柔软，姿态很好。如果它的花瓣稍微圆一些，再配上浅红色的花蕊，那就和酴醾花一模一样了。

玉盆，产自滑州（今河南濮阳滑县），在农历九月底开花。花瓣较多，花蕊是黄色的，里面的颜色较深，外面的颜色较淡，底下有宽阔的白色大花瓣相连承接，就好像在盆盂中盛放花一样。世间相传的玉盆菊，大多都是黄色花蕊、小花瓣，一开始不知道它为什么叫这个名称，后来向认识它的人请教，才知道被人命名过的，一定有外观相似的实情。

波斯，花朵非常大，一个花枝上只开一朵花，喜欢倒挂而下，时间长了就会微微卷曲，就像头发的卷曲一样。

白西施，也叫作白粉西、白二色。花朵刚开的时候有些发红，中间由晕红变成黄色，最后变得晶莹洁白，花面径超过10厘米，花朵厚度有7厘米左右，花瓣参差不齐，开放时间早。绿色的叶片很稠密，又窄又尖，裂口较深，叶子根部有冗枝，枝干屈曲，植株高度仅有1米到1.3米。

原典

银盆，出西京，开以九月中。花皆细铃，比夏、秋万铃差疏，而形色似之。铃叶之下，别有双纹白叶，谓之银盆者，以其下叶正白故也。此菊近来未多见。

木香菊，大过小钱，白瓣，淡黄心，瓣有三四层，颇细，状如春架中木香花，又如初开缠枝白，但此花头舒展稍平坦耳，亦有黄色者。

银盘，白瓣二层，黄心突起颇高，花头或大或小，不同，想地有肥瘠故也。

邓州白，九月末开，单叶，双纹，白叶，中有细蕊，出铃萼中。凡菊，单叶，如蔷薇菊之类，大率花叶圆密相次，而此花叶皆尖细，相去稀疏，然香比诸菊甚烈，又为药中所用，盖邓州[1] 菊潭[2] 所出。枝干甚纤柔，叶端有支股而长，亦不甚青。

白菊，单叶，白花，蕊与邓州白相类，但花叶差阔，相次圆密，而枝叶粗繁。人多谓此为之邓州白，今正之。

金盏银台，一名银台，一名万铃菊，一名银万管花。外单瓣或夹瓣，薄而尖，白而莹，中筒瓣，初鹅黄，后牙色[3]，径可二寸，残则淡红。叶青而狭，长而多尖，其亚深，叶根冗甚。枝干细、偃蹇，高可五六尺。

佛顶菊，大过折二或如折三，单层，白瓣，突起淡黄心。初如杨梅之肉蕾，后皆舒为筒子状，如蜂窠，末后突起甚高，又且最大。枝干坚粗，叶亦粗厚，又名佛头菊。一种每枝多直生，上只一花，少有旁出枝；一种每一枝头分为三四小枝，各一花。

淮南菊，一种白瓣黄心，瓣有四层，上层抱心，微带黄色，下层暗淡，纯白，大不及折二，枝头一簇六七花；一种淡白瓣，淡黄心，颜色不相染惹[4]，瓣有四层，一枝攒聚六七花，其枝杪六花，如六面仗鼓相抵，惟中央一花大于折三。此则所产之地力有不同也。大率，此花自有三节不同，初开花，面微带黄色，中节变白，至十月开过，见霜则变淡紫色。且初开之瓣只见四层，开至多日，乃至六七层，花头亦加大焉。

二如亭群芳谱

注释

[1] 邓州：治所在今河南省邓州市，宋代，南阳归其统辖。

[2] 菊潭：菊潭，又名菊花潭，俗称不老泉，位于今河南省南阳市西峡县丹水镇。

[3] 牙色：与象牙相似的淡黄色。

[4] 染惹：沾染。

译文

银盆，产自西京（今河南洛阳），在农历九月中旬开花，中间的花瓣都是小铃铛形，比夏万铃和秋万铃要稀疏一些，但是颜色和形状相似。铃形花瓣的下面，有带双线纹路的白色花瓣，之所以把它叫作银盆，是因为它下层的白色花瓣。银盆菊近年来不是很多见。

木香菊，花朵要比小平钱大，白色的花瓣，淡黄色的花蕊，花朵由三四层花瓣组成，花瓣有些细小，形状和春天花架上的木香花相似，又和刚开的缠枝白菊相似，只不过木香菊的花朵舒展得更平坦一些，也有黄色的木香菊。

银盘，花朵由两层白色的花瓣组成，黄色花蕊凸起较高，花朵有大有小，各不相同，想应该是由于所生长的土地有的肥沃、有的贫瘠造成的结果。

邓州白，农历九月底开花，单瓣，花瓣上有双线纹路，花瓣为白色，花朵中间有小花蕊，从铃形萼

设色菊花立轴 ［明］陆遂

033

瓣中长出来。大体来说，单瓣菊花，比如蔷薇菊等，大都有密集排列的圆形花瓣，但是邓州白菊的花瓣都又尖又细，而且排列很稀疏，它的花香比其他品种的菊花都浓烈，又是中药材，大概产自邓州（今河南省南阳市）的菊潭吧。枝干很纤细柔软，长长的叶片末端有分叉，也不是很绿。

白菊，单瓣，白色花朵，花蕊和邓州白相似，花蕊和邓州白菊相似，但花瓣要比邓州白菊稍微宽一点儿，花瓣排列密集，花朵呈圆形，且枝干粗壮，叶片繁茂。人们经常白菊当成邓州白，现在纠正这种说法。

金盏银台，也叫作银台、万铃菊、银万管花。外层花瓣为单瓣或者两层花瓣，又薄又尖，洁白且莹润，中间的花瓣为卷筒形花瓣，一开始是鹅黄色的，后来变成与象牙相似的淡黄色，花面径有7厘米左右，开败以后，花朵会变成淡红色。绿色的叶片很窄，很长且叶尖较多，叶片裂口较深，叶子根部的冗枝很多，枝干较细且弯曲，植株高度能达到1.7米到2米。

佛顶菊，花朵比折二钱大一些，或者和折三钱那么大，只有一层白色花瓣，花瓣中心有凸起的淡黄色花蕊。花蕊一开始和杨梅果肉上的凸起相似，后来舒展成筒形，就像蜂巢一样，最后凸起非常高，而且是所有菊花中最大的。枝干坚硬粗壮，叶片又宽又厚，也叫作佛头菊。佛顶菊中有一种枝干不分叉，只开一朵花，很少有分枝；还有一种枝干分出三四个小枝，每个小枝上各开一朵花。

淮南菊，有一种是白色的花瓣、黄色的花蕊，一朵花有四层花瓣，上层稍微带点儿黄色的花瓣围绕着花蕊，下层是暗淡的纯白色，花朵还没有折二钱大，花枝顶端聚生着六七朵花；还有一种花瓣是淡白色的，花蕊是淡黄色的，两种颜色并不相互沾染，一朵花有四层花瓣，一个花枝上聚生着六七朵花，花枝顶端的六朵花，就好像六个鼓背靠背一样，只有中间的那朵花比折三钱大。这两种的不同，是由于所生长的土壤不同而造成的。大体来说，淮南菊的花朵随着时间的推移会产生三种形态，刚开花的时候，表面稍微带点儿黄色，中间变成白色，开到农历十月，被霜打以后就会变成淡紫色。而且刚开的时候，一朵花只有四层花瓣，开上许多天以后，就会变成六七层，花朵也会随着变大。

原典

茉莉菊，花叶繁，全似茉莉，绿叶亦似之，长大而圆净。

万玲菊，心茸茸突起，花多半开者，如铃。

玉盘菊，黄心突起，淡白绿边。

粉蔷薇，花似紫蔷薇而粉色。

玉瓯菊，或云瓯子菊，即缠枝白菊也。其开层数未及多者，以其花瓣环拱如瓯[1]盏之状也，至十月经霜，则变紫色。

白褒姒，一名银褒姒。多瓣，小花，此花四色，锦者为最，紫者次之，粉者又次之，白其尤胜者。

银杏菊，淡白，时有微红，花叶尖，绿叶全似银杏叶。

银芍药，一名芙容菊，一名楼子菊，一名琼芍药，一名太液莲，一名银牡丹，一名银骨朵。初似金芍药，后莹白，香甚，残色淡红，叶亚深，与金芍药同。

小银台，一名龙脑菊，一名脑子菊，一名瑶井栏。花类金盏银台，外瓣圆厚，色正白，中筒瓣色黄。开甚早，叶厚而深绿，高大。

白五九菊，一名银铃菊，一名夏玉铃。外瓣一层，纯白，其中铃萼淡黄，径仅如钱，夏秋二度开。叶青，长大而尖，亚深，叶根有冗，高仅二三尺。

注释

[1] 瓯：杯子。

译文

茉莉菊，花瓣繁多，和茉莉花完全相似，绿色的叶片也和茉莉叶相似，又长又大，呈圆形且干净无冗枝。

万玲菊，柔细浓密的花蕊凸起，花朵大多半开，和铃铛相似。

玉盘菊，黄色的花蕊凸起，淡白色花瓣的边缘是绿色的。

粉蔷薇，花朵和紫蔷薇菊相似，只不过是粉色的。

玉瓯菊，有人说是瓯子菊，也就是缠枝白菊。它开放以后，花瓣层数并不多，因为它的花瓣环绕拱卫，和杯盏的形状相似，到了农历十月被霜打过以后，花朵就会变成紫色。

白褒姒，也叫作银褒姒。花瓣较多，花朵较小，这种花有四种颜色，红黄色的最好，其次是紫色的，再次是粉色的，尤其好的是白色的。

银杏菊，花朵是淡白色的，有时微微泛红，花瓣尖锐，绿色的叶片和银杏叶完全相似。

银芍药，也叫作芙蓉菊、楼子菊、琼芍药、太液莲、银牡丹、银骨朵。刚开的时候和金芍药菊相似，后来变得晶莹洁白，很香，开败以后变成淡红色，叶片裂口较深，和金芍药菊的叶子相同。

小银台，也叫作龙脑菊、脑子菊、瑶井栏。花朵和金盏银台菊相似，外层的花瓣又圆又厚，颜色为正白色，中间的卷筒状花瓣是黄色的。开放时间非常早，深绿色的叶片较厚，植株高大。

白五九菊，也叫作银铃菊、夏玉铃。外面有一层纯白色的花瓣，中间是淡黄色的铃形萼瓣，花面径只有铜钱那么大，夏天和秋天开两次花。绿色的叶片又长又大且尖锐，裂口较深，叶子根部有冗枝，植株高度仅有 60 厘米到 1 米。

花　谱

草本（二）

　　八仙菊，花初青白色，后粉色，一花七八蕊，叶尖长而青。

　　白粉团，一名玉粉团，千瓣，白花，似粉团。

　　蜡瓣粉西施，一名粉西娇，一名西施娇。叶、干全类三蜡瓣，似粉西施而差小，瓣厚不莹。

　　白牡丹，纯白。

　　鹭鸶菊，出严州[1]，花如茸毛，纯白色，中心有一丛簇起，如鹭鸶头。

　　蘸金白，一名蘸金香，白，千瓣，瓣边有黄色似蘸。

　　琼玲珑，白，千瓣，参差不齐。

　　碧蕊玲珑，白，千瓣，叶色深绿。

　　白佛顶，一名琼盆菊，一名佛顶菊，一名佛头菊，一名银盆菊，一名大饼子菊。单瓣，中心细瓣突起，如黄佛顶。

　　小白佛顶，一名小佛顶，心大，突起似佛顶，单瓣。

注释

[1] 严州：今浙江省建德市。

译文

　　八仙菊，花朵刚开始是白绿色的，后来变成粉色，一朵花有七八个花蕊，绿色的叶片又尖又长。

　　白粉团，也叫作玉粉团，重瓣，白色花朵，和粉团菊相似。

　　蜡瓣粉西施，也叫作粉西娇、西施娇。叶片、枝干和三种不同颜色的蜡瓣菊完全相似，和粉西施菊相似，但比粉西施菊稍微小一些，花瓣较厚但不晶莹。

　　白牡丹，花朵是纯白色的。

　　鹭鸶菊，产自严州（今浙江省建德市），花瓣就像丛聚的细绒毛一样，是纯白色的，中间有一丛花瓣凸起，就像鹭鸶脑袋上的毛一样。

　　蘸金白，也叫作蘸金香，花瓣是白色的，重瓣，花瓣有黄色边缘，就像蘸上的颜色一样。

　　琼玲珑，花朵是白色的，重瓣，花瓣很不整齐。

　　碧蕊玲珑，花朵是白色的，重瓣，叶片是深绿色的。

　　白佛顶，也叫作琼盆菊、佛顶菊、佛头菊、银盆菊、大饼子菊。单瓣，中间的小花瓣凸起，和黄佛顶菊相似。

　　小白佛顶，也叫作小佛顶，花蕊较大，就像佛顶菊一样凸起，单瓣。

原典

白绒球，花粉白，余类紫绒球。

白剪绒，一名剪鹅毛，一名剪鹅翎，色雪白。

银荔枝，大概似金荔枝。

白木香，一名木香菊，一名玉钱菊。白，千瓣，小花，径如钱。

碧桃菊，其花纯白，叶与紫芍药相似。

艾叶菊，心小，叶单，绿叶尖长似蓬艾。

白鹤顶，似鹤顶红而色较白。

白鹤翎，一名银鹤翎，一名银雀舌，一名玉雀舌。花纯白，与粉鹤翎同，瓣皆有尖，下垂。

白麝香，似麝香黄，花差小，丰腴。

粉蝴蝶，一名玉蝴蝶，一名白蛱蝶，千瓣，小白花。

译文

白绒球，花朵是粉白色的，其他和紫绒球菊相似。

白剪绒，也叫作剪鹅毛、剪鹅翎，花朵是雪白色的。

银荔枝，大概和金荔枝菊相似。

白木香，也叫作木香菊、玉钱菊。花朵是白色的，重瓣，花朵较小，花面径有铜钱那么大。

碧桃菊，花朵是纯白色的，叶片和紫芍药菊相似。

艾叶菊，花蕊较小，单瓣，绿色的叶片又尖又长，和蓬蒿、艾草的叶子相似。

白鹤顶，和鹤顶红菊相似，但花朵颜色要比鹤顶红菊白。

白鹤翎，也叫作银鹤翎、银雀舌、玉雀舌。花朵是纯白色的，和粉鹤翎菊相同，花瓣都有尖端，向下垂。

白麝香，和麝香黄菊相似，花朵要比麝香黄菊小一些，很丰满。

粉蝴蝶，也叫作玉蝴蝶、白蛱蝶，重瓣，白色的花朵较小。

原典

白蜡瓣，一名玉菡萏，花纯白，与粉蜡瓣同。

脑子菊，花瓣微皱缩，如脑子状。

缠枝菊，花瓣薄，开过转红色。

楼子菊，层层状如楼子。

单心菊，细花心，瓣大。

五月菊，花心极大，每一须皆中空，攒成一匾 [1] 球子，红白单叶绕承之，每枝只一花，径二寸。叶似茼蒿，夏中开，近年院体 [2] 画草虫，喜以此菊写生。

殿秋白，一名玉玫瑰，花朵、叶、干，俱类殿秋黄。

寒菊，大过小钱，短白瓣，开多日，其瓣方增长，明黄心，心乃攒聚碎叶，突起颇高，枝条柔细，十月方开。

以上白色。

注释

[1] 匾：通"扁"。

[2] 院体：绘画流派，指翰林图画院中宫廷画家的绘画风格。

译文

白蜡瓣，也叫作玉菡萏，花朵是纯白色的，和粉蜡瓣菊相同。

脑子菊，花瓣稍微有些皱缩，和大脑形状相似。

缠枝菊，花瓣较薄，开败以后，花朵变成红色。

楼子菊，一层层的花瓣重叠，就像起楼一样。

单心菊，花蕊较细，花瓣较大。

五月菊，花蕊非常大，蕊丝都是中空的，聚成一个扁球形，红白色单层花瓣环绕、承接花蕊，每个花枝上只开一朵花，花面径有 7 厘米左右。叶片和茼蒿相似，仲夏开花，近些年宫廷画家画草虫的时候，喜欢用五月菊写生。

殿秋白，也叫作玉玫瑰，花朵、叶片、枝干，都和殿秋黄菊相似。

寒菊，花朵要比小平钱大一些，白色的花瓣较短，开放很多天以后，它的花瓣才会变长，中心是明黄色的，由小花瓣聚集而成，凸起颇高，枝条柔软而纤细，农历十月才开花。

以上各品种菊花都开白色花朵。

原典

状元紫，花似紫玉莲而色深。

顺圣浅紫，出陈州、邓州，九月中方开。多叶，叶比诸菊最大，一花不过六七叶，而每叶盘叠，凡三四重，花叶空处，间有筒叶辅之。大率，花、枝干类垂丝棣棠，但色紫花大尔。菊中惟此最大，而风流态度又为可贵，独恨色非黄、白，不得与诸菊争先耳。

紫牡丹，一名紫西施，一名山桃红，一名檀心紫。花初开，红黄间杂如锦，后粉紫，径可三寸，瓣比次而整齐，开迟，气香。叶绿而泽，长厚而尖，其亚深，叶根有冗，枝干肥壮，高仅三四尺。

碧江霞，紫花，青蒂，蒂角突出花外，小花，花之奇异者。

双飞燕，一名紫双飞，淡紫，千瓣，每花有二心，瓣斜卷如飞燕之翅。

孩儿菊，紫萼，白心茸茸然，叶上有光，与它菊异。

紫茉莉，似梅花菊而紫，花虽小而标格[1]潇洒，气味芬馥，不可以常品目之。

朝天紫，一名顺圣紫。蓓蕾青碧，花初深紫，后浅紫，气香，瓣初如兔耳，后尖而覆，蓬松而整齐，径二寸有半。叶绿而稀尖，亚细密如缕，叶根清净，枝干细、紫，劲而直，高可五六尺。

注释

[1] 标格：风度。

花 谱

草本（二）

译文

状元紫，花朵和紫玉莲菊相似，但颜色较深。

顺圣浅紫，产自陈州、邓州（今河南淮阳市、邓州市），农历九月中旬才开花，花瓣较多，花瓣比其他菊花的都大，一朵花只有六七个花瓣，但每个花瓣都盘绕折叠三四层，花瓣之间的空处，有时有筒瓣辅助。大体来说，顺圣浅紫的花朵、枝干和垂丝棣棠相似，只不过花朵是紫色的且较大罢了。菊花中，数顺圣浅紫的花朵最大，而且风度姿态又很可贵，唯独遗憾的是，颜色不是黄色或白色，因而不能和其他菊花一争高下。

紫牡丹，也叫作紫西施、山桃红、檀心紫。刚开花的时候，红色和黄色交织，就像锦缎一样，后来变成粉紫色，花面径能达到 10 厘米，花瓣依次排列整齐，开放时间较晚，有花香。绿色的叶片很有光泽，又长又厚且尖锐，叶片裂口较深，叶子根部有冗枝，枝干粗壮，植株高度仅有 1 米到 1.3 米。

碧江霞，花朵是紫色的，花蒂是绿色的，花蒂的边角突出花外，花朵较小，是菊花中的奇异品种。

双飞燕，也叫作紫双飞，花朵是淡紫色的，重瓣，每朵花有两个花蕊，花瓣斜着收卷，就像飞翔的燕子的翅膀一样。

孩儿菊，花萼是紫色的，白色的花蕊柔细浓密，叶片上有光泽，和其他菊花不同。

紫茉莉，和梅花菊相似，但是紫色的，花朵虽然小，但风度潇洒，花香芬芳馥郁，不可以把它当作普通品种看待。

朝天紫，也叫作顺圣紫。花蕾是青绿色的，花朵刚开始是深紫色的，后来变成浅紫色，有花香，花瓣一开始像兔子的耳朵，后来变尖且翻转，松散但很整齐，花面径有 8 厘米多。绿色的叶片叶尖稀少，叶片裂口又细又密，就像丝线一样，叶子根部没有冗枝，紫色的枝干较纤细，刚劲而笔直，植株高度能达到 1.7 米到 2 米。

原典

剪霞绡，紫，多瓣，瓣边如剪，其花径二寸许，瓣疏而大，其边如绣。

佛座莲，紫，千瓣，瓣颇大，且开殿众菊，或以为紫牡丹，非。

瑞香紫，一名锦瑞香，花淡紫，如瑞香色，径寸许，瓣疏，尖而竖，枝叶类金荔枝。

紫丝桃，一名紫苏桃，一名晓天霞。蓓蕾青绿，花茄色，中晕浓而外晕稍淡，瓣长而尖，初如勺，后平铺，瓣上有纹，色更紫，花径二寸有半，厚称之，开彻蓬松明润[1]，枝叶俱类紫玉莲。

墨菊，一名早紫，花似紫霞觞而厚大，色紫黑秾艳[2]，开于九日[3]前。茎叶与紫袍金带相似，高可四五尺，皆紫之极，非世俗点染之说也。

夏万铃，出鄜州[4]，开以五月。紫色，细铃生于双纹大叶之上，以时别之者，以有秋时紫花故也。或以菊皆秋生花，而疑此菊独以夏盛，按《灵宝方》[5]曰"菊花紫白"，又陶隐居云"五月采"，今此花紫色，而开于夏时，是其得时之正也，夫何疑哉？

秋万铃，出鄜州，开以九月中。千叶，浅紫，其中细叶尽为五出铎形，而下有双纹大叶承之，诸菊如棣棠是其最大，独此菊与顺圣过焉，环美可爱。

荔枝紫，出西京，九月中开。千叶，紫，花叶卷为筒，大小相间。凡菊，铃并蕊皆生托叶之上，叶背乃有花萼与枝相连，而此菊上下左右攒聚而生。故俗以为荔枝者，以其花形正圆故也，花有红者，与此同名，而纯紫者盖不多得。

注释

[1] 明润：明亮润泽。

[2] 秾艳：繁盛而鲜艳。

[3] 九日：指农历九月九日重阳节。

[4] 鄜州：今陕西省延安市富县。

[5]《灵宝方》：原书已经亡轶，时代作者不详。

译文

剪霞绡，花朵是紫色的，花瓣较多，花瓣边缘就像用剪刀剪出来的，它的花面径有8厘米左右，花瓣稀疏但较大，边缘就像用针绣出来的。

佛座莲，花朵是紫色的，重瓣，花瓣较大，而且开放时间是菊花里最晚的，有人把它当作紫牡丹，是错误的。

瑞香紫，也叫作锦瑞香，花朵是淡紫色的，和瑞香花的颜色相似，花面径只有3厘米左右，花瓣稀疏，尖锐而直立，枝干和叶片与金荔枝菊相似。

紫丝桃，也叫作紫苏桃、晓天霞。花蕾是青绿色的，花朵是茄紫色的，里边的晕色较浓，外边的晕色较淡，花瓣又长又尖，一开始像勺子，后来舒展平铺开来，花瓣上有纹路，纹路的颜色更紫，花面径有 8 厘米左右，花朵厚度和花面径相当，全开以后，松散且明亮润泽，枝干和叶片都与紫玉莲菊相似。

墨菊，也叫作早紫，花朵和紫霞觞菊相似，但比紫霞觞菊要厚且大，紫黑色的花朵繁盛而鲜艳，在农历九月九日重阳节前开放。花茎和叶片与紫袍金带菊相似，植株高度能达到 1.3 米到 1.7 米，都是紫菊花中的极品，不是沾染世间俗气的菊花所能比拟的。

夏万铃，产自鄜州（今陕西省延安市富县），在农历五月开放。花朵是紫色的，小铃瓣生长在有双线纹路的大花瓣之上，之所以用夏来区别，是因为有秋天开紫花的万铃菊。有的人认为菊花都是秋天开花，而对夏万铃在夏天开花产生怀疑，考查《灵宝方》所记"有紫白色的菊花，在农历五月开花"，而且南朝萧梁时陶弘景说"在农历五月采收菊花"，现今夏万铃菊的花朵是紫色的，而且在夏天开花，和它应当开花的时间是相吻合的，有什么可怀疑的呢？

秋万铃，产自鄜州（今陕西省延安市富县），在农历九月中旬开放。重瓣，花朵是浅紫色的，中间的小花瓣都是五瓣铃铛形，下面有带双线纹路的大花瓣承托，在所有菊花中，如果说棣棠菊的花朵是最大的，那么只有秋万铃菊和顺圣浅紫菊比它的花朵大，呈美丽的圆形而惹人怜爱。

荔枝紫，产自西京（今河南洛阳），农历九月中旬开花。重瓣，花朵是紫色的，花瓣卷成筒形，大花瓣和小花瓣相互混杂。一般来说，菊花的铃形萼瓣和花蕊都生长在承托的大花瓣之上，花瓣的背面是与花枝连接的花萼，但是荔枝紫菊的花瓣，上下左右聚集而生。所以世俗把它叫作荔枝菊，是因为它的花朵呈正圆形，有一种红色菊花，也以荔枝菊命名，但纯紫色的大概不多见。

花　谱

草本（二）

原典

紫褒姒，似粉褒姒而色紫。

赛西施，又名倚栏娇，淡紫，小花头倒侧如醉。

紫芍药，一名红剪春。花先红，后紫，复淡红，变苍白，径可三寸，厚称之，其瓣阔大而蓬松，开早，气香。叶薄，绿而泽，稀而多尖，其枝干顺直，高可四五尺。

绣球，出西京，开以九月中。千叶，紫，花叶尖阔，相次丛生，如金铃，花似荔枝菊，花无筒叶，而萼边正平尔，花形之大，有若大金铃菊者。

紫鹤翎，一名紫粉盘，一名紫雀舌，花先淡紫，后粉白色。

紫玉莲，一名紫荷衣，一名紫蜡瓣。蓓蕾青绿，花紫而红，质如蜡，径可二寸，瓣如勺，终始上竖，叶全似朝天紫。

玛瑙盘，淡紫，赤心，于[1]瓣，花极丰大。

紫蔷薇，花略小，似紫玉莲而色淡。

注释

[1] 于：当为"千"字的讹误。

译文

紫褒姒，和粉褒姒相似，但花朵是紫色的。

赛西施，也叫作倚栏娇，较小的花朵是淡紫色的，斜侧着就好像喝醉了一样。

紫芍药，也叫作红剪春。花朵最先是红色的，后来变成紫色，再变成淡红色，最后变成苍白色，花面径有 10 厘米左右，花朵厚度与花面径相当，它的花瓣宽大且松散，开放时间较早，有花香。绿色的叶片很薄且有光泽，稀疏而多叶尖，它的枝干柔顺笔直，植株高度能达到 1.3 米到 1.7 米。

绣球，产自西京（今河南洛阳），农历九月中旬开花。重瓣，花朵是紫色的，花瓣尖锐而宽阔，依次聚集生长，和金铃菊相似，花朵和荔枝菊相似，没有筒形花瓣，且萼瓣的边缘正是平展的，花朵的大小，和大金铃菊相似。

紫鹤翎，也叫作紫粉盘、紫雀舌，花朵最先是淡紫色的，后来变成粉白色。

紫玉莲，也叫作紫荷、紫蜡瓣，花蕾是青绿色的，花朵是紫红色的。质感和蜡相似，花面径有 7 厘米左右，花瓣像勺子一样，始终都上下直立着，叶片和朝天紫菊完全相似。

玛瑙盘，花朵是淡紫色的，花蕊是红色的，重瓣，花朵非常大。

紫蔷薇，花朵略微小一些，和紫玉莲菊相似，但颜色较淡。

原典

紫罗伞，一名紫罗袍，花似紫鹤翎，小而厚，色匀，其瓣罗纹而细。叶青，大而稠，根多冗，枝干劲直高大。

紫绣球，一名紫罗衫，其花粉紫。得养则如紫牡丹之色，蒨丽[1]；失养则青红黄白夹杂而不匀，瓣结不舒。叶类锦绣球，绿而混，厚而皱。

紫剪绒，四剪绒俱小巧，紫者，其名独振。

金丝菊，紫花，黄心，以蕊得名。

水红莲，一名菡萏红，一名荷花球，一名粉牡丹，一名紫粉莲，一名紫粉楼。花粉紫，初开似紫牡丹，其后渐淡如水红花[2]色，径二寸，形团，瓣疏，开早。叶绿，稀而可数，阔大而厚，皱而蹙，似芡叶，枝干劲直，高可一丈，或以为太液莲，非。

鸡冠紫，一名紫凤冠，千瓣，高大起楼，取象于鸡冠花，非以鸡之冠为比也。

福州紫，紫，多瓣。

以上紫色。

菊丛飞蝶 ［南宋］朱绍宗

注释

[1] 蒨丽：繁盛而美丽。

[2] 水红花：即蓼科植物红蓼。

译文

　　紫罗伞，也叫作紫罗袍，花朵和紫鹤翎菊相似，较小但很厚，颜色均匀，花瓣上有细螺纹。绿色的叶片，又大又稠密，叶子根部冗枝较多，枝干刚劲笔直且又高又大。

　　紫绣球，也叫作紫罗衫，它的花朵是粉紫色的。栽种得当，就有紫牡丹菊那样的颜色，繁盛而美丽；栽种不当，花朵就会出现绿色、红色、黄色、白色相互掺杂且分布不均匀，花瓣纠结而不舒展。叶片和锦绣球菊相似，又绿又杂乱，较厚但有褶皱。

　　紫剪绒，四种颜色的剪绒菊都很小巧，只有紫剪绒菊的名声大振。

　　金丝菊，花瓣是紫色的，花蕊是黄色的，因为花蕊而得名。

　　水红莲，也叫作菡萏红、荷花球、粉牡丹、紫粉莲、紫粉楼。花朵是粉紫色的，刚开的时候和紫牡丹菊相似，后来颜色渐渐变淡，和水红花的颜色相似，花面径有 7 厘米左右，花朵呈圆形，花瓣稀疏，开放时间较早。绿色的叶片很稀疏，能够数得清，宽大且肥厚，褶皱而收缩，和艾叶相似，枝干刚劲笔直，植株高度能达到 3 米多，有人把水红莲菊当作太液莲菊，那是不对的。

鸡冠紫，也叫作紫凤冠，重瓣，花朵又高又大，上下不止一层，用鸡冠花作比，不是说像鸡的冠子。

福州紫，花朵是紫色的，重瓣。

以上都是开紫色花朵的菊花品种。

原典

状元红，花重红，径可二寸，厚半之，瓣阔而短厚，有纹，其末黄，其红耐久，开早。叶似猫脚迹，绿而丽，亚深，叶根冗，枝干如铁，高仅三四尺。

锦心绣口，一名杨妃茜裾红，一名美人红。径二寸许，厚半之，外大瓣一二层，深桃红，中筒瓣突起，初青而后黄，筒之中娇红而外粉，筒之口金黄，烂熳如锦，香清，开与报君知同。叶绿而泽，团而弓，稀而可数，其缺刻如捷业[1]，枝干红紫，细劲顺直，高可四五尺。

紫袍金带，一名紫重楼，又一名紫绶金章。蓓蕾有顶，开稍迟，初黑红，渐作鲜红，既开仿佛亚腰葫芦，亚处无瓣，黄蕊绕之，其彻也，黄蕊不见，攒簇[2]成球，大如鸡卵，开极耐久。叶绿而秀，阔而长，薄而多尖，叶根有冗，茎淡红，枝干劲直，高可三四尺。

大红袍，蓓蕾如泥金，初开朱红，瓣尖细而长，体厚，径可二寸以上，残色木红。叶青泽，厚而大，亚深，末团，叶根清净，茎青，枝干肥壮顺直，高可四五尺。

紫霞觞，一名紫霞杯。花似状元红，厚而大，开早，初重红，稍开即木红。叶青，阔而皱，亚深，叶根多冗，枝干挺劲，高可四五尺。

注释

[1] 捷业：参差不齐。
[2] 攒簇：簇聚。

译文

状元红，花朵是深红色的，花面径有 7 厘米左右，花朵厚度是花面径的一半，花瓣宽阔，但又短又厚，有纹路，末端是黄色的，状元红的红色很持久，开放时间较早。叶片和猫爪印相似，绿而好看，裂口较深，叶子根部有冗枝，枝干就像铁杆一样，植株高度仅有 1 米到 1.3 米。

锦心绣口，也叫作杨妃茜裙红、美人红。花面径有 7 厘米左右，花朵厚度是花面径的一半，花朵外边有一两层深桃红色的大花瓣，中间的筒形花瓣高高凸起，一开始是绿色的，后来变成黄色的，筒瓣的里面是娇红色，外面是粉色，筒瓣的口部是金黄色的，筒形花瓣的颜色绚丽，就像织锦一样，花香清淡，开放时间和报君知相同。绿色的叶片很有光泽，呈圆形而拱起，稀疏得可以数清，叶片裂口参差不齐，枝干是红紫色的，纤细刚劲、柔顺笔直，植株高度能达到 1.3 米到 1.7 米。

　　紫袍金带，也叫作紫重楼、紫绶金章。花蕾有顶部凸起，开放时间较晚，一开始是黑红色的，后来渐渐变成鲜红色，开放以后就像收腰的葫芦一样，束腰的地方没有花瓣，只有黄色的花蕊缠绕，全开以后，黄色的花蕊消失不见，簇聚成球形，有鸡蛋那么大，开放时间非常持久。绿色的叶片很秀美，又宽又长，较薄但叶尖很多，叶子根部有冗枝，花茎为淡红色，枝干刚劲笔直，植株高度能达到 1 米到 1.3 米。

　　大红袍，花蕾就好像涂了金一样，刚开的时候是朱红色的，花瓣又尖又细而且长，花朵较厚，花面径能超过 7 厘米，开败以后变成木红色。绿色的叶片很有光泽，又厚又大，裂口较深，末端是圆形的，叶子根部没有冗枝，花茎是绿色的，枝干粗壮且柔顺笔直，植株高度能达到 1.3 米到 1.7 米。

　　紫霞觞，也叫作紫霞杯。花朵和状元红菊相似，又厚又大，开放时间早，刚开的时候是深红色的，开一段时间就会变成木红色。绿色的叶片宽阔而有褶皱，裂口较深，叶子根部有冗枝，枝干刚劲挺拔，植株高度能达到 1.3 米到 1.7 米。

花 谱

草本（二）

原典

　　红罗伞，一名紫幢，一名锦罗伞，紫红，千瓣。

　　庆云红，一名锦云红。蓓蕾深桃红，开则红黄，并作玛瑙色，中晕秾 [1] 而外晕淡，其瓣尖细而蓬松，径二寸有半，厚称之。叶青泽，厚而长，稍尖，亚深，茎青，枝干顺直，高可四五尺。

　　海云红，一名海东红，一名相袍红，一名将袍红，一名扬州红，一名旧朝服。先殷红，渐作金红，久则木红而淡，径二寸有半，其瓣初尖而后岐，其萼黄，其彻也，蓬松。其叶长而大，青而多尖，其亚深，枝干壮大，高可四五尺。

　　燕脂菊，类桃花菊，深红，残紫，比燕脂 [2] 色尤重，比年始有之，此品既出，桃花菊遂无颜色 [3]，盖奇品也。

　　缕金妆，一名金线菊，深红，千瓣，中有黄线路。

　　出炉金，一名锦芙蓉，金红，千瓣，色如炉金出火。

　　火炼金，花径仅寸许，外尖瓣猩红，其中萼金黄，朵垂，其红不变。叶绿而泽，稀而瓦，长厚而尖，亚深，枝干劲直，高可四五尺。

木红球，一名红罗杉，一名红绣球。花初开殷红，稍开即木红，径可二寸有半，下覆如球，心萼黄甚。茎叶枝干，颇类御袍黄，高可五六尺。

紫骨朵，一名大红绣球，一名红绣球。蓓蕾鲜红，顶如泥金，开甚早，先红紫，后紫红，径可二寸有半，厚二寸，瓣明润[4]丰满如榴子，其彻也，攒簇如球，叶类紫霞觞。叶绿而小，根有冗，枝干劲直，高可四五尺。

注释

[1] 秾：通"浓"。

[2] 燕脂：即胭脂。

[3] 颜色：光彩。

[4] 明润：明亮润泽。

译文

红罗伞，也叫作紫幢、锦罗伞，花朵是紫红色的，重瓣。

庆云红，也叫作锦云红。花蕾是深桃红色的，开放以后就会变成红黄色，色泽和玛瑙相似，中间的晕色较浓，外边的晕色浅淡，它的花瓣又尖又细且松散，花面径有 8 厘米多，花朵厚度和花面径相当。绿色的叶片很有光泽，又厚又长，稍微有些尖锐，裂口较深，花茎是绿色的，枝干柔顺笔直，植株高度能达到 1.3 米到 1.7 米。

海云红，也叫作海东红、相袍红、将袍红、扬州红、旧朝服。花朵一开始是殷红色的，渐渐地变成金红色，开放时间长了，就会变成浅淡的木红色，花面径有 8 厘米多，它的花瓣一开始很尖锐，后来分叉，它的花萼是黄色的，全开以后，变得很松散。它的叶片又长又大，呈绿色且叶尖较多，裂口较深，枝干粗壮高大，植株高度能达到 1.3 米到 1.7 米。

燕脂菊，和桃花菊相似，花朵是深红色的，开败以后变成紫色，比燕脂的颜色要深一些，近些年才有这个品种，它产生以后，桃花菊就没有光彩了，是一个奇异的品种。

缕金妆，也叫作金线菊，花朵是深红色的，重瓣，花瓣上有黄色的细线纹路。

出炉金，一名锦芙蓉，花朵为金红色，重瓣，颜色就像刚从炼炉里倒出的黄金。

火炼金，花面径只有 3 厘米多，外层尖锐的花瓣是猩红色的，里层的萼瓣是金黄色的，花朵下垂，它的红色不会改变。绿色的叶片很有光泽，稀疏且卷曲，又长又厚而尖锐，裂口较深，枝干刚劲笔直，植株高度能达到 1.3 米到 1.7 米。

木红球，也叫作红罗杉、红绣球。花朵刚开的时候是殷红色的，半开就会变成木红色，花面径有 8 厘米多，就像一个下垂的球，中心萼瓣的颜色很黄。花茎、叶片、枝干，都有些像御袍黄菊，植株高度能达到 1.7 米到 2 米。

紫骨朵，也叫作大红绣球、红绣球。花蕾是鲜红色的，顶部就像涂了金一样，开放时间很早，一开始是红紫色的，后来变成紫红色，花面径有 8 厘米多，花朵厚度有 6 厘米多，花瓣明亮润泽而饱满，就像石榴籽一样，全开以后，花瓣聚集成球形，和紫霞鶲菊相似。绿色的叶片较小，叶子根部有冗枝，枝干刚劲笔直，植株高度能达到 1.3 米到 1.7 米。

原典

醉杨妃，一名醉琼环。其色深桃红，久而不变，其花疏爽而润泽，小，径近二寸以上，厚半之，其瓣尖而硬，下覆如脐，花繁而柄弱，其英乃垂。其叶青厚，短大而稠，其尖多，其亚浅，叶根冗甚，茎青，枝干偓窭，高可五六尺。

太真红，娇红，千瓣。

楼子红，蓓蕾甚巨，开早，初深黑，渐作鲜红，瓣垂而长，光焰 [1] 夺目，既开，径二寸以上，其萼如小钱，初青后黄，其中隐然有顶，有开数瓣上竖者。茎叶如紫袍金带，枝干高大，可至四五尺。

红万卷，一名红纽丝，深红，千瓣，如万卷书。

一捻红，花瓣上有红点，面径三寸，瓣大而圆。

红剪绒，初殷红，后木红，径寸有半，其形薄而瓦，其瓣末碎而茸，攒簇如刺。叶绿，尖而小，其亚浅，其茎红，叶根清净，枝干扶疏，高可三四尺。

锦绣球，一名锦罗衫。蓓蕾如栗，其花抱蒂，其初殷红，既开鲜红，渐作红黄色，瓣阔而短。叶似紫绣球，稀而大，皱而尖，叶根有冗。

鹤顶红，一名不老。花似晚香红，薄而小，外晕粉红，中晕大红，开彻粉红，瓣下舜 [2] 大红，瓣上攒如鹤顶。叶青，圆而小，枝干不甚高大。

花　谱

草本（二）

注释

[1] 光焰：光芒。

[2] 舜：下垂。

译文

醉杨妃，也叫作醉琼环。花朵的颜色是深桃红，开的时间长了也不会改变，它的花朵疏朗清爽且温润有光泽，较小，花面径有 7 厘米左右，花朵厚度是花面径的一半，它的花瓣又尖又硬，向下垂，就像肚脐一样，花朵繁盛，花茎柔弱，因此花朵才会下垂。绿色的叶片较厚，又短又大且稠密，叶尖较多，裂口较浅，叶子根部有很多冗枝，花茎是绿色的，枝干弯曲，植株高度能达到 1.7 米到 2 米。

太真红，花朵是娇红色的，重瓣。

楼子红，花蕾非常大，开放时间早，刚开的时候是深黑色的，渐渐变成鲜红色，花瓣下垂且较长，光芒耀眼，开放以后，花面径超过 7 厘米，它的花萼瓣就像小平钱那么大，一开始是绿色的，后来变成黄色的，隐约有顶凸起，也有几个萼瓣向上直立的。花茎和叶片与紫袍金带菊相似，枝干高大，能达到 1.3 米到 1.7 米。

红万卷，也叫作红纽丝，花朵是深红色的，重瓣，和万卷书菊相似。

一捻红，花瓣上有红色斑点，花面径有 10 厘米左右，花瓣又大又圆。

红剪绒，刚开的时候是殷红色的，后来变成木红色，花面径有 5 厘米，花朵较薄且卷曲，它的花瓣末端细碎而繁密，就像丛聚的针刺一样。绿色的叶片尖锐但较小，裂口较浅，花茎是红色的，叶子根部没有冗枝，枝干稀疏，植株高度有 1 米到 1.3 米。

锦绣球，也叫作锦罗衫，花蕾和栗子相似，它的花瓣环绕着花蒂，刚开的时候是殷红色的，全开以后变成鲜红色，渐渐变成红黄色，花瓣又宽又短。叶片和紫绣球菊相似，稀疏但较大，褶皱而尖锐，叶子根部有冗枝。

鹤顶红，也叫作不老红。花朵和晚香红相似，又薄又小，外边的花瓣有粉红色的晕，里边的花瓣有大红色的晕，全开以后是粉红色的，向下垂的花瓣是大红色的，向上聚拢的花瓣和丹顶鹤头顶的红色相似。绿色的叶片又圆又小，枝干不是很高大。

原典

鸡冠红，红，千瓣，色如鸡冠。

猩猩红，花似状元红而厚，仅二寸，开早，色鲜红耐久。叶泽，长而多尖，茎青，枝干挺劲，高可四五尺。

绣芙蓉，一名赤心黄，一名老金黄。初开赤红，既开，中晕赤而外晕黄，其瓣面黄而背红，径二寸有半，厚半之，开早，棱层[1]整齐。叶青，泽而脆，亚深，叶根冗甚，枝干偃蹇而粗大，高可四五尺。

桃花菊，一名桃红菊。花瓣如桃花，粉红色，一蕊凡十三四片，开时长短不齐，经多日乃齐，其心黄色内带微绿。此花嗅之无香，惟捻破闻之，方知有香。至中秋便开，开至十余日，渐变为白色，或生青虫食其花片，则衰矣。其绿叶甚细小。

锦荔枝，金红，多瓣。

红牡丹，开早，初殷红，后银红，开最久。

红茉莉，似梅花菊而红。

芙蓉菊，状如芙蓉，红色。

二色莲，一名赛红荷，一名西番莲，一名蜡瓣红，一名大红莲，一名红转金，一名锦蜡瓣。花先茜红，后红黄色，其萼黄，径二寸许，厚半之，瓣如勺而毛，末微皱，上簇如莲萼，黄而大，萼中或突起数瓣，叶绿，长大而多尖，其亚深，叶根有冗，干劲挺，高可四五尺。

注释

[1] 棱层：高耸。

花谱

草本（二）

译文

鸡冠红，花朵是红色的，重瓣，颜色和鸡的肉冠相似。

猩猩红，花朵和状元红菊相似，但比状元红要厚一些，花面径只有 7 厘米左右，开放时间早，颜色鲜红，开放时间久。叶片有光泽，较长且叶尖较多，花茎是绿色的，枝干刚劲挺拔，植株高度能达到 1.3 米到 1.7 米。

绣芙蓉，也叫作赤心黄、老金黄。刚开的时候是赤红色的，全开以后，里边的花瓣有红晕色，外边的花瓣有黄晕色，花瓣正面是黄色的，背面是红色的，花面径有 8 厘米多，花朵厚度是花面径的一半，开放时间早，花瓣高耸且齐整。绿色的叶片很有光泽，但很容易碎，裂口较深，叶子根部有很多冗枝，枝干弯曲，但很粗壮，植株高度能达到 1.3 米到 1.7 米。

桃花菊，也叫作桃红菊。花瓣和桃花相似，颜色为粉红色，一朵花总共有十三四片花瓣，开放的时候，花瓣有的长有的短，经过许多天以后，花瓣才会长齐，它的黄色花蕊稍微带点儿绿色。桃花菊闻着没有花香，只有把花瓣捻破再闻，才知道是有花香的。到了农历八月十五中秋节就开放了，开上十多天以后，逐渐变成白色，有时候花朵上会生绿色的虫子，啃食花瓣，花朵就会衰败。它的绿色叶片非常微小。

锦荔枝，花朵是金红色的，重瓣。

红牡丹，开放时间早，一开始是殷红色的，后来变成银红色，开放时间最久。

红茉莉，和梅花菊相似，但花朵是红色的。

芙蓉菊，形状和芙蓉相似，花朵是红色的。

二色莲，又名赛红荷、西番莲、蜡瓣红、大红莲、红转金、锦蜡瓣。花先是茜红色，后变成红黄色，花萼黄色，花面径有 8 厘米多，花朵厚度是花面径的一半。花瓣如勺形，有毛，末端微皱，向上簇生如莲萼，黄而大，花萼中有时凸起几个花瓣，叶子绿色，长而大，叶尖较多，裂口较深，叶子根部有冗枝，主干劲挺，植株高度能达到 1.3 米到 1.7 米。

049

襄阳红，并蒂双头，出九江彭泽。

宾州红，一名岳州红，一名日轮红，重红，扁薄如镟^[1]，径二寸，中黄萼，叶干似紫霞觞。

土朱红，其色如土朱^[2]。

红二色，出西京，开以九月末。千叶，丛^[3]有深、淡红两色，而花叶之中，间生筒叶，大小相应，方盛开时，筒之大者裂为二三，与花叶相杂比，茸茸然，花心与筒叶中有青黄色，颇与诸菊异。

冬菊，花薄而小，径仅寸半，色深红，质如蜡瓣，阔而短，开极迟。叶疏，青而泽，初似银芍药，其后弓而厚，长而尖，亚深，尖多，茎紫，枝干顺直扶疏，高可五六尺。

以上红色。

注释

[1] 镟：铜或锡盘。

[2] 土朱：即代赭石，一种红色矿石，可作药用，亦可作颜料。

[3] 丛：一株。

译文

襄阳红，一个花梗上长出两朵花，产自九江彭泽（今江西省九江市彭泽县）。

宾州红，也叫作岳州红、日轮红，花朵是深红色的，像盘子一样又扁又薄，花面径有 7 厘米左右，花朵中间有黄色萼瓣，叶片和枝干与紫霞觞菊相似。

土朱红，花朵颜色和代赭石的颜色相似。

红二色，产自西京（今河南洛阳），在农历九月末开花。重瓣，同一株上，开深红和淡红两种颜色的花朵，花瓣中间夹杂生长着筒形花瓣，大花瓣和小花瓣相互呼应，等到花朵盛开的时候，较大的筒形花瓣会分裂成二三个部分，和正常花瓣混杂在一起，很冗杂，花蕊和筒形花瓣上带有青黄色，和其他品种的菊花很有些不同。

冬菊，花朵又薄又小，花面径只有 5 厘米，颜色为深红色，形状和蜡瓣相似，又宽又短，开放时间非常晚。稀疏的绿色叶片很有光泽，刚开始和银芍药菊的叶子相似，后来变厚且拱起，又长又尖，裂口较深，叶尖较多，花茎是紫色的，枝干柔顺笔直茂密，植株高度能达到 1.7 米到 2 米。

以上都是开红色花朵的菊花品种。

原典

桃花菊，多叶，至四五重，粉红色，浓淡在桃、杏、红梅之间，未霜即开，最为妍丽，中秋后便可赏。

粉鹤翎，一名粉纽丝，一名玉盘丹，一名粉雀舌，一名荷花红。花粉红，大如芍药，瓣尖长而大，背淡红，初开鲜浓[1]，既开四面支撑，紫焰腾耀，后渐白，纽丝。叶青而稀，阔大如掌，亚深，叶根多冗，枝干顺直而扶疏，高可七八尺。

垂丝粉红，千瓣，细如茸，攒聚相次，花下亦无托瓣，枝干纤弱。其花淡红，似银纽丝而瓣不纽，其朵俱垂，色态娇艳，与醉西施、醉杨妃各不相涉，或谓三名即一物，非也。

粉蜡瓣，蓓蕾稀，花微红，褪白，质如蜡色，径可二寸有半，厚称之，气香，瓣初仰而后覆，其残如红粉[2]涂抹。叶青，长大而稀，亚深，叶根清净，枝干顺直，高可一丈。

粉西施，一名红西施，一名红粉西，一名粉西。花丰硕似白西施，初开红黄相杂，有宝色，开彻则淡粉红，瓣卷而纽，背惨而红，如猱[3]头然。柄弱不任，叶青而厚，长而瓦，狭而尖，亚深，叶根多冗，枝干亦类白西施。

合蝉菊，九月末开，粉红，筒瓣，花形细者，与蕊杂比，方盛开时，筒之大者，裂为两翅，如飞舞状，一枝之杪，凡三四花。

洒金红，一名洒金香，一名金钱豹，淡红，千瓣，瓣间有黄色如洒。

孩儿菊，一名泽兰，花淡粉红色，筒瓣茸茸，四五月即开。叶青，长狭多尖，花叶皆香，茎紫，高数尺。宜小儿佩，一云置衣中、发中，可辟汗。

注释

[1] 鲜浓：鲜艳浓重。

[2] 红粉：妇女化妆用的胭脂和铅粉。

[3] 猱：猴的一种。

译文

桃花菊，花瓣较多，达到四五层，花朵是粉红色的，颜色的深浅在桃花、杏花和红梅花之间，还没有降霜就开花了，是菊花中最美丽的，农历八月十五中秋节以后，就可以观赏了。

粉鹤翎，也叫作粉纽丝、玉盘丹、粉雀舌、荷花红。花朵是粉红色的，有芍药花那么大，花瓣又尖又长而且大，背面是淡红色的，刚开的时候鲜艳浓重，全开以后，四个方向的花瓣相互支撑，闪耀着紫色的光芒，后来渐渐变成白色，拧成丝线状。绿色的叶片很稀疏，有手掌那么宽大，裂口较深，叶子根部有冗枝，枝干柔顺笔直但很稀疏，植株高度能达到 2.4 米到 2.7 米。

垂丝粉红，重瓣，花瓣纤细，就像茸毛一样，依次聚集，花瓣下也没有承托的大花瓣，枝干纤细柔弱。它的花朵是淡红色的，和银纽丝菊的花朵相似，但花瓣不会拧成丝线状，花朵都向下垂，容色姿态娇美艳丽，和醉西施菊、醉杨妃菊没有关系，有人说这三个名称指同一种菊花，那是不对的。

粉蜡瓣，花蕾稀少，花朵稍微有些发红，后来褪成白色，形状和蜡瓣花相似，花面径有 8 厘米多，花朵厚度和花面径相当，有花香，花瓣一开始向上仰，后来向下垂，开败以后就像涂抹了胭脂和铅粉一样。绿色的叶片又长又大而且稀疏，裂口较深，叶子根部没有冗枝，枝干柔顺笔直，植株高度能达到 3 米多。

粉西施，也叫作红西施、红粉西、粉西。花朵丰满硕大，和白西施菊相似，刚开的时候红色和黄色混杂，色彩瑰丽珍奇，全开以后会变成淡粉红色，花瓣卷曲，拧成丝状，背面是惨红色的，和猱头部的颜色相似。花梗柔弱不能支撑花朵，绿色的叶片较厚，长而卷曲，又窄又尖，裂口较深，叶子根部有冗枝，枝干也和白西施菊相似。

合蝉菊，农历九月底开花，花朵是粉红色的，花瓣呈筒形，较细的花瓣和花蕊相混杂，盛开的时候，较大的筒形花瓣会分裂成两个翅膀形状，就好像在飞舞一样，一个花枝的顶端，共有三四朵花。

洒金红，也叫作洒金香、金钱豹，花朵是淡红色的，重瓣，花瓣上带有黄色，就像洒上去的一样。

孩儿菊，也叫作泽兰，花朵是淡粉红色的，筒形花瓣柔细浓密，农历四五月就会开花。绿色的叶片又长又窄且叶尖较多，花朵和叶片都有香味，花茎是紫色的，有几尺高。适宜小孩佩戴，还有一种说法，把孩儿菊放在衣服里和头发里，能够消除汗臭。

盆菊幽赏图（局部） ［明］沈周

原典

红粉团，一名粉团，花粉红，径二寸，厚半之，中晕红，瓣短而多纹，枝叶似金荔枝而青。

楼子粉西施，一名晚香红，一名秋牡丹，一名红粉楼，一名车轮红。其花粉红，径可三寸，厚三之二。其开也迟，瓣圆而厚，比次整齐，中深红突起，上作重台，色易淡。叶稠，青而毛，狭而尖，其亚深，叶根冗甚，枝干亦与白西施同，壮大过之。

醉西施，淡红，千叶，垂英似醉杨妃。

胜绯桃，一名红碧桃，格局[1]似碧桃，色似秋海棠，枝叶似紫芍药，而高大不及。

粉褒姒，花粉红而小，径二寸有半，瓣尖短，厚而无纹，叶绿而泽，似状元红而尖，其亚少，叶根有冗，枝干偃蹇，或遂以粉西施当之，非也。

大杨妃，一名杨妃菊，一名琼环菊，粉红，千瓣，散如乱茸，而枝叶细小，袅袅[2]有态。

赛杨妃，粉红，千瓣，花略小。

花 谱

草本（二）

注释

[1] 格局：结构。
[2] 袅袅：轻盈纤美。

译文

红粉团，也叫作粉团，花朵是粉红色的，花面径有7厘米左右，花朵厚度是花面径的一半，中间的花瓣有红晕色，花瓣较短，但花瓣上的纹路较多，枝干和叶片与金荔枝菊相似，但比金荔枝菊更绿一些。

楼子粉西施，也叫作晚香红、秋牡丹、红粉楼、车轮红。它的花朵是粉红色的，花面径有10厘米左右，花朵厚度是花面径的三分之二。开放的时间晚，花瓣又圆又厚，排列齐整，中间的深红色花瓣凸起，形成上下两层，花朵颜色容易变淡。绿色的叶片较稠密，叶片上长有茸毛，又窄又尖，裂口较深，叶子根部冗枝非常多，枝干也和白西施菊相同，但比白西施菊粗壮高大。

醉西施，花朵是淡红色的，重瓣，花朵像醉杨妃菊一样下垂。

胜绯桃，也叫作红碧桃，结构和碧桃菊相似，颜色和秋海棠菊相似，枝干、叶片和紫芍药菊相似，但没有紫芍药菊高大。

粉褒姒，粉红色的花朵较小，花面径有8厘米多，花瓣又尖又短，厚厚的花瓣上没有纹路，绿色的叶片很有光泽，与状元红菊的叶子相似，但比状元红菊的叶子尖锐，裂口较少，叶子根部有冗枝，枝干弯曲，有人把粉西施菊当作粉褒姒菊，是不对的。

大杨妃，也叫作杨妃菊、琼环菊，花朵是粉红色的，重瓣，像乱草一样松散，枝干、叶片微小，轻盈纤美，仪态很好。

赛杨妃，花朵是粉红色的，重瓣，花朵略微有些小。

原典

粉玲珑，一名紫丁香，粉红，小花。按沈《谱》[1]，玲珑与万卷、万管并载，今人类多混称，不知玲珑者，疏朗通透[2]之物，卷则书卷、画卷之类，管则箫管、笔管之类，取象各不同。《百咏》[3]之连环、络索，即玲珑之别号，于命名之意浸失，不可不辨。

垂丝粉红，出西京。九月中开，千叶，叶细如茸，攒聚相次，而花下亦无托叶，人以其枝叶纤柔，故以垂丝目之。

八宝玛瑙，一名八宝菊，千瓣，粉红花，花具红黄众色。

紫芙蓉，一名胜芙蓉，一名芙蓉菊，千瓣，开极大，其叶尖而小。

粉万卷，粉红，千瓣。

粉绣球，千瓣，淡红花。

夏月佛顶菊，五六月开，色微红。

佛见笑，粉红，千瓣。

红傅粉，粉红，千瓣。

以上粉红色。

注释

[1] 沈《谱》：即南宋沈竞所著《菊谱》。

[2] 通透：通明透亮。

[3] 《百咏》：即《晚香堂百咏》，南宋词人刘克庄为马揖《菊谱》所作题咏。

译文

粉玲珑，也叫作紫丁香，粉红色的花朵较小。考查南宋沈竞所著《菊谱》，把玲珑菊、万卷菊和万管菊放在一起记载，现在的人大多都把它们的名称弄混了，不知道玲珑是通明透亮的东西，卷指的是书卷、画卷等卷轴，管说的是箫管、笔管等管状物，用来比拟的形象各不相同。南宋词人刘克庄所作《晚香堂百咏》中所说的连环和络索菊，就是玲珑菊的别称，现在的人渐渐遗失了不同菊花品种命名的本意，不得不对它们明辨。

垂丝粉红，产自西京（今河南洛阳）。九月中旬开花，重瓣，瓣细小如绒毛，花朵紧挨着攒聚一起，花下也没有托叶，人们因为它枝叶纤柔，而用垂丝命名。

八宝玛瑙，也叫作八宝菊，重瓣，花朵是粉红色的，花瓣上有红色、黄色等一众颜色。

紫芙蓉，也叫作胜芙蓉、芙蓉菊，重瓣，开放以后，花朵非常大，它的叶片又尖又小。

粉万卷，花朵是粉红色的，重瓣。

粉绣球，重瓣，花朵是淡红色的。

夏月佛顶菊，农历五六月开花，花朵颜色有些发红。

佛见笑，花朵是粉红色的，重瓣。

红傅粉，花朵是粉红色的，重瓣。

以上都是开粉红色花朵的菊花品种。

原典

珠子菊，白色，见《本草注》[1]，云南京[2]有一种，开小花，花瓣下如小珠子。

丹菊，见嵇含[3]《菊铭》，云："煌煌[4]丹菊，暮秋弥荣。"

十样锦，一本开花，形模各异，或多瓣，或单瓣，或大，或小，或如金铃，往往有六七色，黄白杂样，亦有微紫，花头小。

满天星，一名蜂铃菊，春苗掇去其颠，岐而又掇，掇而又岐，至秋而一干数千百朵。

二色西施，一名红二色，一名黄二色，一名二色白，一名平分秋色。径可三寸，厚半之，开最久，瓣、叶、枝干，皆与白西施同。初开时，数朵淡红，数朵淡黄，迥然[5]不类，半开时，五彩宝色，炫烂夺目，开彻，则皆淡桃红色矣。

二色杨妃，一名二梅，一名金菊对芙蓉。多瓣，浅红、淡黄二色，双出如金银花，径仅二寸。其萼黄，其瓣如兔耳，其叶绿而不泽，厚而尖，皱而瓦。

赤金盘，一名脂晕黄，一名琥珀杯.其花初开，红黄而赤，金星浮动，其后渐作酱色，径可二寸，形薄而瓦，瓣如杓而尖。叶稀，绿而泽，其末团，枝干紫红，顺直而扶疏，高可一丈。

锦丁香，花略似红剪绒，大寸许，瓣疏，初开黄而红，后红而黄，色易衰。叶绿，厚而短，尖而长。

注释

[1] 《本草注》：即南朝萧梁陶弘景所编著《本草经集注》。

[2] 南京：明代南京即今江苏南京。

[3] 嵇含：字君道，自号亳丘子，西晋时期的文学家及植物学家，嵇康的侄孙。

[4] 煌煌：光彩夺目。

[5] 迥然：相差甚远。

译文

珠子菊，花朵是白色的，南朝萧梁陶弘景所编著《本草经集注》有记载，说南京有一种菊花，所开花朵较小，花瓣下垂就像小珠子一样。

丹菊，西晋嵇含《菊铭》里有记载，说："光彩夺目的丹菊，到了晚秋更加欣欣向荣。"

十样锦，同一株上所开花朵，形状各不相同，有的花瓣较多，有的是单瓣，有的花朵较大，有的花朵较小，有的和金铃铛相似，经常有六七种，是黄色和白色混杂的样子，也有稍微发紫的，花朵较小。

满天星，也叫作蜂铃菊，把春天长出的嫩苗顶部掐掉，分出新枝后把新枝的顶部也掐掉，头部被掐掉以后又会分出新枝，到了秋天，一株上就能开放千百朵花。

二色西施，也叫作红二色、黄二色、二色白、平分秋色。花面径有 10 厘米左右，花朵厚度是花面径的一半，开放时间最长，花瓣、叶片、枝干，都和白西施菊相同。刚开的时候，有几朵是淡红色的，有几朵是淡黄色的，二者之间相差甚远，半开的时候有各种瑰丽珍奇的颜色，绚烂耀眼，全开以后，就都变成淡桃红色的了。

二色杨妃也叫作二梅、金菊对芙蓉。花瓣较多，花朵有浅红和淡黄两种颜色，就像金银花一样，二花并生一蒂，花面径只有 7 厘米左右。它的花萼是黄色的，它的花瓣像兔子的耳朵，绿色的叶片没有光泽，又厚又尖，褶皱而卷曲。

赤金盘，也叫作脂晕黄、琥珀杯。它的花朵刚刚开放的时候，是泛赤色的红黄色，花瓣上黄色斑点就像在流动一样，后来花朵渐渐变成酱色，花面径有 7 厘米左右，花朵较薄而卷曲，花瓣像勺子且尖锐。绿色而有光泽的叶片很稀疏，末端是圆形的，紫红色的枝干柔顺笔直，但较稀疏，植株高度能达到 3 米多。

锦丁香，花朵和红剪绒菊略微有些相似，花面径有 3 厘米多，花瓣稀疏，刚开的时候是黄红色，后来变成红黄色，颜色容易衰退。绿色的叶片又厚又短，叶尖较长。

原典

檀香菊，一名小檀香，叶、干似檀香球，花亦相似。

梅花菊，一名试梅菊，一名银丁香，一名试梅妆，一名寿阳妆，一名银梅。每花不过数瓣，瓣大如指顶，每瓣卷皱密蹙，下截深黄，上截莹白，重台，仿佛水仙花，下垂成穗，如梅花清逸 [1]，开早，香甚。叶绿，大而皱，尖而长，其亚深，叶根多冗，其枝干柔细而扶疏，高可一丈，或以为茉莉菊，甚谬。

海棠菊，一名锦菊，一名海棠春，一名海棠娇，一名海棠红，一名小桃红，一名铁干红。色类垂丝海棠，径寸有半，形薄而瓦，瓣短多纹而尖，愈开愈奇，有宝色，中晕赤，外晕黄，边晕纯白，或数色错出，变态不穷。叶绿而泽，厚而小，亚深，其枝干劲直扶疏，高可四五尺。

蜜西施，蜜色，千瓣。

蜜鹤翎，蜜色，千瓣，与金鹤翎埒[2]，以为蜜绣球，非是。

蜜绣球，一名金翅球，一名金凤团，一名蜜西牡丹。花蜜色，莹润，径二寸余，气香，瓣舒，开迟，其残也红而丽。叶青而稠，大而尖，亚深，叶根冗，枝干偃蹇，高可四五尺。

紫绒球，一名紫丝球，一名紫苏桃，蓓蕾圆而绿，如小龙眼大，其开也，碧、绿、红、紫、黄、白，诸色间杂，而紫焰为多，瓣细而镶[3]，四面参差，茸茸如剪，径仅寸许，圆如球。叶类朝天紫，小而青，尖、亚似少，叶根清净，枝干细直而劲，高可四五尺。

僧衣褐，一名缁衣菊，深栩子[4]色，小。

刺猬菊，一名栗叶，花如兔毛，朵团，瓣如猬之刺，大如鸡卵。叶长而尖，枝干劲挺，高可三四尺。

以上异品。

凡黄白二色，皆可入药，其茎青而大。作蒿艾气者，味苦，不堪食，薏也，非菊也，不惟无益，且耗元气。菊之无子者，名牡菊，烧灰撒地，能止蛙黾[5]，说出《礼记》。

花 谱

草本（二）

注释

[1] 清逸：清新俊逸。

[2] 埒：等同。

[3] 镶：钩镶，一种弯曲兵器。

[4] 栩子：即柞实，可染黑色。

[5] 蛙黾：即蛙。

译文

檀香菊，也叫作小檀香，叶片、枝干和檀香球菊相似，花朵也相似。

梅花菊，也叫作试梅菊、银丁香、试梅妆、寿阳妆、银梅。每朵花只有几个花瓣，花瓣有手指头那么大，每个花瓣都有紧凑的卷曲褶皱，下半截是深黄色的，上半截晶莹洁白，有两层花瓣，和水仙花相似，向下垂成穗状，有梅花的清新俊逸，开放时间早，花香很浓。绿色的叶片，又大又皱缩，又尖又长，裂口较深，叶子根部有冗枝，它的枝干柔弱纤细且稀疏，植株高度能达到3米多，有的人把梅花菊当成茉莉菊，是很荒谬的。

海棠菊，也叫作锦菊、海棠春、海棠娇、海棠红、小桃红、铁干红。颜色和垂丝海棠相似，花面径有5厘米左右，花朵较薄且卷曲，尖锐的短花瓣上有很多纹路，越开越奇妙，有瑰丽珍奇的颜色，里面的花瓣上有红晕色，外面的花瓣上有黄晕色，边缘有纯白晕色，有的几种颜色交错而生，拥有各种各样的姿态。绿色的叶片很有光泽，又厚又小，裂口较深，它的枝干刚劲笔直而稀疏，植株高度能达到 1.3 米到 1.7 米。

蜜西施，花朵颜色和蜂蜜颜色相似，重瓣。

蜜鹤翎，花朵颜色和蜂蜜颜色相似，重瓣，和金鹤翎菊是同一种，只是颜色不同，把蜜鹤翎菊当成蜜绣球菊，是不对的。

蜜绣球，也叫作金翅球、金凤团、蜜西牡丹。花朵蜂蜜色，晶莹润泽，花面径有 7 厘米左右，有花香，花瓣舒展，开花时间晚，开败以后变成艳丽的红色。绿色的叶片较稠密，又大又尖，裂口较深，叶子根部有冗枝，枝干弯曲，植株高度能达到 1.3 米到 1.7 米。

紫绒球，也叫作紫丝球、紫苏桃，绿色的花蕾是圆形的，有小龙眼那么大，碧绿、绿、红、紫、黄、白等颜色相混杂，但紫色占比较大，花瓣纤细而弯曲，四面都参差不齐，很冗杂，就像没剪齐一样，花面径只有 3 厘米多，呈圆形，就像球一样。叶片和朝天紫菊相似，又小又绿，叶尖和开裂貌似较少，叶子根部没有冗枝，枝干纤细笔直而刚劲，植株高度能达到 1.3 米到 1.7 米。

僧衣褐，也叫作缁衣菊，小花朵是深黑色的。

刺猬菊，也叫作栗叶，花朵和兔毛菊相似，呈圆形，花瓣就像刺猬的刺一样，花朵有鸡蛋那么大。叶片又长又尖，枝干刚劲挺直，植株高度能达到 1 米到 1.3 米。

以上都是菊花中的奇异品种。

大体来说，黄色的菊花和白色的菊花，都可以当作药材使用，它们的花茎是绿色的，而且很高大。气味和蒿草、艾草相似的，味道很苦，不能吃，那是薏，不是菊，服食薏，不但对人体没有好处，而且会耗损元气。不结种子的菊，叫作牡菊，把它烧成灰撒在地上，能够辟除蛙类，这种说法出自《礼记》。

原典

【附录】

丈菊　一名西番菊，一名迎阳花，茎长丈余，干坚粗如竹，叶类麻，多直生，虽有傍枝，只生一花，大如盘盂，单瓣，色黄。心皆作窠，如蜂房状，至秋渐紫黑而坚，取其子种之，甚易生，花有毒，能堕胎。

五月白菊　外大瓣，白而微红，内铃萼，亦黄色，径二寸余，高可三四尺。

七月菊　外夹瓣，中镶瓣突起如紫薇花，色如茄，花径寸有半，厚寸许，其叶似五月翠菊，六七月花，一株不过数朵，高仅一二尺。

翠菊　一名佛螺，一名夏佛顶，蓓蕾重附层叠，似海石榴花，其花外夹瓣翠而紫，中铃萼而黄，径寸有半，开于四五月，每雨后及晡时 [1]，光丽 [2] 如翠羽，开最久。叶青而泽，似马兰，香甚，亚深，茎毛而红，枝干肥劲，高可二三尺，八月种子。

二如亭群芳谱

058

注释

[1] 晡时：即申时，下午三点至五点。

[2] 光丽：华美。

译文

　　丈菊　又叫西番菊、迎阳花，花茎有3米多长，枝干坚硬粗壮，就像竹子一样，叶片和麻叶相似，大多直着生长，虽然有斜着长出的小枝，但只开一朵花，有盘盂那么大，单瓣，黄色。雌蕊都是巢穴形状，和蜂巢相似，到了秋天，雌蕊逐渐变黑变坚硬，把里面的种子取出来播种，很容易繁衍，花有毒，能够导致孕妇流产。

　　五月白菊　外层的大花瓣，白里透红，里面的铃铛形萼瓣，也是黄色的，花面径有8厘米左右，植株高度能达到1米到1.3米。

　　七月菊　外层的花瓣是夹瓣，里面弯曲的花瓣凸起，就像紫薇花一样，颜色是茄紫色，花面径有5厘米左右，花朵厚度有3厘米多，叶片和五月翠菊相似，农历六七月开花，一株只开几朵花，植株高度只有30到70厘米。

　　翠菊　也叫作佛螺、夏佛顶，花蕾层层附加累叠，和海石榴花相似，它的花朵，外层是翠紫色的夹瓣，中心是黄色的铃铛形萼瓣，花面径有5厘米左右，在农历四五月开花，每逢下过雨以后或下午三点至五点，就像翠鸟的羽毛一样华美，开放时间持续最久。绿色的叶片很有光泽，和马兰叶相似，香味很浓，裂口较深，红色的花茎附着有茸毛，枝干粗壮刚劲，植株高度能达到60厘米到1米，农历八月结种子。

现代描述

丈菊，即向日葵，详见前"葵·西番葵"。

五月白菊、七月菊，未能确定具体种类。

翠菊，*Callistephus chinensis*，菊科，翠菊属。一年生或二年生草本，茎直立，单生，有纵棱，分枝斜升或不分枝。中部茎叶卵形、菱状卵形或匙形或近圆形，边缘有不规则的粗锯齿，两面被稀疏的短硬毛，上部的茎叶渐小，菱状披针形。头状花序单生于茎枝顶端，直径6—8厘米，有长花序梗。雌花1层，在园艺栽培中可为多层，红色、淡红色、蓝色、黄色或淡蓝紫色；两性花花冠黄色。瘦果长椭圆状倒披针形，稍扁。花果期5—10月。

原典

【定品】

或问："菊奚先？"曰："色与香而后态。""色奚先？"曰："黄。黄者，中色也，其次莫若白，西方金气之应，菊以秋开，则于气为钟焉。陈藏器 [1] 云：'白菊生平泽 [2]，紫者，白之变，红者，紫之变也。'此紫所以为白之次，而红所以为紫之次也。有色矣，而又有香，有香矣，而复有态，是花之尤者也。"

或曰："花以艳媚 [3] 为悦，而子以态为后，何欤？"曰："吾闻妍卉繁花为小人，松、竹、兰、菊为君子，安有君子而以态为悦乎？至于具香与色而又有态，是君子而有威仪 [4] 者也。菊有名龙脑者，具香与色而态不足；菊有名都胜者，具态与色而香不足。菊之黄者未必皆胜，而置于前者，重其色也，其有受色不正，虽芬香有态，吾无取焉！至若菊之名，虽有春菊、夏菊、秋菊、寒菊之异，当以开于秋、冬者为贵，开于夏者为次。《渔隐》 [5] 云：'菊，春、夏开者，终非其正，有异色者，亦非其正。'"

注释

[1] 陈藏器：唐代中药学家，著有《本草拾遗》。

[2] 平泽：平湖、沼泽。

[3] 艳媚：艳丽娇媚。

[4] 威仪：庄重的仪容举止。

[5] 《渔隐》：即南宋胡仔所著《苕溪渔隐丛话》。

译文

有人问："菊花最看重什么？"回答说："先是颜色和花香，然后是形状。""哪种颜色最好？"回答说："黄色，黄色是中土的颜色；其次是白色，与西方金的颜色对应，菊花在秋天开放，正好汇聚了西方金气。陈藏器说：'白色的菊花生长在平湖、沼泽之中，紫色是白色的变种，红色是紫色的变种。'所以紫色在白色之下、红色在紫色之下。颜色好，又有香味，而且形状还好，这是菊花中最好的品种。"

有人说："花朵因为艳丽娇媚而使人愉悦，而你却把花朵的形态看成最不重要的，为什么呢？"回答说："我听说美丽繁盛的花卉是小人的象征，松、竹、兰、菊是君子的象征，哪有君子会以仪容美好为乐呢？至于已经具备花香和好颜色，又有美好的形态，那就相当于君子具有庄重的仪容举止。菊花中有一个品种叫龙脑，花香和颜色都好，但形态有所不足；还有一个品种叫都胜，形状和颜色都好，但花香有所不足。黄色的菊花不一定都好，但排在前面，是因为看重它们的颜色，如果颜色不好，即使形态和花香都好，我也不会认同的！至于菊花的名称，虽然有春菊、夏菊、秋菊、寒菊的不同，自当以在秋天和冬天

二如亭群芳谱

开花的为可贵，在夏天开花的为次等。南宋胡仔所著《苕溪渔隐丛话》记载：
'菊，春天和夏天开花的，终究与天时不合，有奇异颜色的，也不合于正理。'"

原典

【辨疑】

或谓："菊与薏有两种，而陶隐居、日华子[1]所记，皆无千叶花，疑今谱中，或有非菊者。"陶隐居之说，谓："茎青，作蒿艾气，为苦薏。"今观，菊中虽有茎青者，然而气香味甘，枝叶纤少，或有味苦者，而紫色细茎，亦无蒿艾气，今人间相传为菊，亦已久矣，故未能轻取旧说而弃之也。

凡植物之见取于人者，栽培、灌溉不失其宜，则枝叶华实无不猥大[2]，至其气之所聚，乃有连理[3]、合颖[4]、双叶[5]、并蒂[6]之瑞，而况于花有变而千叶者乎？日华子曰："花大者为甘菊，花小而苦者为野菊。"若种园圃肥沃之处，复同一体，是小可变为甘也，如是，则单叶变为千叶，又何疑？牡丹、芍药，皆为药中所用，隐居等但记花之红、白，亦不云有千叶者。今二花生于山野，类皆单叶小花，至于园圃肥沃之地，栽锄粪养，皆为千叶大花，变态百出，奚独至于菊而疑之？虽然花之变而美好，譬小人变为君子，此亦恒有之，至于非族类而冒姓名，察微君子必且心恫焉！今取假冒者数种，列之左方，正名者，庶几知所去取云。

花　谱

草本（二）

注释

[1] 日华子：号为日华子，姓名、时代不详，著有《日华子诸家本草》，已经亡佚。

[2] 猥大：粗大。

[3] 连理：异根草木，枝干连生。

[4] 合颖：禾苗一茎生二穗。

[5] 双叶：一个叶梗上长出两片叶子。

[6] 并蒂：两朵花或两个果子共用一蒂。

译文

有人说："菊和薏是两种植物，在南朝萧梁陶弘景和日华子的记载中，都没有重瓣菊花，我怀疑现在流传的有关菊花的谱录中，所记载的各种菊花，也许有根本不是菊花的。"陶弘景的说法是："花茎是绿色的，气味和蒿草、艾草相似的，是苦薏。"现在观察，菊中虽然有花茎是绿色的品种，但是气味很香、味道甘美，枝干纤细、叶片稀少，也有味道很苦的品种，但纤细的花茎是紫色的，也没有蒿草、艾草的气味。现今世间相传把它们当作菊花，也已经很久了，所以不能轻信以前的说法，把它们排除在菊外。

大凡受到人们珍视的植物，只要合理地栽种、培植和浇灌，枝干、叶片、花朵、果实都会变粗大，至于天地灵气所汇聚的，连连理、合颖、双叶、并蒂这样的祥瑞都能产生，更何况只是单瓣花变异成重瓣花呢？日华子说："花朵较大的是甘菊，花朵较小且味道苦的是野菊。"如果种植在肥沃的园圃里，那二者之间就没有区别了，花朵较小且味道苦的可以变得甘甜，这样的话，单瓣变成重瓣，又有什么可怀疑的呢？

　　牡丹和芍药，都可以当作中药材使用，陶弘景等只记载花朵是红色的还是白色的，也没有说有重瓣的。现在的牡丹和芍药，如果生长在山中野地里，都是单瓣小花朵，如果种植在肥沃的园圃中，锄草、浇粪，精心培植，都会变成重瓣大花朵，而且会产生各种各样的形状，为什么单单怀疑菊呢？虽然花朵由不美好变得美好，就像小人变成君子，也是常有的事，但是原本不是同一个门类，却冒用名称的，观察入微的君子也一定会心惊的！现在选取几种假冒菊花的植物，罗列在下方，辨正名实的人，差不多就知道该如何取舍了。

原典

　　春菊，蒿菜花，二月末开，头大及二寸，金彩[1]鲜明，不减于菊。

　　蓝菊，花单薄而小，其萼黄。

　　缠枝菊，一名艾叶菊，一名千年艾，一名千毬白，一名千岁白。白花，单瓣，铃萼微黄，其大如钱。叶青白似艾，每株作花数千朵，开早，枝干细弱而延蔓，高可一丈，花瓣薄，开过转红。

　　观音菊，即天竺花，自五月开至七月，花头细小，其色纯紫，枝叶如嫩柳，干之长与人等。呼为观音者，盖取钱塘[2]有天竺、观音之义云，非兰天竺[3]也。或呼为落帚花，亦非落帚，别是一种。

　　孩儿菊，花小而紫，不甚美观，但其嫩头柔软，置之发及衣中，甚香，可辟汗气。

　　绣线菊，头碎紫，成簇而生，心中吐出素缕如线，自夏至秋有之。俗呼为厌草花，古有厌胜[4]法，若人带此花赌赙[4]，则获胜，故名。

注释

[1] 金彩：光彩。

[2] 钱塘：今浙江杭州。

[3] 兰天竺：即南天竺，一种观赏果实的植物。

[4] 厌胜：古代一种巫术，谓能以诅咒制胜，压服人或物。

[5] 赙：通"博"。

译文

　　春菊，就是茼蒿的花朵，农历二月底开花，花面径有7厘米左右，光彩鲜明，并不比菊花逊色。

蓝菊，小花朵很瘦弱，它的花萼是黄色的。

缠枝菊，也叫作艾叶菊、千年艾、千穗、千岁白。花朵是白色的，单瓣，铃铛形萼瓣有些发黄，花面径有铜钱那么大。白绿色的叶片和艾叶相似，每一株能开数千朵花，开放时间较早，枝干纤细柔弱，蔓延生长，植株高度能达到3米多，花瓣较薄，开败以后，花朵会变成红色。

观音菊，就是天竺花，从农历五月一直开到七月，微小的花朵是纯紫色的，枝叶就像春天刚长出来的嫩柳枝一样，主干的长度和人的身高差不多。之所以被叫作观音菊，大概是因为钱塘（今浙江杭州）有天竺寺、观音院，而不是说它是南天竺的一种。有人也把它叫作落帚花，其实也不是落帚，是另一种植物。

孩儿菊，紫色的花朵较小，不是很美观，但它柔嫩的头部很柔软，放置在头发或衣服里，香味很浓，能够祛除汗臭。

绣线菊，花朵是紫色碎花，聚成一簇生长，花朵中心长出像白丝线一样的蕊丝，从夏天到秋天都能开花。俗称厌草花，古代有厌胜的方法，如果有人带着这种花去赌博，就能获胜，所以得名。

原典

紫菊，花如紫茸 [1]，丛茁细碎，微有菊香。或云即泽兰也，以其与菊同时，又常及重九，故附于菊，一云即马兰花。

藤菊，花密，条柔，以长如藤蔓，可编作屏障 [2]，亦名棚菊。种之坡上，则垂下，袅袅 [3] 数尺如缨络 [4]，尤宜池侧。

双鸾菊，一名鸳鸯菊，即乌啄苗，花开甚多，每朵头若僧帽，拆此帽，内露双鸾并首，形似无二，外分二翼、一尾，春分根种。

石菊，一名大菊，即石竹也，见石竹下。

六月菊，一名艾菊，一名滴露菊，一名旋覆花，即滴滴金也，见滴滴金下。

夊菊，即旋覆花。

注释

[1] 紫茸：紫色细茸花。

[2] 屏障：遮挡物。

[3] 袅袅：缭绕。

[4] 缨络：用珠玉串成戴在颈项上的饰物。

译文

紫菊，花如紫色细茸花，丛聚而生、细小琐碎，稍微有些菊花的香味。有人说它就是泽兰，因为和菊花同时开放，又常常能赶上农历九月初九重阳节，因此把它附录在菊下面，也有人说它就是马兰花。

藤菊，花朵繁密，枝条柔软，因为像藤蔓一样生长，可以用它编成遮挡物，也叫作棚菊。把它种在有坡度的地方，就会向下垂，缭绕几尺，就像缨络一样，尤其适宜栽种在池塘旁边。

双鸾菊，也叫作鸳鸯菊，就是乌啄苗，能开很多朵花，每一朵花就像一顶僧帽，把它的花瓣拆开，里面就会露出像两只鸾鸟共用一颗头的形状，看形状就像不能分成两只一样，另外分出两个翅膀、一个尾巴。在春分的时候，通过栽种根来繁衍。

石菊，也叫作大菊，就是石竹，详见石竹条。

六月菊，也叫作艾菊、滴露菊、旋覆花，就是滴滴金，详见"滴滴金"条。

伇菊，就是旋覆花。

原典

杜甫《秋雨叹》曰："雨中百草秋烂死，阶下决明颜色鲜。着叶满枝翠羽盖，花开无数黄金钱。"说者以为："即《本草》决明子，此时乃七月，作花形如白匾豆，叶极稀疏，焉有翠羽盖与黄金钱也？"彼盖不知，甘菊，一名石决，为其明目去翳[1]，与石决明同功，故吴、越间呼为石决。子美所叹，正此花耳，而杜[2]、赵[3]二公妄引《本草》，以为决明子，疏矣！

注释

[1] 翳：眼角膜上所生，障碍视线的白斑。

[2] 杜：即宋代杜田，字时可，著有《杜诗补遗正谬》。

[3] 赵：即宋代赵次公，著有《杜诗先后解》。

译文

杜甫的《秋雨叹》说："在连绵的秋雨里，各种草木都腐烂枯死了，只有台阶下的决明依然颜色鲜艳。枝干上长满叶片，就像绿色的羽盖一样，花朵盛开，就像是数不清的黄色铜钱。"解说这首诗的人认为："诗中决明，就是《神农本草经》里的决明子，写诗的时间是农历七月，当时决明子所开之花，形状和白扁豆相似，叶片非常稀疏，哪里有什么绿色羽盖、黄色铜钱？"他大概不知道，甘菊也叫作石决，因为它能祛除眼角膜上所生障碍视线的白斑，使眼睛明亮，和石决明有着一样的功效，所以江浙一带把它叫作石决。杜甫在《秋雨叹》里所感叹的正是甘菊花，但宋代杜田和赵次公二人，错引《神农本草经》，把诗中的决明当成了决明子，太疏忽了！

原典

【治地】

种菊之处，须在向阳高原[1]，宜阴，宜日、风、雨可到之所，四傍设篱遮护。圃内开作几埂[2]，每埂置花几缸，缸之相去，一尺五六寸，仅容一人往来浇灌、捕虫，缸下用砖石砌起，以便走水。傍设一小所，以藏各色器具，待花开移赏之后，收根原藏此圃，庶根苗不失而关防[3]有地。

注释

[1] 高原：平坦的高地。

[2] 埂：高出地面的长条形田地。

[3] 关防：防范。

译文

种植菊花的地方，一定要在向阳的平坦高地，宜有遮阴，宜在阳光能照到、风能吹到、雨能下到的地方，四周设置篱笆遮挡防护。花圃里开辟成几个田埂，每个田埂上放置几缸菊花，缸和缸之间的距离约有 50 厘米，刚够一个人在缸之间穿行，进行灌溉和捕捉害虫，缸底下要用砖石垒起来，以便于积水流散。在花谱旁边建一个处所，用来放置各种器具，等到菊花盛开，被搬到其他地方观赏以后，把移走菊花的根部收集起来，就收藏在这个花圃里，这样就可以保证用来栽种的根苗不会丢失，且有防范的地方。

原典

【储种[1]】

花谢后即剪去上斛[2]，止留近根三五寸，每缸插筹[3]记认名色，或于缸边记号，亦可。剪处用泥封口，移至向阳处晒之，土白燥时，将肥水浇一二次。天将大雪，用乱穰草[4]覆之，以避冻损，宜稀盖，不可过密，密则苗黄；又法，以枇糠[5]烧灰覆之，可避寒气。天日晴和，用粪搪挜[6]菊本四边，勿着根，春苗自旺，交立春，粪即少用。有他处讨来名花根接者，明年花开必变，即以原花枝梗，横埋肥地中，每节自然出苗，收起近中斛者，则花本不变，可得真种。立春后，天尚寒，且不可轻动，仍用草护其本，则新秧早发、壮大，至二月内，冰雪半消，方可撤去覆草。遇奇种，宜于秋雨、梅雨二时，修下肥梗，插在肥阴之地，加意培养，亦可传种[7]。

注释

[1] 储种：保存菊的品种，用菊根、枝干等进行分株、插枝、嫁接等方式繁殖。

065

[2] 犙：通"干"。

[3] 筹：签牌。

[4] 穰草：水稻、小麦的秸秆。

[5] 枕糠：谷壳。

[6] 搏挜：埋压。

[7] 传种：繁殖。

译文

菊花凋零以后，就把上面的枝干剪掉，只保留离根 10 到 15 厘米的枝干，在每个养菊花的缸里插上标签，在标签上写上菊花的名字和颜色，或者在缸的旁边做上记号也可。在剪断的地方用泥把茬口封住，搬到向阳的地方晾晒，当缸里的土变干变白的时候，用肥水浇灌一两次。天即将下大雪的时候，用散乱的水稻、小麦秸秆把菊苗盖住，以免被冻伤，覆盖的时候要稀疏一些，不能太密集，太密集了菊苗容易发黄；还有一种办法，把谷壳烧成灰，覆盖在菊苗上，可以躲避寒冷之气。天气晴朗温和的时候，把粪土埋在菊根的四周，粪土不要粘在菊根上，到了春天生苗，自然会旺盛，快到立春的时候，就要尽量少施肥。从其他地方求取的名菊，嫁接在普通菊根上的，第二年开花时一定会产生变异，只要把求来的名菊枝干，横着埋在肥沃的土地里，每个节眼都会长出菊苗，选取接近中间枝干的菊苗，那么插枝所得的名菊苗就不会发生变异，可以得到真正的名菊。立春以后，天气还很寒冷，暂且不要轻易去动它，依然用秸秆遮盖它的根部，那么新的秧苗就会尽早长出来并苗壮生长，到了农历二月，有一半的寒冰和积雪都消融了，才可以把覆盖在菊上秸秆拿掉。碰到奇异的品种，适宜在秋天下雨或夏天梅雨的时候，把肥壮的枝梗剪下来，插在肥沃背阴的地方，用心培植养护，也能繁殖。

原典

【种子】

秋菊枯后，将枯花堆放腴土上，令略着土，不必埋，时以肥沃之，明年春初，自然出苗，收种。其花色多变，或黄，或白，或红、紫更变，至有变出人所不识名者，甚为奇绝。

译文

在秋菊花朵枯萎以后，把枯萎的花朵堆放在肥沃的土上，使它稍附着土，不需要埋在地里，不时用肥水浇灌，第二年初春，自然就会长出菊苗，将菊苗进行移栽就行了。用种子种出来的菊花，颜色会产生很多变化，有的是黄色，有的白色，有的红色，有的紫色，甚至会变出人们叫不出名字的品种，非常奇异绝妙。

九秋隱

落英餐過未忘甘香

碧色如春酒黃花對夕

陽高人爭鏈倚夜月云

輝光貌似輪神似勤將

逸品藏 讓卿臾那一桂

花卉八开之一 ［清］邹一桂

花 谱

草本（二）

原典

【分秧 [1]】

　　春分至谷雨节内，看天气晴明 [2]，地土滋润 [3]，将旧收花本，四围掘出总根，轻轻击开，勿损苗芽、根须，择肥苗单茎，不拘根须多少，如在原本上者，须近原本有节处分，以其节中生根方旺也。秧根多须，而土中之茎黄白色者，谓之老，须少而纯白者谓之嫩，须老可分，嫩不可分。有秃白根者，亦可种活，但要去其根上浮起白翳一层，以干润土 [4] 种之。不可雨中分种，令湿泥着根，则花不茂。土须锄松，不可甚肥，肥则笼菊头而不发，须令净去宿土，恐有虫子之害。其地比平地高尺许，每尺余栽一株，每穴加粪一杓，搪挼如法，方可搬秧植之。四围余土，锄爬 [5] 壅根，高如馒头样，令易泻水。菊根恶水，水多必烂，周围留深沟泄水，但雨过，不拘何月，务将沟中水疏通流别处，不分在地、在盆，即以酵熟干土壅根；或用篾箍瓦作盆埋地，令一半入土内，使地气相接，水不停积，雨过便于上盆，不伤根，不泄元气。大笑及佛顶、御爱黄，至谷雨时，以其枝插于肥地，即活，至秋亦著花。豫章 [6]，菊多佳者，问之园丁，云："每岁以上巳 [7] 前后数日分种，失时则花少而叶多，如不分置他处，非惟丛不繁茂，往往一根数干，一干之花各自别样，所以命名不同。菊开过，以茅草裹之，得春气，则其旧年柯叶复青，渐长成树，但次年不着花，第二年则接续著花，仍不畏霜。"

注释

[1] 分秧：即分株，将菊根长出的苗芽，和母株分离，然后进行移栽。

[2] 晴明：晴朗。

[3] 滋润：湿润。

[4] 润土：湿度较低，排水良好的土壤。

[5] 爬：通"耙"。

[6] 豫章：即今江西南昌。

[7] 上巳：农历三月初三。

译文

在每年春分和谷雨之间，选择天气晴朗、土地湿润的时候，把原来收藏的菊花根，从根的四周把主根挖出来，轻轻地把菊根破开，不要伤损苗芽和根须，选择单个的肥壮苗芽，不管根须是多还是少，如果在原根上，必须在接近原根节眼的地方分割，因为节眼中长出根须，苗芽才会旺盛生长。菊秧的根部有很多根须，而且土里的根茎是黄白色的，被称作老；菊秧根部的根须较少，而且根茎是纯白色的，被称作嫩；根须老，就可以从主根分离出来，根须嫩，就不可以从主根分离。有短秃白色根须的菊苗，也能种活，但要把它根上漂浮的那一层白斑去掉，用湿度较低、排水良好的土壤栽种。不可以在下雨天分秧栽种，如果让湿泥沾在根上，那么菊花就不能茂盛生长。栽种菊的土地必须用锄头锄松，土壤不能太肥沃，太肥沃了就会导致菊花闭合，开花较小，栽种时一定要把根上带的旧土全部去除干净，不然的话，恐怕会生虫子。栽种菊秧的土地要比平地高出30多厘米，每隔30多厘米栽种一株，在每个栽种菊秧的坑穴里加一勺粪，把粪依法埋压以后，才能把菊秧搬来栽进去。栽种以后，把四周从坑里挖出来回填后剩余的土，用锄头耙来培在菊苗的根部，培土要和馒头相似，这样就能保证菊根的积水容易排泄。菊根非常厌恶积水，积水多了，菊根就会腐烂，菊根的四周还要保留深沟，以便排水，只要下过雨，不管是几月，务必把排水沟里的积水疏导到其他地方，不管菊长在地里还是盆里，都要适时把发酵过的干土培在根部；也可以用篾条把瓦绑成瓦盆，埋一半在地里，让瓦盆围住的菊苗能够和地气相接，而且不会产生积水，下过雨后，也方便把瓦盆围住的菊苗移栽到花盆里，既不会损伤根须，也不会泄露元气。菊花中的大笑、佛顶和御爱黄，到了谷雨的时候，把它们的枝干插在肥沃的地里，就能成活，到了秋天也能开花。豫章（今江西南昌）的菊花都很不错，向那里的园丁询问，他们说："在每年农历三月初三前后几天，对菊进行分秧栽种，错过了这个时节，就会导致菊叶繁多、菊花稀少，如果不进行分秧移栽，不但菊苗不能茂盛生长，而且往往会一株菊长出几个枝干，同一个枝干上的花朵，也会各不相同，所以给它起的名字也不相同。菊花开败以后，用茅草包裹菊的枝叶，等到第二年春天回暖，去年的枝叶又会变绿，逐渐长成一棵树，但下一年不会开花，第二年又会接着开花，依然不惧严霜。"

花　谱

草本（二）

原典

【登盆】

立夏时，菊苗长盛，将上盆[1]。先数日不可浇灌，令其坚老，上盆则耐日色。每起，根上多带土，先将肥土倒松，填二三分于盆，加浓粪一杓后，搬菊秧植之，再将前土填满，亦如馒头样。种后必隔一日，早用河水浇之。又要搭棚遮避日色，遇雨露揭去，如久雨，将盆移檐下。长高尺许，方可用肥，仍以红油细竹插傍，用细棕宽缚，以防风雨摧折。竹用油，可避菊虎，用综奈风日。凡要菊盛花大，更无别法，只是十一月大、小雪中，分盆边旺苗栽之，如未发苗，有青叶头白芽者，种之，遮霜雪，要见日色，开春花自盛。

注释

[1] 上盆：也叫登盆，指把花卉移栽到盆里。

译文

立夏的时候，菊苗已经生长得很繁盛了，即将把菊苗移植到花盆里。前几天不能浇灌菊苗，使菊根坚固变老，移栽到花盆里以后，就能耐得住日光照射。每次把菊苗挖起来的时候，菊根上要多带一些土，先把肥沃的土壤弄疏松，把花盆容积十分之二三的肥土填入花盆里，再在花盆里倒入一杓浓稠的粪汁，把菊苗搬来种在花盆里，再用土把花盆填满，根上的培土还是和馒头相似。栽种以后，一定要隔上一天，早晨用河水浇灌。还要给菊苗搭建凉棚，用来遮挡阳光，遇到下雨天或者有露水的时候，就把凉棚揭掉，如果连续下好多天雨，就把花盆搬到屋檐底下。等到菊苗长高 30 多厘米以后，才能给它施肥，仍然要把涂上红油的小竹插在菊的四周，用细棕线松松地绑住，防止菊的枝干被风雨摧残折断。之所以给竹涂上红油，是因为红油可以使菊不生对菊有害的昆虫菊虎，之所以用棕线，是因为棕线能够经得住风吹日晒。大体来说，想让菊花繁盛而且大，没有其他办法，只要在农历十一月，大雪和小雪节气之间，把花盆周边生长旺盛的菊苗分秧移栽，如果还没有发出新苗，就移栽芽顶是绿色的白芽。要遮挡霜雪，要能照到阳光，第二年开春，菊花自然能够繁盛。

原典

【浇灌】

初种时，浇水后，得大日色晒三四日，候天色晴燥，早晚用河荡水[1]浇一次，浇时须用盆缓缓浇透，不透，恐下边土热，叶即发黄，天雨不必浇。既活，长至六七寸长，方将宿粪一杓、水一桶和匀，浇一次，隔日又一次。浇时，须在雨过后一日，若晴久土燥，不可浇肥，亦不可浇在花根边，令根伤损。先将缸内土，四边掘壅根上，如高阜样，肥灌四周低处，量看枝叶绿色，深翠即止，大约瘦者多浇，肥者少浇，否则令蕊笼闭[2]，青叶胜。

交芒种节后，黄梅久，极易伤根，大雨时行，尤为难看，梅天，但遇大雨一歇，便浇些少冷粪[3]，以扶植之，否则，无故自瘁。若厌浇粪，用粪泥于根边周围堆壅半寸，再雨，湿泥功倍于粪，且不坏叶。六七月内不可用粪，用则枝叶皆蛀，每晨用河水浇灌，若有捋[4]鸡、鹅毛水，停积[5]作冷清，或浸蚕沙[6]清水，时常浇之，尤妙，尤须蓄土以备封培，其根复生，其本益固，自此以后，不可浇肥。芒种后，如苗瘦者，止用污泥[7]水，隔三五日一浇，以天色晴雨为则。

六月大暑中，每早止用河水浇，此月天热粪燥，用粪则伤菊，此后至花蕊发如黄豆大，方浇清淡粪水一二次，花将放时，又浇肥一次，则花开丰艳[8]可观。此花大率恶水，水多则有虫伤、湿烂之患。紫金铃一种，忌肥喜阴，又不可见水，宜大树下阴处种之，略见日影[9]，常令肥润而已。不可令中间头长脑，头一起即掘一段，根下乱头不可去，待乱枝茂、根瘦，即花盛。此种及蜜芍药、金芍药、银芍药，不宜见粪，惟沃以污泥稀水，紫线盘不宜见肥，金铃一种绝妙，极难活，但置阴处，多见水，不见肥。《东篱品汇》[10]云："浇花以喷壶喷之最良。"

注释

[1] 河荡水：不流动的河水，即河水停留形成的湖泊、沼泽、水池中的水。

[2] 笼闭：闭合不开。

[3] 冷粪：发酵慢、肥效慢的粪，如猪粪、牛粪。

[4] 捋：拔。

[5] 停积：停放蓄积。

[6] 蚕沙：蚕屎。

[7] 污泥：污臭的烂泥。

[8] 丰艳：丰满艳丽。

[9] 日影：太阳。

[10] 《东篱品汇》：即《东篱品汇录》，明代卢璧著，卢璧字国贤，嘉靖进士，苑马寺少卿。

译文

刚栽种的时候，浇水以后，需要大太阳晒三四天，等到天气晴朗干燥的时候，早晨和晚上要用河荡水各浇灌一次，浇灌的时候要用盆慢慢地把土浇透，如果不浇透，害怕底下的土发热，那么菊叶就会发黄，下雨天就不需要浇灌了。成活以后，长到 20 到 24 厘米，才可以把一勺旧粪和一桶水调和匀称，浇灌一次粪肥，隔上一天，再浇灌一次。浇灌粪肥的时候，必须在下过雨后那一天，如果长时间是晴天，土比较干燥，是不可以浇灌粪肥的，也不能浇灌在菊花的根旁边，那样会损伤菊根。先把缸里的土，从四周挖起来培在菊根上，就像高高的土山一样，粪肥要浇灌在四周挖低的地方，至于浇灌粪肥的多少，要根据枝叶绿色的深浅来决定。枝叶变成深绿色以后，就不要再浇灌粪肥了，大体来说，瘦弱的菊要多浇灌一些粪肥，肥壮的菊就要少浇灌一些，菊已经很肥壮了，还给它浇灌粪肥，就会导致花朵闭合，开花较小，绿叶繁茂。

芒种节气过后，就是长时间的黄梅天，非常容易损伤菊根，时不时地下大雨，很难照看。梅雨天，只要大雨一停，就要浇灌一点儿冷粪水，用来扶持培植菊，不然，菊就会无缘无故地枯萎。如果厌恶浇粪，也可以把粪土在菊根四周堆 2 厘米厚，再下一次雨以后，它的功效要比浇粪好一倍，而且对叶片没有损害。农历六七月不可以上粪，这个时候上粪会导致菊的枝叶生蛀虫，每天早晨用河水浇灌，如果有煺鸡毛、鹅毛的废水，就把它停放蓄积起来，等待变冷澄清，也可以把蚕屎浸泡在清水里，经常用这些水浇灌，效果非常妙。尤其需要蓄积培土的土，菊根再次生长出来，变得更加稳固，从此以后，不可以浇灌粪肥了。芒种以后，如果菊苗瘦弱，只用含有污臭烂泥的水，隔三五天浇灌一次，具体根据天气是晴朗还是下雨决定。

农历六月大暑的时候，每天早上只用河水浇灌，这个月天气热，粪肥干燥，上粪会对菊造成伤害，从此以后，一直到花蕾有黄豆那么大的时候，才用清淡的粪水浇灌一两次，菊花即将开放的时候，需要再浇灌一次粪水，就能使花朵丰满艳丽，值得观赏。菊花大多厌恶水，土壤里水太多就会被虫咬伤、菊根腐烂。紫金铃这个品种，忌讳粪肥，喜欢背阴，又不能沾水，适宜栽种在大树底下阴凉的地方，略微能照到一点太阳，使土壤经常保持肥沃、湿润就行了。不可以让菊中间主干上的头长起来，中间主干上的头一旦长起来，就要掐掉一段，根部的分枝头不能掐掉，等到分枝繁茂、根部瘦弱的时候，花朵就会繁盛。紫金铃菊和蜜芍药菊、金芍药菊、银芍药菊不适宜用粪水浇灌，只需要用掺杂了少量污臭烂泥的水浇灌，紫线盘菊也不适宜施肥，金铃这个品种非常美妙，但非常难养活，只需要把它安置在背阴的地方，多浇水，不要施肥。明代卢璧所著《东篱品汇》记载："浇花的时候，用喷壶喷水浇灌是最好的。"

原典

【惜花】

　　秋时有狂风骤雨[1]，每本再拣坚直篱竹[2]绑定，用莎草从根缚二三节，勿令摇动伤残。菊性畏热，须傍高篱、大树以避日色[3]，花开盛大，不可置之日晒雨灌，须放阴处以待夜露。天寒有霜，移置屋下，根缚纸条，就盏引水，使根长润而不伤水，则花久可观，叶秀可爱。黄梅雨久，花根浸烂，花叶将萎，即拔起，剪去烂须，止留直根，重插平湿土内，如插花法，既可留种亦可有花。

注释

[1] 骤雨：暴雨。

[2] 篱竹：即较细的篌竹，
　　经常用来作篱笆，所
　　以叫作篱竹。

[3] 日色：阳光。

丛菊图 [宋] 佚名

译文

　　秋天有狂风暴雨，每一株菊要再选取坚韧笔直的细篌竹绑缚固定，用莎草在根部缠绕两三个枝节，不要让菊被风雨摇动，以免导致伤残。菊生性畏惧炎热，必须栽种在高大的篱笆旁边或大树底下，以便躲避阳光，花朵盛开以后，不要把它放在日晒雨淋的地方，一定要放置在背阴的地方，等到夜寒露凝去滋润它。天气变冷，有霜降落的时候，要把菊搬到屋子底下，在菊根上缠上纸条，用茶盏里水把纸条润湿，使得菊根经常保持湿润，却又不会被水泡烂，这样就能使菊花观赏很长时间，菊叶秀美可爱。黄梅雨下的时间长了，会把菊根泡烂，菊叶和菊花将会枯萎，需要尽快把菊连根拔起，把腐烂的根须剪掉，只保留垂直的主根，重新插在平坦湿润的土里，和插花的方法一样，既可以保留菊的种子，也可以种花。

花谱

草本（二）

原典

【护叶】

养花易，养叶难，凡根有枯叶，不可摘去，去则气泄，其叶自下而上，逐渐黄矣。根边用碎瓦或花盖密，盖防雨溅泥污叶，或枇糠、螺壳亦可。叶有泥，以清水洗净，各月皆然。浇粪、浇水，慎勿令著叶，一著叶随即黄落。欲叶青茂，时以韭汁浇根，妙。缸下用大砖垫高缸底，以走积雨，则叶不损，如此护之，则枝叶翠茂。清晨，叶带露甚脆，一触则落。一法，以稻草剪作尺许，分开缚在四围根上，去根四五寸许，周围分撒如蓑衣[1]，盖泥亦是护叶。一法，四五月大雨，脚叶易坏，须设棚遮盖。

注释

[1] 蓑衣：用蓑草编织成的雨衣。

译文

养护菊花容易，养护菊叶艰难，大体来说，菊的根部产生枯叶以后，不能把枯叶摘掉，把枯叶摘掉以后，菊的元气就泄露了，菊叶就会从下面到上面逐渐变黄枯萎。菊根四周要用小瓦片或花朵盖严实，大概是为了防止雨水溅起泥点沾在菊叶上，把谷壳、螺壳铺在菊根四周也行。叶片上沾上泥以后，要用清水洗干净，每个月都是那样。浇水和浇粪的时候，一定不要把水和粪沾在叶片上，一旦沾上，叶片就会变黄掉落。想让菊叶繁茂而保持绿色，要不时用韭菜捣出的汁液浇灌根部，作用非常美妙。菊缸底下要用大砖把缸垫高，以便排走蓄积的雨水，这样菊叶就不会伤损，这样养护菊，菊的枝叶自然就会青翠茂盛。大清早，菊叶上沾有露水的时候非常脆，一碰就会掉落，一种方法，把稻草剪成30多厘米长，分开绑缚在菊根四周，距离菊根13厘米到17厘米左右，周围分散下垂，就像蓑衣一样，把泥盖住，也是为了保护菊叶。还有一种方法，农历四五月的时候容易下大雨，根部的菊叶容易坏死，一定要搭棚遮盖。

原典

【芟蕊[1]】

长高尺许，芒种节中，每枝逐叶上近干处，生出眼[2]，一一掐去，此眼不掐，便生附枝。掐时切须轻手，左手双指拈梗，右手指甲掐蕊，勿猛摘猛放，盖菊叶甚脆，略一触，即堕矣。至结蕊时，每枝顶心上留一蕊，余则剔去，如蕊细，用针挑，其逐节间，或先掐眼不尽，至此时又结蕊，亦尽去之。随加土平缸，庶一枝之力，尽归一蕊，开花尤大，可径三四寸，惟甘菊、寒菊，独梗而有千头，不可去。立秋后，不论枝长短，并不可损蕊，至黄豆大，隔二三日浇肥一次，则花大色浓。至霜降，花大发矣，中有早、晚不同，开早者，先移赏玩，后开者，又作一番，其间不开放并零落者，存之作本。如欲蕊多，至春苗尺许时，掇去其颠[3]，数日则岐出两枝，又掇之，每掇益岐，至秋，则一干所出，数百千朵，婆娑[4]团栾，如车盖、熏笼，人力勤，土又膏沃，花亦为之屡变。菊之本性，有易高者，醉西施之类是也，有原低者，紫芍药之类是也。欲其低，摘正头，欲其高，摘傍头，庶无过、不及之患。

注释

[1] 芟蕊：即剔蕊、疏蕾，就是去掉多余的花蕾。

[2] 眼：即腋芽，掐眼也叫抹芽。

[3] 颠：即主干的顶部，掇颠，也叫摘头、摘心，为了破除顶端优势，促使侧枝萌发。

[4] 婆娑：枝叶散乱张开。

译文

等到菊长到 30 多厘米的时候，在芒种时，枝干上的叶片接近枝干的地方，会长出腋芽，要把这些腋芽逐个掐掉，不把这些腋芽掐掉，腋芽就会生长成侧枝。掐腋芽的时候，动作一定要轻柔，双手并用，用左手的两个手指拈住枝干，用右手的指甲掐掉腋芽，不要用力地抹芽，也不要猛然把枝干放开，因为菊叶非常脆，稍微碰一下，就会掉落。等到打花骨朵的时候，只在每个花枝顶端保留一个花蕾，其他的花蕾都要剔掉，如果花蕾细小，就用针挑掉，枝干上每个枝节处，有先前抹芽时没有抹干净，现在又长出腋芽，也要全部抹掉。同时往缸里加土，和缸口齐平，这样的话，一个花枝上的肥力，都提供给了一朵花，花朵就会非常大，花面径能够达到 10 厘米到 13 厘米，只有甘菊和寒菊，每一株上有上千个花朵，不能对它们进行疏蕾。立秋以后，不管枝干是长是短，都不能进行疏蕾，等到花蕾长到黄豆那么大的时候，每隔两三天浇灌一次肥水，就会使花朵变大、花色变深。等到霜降的时候，花朵就盛开了，开花时间有早有晚，开花早的，先搬走观赏，开花晚的，下一次观赏，早晚都不开花和花朵凋零的，储藏起来，作为根种。如果想让花朵多，等到春天菊苗长到30多厘米的时候，就把菊主干的顶部摘掉，过几天就会长出分枝，再把分枝的顶部也掐掉，每掐一次，又会长出更多分枝，等到了秋天，一株菊上能开成百上千朵花，圆形的植株，枝叶散乱张开，就和马车的伞盖、熏笼一样。人勤奋，土壤又肥沃，菊花也会经常出现新品种。菊的本性，有的容易长高，像醉西施等，有的原本就低矮，像紫芍药等。如果想让植株变矮，就把主干的头摘掉，如果想让植株变高，就把分枝的头摘掉，这样的话，也许就不会有太过或者不足的过患。

花　谱

草本（二）

原典

【压插[1]】

五月梅雨时，将摘下肥壮小枝，长三五寸者，齐节边截取，插入肥腴土内约寸半[2]许，以泥埋过节为止，以其节能出根故耳。移置阴处，或用箔簟[3]遮护，令不见日，频以水浇，间用肥水，待至盈尺，略见日影，至中秋，不必遮藏。与种菊同开，但花略小耳，可移盆中，置几上清玩[4]。插大芋头内，埋土中，亦佳。此根收起，来年发苗更旺。凡菊开花时，有苗头，近梗掐下，以污泥、猪粪酿肥，下花，苗头在内，上盖松泥，此苗即活。冬间分得芽头，须用猪粪酿泥，种之。凡壅花以头垢[5]，不生莠虫，欲其净，则浇壅，舍肥、粪，而用河泥。紫金铃及蜜芍药、紫牡丹、白牡丹、秋牡丹、金宝相、银宝相、紫宝相、金边、紫铃，难栽，宜多插。

注释

[1] 压插：即通过压条、插枝繁殖菊。

[2] 寸半：应为"半寸"。

[3] 箔簟：用竹子编制的帘子、席子。

[4] 清玩：清雅的赏玩品。

[5] 头垢：头皮上的污垢。

译文

农历五月下梅雨的时候，把从菊上摘下来的肥大、粗壮小枝，长度在10厘米到17厘米，在有关节的地方截断，插在肥沃的土里大约1.5厘米左右，只要泥土把枝节埋过就行，因为枝节能够长出根须。搬到背阴的地方，也可以用竹子编制的帘子、席子遮挡，不要让它照到阳光，频繁浇水，不时浇灌肥水，等长到30多厘米的时候，可以稍微晒一点儿太阳，等到中秋以后，就不用遮挡收藏了。和播种种子繁殖的菊同时开花，只是花朵稍微小一些，可以移栽到盆里，放置在几案上充当清雅的赏玩品。把截取的小枝插在较大的芋头里，再埋在土里，效果也很好。把它的根收藏，第二年根上发出的新苗，生长更加旺盛。大体来说，菊开花的时候，把叶根的腋芽挖下来，用污泥和猪粪制成肥土，把腋芽放下去，上面盖上疏松的泥土，腋芽就能成活。冬天挖的腋芽，必须用猪粪拌上泥土栽种。大体来说，给菊培土的时候，用头皮上的污垢就不会生莠虫，想让菊干净，浇灌和培土的时候，不要用肥水和粪土，而要用河里的泥。紫金铃以及蜜芍药、紫牡丹、白牡丹、秋牡丹、金宝相、银宝相、紫宝相、金边、紫铃，很难栽培，应当多插一些小枝。

原典

【栽接[1]】

四月间梅雨时，将贱菊本干肥大者，截去苗头，近根止留数寸，将他色菊苗头截下，以利刀披削如鸭嘴样。将前去苗头本上，以利刀劈开，仅可容苗头，削枝插落。即用麻线缚定，以污泥涂之，再以纸、箬[2]包裹，至活方去。则一本可容三色，且至深秋，接头长完，无痕可见。

注释

[1] 栽接：即嫁接。

[2] 箬：箬竹的叶子。

译文

农历四月梅雨的时候，选择品种不好的菊砧木里枝干肥壮高大的，把植株顶上的枝叶截断，只保留下面几寸主干，把其他好品种的菊苗顶上截下来，用锋利的刀把它的主干下端削成鸭嘴形状。把前面截去头的砧木主干上端，用锋利的刀破开，只要可以容纳截下来的菊接穗下端插入就可以了。然后用麻线把它们绑住固定，再在外面涂上污泥，最后用纸条或箬竹的叶子包裹，直到成活以后才把叶子、污泥、麻线去掉。这样一株菊就能开三种不同的花，而且到了深秋以后，接口完全愈合，看不到任何嫁接的痕迹。

原典

【酿土】

种菊，土力最要，植[1]壤、黄壤、赤壤为上，沙壤、碛壤、黑壤次之，俱在每岁秋冬，择高阜[2]肥地，将土挑起，浇以浓粪，筛过，杂以鸡、鹅粪壤，令肥，用草荐盖之，勿令泄气。正二月内，再酵数次，候至分菊时，仍以细筛筛过，用蚌壳搬入盆内五六寸许，栽菊。遇雨过根露，覆以肥土，可收雨泽，不使根烂。菊喜新上[3]，大率，每年换土分种，若旧土，恐力不厚，花发瘦小。初种，土培十分之四，至黄梅前三二日，再培土三分，雨后淋去，再宜封培，至蕊发如绿豆大，掏后，又培土二分，以时消息[4]。又一法，以肥松土，用细筛筛入甑，蒸二三沸，取起倒出，晒干，入盆植菊，能杀虫，无侵蚀[5]之患。

注释

[1] 植：当为"埴"之讹误。

[2] 高阜：高起。

[3] 上：当为"土"之讹误。

[4] 消息：增减变化。

[5] 侵蚀：蚕食。

花 谱

草本（二）

译文

种植菊，土壤的肥力最关键，黏土、黄土、红土较好，沙土、砂土、黑土较差，都要在每年秋天和冬天，选择高起的肥沃土地，把土翻起，泼上浓稠的粪汁，用筛子筛细，掺杂上鸡粪土或鹅粪土，使土壤变得肥沃，用草席把拌好的粪土盖住，不要让土壤的粪气外泄。在农历正月到二月，再发酵几次，等到菊苗分株的时候，再用细筛筛一次，用蚌壳把筛好的粪土铲到花盆里，在花盆里的土有 17 到 20 厘米厚的时候，把菊苗栽进去。等到下过雨以后，菊根裸露出来，用肥沃粪土给菊根培土，这样就可以吸收雨水，确保根不会被泡烂。菊喜欢新土，大体来说，每年分株栽种的时候，都要换新土，如果仍然使用已经用过的旧土，害怕土壤的肥力不够，所开菊花就会又瘦又小。刚栽种的时候，只培十分之四的土，到了下黄梅雨前二三天，再培十分之三的土，梅雨过后，土壤被雨水冲走，应当再次培土，等到花蕾有绿豆那么大的时候，疏蕾以后，再培十分之二的土，培土的量，根据时间变化而变化。还有一种制作花土的方法，把肥沃、疏松的土，用细筛筛在蒸锅里，蒸土的时间是锅里的开水沸上两三次，然后把蒸好的土倒出来，在太阳下晒干，铲到花盆里栽种菊，这样制作的土壤能把土壤里的虫子杀灭，就不用担心菊根被土壤里的害虫逐步蚕食。

原典

【蓄水】

蓄水之法，花傍四角设四缸，一蓄粪水，一蓄污肥水，二蓄河水、雨水。浇花，河水、雨水为上，洗鲜肉、煺鸡鹅毛水、缲丝[1]汤，俱佳。酿鸡鹅毛水法，用缸盛贮，投韭菜一把，或枇杷核，则毛尽烂。一云，先时以死蟹酿水浇花，不生莠虫，又能肥花。用粪各有次序，一次，粪二水八，越半旬第二次，粪三水七，再越半月第三次，粪、水相半，又越半旬第四次，粪七水三，第五次，全粪可也。救花大肥，用野芥菜子，满缸下之，以减其力。腊月内，掘地埋缸，积浓粪，上盖板，填土密固，至春，渣滓融化，止存清水，名曰金汁，五六月，菊黄萎，用此浇之，足以回生，且开花肥润。

注释

[1] 缫丝：把蚕茧煮过后，从蚕茧里抽出丝线。

译文

储藏浇灌菊的水的方法，是在菊旁边的四个角落放置四个水缸，一个储藏粪水，一个储藏污秽肥水，两个储藏河水和雨水。浇灌菊花的水，以河水、雨水为上，清洗鲜肉的废水、煺鸡毛和鹅毛的废水、煮蚕茧的废水，也都很好。制作鸡毛水和鹅毛水的方法，把煺鸡毛和鹅毛的废水倒在水缸里，扔进去一把韭菜或枇杷核，鸡毛和鹅毛就会全部腐烂。有人说，以前用死螃蟹制作水浇灌菊花，能使菊不生莠虫，而且能够给菊花增加肥力。给菊浇灌粪水的时候，是有先后次序的，第一次浇灌粪水的时候，二分粪八分水，五天后第二次浇粪，三分粪七分水，再过十五天，第三次浇粪，五分粪五分水，再过五天，第四次浇粪，七分粪三分水，第五次浇粪的时候，全部浇粪就行了。能救活将死菊花的大肥，把野芥菜籽倒满水缸，用这种水浇灌能够减少肥力。在农历十二月，把地挖开，把缸埋进去，在缸里贮满浓稠的粪汁，在缸上盖上板，再把坑回填，将粪缸密封起来，到了来年春天，粪汁里的渣滓融化，只留下清水，被称作金汁，农历五六月，菊叶变黄枯萎的时候，用金汁浇灌，有起死回生的效果，而且开花肥大丰润。

原典

【捕虫】

初种时，长至五六寸，即有黑小地蚕[1]，啮根，早晚宜看，除之。又生一种细虫穿叶，惟见白头萦回[2]，可用针刺死之。立夏至小满，四五月中，防麻雀折枝作窠。雨过后，或生青寸白虫[3]，食脑叶，或生如风[4]黑莠虫，以指弹梗去之，时常须看。芒种后，四五月时，有黑壳虫，似萤火，肚下黄色，尾上二钳，名曰菊牛，又名菊虎，或清晨，或将暮，或雨过晴时，忽来伤叶，可疾寻杀之，此虫飞极快，迟则不及，若花头垂软，即看四围钳处，用甲指摘去，过伤处一二寸，免致伤此一本，此虫一啮即生子，便上变作蛀虫，从损处劈开，中有小虫，可捻杀之。黄梅雨中，湿热时候，叶底生虫，名象干虫，青色，如

二如亭群芳谱

蚕，食叶，上半月在叶根之上干，下半月在叶根之下干，破干取之，旋以纸捻缚住，常以水润之，花亦无恙。至六七月，雨过时，又生细细青绵虫，食头，此虫极难寻见，可先看叶下，有虫粪如沙泥，即虫生处，觅，去之。高仅三尺许，摘苗之后，小暑至秋分时，常要看节边蛀孔，有虫在内，用针或铁线插入孔，上半月向上搜，下半月向下搜，虫死即好。

枝上生蟹虫，用桐油围梗上，虫自死。瘫头者曰菊蚁，以鳖甲置旁，引出弃之；瘠枝者曰黑蚰，以麻裹箸头，轻捋去之。无故叶黄色憔悴，土内必有蛴螬或蚯蚓食根，可用铁钩抓开根下土泥，寻虫，死之，或以石灰水灌过，以河水解之。喜蛛[5]侵脑，当去其丝，又防节眼内生虫，亦以铁丝搜杀之。蕊将发头，或蕊脑已发，上生黑青莠虫，可用棕刷拂去。间用茅灰掺虫，或以鱼腥水洒之，或将洗鲜鱼水或死蟹水洒叶上，或种韭、薤、葱、蒜于菊根傍，皆去虫法也。常要除去蜒蚰[6]，则苗叶可免伤害。

花谱

草本（二）

注释

[1] 地蚕：即蛴螬虫。

[2] 萦回：盘旋往复。

[3] 寸白虫：即绦虫。

[4] 风：当为"虱"之讹误。

[5] 喜蛛：即小蜘蛛。

[6] 蜒蚰：即蛞蝓，不是蚰蜒，俗称鼻涕虫。

译文

刚栽种的时候，菊的植株长到17到20厘米，就会生黑色的小蛴螬虫，啃咬菊根，应当每天早晚查看，如果有，就把它除掉。又会生一种小虫子，穿透叶片，只能看见白色的虫头来回摆动，可以用针把它刺死。立夏到小满之间，农历四五月的时候，要防止麻雀折取菊的枝叶搭建巢穴。下过雨以后，有时候会生绿色的绦虫，啃食菊顶端的叶片，或者生像虱子一样的黑色莠虫，用手指弹枝梗，把虫子弹掉，一定要经常查看有没有生虫。芒种过后，农历四五月的时候，会生一种有黑色甲壳的虫子，和萤火虫相似，下腹部是黄色的，尾部有两个钳子，叫作菊牛，也叫作菊虎；在清晨、傍晚或雨过天晴的时候，会忽然出现损伤菊叶，一定要尽快找到并消灭它，菊虎飞得很快，晚了就抓不到了，如果花朵软绵绵的下垂，就要查看四周被菊虎钳过的地方，在距离被钳伤的地方3到7厘米处，用指甲把受伤的菊叶掐掉，以免整株菊都受到伤害；菊虎一旦啃食叶片以后，就会繁殖幼虫，幼虫就会变成蛀虫，把菊受伤的地方破开，会发现里面有幼虫，用手指把它捻死。下梅雨的时候，天气又湿又热，叶片底下会生象干虫，象干虫是绿色的，和蚕相似，啃食菊叶，上半月在叶片根部上面的枝干里，下半月在叶片根部下面的枝干里，把枝干破开，将象甲虫取出来，接着就用纸捻子把破开的枝干缠绕住，经常用水润湿纸捻子，菊也能安然无恙。到了农历六七月，下过雨以后，又会生一种很细的青绵虫，啃食菊头，这种虫很难找见，可以先查看叶片底下，如果有像沙泥一样的虫粪，那就是生虫的地方，找到并除掉它。菊的植株只有1米多高的时候，摘头以后，从小暑到秋分的时候，要经常查看枝节旁边的蛀孔，如果里面有虫，把针或者铁丝插在蛀孔里，上半月往蛀孔的上面搜寻，下半月往蛀孔的下面搜寻，把里面的虫杀死就好了。

　　枝干上生蟹虫，把桐油刷在枝梗上，蟹虫自然会被杀死。使菊头受伤的害虫是菊蚁，把鳖壳放在菊旁，将菊蚁吸引出来以后扔掉；使菊枝变得瘦弱的害虫是黑蚰，把麻线缠在筷子头上，把黑蚰轻轻地捋去。无缘无故菊叶变黄、憔悴，那么种菊的土里一定有蛴螬或者蚯蚓在啃食菊根，可以用铁钩把菊根下的泥土扒开，找到虫，杀死它，也可以通过浇灌石灰水杀虫，再用河水把石灰水冲掉。小蜘蛛侵袭菊脑，应当把蜘蛛丝去掉，又要防止枝节里生虫，也要用铁丝搜寻杀掉它。将要长出花蕾，或者已经长出花蕾，上面产生青黑色的莠虫，可以用棕刷把它刷掉。也可以洒茅草灰杀虫，或者洒洗剥鱼的腥水，或者把洗鲜鱼水、死蟹水洒在菊叶上，或者在菊根旁边栽种韭菜、野小蒜、葱、蒜，都是去除害虫的方法。应当经常去除蜒蚰，那么菊的苗叶就能不受到伤害。

原典

【染色】

　　菊无蓝、墨二色，传有染法．须先多种一捧雪、银芍药、月下白三种花，蕊将开，用金墨[1]研浓，下油一二点，或和以乳汁，用牙刷溅墨，剚入蕊心，待露，过夜，次早又染，凡三四遍，则花墨色。蓝，用新收青绵，夜至露中候湿，次早，绞绵色水，滴蕊中心，开时，花作蓝色。一法，用硇砂[2]一二厘[3]入水，用五色颜料俱可染花，极易入瓣，但花不耐久，即便凋萎，真赏者不取。或于九月收霜，贮瓶埋之土中，菊有含蕊，调色点之，透变各色。或取黄、白二色，各披半边，用麻扎合，所开花朵，半白半黄。如欲催花，于大蕊时，罩龙眼壳，先于隔夜浇硫黄水，次早去壳，花即大开，依法留之，可至春初，马粪酿水亦可。

注释

[1] 金墨：即墨锭外涂金的墨。

[2] 硇砂：矿石。

[3] 厘：重量单位，一厘约等于 0.03 克。

译文

　　菊花没有蓝色和黑色两种颜色，相传有染成蓝色和黑色的方法。必须先多多栽种一捧雪、银芍药、月下白三种白色菊花，花朵将要开放的时候，把金墨研磨成浓汁，加入一二点油，也可以用乳汁调和，用牙刷蘸上调好的墨，刷入花蕊里，等到夜里凝露，过一晚上，第二天早上再染，一共染三四次，那么菊花就能变成黑色。染成蓝色菊花，把新收的青绵布，放在露天等到夜晚露水将它打湿，第二天早上，把青绵布上的水拧到花朵中心的花蕊上，菊花开放的时候就会变成蓝色。还有一种方法，将 0.03 到 0.06 克的硇砂放入水中，用硇砂水调配各种颜色的颜料，都能够给菊花染色，颜色很容易渗入菊花瓣。可是染过的菊花，不能持续开放，很快就会枯萎凋零，真正欣赏菊花的人是不会这样做的。也可以在农历九月收集霜，把收集的霜贮藏在瓶子里，埋在土里，菊长出花骨朵以后，用霜水调配颜料点染，能够染出各种各样的颜色。也可以把开黄花的菊和开白花的菊的枝干都削掉一半，把它们削过的地方用麻线捆扎在一起，它们所开菊花就会一半白、一半黄。如果想催开菊花，在花蕾长大以后，用龙眼的壳把花蕾罩住，在前一天晚上给它浇硫黄水，第二天早上把龙眼的壳去掉，菊花就能盛开，保存方法得当，能够留到初春，马粪水也可以催花。

花　谱

草本（二）

原典

【花忌】

　　忌燥寒、燥热天色；忌大风、大雨、烈日；忌四围高墙；忌地势污下 [1]；忌贪多助长，如用罐口、硫黄、马苇催放药物之类；忌孤高无傍枝；忌四面一齐，似灯笼样；忌圈缚盘结；忌麝脐 [2] 触犯。

注释

[1] 污下：卑下。

[2] 麝脐：麝香。

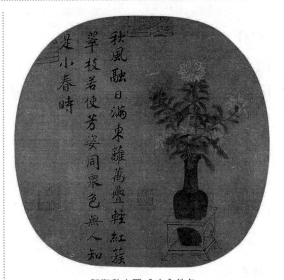

胆瓶秋卉图［宋］佚名

译文

　　菊花忌讳干冷、干热的天气；忌讳刮大风、下大雨、烈日暴晒的天气；忌讳四周有高墙遮挡；忌讳地势低下；忌讳催生，比如说用罐口、硫黄、马亭等催花药品；忌讳主干独高而没有旁枝；忌讳四周的枝干齐平，就像灯笼那样；忌讳把菊的枝叶卷成卷盘起来；忌讳麝香冲犯。

原典

【典故】

《风土记》[1] 日精、治蘠，皆菊之花、茎别名也，生依水边，其花煌煌[2]，霜降之节，惟此草盛茂，九月，律中无射，俗尚九日，候时之草也。

仙书[3] 茱萸为辟邪翁，菊花为延寿客，故九日假此二物，以消阳九之厄。

《九域志》[4] 邓州南阳郡[5] 土贡[6]，白菊三十斤。

陶隐居与藏器皆言："白菊疗疾有功。"《本草图经》[7] 言："今服饵[8]家多用白者。"《抱朴子》[9] 有言："丹法用白菊汁。"

《牧竖闲谈》[10] 云："蜀人多种菊，以苗可入菜，花可入药，园圃悉植之。郊野人多采野菊供药肆，颇有大误，真菊延龄，野菊泻人。"

沈《谱》[11] 东平府[12] 有溪堂，为郡人游赏之地。溪流石崖间，至秋，州人泛舟溪中，采石崖之菊以饮，每岁必得一二种新异花。

注释

[1]《风土记》：西晋周处著。

[2] 煌煌：光彩夺目。

[3] 仙书：道教论神仙的书。

[4]《九域志》：即《元丰九域志》的简称，北宋神宗元丰三年，王存等人奉敕纂修。

[5] 邓州南阳郡：北宋邓州，即汉之南阳郡，即今河南省南阳市。

[6] 土贡：向皇帝进献的土产。

[7]《本草图经》：北宋苏颂等编撰。

[8] 服饵：服食丹药。

[9]《抱朴子》：东晋葛洪所著。

[10]《牧竖闲谈》：北宋景焕所著。

[11] 沈《谱》：即南宋沈竞所著《菊谱》。

[12] 东平府：即今山东省泰安市一带。

译文

西晋周处《风土记》 日精、治蘠，都是菊花和菊茎的别称，生长在水边，菊花光彩夺目，秋天霜降以后，只有菊依然茂盛生长，农历九月，和十二律吕中的无射律相配，风俗崇尚九月九日重阳节，菊花是和节候相匹配的草。

道教论神仙的书记载：茱萸被称作辟邪翁，菊花被称作延寿客，因此农历九月初九重阳节，凭借这两种东西来消除阳九的灾厄。

北宋《元丰九域志》 现今的邓州，即以前的南阳郡（河南南阳市），向皇帝进献的土产是30斤白菊。

南宋沈竞《菊谱》 南朝萧梁时的陶弘景和唐代陈藏器都说："白菊治病很有功效。"北宋苏颂等编撰的《本草图经》记载："现在服食丹药的人，大多都用白菊。"东晋葛洪所著《抱朴子》记载："炼丹用白菊的汁液。"

北宋景焕所著《牧竖闲谈》记载："四川人大多种植菊，因为菊苗可以当蔬菜吃，菊花可以当药材，园圃里都种植菊。乡下人大多采集野菊花卖给药店，是很不对的，真菊花能够延寿，野菊花会让人拉肚子。"

东平府（今山东泰安市）有一座临溪的堂舍，是当地人游玩的地方。溪水从石崖中流过，到了秋天，当地人在溪水中划船，采收石崖上的菊花泡水喝，每年都能得到一二种以前没见过的新奇品种。

原典

吴致尧 [1]《九疑考古》云："春陵 [2] 旧无菊，自元次山 [3] 始植。"沈《谱》云："次山作《菊圃记》云：'在药品为良药，为蔬菜是佳蔬。'"

《越州图经》 [4] 菊山在萧山县 [5] 西三里，多甘菊。

《本草》与《千金方》皆言"菊花有子"，魏钟会《菊花赋》有"方实离离 [6]"之言，马伯州 [7]《菊谱》有"金箭头菊，其花长而末锐，枝叶可茹，最愈头风，谓之风药菊，冬收而春种之"，据此二说，则菊之为花，果有结子者。

《风俗通》 [8] 南阳郦县 [9] 有甘谷，谷中水甘美，其上有大菊落水，从山流下，得其滋液，谷中饮此水者，上寿百二三十，中寿百余岁，七十八十，则谓之夭。

《东京舞花录》 [10] 重九都下赏菊，菊有数种，有黄白色，蕊若房，曰万铃菊；粉红色，曰桃红菊；白而檀心，曰木香菊；黄色而圆，曰金铃菊；纯白而大，曰喜容菊；无处无之，酒家皆以菊花缚成洞户 [11]。

注释

[1] 吴致尧：北宋人，字圣任。

[2] 春陵：在今湖北枣阳市境内。

[3] 元次山：即唐代元结，字次山。

[4]《越州图经》：北宋李宗谔祥符所上，李垂、邵焕修纂。

[5] 萧山县：即今浙江杭州萧山区。

[6] 离离：盛多。

[7] 马伯州：当为"马伯升"之讹误，即南宋马揖，字伯升。

[8]《风俗通》：即东汉应劭所著《风俗通义》的简称。

[9] 南阳郦县：即南阳郡郦县，县治在今河南省南阳市内乡县西北。

[10]《东京舞花录》：当为《东京梦华录》之讹误，北宋孟元老所著，号幽兰居士。

[11] 洞户：门洞。

译文

北宋吴致尧《九疑考古》记载："春陵以前没有菊花，唐代元结最开始种植。"南宋沈竞《菊谱》记载："唐代元结所写《菊圃记》说：'菊充当药材的时候是好药，充当蔬菜的时候是好蔬菜。'"

北宋《越州图经》 菊山在萧山县（今浙江杭州萧山区）西面三里多地，山上生长着很多甘菊。

《神农本草经》和唐代孙思邈所著《千金方》都说"菊花会结种子"，三国时期曹魏钟会所写《菊花赋》有"正结着很多果实"的句子，南宋马伯升《菊谱》："金箭头菊，它的花朵很长且末端尖锐，枝叶可以吃，对治疗头风最有效果，被称作风药菊，冬天采收种子，春天播种。"根据以上两种说法，可见菊花确实能结种子。

东汉应劭《风俗通义》 南阳郡郦县有一条山谷叫作甘谷，甘谷中所流之水非常甘甜美味，山上有大菊花飘落在甘谷的流水里，水从山里流出来，得到菊花滋养的流水，被山谷中的居民饮用，寿命长的能活到一百二三十岁，寿命一般的也能活到一百多岁，活七八十岁的人被认为是早天。

北宋孟元老《东京梦华录》 每年九月初九重阳节，东京汴梁都会观赏菊花，所赏菊花有几个不同的品种，花瓣为黄白色，花蕊像莲房的，是万铃菊；花瓣为粉红色的，是桃红菊；花瓣是白色的，花蕊是浅红色的，叫木香菊；黄色花朵呈圆形的，是金铃菊；花朵较大且为纯白色的，是喜容菊；到处都有菊花，卖酒的地方，都用菊花绑缚成门洞。

原典

紫菊之名，见于孙真人[1]《种花法》，又见于诸谱中，此品传植已久，故唐宋诗人称述[2]亦多，萧颖士[3]《菊荣篇》："紫英黄萼，照耀丹墀[4]。"杜荀鹤[5]诗："雨匀紫菊丛丛色。"赵嘏[6]诗："紫艳半开篱菊静。"夏英公[7]诗："落尽西风紫菊花。"韩忠献公[8]诗："紫菊披香碎晓霞。"则紫花定是佳品。

刘家[9]谱菊，有顺圣浅紫之名，按宋朝嘉祐[10]中有油紫，英宗时有黑紫，神宗时色加鲜赤，目为顺圣紫。

屈原《离骚经》："朝饮木兰之坠露兮，夕餐秋菊之落英。"王逸[11]注云："言但[12]饮香木之坠露，吸正阳之精液，暮食芳菊之落华，吞正阴之精蕊。"洪兴祖[13]《补注》云："秋花无自落者，当读如'我落其实而取其华'之'落'。"又据一说云：《诗》之《访落》，以落训始也，意落英之落，为始开之花，芳馨可爱，若至于衰谢，岂复有可餐之味？

《本纪》[14]魏文帝《与钟繇书》曰："岁往月来，忽焉九月九日，九为阳数，俗宜其名，以为宜于长久。是月，芳菊纷然敷荣，辅体延年，莫斯之贵。谨奉一束，以助彭祖之术。"

二如亭群芳谱

注释

[1] 孙真人：即唐代孙思邈，宋徽宗追封为"妙应真人"。

[2] 称述：称扬述说。

[3] 萧颖士：唐代文学家，字茂挺。

[4] 丹墀：指宫殿的赤色台阶或赤色地面。

[5] 杜荀鹤：唐末诗人，字彦之，自号九华山人。

[6] 赵嘏：唐代诗人，字承佑。

[7] 夏英公：即北宋夏竦，字子乔，谥号为文庄，爵封英国公。

[8] 韩忠献公：即北宋韩琦，字稚圭，自号赣叟，谥号为忠献。

[9] 刘家：即刘氏，指北宋刘蒙泉。

[10] 嘉祐：北宋仁宗的年号之一。

[11] 王逸：东汉人，字叔师。

[12] 但：应为"且"之误。

[13] 洪兴祖：宋代人，字庆善，号练塘。

[14] 《本纪》：即《三国志·魏书·文帝本纪》的简称，西晋陈寿所著。

译文

　　紫菊的名称，在唐代孙思邈所著《种花法》里见到过，在各种《菊谱》里也能见到，这个品种已经传种了很久，所以唐代人和宋代人称扬述说的也多，唐代萧颖士所写《菊荣篇》说："紫色的花瓣、黄色的花萼，映照着红色的台阶。"唐代诗人杜荀鹤的诗说："雨水均匀地洒在紫菊之上，一丛丛紫菊展现着它们的颜色。"唐代诗人赵嘏的诗说："艳丽的紫菊刚开了一半，其他菊花就不敢作声了。"北宋夏竦的诗说："紫菊在西风里全部凋零。"北宋韩琦的诗说："散发着花香的紫菊，就像破碎的朝霞一样。"这样看来，开紫花的菊一定是好品种菊。

　　北宋刘蒙泉所著《菊谱》里面有顺圣浅紫的名称，考查北宋仁宗嘉祐年间有油紫色的菊花，英宗时有黑紫色的菊花，神宗是紫色菊花更加鲜红，被看作顺圣紫。

　　屈原所著《离骚经》说："早上喝木兰花上坠落的露水，晚上吃香菊的落花。"东汉王逸注解说："早上喝香木上坠落的露水，吸收早晨太阳所照射的精华液体，晚上吃香菊的落花，吞食夜晚月光所照射的精华花朵。"宋代洪兴祖的《楚辞补注》说："秋天的花朵没有自己掉落的，'落'字的意思应该和'我落其实而取其华'的'落'相同。"根据一种说法，《诗经》的《访落》篇，把"落"解释成"开始"，意思是说"落英"的"落"，大概说的是刚开的花，芳香而惹人怜爱，如果花都开败了，难道还能吃吗？

西晋陈寿《三国志·魏书·文帝本纪》　魏文帝曹丕《与钟繇书》说："年月流转，忽然就到了农历九月初九，九是阳数，世俗看好这一天，认为适宜长久。这个月，只有芳香的菊开花，菊花能够强身健体、延长寿命，花里没有比菊更可贵的了。送你一束菊花，帮助你延年益寿。"

原典

《续晋阳秋》[1] 陶潜九月九日无酒，坐宅边菊丛中，摘花盈把，怅望久之，见白衣[2]至，乃江州太守王弘，为[3]庞通[4]转送酒，遂即酣饮，醉而后归。

《风土记》　汉武帝宫人贾佩兰，九日佩茱萸、食饵[5]、饮菊花酒，云令人长寿。

《卢公范》[6]　重阳日上五色糕、菊花枝、茱萸树。

《宝椟记》[7]　宣帝时，异国贡紫菊一茎，蔓延数亩，味甘，食者，至死不饥渴。

《名山记》[8]　朱孺子[9]入玉笥山，服菊花，乘云升天。

《神仙传》[10]　康风子服甘菊花、桐实[11]，后得仙。

《荆州记》[12]　湖[13]广久患风羸，汲郦县菊水饮之，疾遂瘳，年百余岁。

《列仙传》[14]　文宾取妪，数十年辄弃之，后妪老，年九十余，续见宾，年更壮，拜泣。至正月，朝会乡亭西社中，宾教令服菊花、地肤[15]、桑上寄生[16]、松子以益气，妪亦更壮，复百余岁。

《续齐谐记》[17]　汝南[18]桓景，随费长房[19]游学，长房谓曰："九月九日，汝南当有灾危[20]，急令家人缝绛囊，盛茱萸，系臂上，登高饮菊花酒，此祸可消。"景从其言，举家登山，夕还，鸡犬俱暴死，长房曰："此可代矣。"今人九月九日登高，是其遗事。

注释

[1]《续晋阳秋》：南朝刘宋檀道鸾所著。

[2] 白衣：给官府当差的小吏。

[3] 为：当是"命"的讹误。

[4] 庞通：当为庞通之的讹误。

[5] 饵：即蓬饵，以蓬蒿制作的饼。

[6]《卢公范》：即唐代卢怀慎所作家法。

[7]《宝椟记》：时代、作者不详。

[8]《名山记》：即《洞天福地岳渎名山记》的简称，五代道士杜光庭编录。

[9] 朱孺子：西晋人。

[10]《神仙传》：东晋葛洪著。

[11] 桐实：有的记载为柏实。

[12]《荆州记》：南朝刘宋盛弘之所著。

[13] 湖：当为"胡"的讹误，胡广，东汉人，官至太尉。

[14]《列仙传》：相传为西汉刘向所著。

[15] 地肤：即扫帚菜。

[16] 桑上寄生：即桑耳，生于桑树上的菌。

[17]《续齐谐记》：南朝萧梁吴均所著。

[18] 汝南：汉代郡名，在今河南驻马店市一带。

[19] 费长房：东汉术士。

[20] 灾危：灾祸危难。

译文

南朝刘宋檀道鸾《续晋阳秋》 东晋陶渊明在农历九月初九重阳节没有酒喝，呆坐在住宅旁边的菊花丛里，摘取了一把菊花，惆怅地眺望了很久，看到一个给官府当差的小吏来了，是江州太守王弘派遣庞通之给陶渊明送酒来了，于是和庞通之痛饮，一直到喝醉了才回去。

西晋周处《风土记》 汉武帝时，有一个宫女叫贾佩兰，在农历九月初九重阳节这一天，佩戴茱萸、吃以蓬蒿制作的饼，喝菊花酒，说能够延年益寿。

《卢公范》 重阳节，要敬奉五色糕、菊花枝、茱萸树。

《宝椟记》 汉宣帝的时候，其他国家进献了一株紫色菊花，枝叶生长蔓延到了几亩地，味道甘美，吃了的人，到死都不会饿，也不会渴。

五代杜光庭《名山记》 西晋朱孺子进入玉笥山，服食菊花以后，乘着云飞到天上去了。

东晋葛洪《神仙传》 康风子因为服食甘菊的花和桐树的种子，后来成了神仙。

南朝刘宋盛弘之《荆州记》 东汉胡广因为得了风疾，变得很瘦弱已经很久了，汲取南阳郡郦县泡了菊花的水饮用，风疾就好了，而且活了一百多岁。

《列仙传》 文宾娶妻，过几十年就抛弃妻子。后来他的妻子老了，活到九十多岁，再见文宾时，他反而更加年轻健壮，老妇人对着他流泪。到了正月的一个早晨，在乡亭西边的社庙里相会，文宾教她服食菊花、扫帚菜、桑耳和松

花谱

草本（二）

竹菊图 ［清］奚冈

子，用它们来补气，老妇人也变得强壮了，又活了一百多年。

　　南朝萧梁吴均《续齐谐记》　东汉时，汝南郡有一个叫桓景的人，跟随术士费长房学习，费长房对他说："农历九月初九，汝南郡会有灾祸危难发生，赶紧让你的家人缝制红色的口袋，在口袋里装上茱萸，绑在手臂上，攀登到高处，喝菊花酒，就能躲过这场灾祸。"桓景听从了他的话，全家都爬到了山上，晚上回到家以后，家里的鸡和狗都暴毙了。费长房说："死了的鸡和狗代替你家人承受灾祸了。"现在的人农历九月初九登高，就是这个故事的遗风。

原典

　　《李适传》[1]　唐高宗[2]时，李适[3]为学士，凡天子飨会游幸，唯宰相及学士得从，秋登慈恩寺浮图，献菊花酒，称寿。

　　史正志[4]**《叙》**　唐《辇下岁时记》[5]："九月，宫掖间争插菊花，民俗尤甚。"杜牧[6]诗云："黄花插满头。"荆公[7]诗："黄鞠飘零满地金。"欧阳[8]曰："秋花不比春花落，凭仗诗人仔细看。"荆公笑曰："欧九不学故也，不见《楚词》云'餐秋菊之落英'云云。"噫！荆公盖拗性自文耳，《诗》之《访落》，训落为始，盖谓花始敷也，草之精秀者为英，本鞠之始英，以其精华所聚而餐之，不然，残芳剩馥，岂堪咀嚼乎？尝询楚黄[9]土人，实无此种。

　　《文粹》[10]　陆龟蒙[11]自号天随生。宅荒少墙，屋多隙地[12]，前后皆树以杞、菊。春苗恣肥，得以采撷，供左右杯案。及夏五月，枝叶老硬，气味苦涩。且暮犹责儿辈，掇拾不已，遂作《杞菊赋》。

　　《东坡文集》[13]　苏东坡守胶西[14]，传舍索然[15]，人不堪其忧，日与通守刘廷式，循古城废圃，求杞、菊食之，作《后杞菊赋》。

　　《一统志》[16]　南阳内乡县[17]西北，有菊潭，出析谷东石涧山，其水重于诸水，旁生甘菊，九月花开，水极其馨，有数十家，惟饮此水，寿多至百岁。

　　《遁斋闲览》[18]　南方花发，较北地常先一月，独菊花开最迟，菊性宜冷也，东坡尝言"岭南气候不常，吾谓菊花开时乃重阳，故在海南艺菊九畹[19]，后至冬半始开，乃以十一月望日，与客泛酒[20]，作重九会"云。

　　《风土记》　重阳都下赏菊，菊有数种，缚成洞户，都人都出郊登高，前一二日，各以粉面蒸糕，遗送，上插剪彩小旗、掺钉果实，如石榴子、栗黄、银杏、菘子肉之类。

注释

[1]《李适传》：即《新唐书·李适传》的简称。

[2]唐高宗：李适担任学士在唐中宗时，非高宗时。

[3]李适：字子至，唐代文学家。

[4] 史正志：字致道，南宋大臣。

[5] 《辇下岁时记》：唐人所著，作者不详。

[6] 杜牧：字牧之，号樊川居士，唐代诗人，与李商隐并称小李杜。

[7] 荆公：即北宋王安石，字介甫，号半山，爵封荆国公。

[8] 欧阳：即欧阳修，字永叔，号醉翁，晚号六一居士，家族排行老九，也称
　　欧九。

[9] 楚黄：即湖北黄州府，即今湖北省黄冈市黄州区。

[10] 《文粹》：即《吴都文粹》的简称，南宋郑虎臣编纂。

[11] 陆龟蒙：唐代文学家，字鲁望，号天随子、江湖散人、甫里先生。

[12] 隙地：空地。

[13] 《东坡文集》：北宋苏轼所著。

[14] 胶西：汉代的郡国名，即宋代的密州，今山东高密。

[15] 索然：空乏无食。

[16] 《一统志》：即《大明一统志》的简称，明英宗时李贤、彭时等纂修。

[17] 南阳内乡县：即明代南阳府内乡县，今河南省南阳市内乡县。

[18] 《遁斋闲览》：北宋陈正敏所著。

[19] 畹：三十亩。

[20] 泛酒：古人用于重阳或端午宴饮的酒，多以菖蒲或菊花等浸泡，因而被称
　　作泛酒。

草本（二）

译文

《新唐书·李适传》　唐高宗的时候，李适担任学士，大凡皇帝举办宴会、游玩，只有宰相和学士能够跟随，在秋季登上慈恩寺的佛塔，进献菊花酒，给皇帝祝寿。

南宋史正志《菊谱·叙》　唐代著作《辇下岁时记》记载："农历九月，宫廷里的人争着插戴菊花，这个习俗在民间更加盛行。"杜牧的诗句说："头上插满黄色的菊花。"王安石的诗句说："黄色的菊花凋零，就好像在地上铺了一层黄金一样。"欧阳修见到王安石的诗句后，作诗说："秋天的花凋零和春天的花凋零是不一样的，倚着拐杖的诗人应当仔细观看。"王安石看到欧阳修的诗后，笑着说："欧阳修不好好学习啊，没看到《楚辞》记载'吃秋天落的菊花'等。"唉！王安石大概是因为性情固执，不肯听取不同意见而自我粉饰吧，《诗经》的《访落》篇，把"落"解释成"开始"，大概是说花刚刚开，草木的精华就是花朵，本意是说菊花刚开，因为菊花是菊的精华所在，所以吃菊花，不然的话，残花剩香难道能吃吗？我曾经询问过楚黄（今湖北省黄冈市黄州区）的当地人，确实没有吃凋零菊花的习俗。

南宋郑虎臣编纂《吴都文粹》 唐代末年的陆龟蒙，给自己起了个别号，叫天随生。荒芜的宅院缺少围墙，房屋旁边有很多空地，在房屋前后都栽种上枸杞和菊。春天，菊苗没有限制，长得很肥壮，可以采摘，充当杯案上的清供。等到了农历五月入夏以后，枝叶都变得又老又硬，味道也很苦涩。早晚还在督促子侄辈，不断采收，因此写了《杞菊赋》。

北宋苏轼《东坡文集》 苏轼担任密州知州的时候，暂居的官舍因为蝗灾而空乏无食，不能忍受饿肚子的忧烦，每天和密州通判刘廷式，沿着古城址荒废的苗圃，寻找枸杞和菊食用，写了一篇《后杞菊赋》。

《大明一统志》 南阳内乡县（今河南省南阳市内乡县）的西北方，有一个水潭叫作菊潭，里面的水是从析谷东边的石洞里流来的，水比其他地方的水要沉重一些，旁边生长着甘菊，农历九月开花后，菊潭的水会变得很香甜，旁边有几十家人，只喝菊潭的水，寿命大多能到一百岁。

北宋陈正敏《遁斋闲览》 南方的花开放时间，经常要比北方同一种花的开放时间早上一个月，只有菊花开放时间最晚，是因为菊本性适宜寒冷。苏轼曾经说："岭南地区，气候很不正常，我说菊花开放的时候就是重阳节，因此在海南岛种了九畹菊花，后来冬天过了一半菊花才开，于是在农历十一月十五，和宾客聚饮泛酒，一起过重阳节。"

西晋周处《风土记》 重阳京城赏菊，菊花有很多种，绑扎成门洞状。城里人都郊游登高，提前一两天用面粉蒸成糕点，赠送给别人，在糕点上插上剪成的小彩旗和小粒的果实，比如石榴子、栗子仁、银杏果、松子等。

原典

《花史》[1] 余闻有麝香菊，黄花，千叶，以香得名；有锦菊者，粉红，碎花，以色得名；有孩儿菊者，粉红，青萼，以形得名；有金丝菊者，紫花，黄心，以蕊得名。尝访于好事，求于园圃，既未之见，故特论其名色，列于记花之后焉。

王龟龄十朋[2]，取庄园卉，目为十八香，以菊为冷香。

《文集》[3] 张南轩[4]为江陵[5]之数月，方春，经行郡圃[6]，命采杞菊，付之庖人。或谓："先生居方伯之位，颐指如意，乃乐从野人之餐，得无矫激[7]，有同于脱粟布被[8]者乎？"先生应之曰："天壤之间，孰为正味？厚或腊毒[9]，淡乃其至，惟杞与菊，中和所萃，验南阳与西河，又颓龄[10]之可制。"于是又作《续杞菊赋》。

张七泽[11]陆公平泉[12]，初入史馆，偶与同馆诸公，以事谒分宜[13]，众皆竞前呈身[14]，遂至喧挤。公独逡巡却步，时分宜庭中盛陈盆菊，公徐谓曰："诸君且从容，莫挤坏陶渊明[15]也。"闻者心愧。

二如亭群芳谱

《夷坚志》[16] 成都府[17]学有神，曰菊花仙，相传为汉宫女，诸生求名者往祈影响，神必明告，仙为汉宫女，盖在汉宫饮菊花酒者。或云，成都府汉文翁[18]石室壁间，画一妇人，手持菊花，前对一猴，号菊花娘子，大比[19]之岁，士人多乞梦，颇有灵异。

亳社[20]吉祥僧刹，有僧诵《华严》大典，忽一紫兔自至，驯伏不去，随僧坐起，听经坐禅，惟餐菊花、饮清泉，僧呼菊道人。

舒州[21]菊多品，如蜂儿菊者，鹅黄色；水晶菊者，花面甚大，色白而透明；又有一种名末利菊者，初开，花小，四瓣，如末利，既开，花大如钱。

注释

[1] 《花史》：明代吴彦匡所著。

[2] 王龟龄十朋：即南宋王十朋，字龟龄，号梅溪。

[3] 《文集》：即南宋张栻所著《南轩先生文集》的简称。

[4] 张南轩：即南宋张栻，字敬夫、钦夫、乐斋，号南轩，谥号为宣。

[5] 江陵：即江陵府，今湖北江陵市。

[6] 郡圃：古代州府衙署所属园林。

[7] 矫激：偏激。

[8] 脱粟布被：西汉公孙弘，自己盖布被、吃脱粟饭，而俸禄全都用来供养老朋友和宾客。

[9] 腊毒：极毒。

[10] 颓龄：衰老。

[11] 张七泽：即明代张所望，字叔翘，号七泽。

[12] 陆公平泉：即明代陆树声，字与吉，号平泉。

[13] 分宜：即明代严嵩，字惟中，号介溪，分宜人。

[14] 呈身：自荐求官。

[15] 陶渊明：指菊花。

[16] 《夷坚志》：南宋洪迈所著。

[17] 成都府：在今四川成都。

[18] 文翁：西汉人，名党，字仲翁。

[19] 大比：乡试。

[20] 亳社：今河南商丘。

[21] 舒州：今安徽省安庆市。

译文

明代吴彦匡《花史》 我听说有一种菊叫作麝香菊，花朵是黄色的，重瓣，因为花香得名；有叫作锦菊的，粉红色的花朵较小，因为颜色得名；有叫作孩儿菊的，花朵是粉红色的，花萼是绿色的，因为形状得名；有叫作金丝菊的，花瓣是紫色的，花蕊是黄色的，因为花蕊得名。曾经向好事的人询问，在园圃里寻找，都没有见到，因此单独谈论它的名称和特征，罗列在记述花的后面。

南宋王十朋，字龟龄，选取庄园里的花卉，称作十八香，把菊花称作冷香。

南宋张栻《南轩先生文集》 张栻在担任江陵府知府几个月后，正好是春天，到江陵府所属园林视察，让人采收枸杞和菊花，交给厨子。有人说："您是地方大员，想指挥谁就指挥谁，却喜欢吃乡下人的饭食，难道不会太偏激，不就和西汉公孙弘吃脱粟饭、盖布被一样了吗？"张栻回答说："天地之间，什么东西才算好吃呢？美味的东西也许有剧毒，味道清淡才是至理，只有枸杞和菊，聚集天地中和之气，饮用南阳菊潭的水使人长寿、西河女子服食枸杞获得长寿，这说明枸杞和菊能够阻止衰老是得到验证的。"因此写了一篇《续杞菊赋》。

明代张所望 陆树声刚刚进入史馆任职，因为公事，偶然和史馆里的同僚，一起去拜访内阁首辅严嵩，其他人都争着往前挤，自荐求官，甚至相互吵闹拥挤，只有陆树声徘徊不进，当时严嵩的庭院里摆满了盆菊，陆树声缓缓地说："诸位慢点儿，不要把陶渊明挤坏了。"听到的人心中很惭愧。

南宋洪迈《夷坚志》 成都府的府学供奉着菊花仙，传说她本是汉代的宫女，求取功名的儒生去祈求保佑，菊花仙一定会明白回应，成仙的汉代宫女大概就是在汉代宫廷里饮用菊花酒的那个人。也有人说，成都府有西汉人文翁的石室墓，墓壁上画着一个妇女，手里拿着一朵菊花，面对一只猴子，被称作菊花娘子，乡试那一年，考生有很多祈求菊花娘子在梦里告诉自己考题，还挺灵验。

亳社（今河南商丘）有一座吉祥寺，寺庙里的一个和尚正在念诵《华严》大典，忽然跑来一只紫色的兔子，温顺地跟着和尚，不肯离去，随着和尚起卧，听和尚念经、参禅，只吃菊花、喝清水，和尚叫它菊道人。

舒州（今安徽省安庆市）的菊花品种很多，比如说蜂儿菊，花朵是鹅黄色的；水晶菊，花面径非常大，花朵是白色的，而且很透明；还有一种叫作末利菊，刚开的时候，花朵很小，有四个花瓣，和茉莉花相似，全开以后，花朵有铜钱那么大。

- -

原典

王敬美 菊至江阴[1]、上海[2]、吾州，而变态[3]极矣。有长丈许者，有大如碗者，有作异色、二色者，而皆名粗种；其最贵，乃各色剪绒、各色撞、各色西施、各色狼牙，乃谓之细种，种之最难，须得地、得人、燥湿以时，虫蠹日去，花须少而大，叶须密而鲜，不尔，便非上乘。元驭[4]阁老[5]，尤爱种菊，京师有一种大红，曰麻叶红、相袍红，元驭为翰林时，特命囊之马首归，今吾地尚有此种，然开不能大佳，想亦地气使然。菊中有黄、白报君知，最先开，甘菊可作汤，寒菊可入冬，皆贱种也，而皆不可费。又有一种，五六月开，亦异种也。

《花史》 潜江[6]有铺茸菊，色绿，其花甚大，光如茸，二月间开。

临安[7]有大笑菊，其花白心黄叶如笑，或云即枇杷菊；长沙菊多品，如黄色曰御爱、笑靥、孩儿黄、满堂金、小千叶、丁香、寿安、真珠，白色曰叠罗、艾叶球、白饼、十月白、孩儿白、银盆，大而色紫者曰荔枝菊。

闻他处有十样菊者，一丛之上，开花凡十种。

婺女[8]有销金北紫菊，紫瓣黄沿；销银黄菊，黄瓣白沿；有乾红菊，花瓣乾红[9]，四沿黄色，即是销金菊，三菊乃佛头菊种也。

浙有荷菊，日开一瓣，开足成荷花形，众菊未开，不开，众菊已谢，不谢；又有脑子菊，其香如脑子花，色黄如小黄菊之类；又有茱萸菊、麝香菊、水仙菊，水仙者，即金盏银台也。

金陵[10]有松菊，枝叶劲细如松，其花如碎金，层出于密叶之上。

临安西马城[11]园子，每岁至重阳，谓之斗花，各出奇异，有八十余种。

花 谱

草本（二）

注释

[1] 江阴：明代县名，在今江苏江阴市。

[2] 上海：明代县名，在今上海市内。

[3] 变态：变化情状。

[4] 元驭：即明代王锡爵，字元驭，号荆石。

[5] 阁老：明清用为对翰林中掌诰敕的学士的称呼。

[6] 潜江：明代县名，在今湖北省潜江市。

[7] 临安：今浙江杭州。

[8] 婺女：明代婺州的别称，即今浙江省金华市。

[9] 乾红：深红色。

[10] 金陵：今江苏南京。

[11] 马城：也叫马塍，地名。

桂菊山禽图 [明] 吕纪

译文

王世懋 菊到了江阴、上海和我们苏州，而极尽变化情状，植株有3米多高的，花朵有碗那么大的，花朵有奇异颜色的、两种颜色的，都被称作粗疏的品种；最珍贵的是各种剪绒菊、各种撞菊、各种西施菊和各种狼牙菊，被称作精致的品种，很难种植，一定得是会种植菊的人种植在合适的地方，土壤干湿都要适时，要每天把害虫捕去，花朵要少但大，菊叶要密集鲜活，不是这样，就算不上上品。内阁大学士王锡爵，非常喜欢种植菊，北京有一种大红色的菊，被称作麻叶红、相袍红，王锡爵担任翰林学士的时候，特地让人盛放在马头的袋子里，带回了苏州，我们苏州现在还有这个品种的菊花，但是开得不太好，我想应该是由于南北水土不同导致的。有黄色和白色的报君知菊，开花时间最早，最先开，甘菊能够入药，寒菊能够在冬天存活，都是卑贱的品种，但都不能不种，还有一个品种，农历五六月开花，也是奇异的品种。

明代吴彦匡《花史》 潜江（今湖北省潜江市）有一种铺茸菊，花朵是绿色的，非常大，像茸毛一样光滑，农历二月开花。

临安（今浙江杭州）有一种菊，被称作大笑菊，它的花朵由白色的花蕊和黄色的花瓣组成，像在笑一样，也有人说它是枇杷菊；湖南长沙的菊有很多品种，比如说开黄花的御爱菊、笑靥菊、孩儿黄菊、满堂金菊、小千叶菊、丁香菊、寿安菊、珍珠菊，开白花的叠罗菊、艾叶球菊、白饼菊、十月白菊、孩儿白菊、银盆菊，开大紫花的是荔枝菊。

听说其他地方有十样菊，一株菊上能开十种不同的花。

婺女（今浙江省金华市）有销金北紫菊，花瓣是紫色的，花瓣边缘是黄色的；有销银黄菊，花瓣是黄色的，花瓣边缘是白色的；有乾红菊，花瓣是深红色的，如果花瓣四周边缘是黄色的，就是销金菊，这三种菊都属于佛头菊这个品种。

浙江有荷菊，每天开一个花瓣，全开以后，花朵和荷花相似，其他菊花不开放它也不开花，其他菊花已经凋谢了，它还不凋谢；还有一种脑子菊，它的花香和脑子花相似，花朵是黄色的，和小黄菊相似；还有茱萸菊、麝香菊、水仙菊，水仙菊就是金盏银台菊。

金陵（今江苏南京）有松菊，它的枝叶就像松树的枝叶一样刚劲纤细，它的花朵像碎金一样，一层层从浓密的菊叶里长出来。

临安（今浙江杭州）西面马城的园圃，每年到了重阳节，都要斗花，各自拿出奇异的花卉，总共有八十多个品种。

芍 药

三花图卷（局部）　[元] 赵衷

原典

　　一名余容，一名犁，一名犁食，一名将离，一名婪尾春，一名黑牵夷。《本草》[1]曰：“芍药，犹婥约，美好貌。”处处有之，扬州为上，谓得风土[2]之正，犹牡丹以洛阳为最也，白山[3]、蒋山[4]、茅山[5]者，俱好。宿根在土，十月生芽，至春出土，红鲜可爱，丛生，高一二尺，茎上三枝五叶，似牡丹而狭长。初夏开花，有红、白、紫数色，世传以黄者为佳，有千叶、单叶、楼子数种，结子似牡丹子而小。

注释

[1] 《本草》：即明代李时珍所著《本草纲目》的简称。

[2] 风土：一方的气候和土壤。

[3] 白山：山名，在今江苏南京市东。

[4] 蒋山：山名，即今江苏南京钟山。

[5] 茅山：在今江苏句容市。

译文

芍药也叫作余容、铤、犁食、将离、婪尾春、黑牵夷。明代李时珍所著《本草纲目》记载："芍药和婥约是一音之转，婥约是美好的意思。"到处都有，江苏扬州的芍药最好，可以说在扬州有最适宜芍药生长的气候和土壤，正和牡丹以河南洛阳所产最为珍贵一样，南京的白山、钟山，句容的茅山所产芍药，也都很好。土里的老根，农历十月会发芽，到了春天，破土而出的芽苗为鲜艳的红色，非常可爱，丛聚在一起生长，植株高度有 30 到 70 厘米，每个花茎上生长三个小枝，每个小枝上有五片叶子，叶片和牡丹叶相似，但比牡丹叶要窄、长一些。每年初夏开花，花朵有红色、白色、紫色等几种颜色，世间传说，认为黄色芍药最好，有重瓣、单瓣、上下多层等品种，所结种子和牡丹种子相似，但要比牡丹种子小一些。

现代描述

芍药，*Paeonia lactiflora*，毛茛科，芍药属。多年生草本。根粗壮，分枝黑褐色。下部茎生叶为二回三出复叶，上部茎生叶为三出复叶；小叶狭卵形，椭圆形或披针形。花数朵，生茎顶和叶腋，有时仅顶端一朵开放，而近顶端叶腋处有发育不好的花芽；花瓣 9—13，倒卵形；花丝长 0.7—1.2 厘米，黄色；花盘浅杯状。菁葵长 2.5—3 厘米。花期 5—6 月；果期 8 月。

原典

黄者有：

御衣黄，浅黄色，叶疏，蕊差深，散出于叶间，其叶端色又肥碧，高广类黄楼子，此种宜升绝品，黄花之冠。

黄楼子，盛者五七层，间以金线，其香尤甚。

袁黄冠子，宛如髻子[1]，间以金线，色比鲍黄。

峡石黄冠子，如金线冠子，其色深如鲍黄。

鲍黄冠子，大抵与大旋心同，而叶差不旋，色类鹅黄。

二如亭群芳谱

道妆成，黄楼子也，大叶中深黄小叶数重，又上展淡黄大叶。枝条硕[2]而绝黄，绿叶疏长而柔，与红紫稍异。此品非今日小黄楼子，乃黄丝头中，盛则或出四五大叶。

妒鹅黄，黄丝头也，于大叶中一簇细叶，杂以金线，条高，绿叶疏柔。

注释

[1] 髻子：发髻。

[2] 硕：当为"硬"的讹误。

译文

黄色的芍药品种有：

御衣黄，花朵是浅黄色的，花瓣稀疏，花蕊较深，散乱地从花瓣之间伸出来，花瓣末端是肥绿色的，花朵高度和宽度，与黄楼子相似，这个品种应当是芍药中的极品，黄花芍药里最好的。

黄楼子，花朵繁盛的有五到七层花瓣，花瓣之间夹杂着金色蕊丝，花香很浓。

袁黄冠子，就像发髻一样，花瓣之间夹杂着金色蕊丝，花瓣颜色和鲍黄冠子相似。

峡石黄冠子，和金线冠子相似，花瓣颜色和鲍黄冠子那么深。

鲍黄冠子，大致和大旋心相同，但花瓣几乎不旋，花瓣颜色近似鹅黄色。

道妆成，就是黄楼子，大花瓣里有几层深黄色的小花瓣，再上是舒展的淡黄色大花瓣。枝条非常坚硬且很黄，稀疏的绿色叶片又长又软，和红色芍药、紫色芍药有些不同。道妆成不是现在的小黄楼子，而是属于黄丝头，花朵繁盛的有时会长出四五个大花瓣。

妒鹅黄，就是黄丝头，在大花瓣中间有一簇小花瓣，金色的蕊丝夹杂在花瓣之间，枝条较高，绿色的叶片稀疏且柔弱。

原典

红者有：

冠群芳，大旋心冠子也，深红，堆叶，项[1]分四五旋，其英密簇，广可半尺，高可六寸，艳色[2]绝妙，红花之冠，枝条硬，叶疏大。

赛群芳，小旋心冠子也，渐添红而紧小，枝条及绿叶，并与大旋心一同。凡品中言大叶、小叶、堆叶者，皆花瓣也，言绿叶者，枝叶也。

尽天工，柳浦青心红冠子也，于大叶中小叶密直，妖媚[3]出众，枝硬而绿，叶青薄。

点妆红，红缬子也，色红而小，并与白缬子同，绿叶微瘦长。

　　积娇红，红楼子也，色淡红，与紫楼子无异。

　　醉西施，大软条冠子也，色淡红，惟大叶有类大旋心状，枝条软细，须以物扶助之，绿叶色深、厚，疏长而柔。

　　湖缬，红色，深浅相杂，类湖缬[4]。

　　鼋池红，开须并萼，或三头者，大抵，花类软条。

　　素妆残，退红茅山冠子也，初开粉红，即渐退白，青心而素淡[5]，稍若大软条冠子，绿叶短厚而硬。

　　浅妆匀，粉红冠子也，红缬中无点缬。

译文

　　开红色花朵的芍药品种有：

　　冠群芳，就是大旋心冠子，深红色的花瓣堆积在一起，花朵顶端有四五旋，花瓣密集，花面径有 17 厘米左右，花朵高度有 20 厘米左右，艳丽的姿色非常美妙，是红色芍药中最好的品种，枝条坚硬，叶片稀疏肥大。

　　赛群芳，就是小旋心冠子，花瓣紧凑，花朵较小，逐渐变红，枝条和绿色的叶片，都和大旋心冠子相同。凡是芍药类里提到的大叶、小叶和堆叶，都是指花瓣，说绿叶，才是指枝上叶片。

　　尽天工，就是柳浦青心红冠子，在大花瓣中间，有密集笔直的小花瓣，艳丽妖媚，超出其他芍药，绿色的枝干较硬，绿色的叶片很薄。

　　点妆红，就是红缬子，花朵较小，花瓣是红色的，其他都和白缬子相同，只不过绿色的叶片稍微有些细长。

　　积娇红，就是红楼子，花瓣是淡红色的，其他和紫楼子没什么区别。

　　醉西施，就是大软条冠子，花瓣是淡红色的，只有大花瓣和大旋心有些相似，枝条又软又细，必须用其他东西支撑，稀疏的深绿色叶片又长又软，且较厚。

　　湖缬，花瓣是红色的，深色和浅色相混杂，和湖州所产罗缬相似。

　　鼋池红，开的时候，一茎双花，也有一茎三花的，大体来说，花朵和软条相似。

　　素妆残，就是退红茅山冠子，刚开的时候，花瓣是粉红色的，逐渐褪成白色，绿色的花蕊素净淡雅，和大软条冠子稍微有些相似，绿色的叶片又短又厚且坚硬。

　　浅妆匀，就是粉红冠子，就像把红色罗缬上的斑点去掉一样。

原典

醉娇红，深红楚州冠子也，亦若小旋心状，中心则堆大叶，叶下亦有一重金线，枝条高，绿叶疏而柔。

拟香英，紫宝相冠子也，紫楼子，心中细叶上，不堆大叶者。

妒娇红，红宝相冠子也，红楼子，心中细叶上，不堆大叶者。

缕金囊，金线冠子也，稍似细条，深红者，于大叶中、细叶下，抽金线，细细相杂，条、叶并同深红冠子。

怨春红，硬条冠子也，色绝淡，甚类金线冠子而堆叶，条硬，绿叶疏平，稍若柔。

试浓妆，绯多叶也，绯叶五七重，皆平头，条赤，而绿叶硬，背紫色。

簇红丝，红丝头也，大叶中一簇红丝细细，枝叶同紫者。

取次妆，淡红多叶也，色绝淡，条、叶正类绯多叶，亦平头。

效殷妆，小矮多叶也，与紫高多叶一同，而枝条低，随燥湿而出，有三头者、双头者、鞍子者、银丝者，俱同根，因土地肥瘠而异。

合欢芳，双头并蒂而开，二朵相背。

会三英，三头聚一萼而开。

拟绣鞯，鞍子也，两边垂下，如所乘鞍子状，地绝肥而生。

花　谱

草本（二）

译文

醉娇红，就是深红楚州冠子，花朵也和小旋心相似，花朵中间堆叠着大花瓣，花瓣下也有一层金色蕊丝，枝条较高，绿色的叶片稀疏而柔软。

拟香英，就是紫宝相冠子，紫色的花朵起楼子，花朵中间的小花瓣上，不堆积大花瓣。

妒娇红，就是红宝相冠子，红色的花朵起楼子，花朵中间的小花瓣上，不堆积大花瓣。

缕金囊，就是金线冠子，和细条有些相似，深红色的缕金囊，在大花瓣里、小花瓣下，会抽出金色的蕊丝，细细的蕊丝混杂在花瓣之间，枝条和叶片，都和深红冠子相同。

怨春红，就是硬条冠子，花瓣颜色非常浅淡，和金线冠子非常相似，只不过花瓣是堆积的，枝条坚硬，绿色的叶片稀疏平展，好像有些柔软。

试浓妆，就是绯多叶，有五到七层红色的花瓣，都是平头不起楼子，枝条是红色的，绿色的叶片很硬，叶片背面是紫色的。

簇红丝，就是红丝头，大花瓣中间夹杂着一簇纤细的红色蕊丝，枝干和叶片与紫丝头相同。

取次妆，就是淡红多叶，花瓣颜色非常浅淡，枝条和叶片正与绯多叶相似，也不起楼子。

效殷妆，就是小矮多叶，和紫高多叶相同，但枝条较低，花朵随着土壤的干湿而不同，有三头、双头、鞍子、银丝等类别，根都是一样的，由于土壤的肥瘦而产生不同。

合欢芳，并蒂二花一起开放，两朵花相背而立。

会三英，一个花萼上，三朵花聚在一起开放。

拟绣鞯，就是鞍子，花朵向两边下垂，就像骑乘所用的鞍子一样，只有土壤非常肥沃才能生。

原典

紫者有：

宝妆成，冠子也，色微紫，于上十二大叶中，密生曲叶，回环裹抱团圆，其高八九寸，广半尺余，每小小叶上，络以金线，缀以玉珠，香欺兰麝，奇不可纪。枝条硬而叶平，为紫花之冠。

叠香英，紫楼子也，广五寸，高盈尺，于大叶中，细叶二三十重，上又耸大叶如楼阁状，枝条硬而高，绿叶疏大而尖柔。

蘸金香，蘸金蕊紫单叶也，是髻子开不成者，于大叶中生小叶，小叶尖蘸一线金色。

宿妆殷，紫高多叶也，条、叶、花并类绯多叶，而枝叶绝高，平头，凡槛中虽多，无先后开，并齐整。

聚香丝，紫丝头也，大叶中一<u>丛</u>紫丝细细，枝条高，绿叶疏而柔。

译文

开紫色花朵的芍药品种有：

宝妆成，就是冠子，花瓣是淡紫色的，在上面的十二个大花瓣里，密集的生长着弯曲的花瓣，交织围绕成圆形，花朵高度有 24 到 27 厘米，花面径有 17 厘米左右，每每在小花瓣上，缠绕着金色的蕊丝，蕊丝顶端点缀着白色的蕊头，它的花香比兰草和麝香还要香，它的奇异不能全部记述。枝条坚硬，叶片平展，是紫色芍药中最好的品种。

叠香英，就是紫楼子，花面径有 17 厘米，花朵高度有 30 多厘米，在大花瓣中间，有二三十层小花瓣，上面又有大花瓣耸立，就像楼阁一样，枝条坚硬且高大，绿色的叶片稀疏、肥大、柔软，有叶尖。

蘸金香，就是蘸金蕊紫单叶，就是髻子没有开成的，在大花瓣中生小花瓣，小花瓣尖端蘸了一线金色。

宿妆殷，就是紫高多叶，枝条、叶片、花朵都和绯多叶相似，但枝干很高，

二如亭群芳谱

花朵不起楼子，即使花圃里栽种很多，也不会有先开和后开，都是一起开放。

聚香丝，就是紫丝头，大花瓣里有一丛纤细的紫色蕊丝，枝条较高，绿色的叶片稀疏而柔软。

原典

白者有：

杨花冠子，多叶，白，心色黄，渐拂浅红，至叶端则色深红，间以金线，白花之冠。

菊香琼，青心玉板冠子也，本自茅山来，白英团掬坚密，平头，枝条硬，绿叶短且光。

晓妆新，白缬子也，如小旋心状，顶上四向叶端，点小殷红色，一朵上，或三点，或四五点，象衣中之点缀，绿叶柔而厚，条硬而低。

试梅妆，白冠子也，白缬中无点缀者是也。

银含棱，银缘也，叶端一棱白色。

译文

开白色花朵的芍药品种有：

杨花冠子，白色的花瓣较多，花蕊是黄色的，逐渐晕染浅红色，到了花瓣末端，就变成了深红色，花瓣中间夹杂着金色蕊丝，是白色芍药里最好的品种。

菊香琼，就是青心玉板冠子，原本产自江苏句容的茅山，白色的花瓣捧成紧密的圆形，花朵不起楼子，枝条坚硬，绿色的叶片短而有光泽。

晓妆新，就是白缬子，和小旋心相似，花朵顶部朝着四个方向伸展的花瓣尖端上，有殷红色的小斑点，一朵花上，有三个或者四五个斑点，和罗缬所制衣服上的斑点相像，绿色的叶片又软又厚，枝条坚硬而低矮。

试梅妆，就是白冠子，即花瓣上没有斑点的白缬子。

银含棱，就是银缘，花瓣顶端有一条银白色的棱线。

花　谱

草本（二）

山水花卉八开之一 ［清］恽寿平

原典

【分植】

芍药大约三年或二年一分，分花自八月至十二月，其津脉[1]在根，可移栽，春月不宜，谚云"春分分芍药，到老不开花"，以其津脉发散在外也。栽向阳，则根长枝荣，发生繁盛，相离约二三尺，一如栽牡丹法，不可太远、太近。穴欲深，土欲肥，根欲直，将土锄虚，以壮河泥，拌猪粪或牛、羊粪，栽深尺余，尤妙。不可少屈其根梢，只以水注实，勿踏筑，覆以细土，高旧土痕一指[2]。自惊蛰至清明，逐日浇水，则根深、枝高、花开大而且久，不茂者亦茂矣。以鸡矢[3]和土，培花丛下，渥以黄酒，淡红者悉成深红。

王敬美 余以牡丹天香国色[4]，而不能无彩云易散[5]之恨，因复创一亭，周遭悉种芍药，名其亭曰续芳。芍药本出扬州，故南都[6]极佳。一种莲香白，初淡红，后纯白，香如莲花，故以名。其性尤喜粪，予课僮溉之，其大反胜于南都，即元驭[7]所爱也。其他如墨紫、朱砂之类，皆妙甚，已致数种归，开时，客皆蚁集[8]，真堪续芳矣。

注释

[1] 津脉：植物输送水分和营养的管道。

[2] 一指：一个指节。

[3] 矢："屎"的通假字。

[4] 天香国色：形容牡丹花的颜色和香气不同于一般花卉。

[5] 彩云易散：美丽的彩霞容易消散，比喻好景不长。

[6] 南都：明代南都指今江苏南京。

[7] 元驭：王锡爵，字元驭，江苏太仓人，官至内阁首辅，为人刚正直言，谥号文肃。

[8] 蚁集：像蚂蚁一样纷纷聚集，比喻聚集者之多。

译文

芍药大致三年或两年进行一次分株，分株的时间是农历的八月到十二月，这个时候，芍药输送水分和营养的管道在根部，可以进行移栽，春天不适合移栽，谚语说"春分对芍药进行分株栽种，到老也不会开花"，因为那个时候，芍药输送水分和营养的管道发散在外。移栽到向阳的地方，则根部生长，枝叶生发繁盛，一派欣欣向荣，栽种的时候，植株相距60厘米到1米，和栽种牡丹的方法相同，不能太近，也不能太远。栽种时所挖的土坑要深，土壤要肥沃，根须要顺直，把土用锄头锄得很疏松，把肥沃的河泥，拌上猪粪或牛、羊粪，所栽深度应当在 30 厘米左右，是最合适的。不可让根须有一点儿弯曲，只用水把填土浇实，不要用脚踩实，也不要用工具杵实，在上面盖上细土，盖土要高过植株上原本所留土痕一个指节。从惊蛰到清明，每天浇水，那么根就能扎得很深，枝干长得很高，花朵开得很大而且耐久，即使原本不茂盛的也能茂盛生长了。用鸡粪拌土，培在芍药的根部，再用黄酒沾湿，那么原本开淡红色花的芍药，都会开深红色花。

　　王世懋　我认为牡丹花天香国色，但不能不有彩云易散的遗憾，因此又建了一个亭子，在亭子周围全都栽种芍药，把这个亭子叫作续芳亭。芍药原本产自江苏扬州，因此江苏南京的芍药非常好。有一种芍药叫作莲香白，刚开的时候是淡红的，后来变成纯白色，花香和莲花的香味相似，因此得名。它生性非常喜欢粪肥，我督促家丁浇粪，它所开的花比南京所产还要大，就是大学士王锡爵所喜欢的品种。其他品种，如墨紫、朱砂等，都非常美妙，我已经得到并带回来几种，芍药花开放的时候，宾客都像蚂蚁一样纷纷聚集，真的可以接续牡丹花。

花　谱

草本（二）

原典

【修整】

　　春间止留正蕊，去其小苞，则花肥大，新栽者，止留一二蕊，一二年后，得地气[1]，可留四五，然亦不可太多。开时扶以竹，则花不倾倒，有雨，遮以箔，则耐久。花既落，亟剪其蒂，盘屈枝条，以线缚之，使不离散，则脉下归于根。冬间，频浇大粪，明年花繁而色润。处暑前后，平土剪去，来年必茂。冬日宜护，忌浇水。

注释

[1] 地气：地中之气。

译文

　　春天的时候，只保留一个大花蕾，把其他小花蕾去掉，那么所开花就能很肥大，当年刚栽种的，只保留一两个花蕾，栽种一两年以后，获得地中之气，可以保留四五个花蕾，但也不能留太多。芍药开花的时候，要用竹竿扶持，那样芍药就不会倾斜倒地，下雨的时候，用竹帘遮挡，就能开很长时间。花朵凋零以后，尽快把花蒂剪掉，把枝条盘起来，用线绑住，确保枝条不会离散，那么输送水分和营养的脉就能回归到根部。冬天的时候，要频繁浇灌大粪，到了第二年就能花朵繁盛且颜色润泽。处暑前后，在和土地齐平的地方剪掉，第二年必然能茂盛生长。冬天适宜养护，忌讳浇水。

原典

【典故】

刘攽[1]《芍药谱》　花有红叶黄腰者，号金带围，有时而生，则城中当出宰相。韩魏公[2]守维扬[3]日，郡圃芍药盛开，得金带围四，公选客具乐以赏之。时王珪[4]为郡倅[5]，王安石[6]为幕官，皆在选中，而缺其一，花开已盛，公谓："今日有过客，即使当之。"及暮，报陈太傅升之[7]来，明日遂开宴，折花插赏，后四人皆为首相。

昔有猎于中条山[8]，见白犬入地中，掘得一草根，携归植之，明年花开，乃芍药也，故谓芍药为白犬。

东武[9]旧俗，每岁四月，大会于南禅、资福两寺，芍药供佛，最盛凡七十[10]余朵，皆重跗累萼。中有白花，正圆如覆盂，其下十余叶承之，如盘，东坡[11]名之曰玉盘盂。

宣庙[12]幸文渊阁[13]，命于阁右筑石台，植淡红芍药一本，景泰[14]初，增植二本，左纯白，右深红。后学士李贤[15]命之，曰醉仙颜，淡红也，曰玉带白，纯白也，曰宫锦红，深红也。与众赋诗，名曰《玉堂赏花集》。

崔豹[16]《古今注》　芍药有二种，有草芍药，有木芍药，木者，花大而色深，俗呼为牡丹，非也。

牛亨问曰："将离，相赠以芍药，何也？"董子[17]答曰："芍药，一名可离，将别，故赠之。亦犹相招赠之以文无故，文无名当归。"

胡峤[18]诗曰："瓶里数枝婪尾春。"时人莫喻，桑维翰[19]曰："唐宋[20]文人，谓芍药为婪尾春者，婪尾乃最后之杯，芍药殿春，故有是名。"

《渔隐》[21]　东坡云："扬州芍药，为天下冠，蔡繁卿[22]为守，始作万花会，用花千万余枝，既残诸园，又吏因缘为奸，民大病之。余始至，问民疾苦，以此为首，遂罢之。万花本洛阳故事，亦必为民害也，会当有罢之者。钱惟演为留守，始置驿贡洛花，识者鄙之曰：'此宦妾爱君之意也。'"

注释

[1] 刘攽：北宋史学家，刘敞之弟，字贡夫，一作贡父、赣父，号公非。

[2] 韩魏公：北宋韩琦，字稚圭，自号赣叟，封魏国公。

[3] 维扬：今江苏扬州。

[4] 王珪：字禹玉，北宋名相。

[5] 郡倅：知州的副手。

[6] 王安石：字介甫，号半山。

[7] 陈太傅升之：即北宋陈升之，字旸叔，曾经拜官检校太傅。

[8] 中条山：在今山西省南部。

二如亭群芳谱

[9] 东武：指北宋密州治所诸城县，即今山东潍坊诸城市。

[10] 十：当为"千"的讹误。

[11] 东坡：即苏轼。

[12] 宣庙：即明宣宗。

[13] 文渊阁：在今北京故宫博物院东华门内文华殿后。

[14] 景泰：明代宗朱祁钰的年号。

[15] 李贤：字原德，曾担任翰林学士。

[16] 崔豹：崔豹，字正雄，西晋人。

[17] 董子：即西汉大儒董仲舒，子为敬称。

[18] 胡嵩：当为"胡峤"的讹误，字文峤，五代后晋人。

[19] 桑维翰：字国侨，五代后晋人。

[20] 宋：当为"末"的讹误。

[21] 《渔隐》：即南宋胡仔所著《苕溪渔隐丛话》的简称。

[22] 蔡繁卿：即北宋蔡京，字元长。

译文

北宋刘攽《芍药谱》 芍药花中有一种，花瓣是红色的，花瓣腰部有黄色的花蕊，被称作金带围，生出这种芍药的时候，城里就会有人出任宰相。北宋韩琦担任扬州知州的时候，州属园圃里的芍药花盛开，得到四朵金带围，韩琦就选择宾客，准备宴席，一同观赏。当时王珪是韩琦的副手，王安石是韩琦的幕僚，都在所选宾客当中，但还少一个人，花朵已经盛开，韩琦说："今天谁来拜访，就把剩余的那朵金带围芍药给他。"到了傍晚，下人来通报说太傅陈升之来了，于是第二天开宴，把金带围芍药折下来插戴观赏，后来这四个人都当了宰相。

以前有人在山西南部的中条山打猎，看到一只白色的狗钻进了地里，在白狗钻进去的地方，挖到一个草根，带回去栽种，第二年花开，原来是芍药，因此把芍药叫作白犬。

东武（今山东潍坊诸城县）的古老习俗，每年农历四月，在南禅、资福两座寺庙举行大集会，用芍药花供养佛，最多的时候能达到七千多朵花，花萼、花梗重重叠压。其中有一种白色的芍药，花朵正圆，就像倒扣的钵盂一样，下面有十几个花瓣承接，就像盘子一样，苏轼把它命名为玉盘盂。

明宣宗来到文渊阁，命令人在文渊阁的右边建造石台，在石台上栽种了一株淡红色的芍药，明代宗景泰初年，增种了两株芍药，左边是纯白色的，右边是深红色的。后来翰林学士李贤给它们命名，淡红色的名为醉仙颜，纯白色的名为玉带白，深红色的名为宫锦红。和众人一起作诗，将诗作集结为《玉堂赏花集》。

西晋崔豹所著《古今注》 芍药有两种，一种是草本芍药，一种是木本芍药，木本芍药的花朵较大、颜色较深，世俗称作牡丹，是不对的。

西汉牛亨问："即将分离的时候，赠送芍药，是为什么呢？"董仲舒回答说："芍药也叫作可离，即将分别，因此赠送它。正和招人归来赠送文无一样，文无也叫当归。"

五代后晋胡峤有一句诗说："花瓶里插着几枝婪尾春。"当时的人都不知道什么意思，只有桑维翰知道，说："唐末的文人，把芍药叫作婪尾春，婪尾是巡回敬酒时所敬最后一杯酒，芍药开花在春花中最晚，因此叫作婪尾春。"

南宋胡仔《苕溪渔隐丛话》 北宋苏轼说："江苏扬州的芍药，是全天下最好的，蔡京担任扬州知州的时候，开始举办万花会，需要用芍药花成千上万枝，不仅残破园圃，而且官吏会借此做坏事，百姓认为有大害。我刚到扬州，询问百姓什么事最使他们生活困苦，都说万花会最有害，因此不再举办。万花会是学洛阳的牡丹万花会，那么洛阳的万花会也一定会成为百姓的祸害，我想会有人停止它的。钱惟演担任西京洛阳留守的时候，开始设置驿站，向皇帝进贡牡丹花，有识之士都鄙视他说：'这种做法，与宦官和嬖妾关爱君主的方法是一样的。'"

水　仙

原典

丛生，宜下湿地，根似蒜头，外有薄赤皮，冬生，叶如萱草，色绿而厚。冬间于叶中抽一茎，茎头开花数朵，大如簪头，色白，圆如酒杯，上有五尖[1]，中心黄蕊颇大，故有金盏银台之名，其花莹韵，其香清幽。一种千叶者，花片卷皱，上淡白而下轻黄[2]，不作杯状，世人重之，以为真水仙。一云，单者名冰仙，千叶名玉玲珑，亦有红花者。此花不可缺水，故名水仙。

注释

[1] 五尖：五瓣。水仙单瓣品种应为六个花瓣，此处有误。
[2] 轻黄：淡黄色。

译文

水仙丛聚在一起生长，适宜生长在低下潮湿的地方，根和大蒜相似，外面包裹着一层红色的薄皮，冬天生长，叶片和萱草的叶片相似，绿而较厚。冬天，在叶片中间长出花茎，在花茎顶端开几朵花，花朵有发簪头那么大，花瓣是白色的，花朵呈圆形，就像酒杯一样，由六个花瓣组成，中间的黄色花蕊很大，所以也被称作金盏银台，它的花朵莹白而有韵致，它的花香清淡幽远。有一种重瓣水仙，花瓣卷曲褶皱，上面是淡白色的，下面是淡黄色的，形状不像杯子，世俗之人看重它，把它当作真正的水仙。有一种说法，单瓣的叫作冰仙，重瓣的叫作玉玲珑，也有开红色花朵的品种。水仙不能缺水，所以叫作水仙。

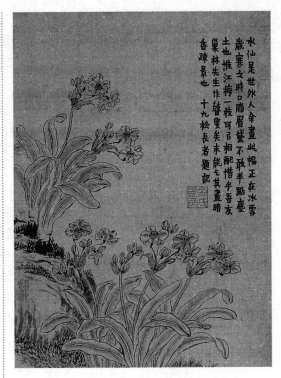

水仙是世外人余畫此幅正在冰雪
歲寒之時口脂口黛不敢半點塵
土也惟江梅一枝可与相配惜乎吾友
巢林先生作詩殳矣未能讠其畫暗
香疎景也 十九松長者題記

水仙 ［清］金农

现代描述

水仙，*Narcissus tazetta var. Chinensis*，石蒜科，水仙属。鳞茎卵球形。叶宽线形，扁平，长 20—40 厘米，粉绿色。花茎几与叶等长；伞形花序有花 4—8 朵；佛焰苞状总苞膜质；花梗长短不一；花被裂片 6，白色，芳香；副花冠浅杯状，淡黄色，不皱缩，长不及花被的一半。蒴果室背开裂。花期春季。原产亚洲东部的海滨温暖地区；我国浙江、福建沿海岛屿自生，目前各省区所见者全系栽培，供观赏。鳞茎多液汁，有毒，含有石蒜碱、多花水仙碱等多种生物碱。

原典

【种植】

五月初收根，用小便浸一宿，晒干，拌湿土，悬当火烟[1]所及处。八月取出，瓣瓣分开，用猪粪拌土植之，植后不可缺水，起时、种时，若犯铁器，永不开花。诀云："六月不在土，七月不在房，栽向东篱下，寒花朵朵香。"又云："和土晒半月方种，以收阳气^[2]，覆以肥土，白酒糟^[3]和水浇之，则茂。"

注释

[1] 火烟：炊烟。

[2] 阳气：温暖的生长之气。

[3] 白酒糟：酿造白酒所产生的糟渣。

译文

农历五月初收集根茎，用小便浸泡一晚，晒干它，拌上湿土，悬挂在炊烟能熏到的地方。农历八月拿出来，水仙的根茎就会一瓣一瓣分裂开来，把猪粪拌在土里进行栽种，栽种以后不能缺水，挖起根茎和栽种根茎的时候，如果用铁器，那么永远都不会开花。种植水仙的口诀说："农历六月水仙的根茎不能留在土壤里，农历七月根茎不能放在屋子里，栽种在东边的篱笆底下，天气寒冷时开出一朵朵香花。"又说："拌上土晒上半个月再栽种，用来收纳温暖的生长之气，用肥沃的土壤覆盖，将酿造白酒所产生的糟渣兑上水进行浇灌，就能茂盛生长。"

原典

【爱护】

霜重时，即搭棚遮盖，以避霜雪，向南开一门，天晴日暖则开之，以承日色。北方土寒，凡牡丹、贴梗海棠，俱用此法，不特水仙也。又法，初起叶时，以砖压住，不令即透，则他日花出叶上。杭州近江处，园丁种之成林，以土近咸卤，故花茂。

译文

降霜比较浓重的时候，就要给水仙搭起棚子进行遮盖，用来躲避霜雪，棚子需要在朝南的方向开一个门，天气晴朗、阳光温暖的时候，就把这扇门打开，以便阳光照进去。北方的冬天，土地寒冷，牡丹和贴梗海棠都用这个方法防寒保暖，不是只有水仙用这个方法。还有一种方法，刚开始长叶的时候，用砖把它压住，不要让叶片立即长起来，那么以后开花的时候，花朵就会高出叶片。浙江杭州接近钱塘江的地方，园丁成片栽种水仙，因为土壤里含盐量高，所以花朵繁茂。

原典

【取用】

水仙花以精盆植之，可供书斋雅玩 [1]。插瓶用盐水，与梅花同。

注释

[1] 雅玩：高雅的玩赏品。

译文

把水仙花养在精美的花盆里，可以充当书房里高雅的玩赏。水仙花插瓶的时候，要插在盐水里，和梅花插瓶一样。

原典

【典故】

《清冷传》 [1] 汤夷 [2]，华阴 [3] 人，服水仙八石，为水仙，是名河伯。

《东坡诗注》 [4] 杭州西湖有水仙王庙。

拘楼国有水仙树，树腹中有水，谓之仙浆，饮者七日醉。

杨诚斋 [5] 以千叶为真水仙，而余以为不如单叶者多丰韵 [6]。

谢公 [7] 梦一仙女畀水仙花一束，明日生谢夫人 [8]，长而聪慧，能吟咏 [9]。

姚姥住长离桥，夜梦见星坠地，化水仙一丛，摘食之，既觉，生女，长而令淑 [10] 有文。

唐玄宗赐虢国夫人 [11] 红水仙十二盆，盆皆金玉七宝所造。

宋杨仲囷，自萧山 [12] 致水仙一二百本，极盛，乃以两古铜洗 [13] 艺 [14] 之，学《洛神赋》体，作《水仙花赋》。

王敬美 凡花，重台 [15] 者为贵，水仙以单瓣者为贵。出嘉定 [16]，短叶高花，最佳种也，宜置瓶中，其物得水则不枯，故曰水仙，称其名矣。前接腊梅，后接江梅，真岁寒友也。

于念东 水仙，四叶一茎，花集茎端，垂垂 [17] 若裁冰镂雪，心作浅黄色，芬列逼人。江南处处有之，惟吴中嘉定种为最，花簇叶上，他种则隐叶内耳。蓄种，囊以沙，悬于梁间，风之。未播，先以薙草履寸断 [18]，杂溲浡 [19] 浸透，俟有生意方入土，以入土早晚为花先后。金陵即善植者，十丛不一二花。余每岁向友人乞三四茎置斋头 [20]，香可十日，兹十日者，纵非风雨，亦不易出斋头也。

[1] 《清冷传》：原书已经亡佚，时代、作者不详。

[2] 汤夷：当为"冯夷"的讹误。

[3] 华阴：即今陕西省渭南市华阴。

[4] 《东坡诗注》：即南宋王十朋所著《东坡诗集注》。

[5] 杨诚斋：即南宋杨万里，字廷秀，号诚斋。

[6] 丰韵：富有韵味。

[7] 谢公：即东晋谢安，公为尊称。

[8] 谢夫人：即东晋谢道韫，字令姜，女诗人，是谢安的侄女，谢奕的女儿。

[9] 吟咏：作诗。

[10] 令淑：德行善美。

[11] 虢国夫人：唐玄宗李隆基宠妃杨玉环的三姐，封号为虢国夫人。

[12] 萧山：即今浙江杭州萧山区。

[13] 铜洗：盥洗用的青铜器皿。

[14] 艺：栽种。

[15] 重台：重瓣起楼子。

[16] 嘉定：今上海嘉定区。

[17] 垂垂：低垂。

[18] 寸断：斩成小段。

[19] 溲浮：小便。

[20] 斋头：书斋。

译文

《清冷传》 陕西华阴有一个叫汤夷的人，服食了八石水仙，成了掌管水的神仙，名叫河伯。

南宋王十朋《东坡诗集注》 浙江杭州西湖边有一座水仙王庙。

拘楼国产水仙树，树干的腹腔里有水，被称作仙浆，饮用仙浆的人，会醉上七天。

南宋杨万里认为重瓣水仙才是真正的水仙，我认为重瓣水仙不如单瓣水仙富有韵味。

东晋谢安梦见一个仙女给了他一束水仙花，第二天谢道韫出生，长大以后非常聪明有智慧，会作诗。

姚姥姥住在长离桥，夜晚梦见星星坠落在地上，变做了一丛水仙花，摘取花朵食用，醒了以后，生了一个女儿，长大以后，德行善美而有文采。

唐玄宗赏赐给虢国夫人十二盆红色的水仙，水仙盆都是用金、玉等七种宝贵的材料制成。

宋代杨仲囡从浙江杭州萧山得到一二百株水仙，非常繁盛，于是栽种在两个古代遗留下来的铜洗里，模仿三国时期曹植所作《洛神赋》的体裁，写了一篇《水仙花赋》。

王世懋 大体来说，花朵以重瓣起楼子为贵，但水仙花却以单瓣为贵，产自上海嘉定，叶片较短，花茎较高，是水仙中最好的品种。适宜插在花瓶里，只要有水，水仙就不会枯萎，所以叫作水仙，和它的名称是很相称的。在蜡梅之后、江梅之前开放，它们可谓天气寒冷时的朋友。

于若瀛　水仙，每四片叶子抽出一枝花茎，花朵汇聚在花茎顶端，向下低垂的花朵，就像用冰雪剪裁雕刻而成，花蕊是浅黄色的，冷香袭人。江苏、安徽的南部以及浙江到处都有，只有上海嘉定所产的品种最好，聚生的花朵高出叶片，其他品种则花朵开放在叶片之中。保留种苗，需要将水仙的根茎埋在沙袋里，悬挂在房梁上，让风吹它。播种之前，先将破旧的草鞋斩成小段，再将根茎和小段的草鞋浸泡在小便里，等到根茎将要发芽的时候，栽种到土壤里，花朵开放早晚，由种入土的早晚决定。在江苏南京，即使是善于种植水仙的人，十株水仙里能开花的也只有一二株。我每年向朋友讨要三四茎水仙花，放置在书斋里，花香能维持十天，这十天，即使不刮风下雨，我也不会轻易走出书斋。

玉簪花

原典

一名白萼，一名白鹤仙，一名季女，处处有之。有宿根，二月生苗，成丛，高尺余。茎如白菜，叶大如掌，团而有尖，面青背白，叶上纹如车前叶，颇娇莹[1]。七月初，丛中抽一茎，茎上有细叶十余，每叶出花一朵，长二三寸，本小末大。未开时，正如白玉搔头簪形，开时微绽四出，中吐黄蕊，七须环列，一须独长，甚香而清，朝开暮卷。间有结子者，圆如豌豆，生青熟黑。根连生，如鬼臼[2]、射干之类，有须毛，死则根有一臼，新根生则旧根腐。亦有紫花者，叶微狭，花小于白者，叶上黄绿相间，名间道花。又有一种小紫，五月开，花小，白，叶石绿[3]色。此物损牙齿，不能着牙。

秋花蛱蝶图［明］文俶

111

注释

[1] 娇莹：娇美莹润。　　[3] 石绿：即孔雀石，主要成分为碱式碳酸铜。
[2] 鬼臼：即八角莲。

译文

　　玉簪花，也叫作白萼、白鹤仙、季女，到处都有。有宿根，农历二月长出新苗，丛聚而生，植株高度能达到 30 多厘米。叶茎和白菜相似，叶片有手掌那么大，呈圆形，有叶尖，正面是绿色的，背面是白色的，叶片上的纹路和车前草叶子上的纹路相似，很娇美莹润。农历七月初，叶丛里抽出一枝花茎，花茎上有十几片小叶，每片小叶长出一朵花，花朵长 6 到 10 厘米，根部小而末端大。没有开放的时候，正和白玉制成的搔头簪形状相似，开放以后，花瓣稍微向四面伸展，花朵中间是黄色的花蕊，七根蕊丝环绕一周，其中一根蕊丝特别长，花有清香，早上开放，晚上收卷。有时也有结种子的，种子和豌豆那么圆，未成熟的时候是绿色的，成熟以后变成黑色。根系相互连接，和八角莲、射干相似，除了主根以外还有须根，植株枯死以后，根部就会产生一个凹坑，新根产生以后，旧根就会腐烂。也有开紫色花朵的品种，叶片要窄一些，花朵要比开白花的小一些，叶片上黄色和绿色相杂，被称作间道花。还有一种小紫，农历五月开花，白色的花朵较小，叶片和颜料石绿的颜色相同。这种东西会损伤牙齿，不能粘牙。

现代描述

　　玉簪，*Hosta plantaginea*，百合科，玉簪属。根状茎粗厚，叶卵状心形、卵形或卵圆形。花葶高 40—80 厘米，具几朵至十几朵花；花的外苞片卵形或披针形，内苞片很小；花单生或 2—3 朵簇生，长 10—13 厘米，白色，芳香。蒴果圆柱状，有三棱。花果期 8—10 月。

　　玉簪属的紫花种名为紫萼，形态特征和玉簪相似。

原典

【种植】

　　春初雨后，分其勾萌[1]，种以肥土，勤浇灌，即活，分时忌铁器。

注释

[1] 勾萌：嫩芽。

译文

初春下过雨以后，把根上长出来的嫩芽分离出来，栽种在肥沃的土壤里，勤加浇灌，就能成活，分株时忌讳使用铁制工具。

原典

【典故】

汉武帝宠李夫人，取玉簪搔头，后宫人皆效之，玉簪花之名，始此。

译文

汉武帝宠幸李夫人，用玉簪挠头，后来宫女都效仿此法，玉簪花的名称，始于此。

凤　仙

瓯香馆写生册之一　[清] 恽寿平

一名海纳，一名旱珍珠，一名小桃红，一名染指甲草。人家多种之，极易生，二月下子，随时可种，即冬月严寒，种之火坑，亦生。苗高二三尺，茎有红、白二色，肥者大如拇指，中空而脆，叶长而尖，似桃、柳叶，有钜齿，故又有夹竹桃之名。开花，头、翅羽、足，俱翘然如凤状，故又有金凤之名。色红、紫、黄、白、碧及杂色，善变易，有洒金者，白瓣上红色数点，又变之异者。自夏初至秋尽，开卸相续。结实累累，大如樱桃，形微长有尖，色如毛桃，生青熟黄，触之即裂，皮卷如拳，故又有急性之名。子似萝卜子而小，褐色。此草不生虫蛊，蜂蝶亦多不近，恐不能无毒。花卸即去其蒂，不使结子，则花益茂。

译文

凤仙，也叫作海纳、旱珍珠、小桃红、染指甲草。很多百姓家里都有栽种，很容易种活，农历二月播种种子，随时都可以播种，即使是寒冷的冬天，种在烧火的土炕上，也能成活。植株高度能达到 60 厘米到 1 米，茎干有红色和白色两种颜色，肥壮的有拇指那么粗，茎干中心是空管而且很脆，叶片又长又尖，和桃树叶、柳树叶相似，叶片边缘为锯齿状，因此又叫夹竹桃。花朵开放以后，就像一只凤凰，头、翅膀、足俱全，所以也叫金凤。花瓣颜色有红色、紫色、黄色、白色、绿色及杂色，花朵很容易发生变异，有一种洒金凤仙花，白色的花瓣上有几个红色的斑点，又是变异的凤仙花中比较奇异的品种。从初夏到秋末，不断有凤仙花开放、凋零，相互接续。花谢后，会结成串的果实，有樱桃那么大，形状偏长而且带尖，颜色和毛桃相似，未熟的时候是绿色的，成熟以后是黄色的，一碰就会裂开，果皮像拳头一样收卷，所以也叫作急性。种子和萝卜子相似，但要比萝卜子小一些，是褐色的。凤仙花不生虫，蜜蜂和蝴蝶也不接近它，恐怕是因为它自身有毒。花朵凋零以后，就把花蒂去掉，不要让它结子，那么第二年花朵就会更加繁盛。

现代描述

凤仙花，*Impatiens balsamina*，又名指甲花，凤仙花科，凤仙花属。一年生草本，茎粗壮，肉质，直立，下部节常膨大。叶互生，最下部叶有时对生；叶片披针形、狭椭圆形或倒披针形。花单生或 2—3 朵簇生于叶腋，白色、粉红色或紫色，单瓣或重瓣；旗瓣圆形，兜状，2 裂，下部裂片小。蒴果宽纺锤形，种子多数，圆球形。花期 7—10 月。

原典

【制用】

女人采红花，同白矾捣烂，先以蒜擦指甲，以花傅上叶包裹，次日红鲜可爱，数日不退。插瓶，用沸水或石灰入汤，可开半月。

译文

女人采收凤仙的红色花朵，加上白矾捣碎，先用大蒜擦拭指甲，再用叶片把捣碎的花朵包裹在指甲上，第二天指甲就会变成可爱的鲜红色，能保持几天不褪色。用凤仙花插瓶，要插在开水或者加入石灰的开水里，能维持开放半个月。

原典

【典故】

《花史》[1] 凤仙五月间[2]，主水。

宋光宗李后，小字[3]讳凤，宫中避之，呼为好女儿花。

张宛丘[4]呼为菊婢。

韦君呼为羽客。

谢长裾见凤仙花，命侍儿进叶公金膏，以尘尾稍染膏洒之，折一枝插倒影山侧。明年此花金色不去，至今有斑点，大小不同，若洒金，名倒影花。[5]

李玉英秋日采凤仙花染指甲，后于月中[6]调弦[7]，或比之落花流水。

注释

[1] 《花史》：明代吴彦匡所著。

[2] 间：当为"开"的讹误。

[3] 小字：乳名。

[4] 张宛丘：即北宋张耒，字文潜，号柯山，人称宛丘先生，苏门四学士之一。

[5] 此段引文引自明代陈诗教的《花里活》，原文为："（晋）谢长裾见凤仙花，谓侍儿曰：'吾爱其名也。'因命进汜叶公金膏，以尘尾稍染膏洒之，折一朵插倒影三山环侧，明年此花金色不去，至今有斑点，大小不同，若洒者，名倒影花。"

[6] 月中：月光下。

[7] 调弦：弹奏弦乐器。

译文

明代吴彦匡《花史》 如果凤仙花在农历五月开放，就会发大水。

南宋光宗赵惇的李皇后，乳名里带凤字，皇宫里为了避讳，把凤仙花叫作好女儿花。

北宋张耒把凤仙花叫作菊婢。

韦君把凤仙花叫作羽客。

晋代谢长裾看到凤仙花后，让侍从把叶公金膏拿来，用拂尘的尾部蘸了一点金膏，洒在了凤仙花上，折取一枝凤仙，插在倒影山的旁侧。第二年这株花上的金色斑点还不褪去，到现在尚有大小不同的斑点，就像洒上去的金点一样，被称作倒影花。

李玉英在秋天采摘凤仙花染指甲，后来在月光下弹奏弦乐器，人们将她弹奏乐器的形象比作落花流水。

罂　粟

一名米囊花，一名御米花，一名米壳花，青茎，高一二尺，叶如茼蒿。花有大红、桃红、红紫、纯紫、纯白，一种而具数色，又有千叶、单叶，一花而具二类，艳丽可玩。实如莲房，其子囊数千粒，大小如葶苈子。

百花图卷（局部）［清］恽寿平

译文

罂粟也叫作米囊花、御米花、米壳花，茎干是绿色的，植株高度在 30 到 70 厘米，叶片和茼蒿叶相似。花朵有大红色、桃红色、红紫色、纯紫色、纯白色，同一个品种却具有好几种颜色，又有重瓣、单瓣，同一株花却有两个类别，姿态艳丽，值得玩赏。子房和莲蓬相似，子房里囊括数千粒种子，有葶苈的种子那么大。

现代描述

罂粟，*Papaver somniferum*，罂粟科，罂粟属。一年生草本，无毛或极少，主根近圆锥状，垂直。茎直立，不分枝，无毛，具白粉。叶互生，叶片卵形或长卵形，边缘为不规则的波状锯齿，两面无毛，具白粉。花单生，花梗长达 25 厘米。花蕾卵圆状长圆形或宽卵形，花瓣 4，近圆形或近扇形，白色、粉红色、红色、紫色或杂色；子房球形，辐射状，连合成扁平的盘状体。蒴果球形或长圆状椭圆形，成熟时褐色。种子多数，黑色或深灰色，表面呈蜂窝状。花果期 3—11 月。未成熟果实含乳白色浆液，制干后即为鸦片，和果壳均含吗啡、可待因、罂粟碱等多种生物碱，可制药。原产南欧。

我国除相关研究单位外不允许栽培，可以种植其他同属观赏植物如虞美人、东方罂粟等，应特别注意辨别。

原典

【种艺】

《花史》 八月中秋夜或重阳月下子，下毕，以扫帚扫匀，花乃千叶；两手交换撒子，则花重台；或云，以墨汁拌撒，免蚁食。须先粪地极肥松，用冷饮汤并锅底灰，和细干土拌匀，下讫，仍以土盖。出后，浇清粪，删其繁，以稀为贵，长即以竹篱扶之。若土瘦、种迟，则变为单叶，然单叶者，粟必满，千叶者，粟多空。

译文

明代吴彦匡《花史》 在农历八月十五中秋节晚上或者重阳节所在的农历九月播种，播种后，用扫帚把种子扫均匀，所开花朵就是重瓣花；两只手交换着播撒种子，那么所开花就会起楼子；也有人说，把种子拌上墨汁播撒，就能避免罂粟根被蚂蚁啃食。一定要先给土壤上粪，使土壤变得非常肥沃疏松，把冷饮的汤汁和锅底灰、干燥细土、罂粟种子一起拌匀，播种后，仍然要覆盖一层土。出苗以后，浇灌清淡的粪汁，把多余的苗锄掉，罂粟苗越稀越好，植株长大以后，就用竹制的篱笆扶持。如果土壤贫瘠、播种较迟，所开花朵就是单瓣花，但是单瓣罂粟子房里的种子一定很饱满，重瓣罂粟子房里的种子大多都是空瘪的。

原典

【典故】

王敬美　花之红者，杜鹃，叶细、花小、色鲜、瓣密者，曰石岩，皆结数重台，自浙而至，颇难蓄。余干[1]、安仁[2]间，遍山如火，即山踟蹰也，吾地以无贵耳。渥丹，草种也，有散丹，有卷丹，诗人称之，最为近古，宜蓄芍药之后。罂粟，花最繁华[3]，其物能变，加意灌植，妍好千态，曾有作黄色、绿色者，远视佳甚，近颇不堪。闻其粟可为腐[4]，涩精物也。又有一种小者曰虞美人，又名满园春，千叶者佳。

注释

[1] 余干：即今江西上饶市余干县。

[2] 安仁：即今湖南郴州市安仁县。

[3] 繁华：繁荣美盛。

[4] 腐：豆腐状食物。

译文

王世懋　开红花的有杜鹃，叶片细、花朵小、颜色鲜艳、花瓣密集的，叫石岩，全都起好几层楼子，从浙江传来，不好养。江西上饶余干县到湖南郴州安仁县之间，杜鹃像着火了一样开满山，也就是山踟蹰，我们江苏苏州因为不产杜鹃花而珍视它。渥丹是草本，有散丹和卷丹的区别，受到诗人的称颂，现在的渥丹和古代的渥丹很相似，适宜在芍药之后栽种。罂粟，花最繁华，容易变异，留心浇灌种植，能产生各种各样的美好姿态，曾经产生过黄色和绿色的罂粟，远处观赏很美，近处就不佳了。听说它的种子能够制成豆腐状食物，可以治疗遗精。还有一种小罂粟叫作虞美人，也叫满园春，开重瓣花的品种好。

丽　春

原典

罂粟别种也，丛生，柔干，多叶，有刺。根苗一类，而具数色，红者、白者、紫者、傅粉之红者、间青之黄者、微红者、半红者、白肤而绛理者、丹衣而素纯[1]者、殷红而染茜者，姿状[2]葱秀，色泽鲜明，颇堪娱目[3]，草花中妙品也。江浙皆有，金陵更佳。

注释

[1] 纯：边缘。

[2] 姿状：形貌。

[3] 娱目：悦目。

译文

丽春，是罂粟的一个分支品种，丛聚而生，茎干柔软，重瓣，有粗绒毛。根和植株都相同，却能开出多种颜色的花，有红色的、白色的、紫色的、红色花瓣上罩一层粉色的、黄色花瓣上夹杂绿色的、浅红的、半红色的、白色花瓣上有红色纹路的、红色花瓣有白边的、殷红色花瓣上点染茜红色的，姿态繁盛秀丽，色泽鲜艳明丽，很适合观赏，是草本花中的奇妙品种。江苏和浙江都有，江苏南京所产更好。

花鸟 ［清］马荃

现代描述

虞美人，*Papaver rhoeas*，又名丽春花，罂粟科，罂粟属。一年生草本，全体被伸展的刚毛，稀无毛。茎直立，具分枝，被淡黄色刚毛。叶互生，叶片轮廓披针形或狭卵形，羽状分裂，两面被淡黄色刚毛。花单生于茎和分枝顶端；花梗长10—15厘米，被淡黄色平展的刚毛。花蕾长圆状倒卵形，下垂；花瓣 4，圆形、横向宽椭圆形或宽倒卵形，全缘，紫红色，基部通常具深紫色斑点。蒴果宽倒卵形，种子多数，肾状长圆形。花果期 3—8 月。

金钱花

原典

一名子午花，一名夜落金钱花，予改为金榜及第花。花秋开，黄色，朵如钱，绿叶柔枝，婵娟[1]可爱。梁大同[2]中，进自外国，今在处有之，栽磁盆中，副以小竹架，亦书室中雅玩也。又有银钱一种，七月开，以子种。

注释

[1] 婵娟：美好。
[2] 大同：南朝梁武帝萧衍的年号。

译文

金钱花也叫作子午花、夜落金钱花，我改为金榜及第花。秋天开花，花朵是黄色的，和铜钱相似，叶片是绿色的，枝干柔软，美好可爱。南朝梁武帝萧衍大同年间，从外国引进，现在到处都有，栽种在瓷盆里，用较小的竹架扶持，也是书房里高雅的玩赏品。还有一种银钱花，农历七月开放，通过播种繁殖。

现代描述

午时花，*Pentapetes phoenicea*，又名夜落金钱，梧桐科，午时花属。一年生草本，高 0.5—1 米。叶条状披针形，边缘有钝锯齿。花 1—2 朵生于叶腋，开于午间，闭于次晨；萼片 5 枚，披针形；花瓣 5 片，红色，广倒卵形。蒴果近圆球形。花期夏秋。原产印度，我国广东、广西、云南南部等地多有栽培。本种的花午间开放而次晨闭合，故有"午时花"之称，而且常整朵花脱落，故又称"夜落金钱"，原文提到花黄色，疑有误。

原典

【典故】

《格物丛话》[1] 花以金钱名，言其形之似也，惟欠棱廓[2]耳！

《风土记》[3] 日开而夜落，花时常在于秋。

《花史》 郑荣尝作金钱花诗，未就，梦一红裳女子，掷钱与之，曰："为君润笔。"及觉，探怀中，得花数朵，遂戏呼为润笔花。

《酉阳杂俎》[4] 梁豫州[5]掾属[6]，以双陆赌金钱，钱尽，以金钱花补足，鱼洪[7]谓："得花胜得钱。"

注释

[1]《格物丛话》：原书已经亡轶，时代作者不详。

[2] 廓：同"郭"。

[3]《风土记》：西晋周处所著。

[4]《酉阳杂俎》：唐代段成式所著。

[5] 豫州：当为"荆州"之误，在今湖北荆州市。

[6] 掾属：辅佐主官治理的从属官员。

[7] 鱼洪：即鱼弘，生卒年不详，南朝萧梁大臣、将领。

译文

《格物丛话》 这种花被命名为金钱，是说它的花朵和铜钱相似，和铜钱相比，只是缺少边棱和内郭罢了！

西晋周处《风土记》 白天开放，晚上凋零，经常在秋天开花。

明代吴彦匡《花史》 郑荣曾经以金钱花为题作诗，还没有完成，梦见一个穿着红裙子的女人，向他抛掷铜钱，说："作为您的润笔钱。"等醒来以后，把手伸进怀里，掏出来几朵花，于是戏称金钱花为润笔花。

唐代段成式《酉阳杂俎》 南朝萧梁时，荆州刺史的属官，通过下双陆棋赌铜钱，铜钱输光以后，就用金钱花代替，鱼弘说："赢得金钱花要比赢得铜钱还好。"

剪春罗 附录剪红纱花

原典

一名剪红罗，蔓生，二月生苗，高尺余，柔茎，绿叶似冬青而小，对生抱茎。入夏开深红花，如钱大，凡六出，周回如剪成，茸茸可爱，结实如豆，内有细子。人家多种之盆盎[1]中，每盆数株，竖小竹，苇缚作圆架如筒，花附其上，开如火树，亦雅玩也。

仿陈道复花卉卷（局部）[明]周之冕

注释

[1] 盎：古代的一种盆，腹大口小。

译文

剪春罗也叫作剪红罗，枝条蔓延生长，农历二月出苗，植株高度有 30 厘米多，绿色的叶片和冬青叶相似，成对抱茎生长。到了夏天开深红色的花朵，有铜钱那么大，由六个花瓣组成，花瓣边缘就像用剪刀剪成的一样，毛茸茸的很可爱，所结果实和豆子相似，里面有小种子。百姓大多把它种在盆里，一盆种几株，在剪春罗的周围插上小竹子，用绳子绑成像竹筒一样的圆形花架，剪罗春依附在花架之上，开放以后，就像一株着火的树，也是高雅的玩赏品。

现代描述

剪春罗，*Lychnis coronata*，又名剪夏罗，石竹科，剪秋罗属。多年生草本，高 50—90 厘米。茎单生，稀疏丛生，直立。叶片椭圆状倒披针形或卵状倒披针形。二歧聚伞花序通常具数花；花直径 4—5 厘米，苞片披针形，草质，花萼筒状，纵脉明显，萼齿披针形；花瓣橙红色，瓣片轮廓倒卵形，顶端具不整齐缺刻状齿。蒴果长椭圆形。花期 6—7 月，果期 8—9 月。

原典

【附录】

　　剪红纱花　高三尺，叶旋覆，秋夏开花，状如石竹花而稍大，四围如剪，瓣鲜红可爱，结穗亦如石竹，穗中有细子。

译文

　　剪红纱花，植株高1米左右，花朵呈圆形且覆下，夏天和秋天开花，形状和石竹花相似，但要比石竹花稍微大一些，花朵四周就像用剪刀剪出来的一样，花瓣鲜红而惹人怜爱，所结穗状果实也和石竹相似，穗状果实里有小种子。

百花图卷（局部）〔清〕恽寿平

现代描述

　　剪红纱花，*Lychnis senno*，石竹科，剪秋罗属。多年生草本，全株被粗毛。茎单生，直立，不分枝或上部分枝。叶片椭圆状披针形，两面被柔毛。二歧聚伞花序具多数花；花直径3.5—5厘米，花萼筒状，沿脉被稀疏长柔毛，萼齿三角形；花瓣深红色，瓣片轮廓三角状倒卵形，不规则深多裂，裂片具缺刻状钝齿。蒴果椭圆状卵形，种子肾形。花期7—8月，果期8—9月。

剪秋罗 附录剪罗花、剪金罗

原典

一名汉宫秋，色深红，花瓣分数岐，尖峭可爱，八月间开。春时，待芽出土寸许，分其根种之，种子亦可，喜阴地，怕粪触，种肥土，清水灌之，用竹圈作架扶之，可玩。春、夏、秋、冬，以时名也。

译文

剪秋罗也叫作汉宫秋，花朵是深红色的，花瓣分裂成几个裂片，尖锐峭直，惹人怜爱，农历八月开花。每年春天，等到芽苗长出土地 3 厘米多，对剪秋罗进行分株移栽，播种种子也行，喜欢背阴的地方，害怕沾到粪，种在肥沃的土壤里，用清水浇灌，把竹子弯成圆圈制作花架扶持它，可以玩赏。花名中带春、夏、秋、冬，是依据它们开花的时间命名的。

现代描述

剪秋罗，*Lychnis fulgens*，石竹科，剪秋罗属。多年生草本，全株被柔毛。茎直立，不分枝或上部分枝。叶片卵状长圆形或卵状披针形，两面和边缘均被粗毛。二歧聚伞花序具数花，稀多数花，紧缩呈伞房状；花直径 3.5—5 厘米；花萼筒状棒形，萼齿三角状；花瓣深红色，瓣片轮廓倒卵形，深 2 裂达瓣片的 1/2，裂片椭圆状条形，瓣片两侧中下部各具 1 线形小裂片；副花冠片长椭圆形，暗红色，呈流苏状。蒴果长椭圆状卵形，种子肾形。花期 6—7 月，果期 8—9 月。

原典

【附录】

剪罗花 甚红，出南越[1]。性畏寒，壅以鸡粪，浇以挦猪汤、退鸡鹅水则茂，冬入窖中。

剪金罗 金黄色，花甚美记[2]。

注释

[1] 南越：古地名，今广东、广西一带。

[2] 记：当为衍文。

本草图汇［日］佚名

译文

　　剪罗花，很红，产自广东、广西一带，生性惧怕寒冷。要用鸡粪土壅培，用煨猪毛、鸡毛、鹅毛水浇灌，就能茂盛生长，冬天要搬到地窖里保存。

　　剪金罗，花朵是金黄色的，非常美。

金盏花 附录金盏草

原典

　　一名长春花，一名杏叶草，茎高四五寸，嫩时颇肥泽 [1]，叶似柳叶，厚而狭，抱茎生，甚柔脆。花大如指顶，瓣狭长而顶圆，开时团团 [2] 如盏子，生茎端，相续不绝，结实萼内，色黑，如小虫蟠屈 [3] 之状。味酸，寒，无毒。

注释

[1] 肥泽：丰润。

[2] 团团：圆。

[3] 蟠屈：盘旋屈曲。

译文

金盏花也叫作长春花、杏叶草，茎干高13到17厘米，鲜嫩的时候很丰润，叶片和柳叶相似，又厚又窄，环绕茎干生长，非常柔软脆弱。花朵有手指头那么大，花瓣细长，但花朵是圆形的，开放的时候，就像一个圆形的杯子，生长在花茎顶端，有的开放有的凋零，相互接续不断，在花萼里结种子，是黑色的，就像盘旋屈曲的小虫子。味道酸，性寒，无毒。

万有同春图卷（局部）〔清〕钱维城

现代描述

金盏花，*Calendula officinalis*，菊科，金盏花属。一年生草本，通常自茎基部分枝。基生叶长圆状倒卵形或匙形，茎生叶长圆状披针形或长圆状倒卵形，无柄，边缘波状具不明显的细齿，基部多少抱茎。头状花序单生茎枝端，直径4—5厘米，小花黄或橙黄色，舌片宽达4—5毫米；管状花檐部具三角状披针形裂片，瘦果全部弯曲，淡黄色或淡褐色。花期4—9月，果期6—10月。金盏草可能为同一种植物。

原典

【附录】

金盏草 一名杏叶草，蔓延篱下，叶叶相对，夏开花，子如鸡头实[1]。

注释

[1] 鸡头实：即芡实的种仁。

译文

金盏草，又名杏叶草，在篱下蔓延，叶相对而生，夏季开花，子和鸡头实相似。

花 谱

草本（二）

鸡冠花

原典

有扫帚鸡冠，有扇面鸡冠，有缨络鸡冠；有深紫、浅红、纯白、淡黄四色；又有一朵而紫黄各半，名鸳鸯鸡冠；又有紫、白、粉红三色一朵者；又有一种五色者，最矮，名寿星鸡冠。扇面者以矮为贵，扫帚者以高为趣。今处处有之，三月生苗，入夏，高者五六尺，矮者才数寸，叶青柔，颇似白苋菜而窄，梢有赤脉，红者茎赤，黄者、白者茎青白，或圆，或扁，有筋起。五六月茎端开花，

花卉册之一 ［清］王武

127

穗圆长而尖者，如青葙之穗，扁卷而平者，如雄鸡之冠。花大，有围一二尺者，层层叠卷，可爱，穗有小筒子在其中，黑细、光滑，与苋实无异。花最耐久，霜后始蔫。

译文

　　鸡冠花依据花朵形状有扫帚鸡冠、扇面鸡冠、缨络鸡冠，花朵颜色有深紫色、浅红色、纯白色、浅黄色四种，还有同一朵花，一半是紫色，一半是黄色，被称作鸳鸯鸡冠；还有紫、白、粉红三种颜色齐聚在同一朵花上的；还有同一朵花上有五种颜色的，植株最矮，被称作寿星鸡冠。扇面鸡冠以植株低矮的为可贵，扫帚鸡冠以植株高大为有趣。现在到处都有，农历三月出苗，到了夏天，植株高的能达到1.7米到2米，植株低矮的只有几寸。绿色的叶片很柔软，和白苋菜的叶子很有些相像，但要比白苋菜的叶子窄一些，叶梢有红色的叶脉，开红花的茎干是红色的，开黄花、白花的茎干是白绿色的，茎干有的呈圆形，有的是扁平的，有凸起的棱脊。农历五六月在茎顶端开花，花穗又圆又长而且带尖的，和青葙的花穗相似，花穗扁平收卷的，和公鸡的肉冠相似。花朵较大，有的花朵周长能达到30到70厘米，一层层叠压卷曲，很惹人怜爱，花穗里有小筒形种子，又黑又细且光滑，和苋的种子相同。鸡冠花开放时间最长，降霜以后，花朵才开始枯萎。

现代描述

　　鸡冠花，*Celosia cristata*，苋科，青葙属。一年生草本，茎直立。叶片卵形、卵状披针形或披针形；花多数，极密生，成扁平肉质鸡冠状、卷冠状或羽毛状的穗状花序，一个大花序下面有数个较小的分枝，圆锥状矩圆形，表面羽毛状；花被片红色、紫色、黄色、橙色或红色黄色相间。花果期7—9月。

原典

【种植】

　　清明下种，喜肥地，用簸箕扇子撒种，则成大片。高者宜以竹木架定，庶遇风雨不摧折、卷屈。

二如亭群芳谱

译文

　　在清明那天播种，鸡冠花喜欢生长在肥沃的土壤里，通过簸箕把种子扇出去进行撒种，就能长出一大片。植株高大的适宜用竹子或木头搭架固定，希望以此确保鸡冠花遇到风雨天不会被折断或卷曲起来。

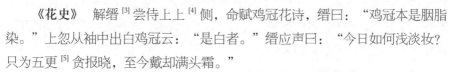

原典

【典故】

　　苏子由[1]**诗注**　矮鸡冠，或云即玉树后庭花。

　　宋时，汴中[2]谓鸡冠花为洗手花，中元节前，儿童唱卖，以供祖先。

　　《**花史**》　解缙[3]尝侍上上[4]侧，命赋鸡冠花诗，缙曰："鸡冠本是胭脂染。"上忽从袖中出白鸡冠云："是白者。"缙应声曰："今日如何浅淡妆？只为五更[5]贪报晓，至今戴却满头霜。"

花谱

草本（二）

注释

[1] 苏子由：即北宋苏辙，字子由，苏轼的弟弟。

[2] 汴中："中"应为"京"之误，汴京即今河南开封。

[3] 解缙：明代人，字大绅，一字缙绅，号春雨、喜易，洪武二十一年进士，
　　官至内阁首辅、右春坊大学士，参预机要事务。

[4] 上：后一个"上"字当为衍文。

[5] 五更：凌晨三点到五点。

译文

　　北宋苏辙《寓居六咏》诗自注　矮鸡冠，有人说就是玉树后庭花。

　　宋代的时候，汴京（今河南开封）把鸡冠花叫作洗手花，在每年农历七月十五中元节前夕，都会有小孩叫卖鸡冠花，人们购买鸡冠花来供奉祖先。

　　明吴彦匡《花史》　解缙有一次在皇帝身边侍奉，皇帝让他以鸡冠花为题作一首诗。解缙说第一句："鸡冠花是胭脂染成的。"皇帝突然从袖子里拿出一朵白色的鸡冠花说："是白色的。"解缙紧接着吟道："为何今天是淡妆？因为想在五更之前及时打鸣报晓，头上到现在还都是霜。"

山 丹

原典

　　一名连珠，一名红花菜，一名红百合，一名川强瞿。根似百合，体小而瓣少，可食，茎亦短小，叶狭长而尖，颇似柳叶，与百合迥别。四月开花，有红白二种，六瓣不四垂，至八月尚烂熳。又有四时开花者，名四季山丹，结小子。燕齐人采其花，晒干，名红花菜，气味甘，凉，无毒。一种高四五尺，如萱花，花大如碗，红斑黑点，瓣俱反卷，一叶生一子，名回头见子花，又名番山丹。一种高尺许，花如朱砂，茂者一干两三花，无香，亦喜鸡粪，其性与百合同，色可观，根同百合，可食，味少苦，取种者辨之。须每年八九月分种，则盛。

万有同春图卷（局部）　［清］钱维城

二如亭群芳谱

130

译文

山丹也叫作连珠、红花菜、红百合、川强瞿。根和百合的根相似，但比百合根体量小、根瓣少，能吃，茎干也很短小，叶片又窄又长且有叶尖，和柳树叶很有些相像，和百合的叶子完全不像。农历四月开花，花朵有红色和白色两种颜色，花朵由六个花瓣组成，花瓣不向四面散垂，到了农历八月依然开得很绚丽。还有一种四季都能开花的，叫作四季山丹，所结种子很小。燕齐一带的人采这种花，晒干，叫作红花菜，气味甘甜，性凉，无毒。有一种高 1.3 米到 1.7 米，所开花朵和萱花相似，有碗那么大，花瓣上有红斑和黑点，花瓣都反向卷曲，一个花瓣结一粒种子，叫作回头见子花，也叫作番山丹。另一种高 30 多厘米，花瓣颜色和朱砂相近，生长繁茂的一株能开两三朵花，没有花香，也喜欢鸡粪肥，习性和百合相同，花色值得观赏，根茎和百合相同，可以吃，味道有些苦，栽种山丹的人要注意辨识。在每年农历八九月分栽，就能茂盛生长。

现代描述

山丹，*Lilium pumilum*，又名细叶百合，百合科，百合属。鳞茎卵形或圆锥形，茎有小乳头状凸起，有的带紫色条纹。叶散生于茎中部，条形。花单生或数朵排成总状花序，鲜红色，下垂，花被片反卷；花丝黄色，花粉近红色，子房圆柱形。蒴果矩圆形。花期 7—8 月，果期 9—10 月。

原典

【种植】

一年一起，春时分种，取其大者併[1]食，小者用肥土，如种蒜法，以鸡粪壅之则茂，一干五六花。

注释

[1] 併：当为"供"的讹误。

译文

　　一年将根茎挖起来一次，春天分割根茎栽种，选取较大的根茎供食用，较小的根茎栽种在肥沃的土壤里，和种蒜的方法相似，用鸡粪土壅培，就能茂盛生长，一株能开五六朵花。

沃 丹

原典

　　一名山丹，一名中庭花，花小于百合，亦喜鸡粪，其性与百合略同，然易变化。开花甚红，诸卉莫及，故曰沃丹。

秋花 ［清］恽寿平

译文

　　沃丹，也叫作山丹、中庭花，花朵要比百合花小一些，也喜欢鸡粪肥，习性和百合约略相同，但是花朵容易产生变化。开花非常红，其他花卉都不及，所以叫作沃丹。

二如亭群芳谱

渥丹，*Lilium concolor*，又名山丹，百合科，百合属。鳞茎卵球形，白色，鳞茎上方茎上有根。叶散生，条形。花 1—5 朵排成近伞形或总状花序；花直立，星状展开，深红色，无斑点，有光泽；花被片矩圆状披针形，蜜腺两边具乳头状凸起；雄蕊向中心靠拢。蒴果矩圆形。花期 6—7 月，果期 8—9 月。本种花瓣不反卷，与上条山丹不同。

花　谱

草本（二）

石　竹

瓯香馆写生册之一　［清］恽寿平

133

草品，纤细而青翠，花有五色、单叶、千叶，又有剪绒，娇艳夺目，媚娟动人 [1]。一云，千瓣者名洛阳花，草花中佳品也。次年分栽则茂，枝蔓柔脆，易至散漫，须用细竹或小苇围缚，则不摧折。王敬美曰："石竹虽野花，厚培之，能作重台异态，他如夜落金钱、凤仙花之类，俱篱落 [2] 间物。"

[1] 动人：打动人心。
[2] 篱落：篱笆。

草本花卉，植株纤细但翠绿，花朵有各种颜色、单瓣、重瓣等品种，还有花瓣顶端边缘齿裂作剪绒状的石竹，娇艳美丽，光彩耀眼，美好而打动人心。有一种说法，重瓣石竹被称作洛阳花，是草本花卉中的佳品。第二年分株栽种，就能茂盛生长，枝蔓柔软脆弱，很容易四散蔓生，要用小竹子或者小芦苇围挡绑缚，就不会被折断。王世懋说："石竹虽然是野生的花卉，但用心栽培，花朵也能产生重台的奇异形态，其他像夜落金钱、凤仙花等，都可以栽种在篱笆下。"

石竹，*Dianthus chinensis*，石竹科，石竹属。多年生草本。茎由根颈生出，疏丛生，直立，上部分枝。叶片线状披针形，全缘或有细小齿。花单生枝端或数花集成聚伞花序；花萼圆筒形；花瓣 5，倒卵状三角形，紫红色、粉红色、鲜红色或白色，顶缘不整齐齿裂，喉部有斑纹；雄蕊露出喉部外，花药蓝色。蒴果圆筒形；种子黑色，扁圆形。花期 5—6 月，果期 7—9 月。

四季花

原典

一名接骨草，叶细花小，色白，自三月开至九月，午开子落。枝叶捣汁，可治跌打损伤，九月内剖根分种。

译文

又叫接骨草，叶片纤细，白色花朵较小，从农历三月到九月一直开放，中午开放，午夜凋零。把它的枝叶捣成汁，能够治疗跌打损伤，农历九月分割根茎栽种。

滴滴金

原典

一名夏菊，一名艾菊，一名旋覆花，一名叠罗黄。茎青而香，叶青而长，尖而无桠，高仅二三尺。花色金黄，千瓣，最细；凡二三层，明黄色，心乃深黄，中有一点微绿者，巧小如钱，亦有大如折二钱者，所产之地不同也。自六月开至八月。苗初生，自陈根出，既则遍地生苗，由花稍[1]头露滴入土，即生新根，故名滴滴金。尝劚[2]地验其根，果无联属。

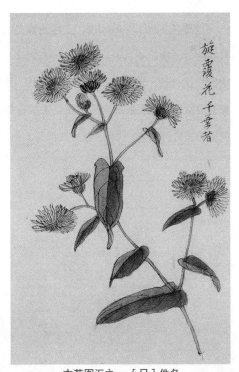

本草图汇之一 ［日］佚名

135

[1] 稍：当为"梢"的讹误。

[2] 副：挖。

译文

　　滴滴金又叫夏菊、艾菊、旋覆花、叠罗黄。绿色的茎干有香味，长长的叶片是绿色的，尖而没有裂口，植株高度只有30到70厘米。花朵金黄色，重瓣的，最小；有二三层明黄色的花瓣，花蕊深黄色、中间带一点绿的，只有小平钱那么大，也有折二铜钱那么大的，是由所生长的土壤不同造成的。从农历六月到八月开放。幼苗最初是从老根上长出来的，后来就会遍地长出嫩苗，由花朵顶端的露水滴到土里，就会生根出苗，所以叫作滴滴金。我曾经把地挖开查看幼苗的根部，果然互不相连。

现代描述

　　旋覆花，*Inula japonica*，又名金佛花、六月菊，菊科，旋覆花属。多年生草本。根状茎短，横走或斜升。茎单生，有时2—3个簇生。基部叶常较小，在花期枯萎；中部叶长圆形、长圆状披针形或披针形，上部叶渐狭小，线状披针形。头状花序，多数或少数排列成疏散的伞房花序。舌状花黄色，舌片线形，管状花花冠长约5毫米，有三角披针形裂片；冠毛1层。瘦果长1—1.2毫米，圆柱形。花期6—10月，果期9—11月。

卉谱

卉谱小序

原典

　　盖闻窗草不除[1]，谓"与自家生意[2]一般"，而折柳必谏[3]，岂为是拘拘[4]者哉？古先哲人，良有深意，非直为一植之微也！试睹勾萌[5]之竞发，抚菁葱[6]之娱目，有不欣然快然，如登春台[7]、如游华胥[8]者乎？感柯条之憔悴，触生机之萎薾[9]，有不戚然、慨然，如疾痛乍撄、痌瘝[10]在体者乎？此何以故？自家之生意也，既为自家生意，而忍任其摧败[11]不为滋培，岂情也哉？然则培之、植之，使鬯[12]茂、条达正，以完自家之生意也。作《卉谱》。

济南王象晋荩臣甫题

卉　谱

卉谱小序

注释

[1] 窗草不除：《程氏遗书》记载："周茂叔窗前草不除去，问之，云：'与自家意思一般。'"周茂叔即北宋理学家周敦颐。

[2] 生意：生命力。

[3] 折柳必谏：南宋朱熹所著《伊川先生年谱》记载："一日，讲罢未退，上忽起凭槛，戏折柳枝，先生进曰：'方春发生，不可无故摧折。'上不悦。"

[4] 拘拘：拘泥。

[5] 勾萌：草木的嫩芽。

[6] 菁葱：青葱。

[7] 登春台：春天登台，远眺览胜。

[8] 游华胥：《列子》载黄帝梦游无忧无虑、怡然自得的华胥仙国，非常快意。

[9] 萎薾：萎靡。

[10] 痌瘝：病痛、疾苦。

[11] 摧败：损坏。

[12] 鬯：同"畅"。

译文

　　我听说周敦颐不除掉窗前的杂草，说"野草的生命力就和自己的生命力一

139

样"，程颐劝谏宋哲宗不应当折取春天初生的柳条，难道他们会拘泥于这些琐事吗？古代的先哲们这样做是有深意的，并不是仅仅为了窗前野草或者发芽的柳树啊！试着去观察草木争先恐后抽发新芽，抚摸着悦目的青葱草木，难道不欣喜快意，如春天登台远眺览胜、梦游无忧无虑的华胥国？感触到草木的枝条憔悴、生机萎靡，难道不忧伤、慨叹，如碰到了痛处、疾苦在身？为什么会这样呢？草木的生命力和自己的生命力是一样的，既然是自己的生命力，难道忍心看着它损坏而不去滋养陪护吗？这难道符合人的本性？所以去陪护、栽种它，使它旺盛繁茂、枝条通达正直，以完善自己的生命力。因此作《卉谱》。

济南王象晋荩臣甫题

早秋图（局部）［元］钱选

二如亭群芳谱

140

卉谱简首

验　草

禾草虫图 ［宋］吴炳嘉

原典

黄帝[1]问于师旷曰："欲知岁之苦乐善恶，可得闻乎？"师旷对曰："岁欲丰，甘草[2]先生；岁欲俭，苦草[3]先生；岁欲恶，恶草[4]先生；岁欲旱，旱草[5]先生；岁欲潦，潦草[6]先生；岁欲疫，病草[7]先生；岁欲流，流草[8]先生。"

又蒹葭[9]初生，剥其小白花尝之，味甘，主水，馊[10]，主旱。

注释

[1] 黄帝：姓姬，号轩辕氏、有熊氏，以土德王，土色黄，故曰黄帝，与炎帝同为中华民族始祖，并称炎黄。

[2] 甘草：荠菜。

[3] 苦草：葶苈。

[4] 恶草：水藻。

[5] 旱草：蒺藜。

[6] 潦草：藕。

[7] 病草：艾草。

[8] 流草：蓬草。

[9] 蒹葭：芦苇。

[10] 馊：酸臭。

　　黄帝问师旷："我想预先知道这一年的年景是苦还是乐、是好还是坏，您能告诉我怎样才能知道吗？"师旷回答说："如果这一年会丰收，那么就会先长荠菜；如果这一年会歉收，那么就会先长葶苈；如果这一年不好，那么就会先长水藻；如果这一年会干旱，那么就会先长出蒺藜；如果这一年会发洪水，那么就会先长出藕；如果这一年疫病流行，那么就会先长出艾草；如果这一年会流离失所，那么就会先长出蓬草。"

　　又，芦苇刚长出来的时候，剥取它的白色芯尝一下，如果味道是甜的，就会发生水灾，如果味道酸臭，就会发生旱灾。

卉之性

原典

　　葶苈死于盛夏，款冬华于严冬。草木之向阳生者，性暖而解寒；背阴生者，性冷而解热。

　　橘、柚凋于北徙，石榴郁于东移，鸠食桑椹而醉，猫食薄荷而晕，芎䓖以久服而身暴亡，黄颡杂荆芥而食，必死。

　　草谓之华，木谓之荣[1]，不荣而实谓之秀，荣而不实谓之英。

得趣在人册之一　[明] 汪中

注释

[1] 草谓之华，木谓之荣：全句出自《尔雅·释草》，有误，应为"木谓之华，草谓之荣"。

译文

　　葶苈在盛夏的时候枯死，款冬在严冬开花。生长在向阳地方的草木，属于暖性植物，能够消解寒症；生长在背阴地方的草木，属于冷性植物，能够消解热症。

橘子树和柚子树移栽到北方，是无法存活的，石榴树移栽到东方，却能茂盛生长，斑鸠吃桑葚就会醉倒，猫吃薄荷会晕眩，长时间服用芎䓖，会导致暴亡，把黄颡鱼和荆芥放在一起吃，一定会被毒死。

木本植物开花称为"华"，草本植物开花称为"荣"，不开花而结实称之为"秀"，开花而不结实称之为"英"。

卉之似

原典

蛇床似蘼芜，荠苨似人参，百部似门冬，拔揳似萆薢，房葵似狼毒，杜蘅似细辛。

南方之草木谓之南荣[1]，草之长如带，薜荔之生似帷，唐诗云"草带消寒翠""云霞生薜帷"。

注释

[1] 南荣：王逸《楚辞注》记载："南方冬温，草木常茂，故曰南荣。"

译文

蛇床和蘼芜相似，荠苨和人参相似，百部和门冬相似，拔揳和萆薢相似，房葵和狼毒相似，杜蘅和细辛相似。

南方的草木被称作南荣，草能长到腰带那么长，生长的薜荔像帷帐一样，所以唐诗里有"草带消寒翠""云霞生薜帷"这样的诗句。

得趣在人册之一 ［明］汪中

143

卉之恶

《楚词》云："蒉菉葹以盈室。"盈室，谓满朝也，北[1]谗佞满朝也。蒉，蒺藜也，菉[2]，菉菉也，葹，卷葹草，拔心不死，三者皆恶草也。

注释

[1] 北：当为"比"的讹误。
[2] 菉：即王刍，也叫荩草。

译文

《楚辞》记载："蒉、菉和葹长满屋子。"盈室，是说满朝堂都是，比喻朝廷里都是谗佞之臣。蒉是蒺藜，菉是菉菉，葹是卷葹草，把它的心抽掉都不会枯死，这三种草都是恶草。

总　论

原典

凡花卉疏果，所产地土不同，在北者则耐寒，在南者则喜暖，故种植、浇灌，彼此殊功，开花结实，先后亦异，高山、平地，早晚不侔。在北者，移之南多茂，在南者，移之北易变，如橘生淮南，移之北则为枳，菁[1]盛北土，移之南则无根，龙眼、荔枝，繁于闽、越，榛、枣、瓜蓏，盛于燕、齐。物不能违时，人岂能强物哉？善植物者，必如柳子[2]所云"顺其天以致其性"[3]，而后"寿且孳"也，斯得种植之法矣。

注释

[1] 菁：即芜菁。
[2] 柳子：即唐代柳宗元，字子厚，河东人，子为尊称。

[3] "顺其天以致其性"：柳宗元《种树郭橐驼传》记载："橐驼非能使木寿且孳也，能顺木之天，以致其性焉尔。"

译文

大凡花草蔬果，所生长的地方不一样，生长在北方的耐寒，生长在南方的喜欢温暖，所以栽种、浇灌的方法也各不相同，开花结果也有先有后，皆不相同，生长在高山上和生长在平地上，开花、结果的早晚也不相同。原本生长在北方的，移植到南方，大多能够茂盛生长；原本生长在南方的，移栽到北方，大多会产生变异。比如，橘树原本生长在淮河以南，移栽到北方，就会变成枳树；芜菁在北方能够茂盛生长，移栽到南方，就不会产生块根；龙眼和荔枝，在福建和广东、广西比较繁盛；榛子、枣、瓜果，在河北北部、山东比较繁盛。世间万物都不能违背时令，人又怎么能强迫它们呢？善于栽种植物的人，一定就像柳宗元所说"顺应它们的天性，使它们的本性得到发扬"，然后它们才能"活得久，并且不断滋生"，这样才算掌握了种植的方法。

卉 谱

卉谱首简

灵 草

蓍

蓍

ノコギリソウ

诗经名物图解之一 ［日］细井徇

原典

　　神草也，能知吉凶。上蔡[1]白龟祠，傍生作丛，高五六尺，多者五十茎。生便条直[2]，秋后[3]花生枝端，红紫如菊花，结实如艾实。"蓍满百茎，其下神龟守之，其上常有青云覆之。"[4]《易》曰："圣人幽赞于神明而生蓍。"又曰："蓍之德圆而神。""天子蓍长九尺[5]，诸侯七尺，大夫五尺，士三尺。"[6]"传曰：'天下和平[7]，王道得，而蓍茎长丈，其丛生满百。'今八十茎以上者，已难得，但得满六十茎、长六尺者，即可用。"[8]"以末大于本者为主，次蒿，次荆，皆以月望，浴之。"[9]然则揲[10]卦无蓍，亦可以荆、蒿代。

注释

[1] 上蔡：明代县名，即今河南省驻马店市上蔡县。

[2] 条直：笔直。

[3] 秋后：立秋以后。

[4] 引自西汉司马迁所著《史记·龟策列传》。

[5] 尺：汉代一尺为现在 23 厘米。

[6] 引自东汉班固所著《白虎通义·蓍龟》。

[7] 和平：政局安定，没有战乱。

[8] 引自西汉司马迁所著《史记·龟策列传》。

[9] 引自西晋张华所著《博物志》。

[10] 揲：按定数更迭数物，分成等分，揲卦时以四根为等分。

译文

　　蓍草，是能够沟通神明的草，能够预知吉凶。河南上蔡县有一座白龟祠，白龟祠旁生长着成丛的蓍草，植株高度能达到 1.7 米到 2 米，最多的能有五十根茎干。天生便很笔直，立秋以后，枝干顶端就会开花，红紫色，和菊花相似，所结果实和艾草所结果实相似。西汉司马迁《史记·龟策列传》记载："如果一株蓍草长了一百条茎，根底下一定会有神龟守护，上面经常会有青云覆盖。"《周易》记载："圣人暗中受到神明佐助，所以神明才会降下蓍草。"又说："蓍策是圆形的，并且能够沟通神明。"东汉班固《白虎通义·蓍龟》记载："皇帝所用的蓍策长九尺，诸侯所用蓍策长七尺，大夫所用蓍策长五尺，士所用蓍策长三尺。"《史记·龟策列传》记载："传注记载：'如果国家政局安定，没有战乱，王道大行，就会产生长一丈的蓍草茎干，一株蓍草能够长出一百根茎干。'现在，能够长出八十根以上茎干的蓍草，就已经很珍贵了，只要一株蓍草能够长出六十根以上的茎干，茎干长度超过六尺，就能够使用了。"西晋张华《博物志》记载："主要使用头部比尾端大的蓍草茎干，其次则用蒿和荆的茎干，都要在农历每月十五日清洗。"这样看来，占卜的时候没有蓍草，也可以用荆和蒿来代替。

现代描述

　　蓍，*Achillea millefolium*，菊科蓍草属。多年生草本，具细的匍匐根茎。茎直立，高 40—100 厘米，有细条纹，通常被白色长柔毛，上部分枝或不分枝。叶无柄，披针形、矩圆状披针形或近条形，二至三回羽状全裂。头状花序多数，密集成直径 2—6 厘米的复伞房状；边花 5 朵；舌片近圆形，白色、粉红色或淡紫红色；盘花两性，管状，黄色，5 齿裂，外面具腺点。瘦果矩圆形，淡绿色。花果期 7—9 月。

芝

花卉图册之一 ［清］赵之谦

原典

瑞草也，一名三秀，一名菌蠢。《神农经》[1]所传五芝云："赤者如珊瑚，白者如截肪[2]，黑者如泽漆[3]，青者如翠羽，黄者如紫金。气和畅，王者慈仁，则芝草生，玉茎紫笋。"又云："圣人休祥，有五色神芝，含秀而吐荣。"《论衡》[4]云："芝草一年三花，食之令人眉寿[5]。"

注释

[1] 此段引文出自《抱朴子·仙药》，非《神农本草经》。

[2] 截肪：切开的脂肪，喻颜色和质地白润。

[3] 泽漆：黑色的漆液。

[4] 《论衡》：东汉王充所著。

[5] 眉寿：长寿。

译文

芝是祥瑞之草，也叫作三秀、菌蠢。《抱朴子·仙药》所记载的五种芝是：

"红色的芝如珊瑚，白色的芝如切开的脂肪，黑色的芝如黑色的漆液，绿色的芝如翠绿的羽毛，黄色的芝如紫金。天地之气温和通畅，帝王慈祥仁德，就会有白色茎干、紫色叶盖的芝产生。"又说："有吉祥的圣人降世，就会有五彩神芝含苞开花。"东汉王充所著《论衡》记载："芝草一年开三次花，服食它能够延年益寿。"

卉谱

灵草

原典

有青云芝，生名山，青盖三重，上有云气，食之，寿千岁，能乘云通天。

龙仙芝，状似飞龙，食之长生。

金兰芝，生冬[1]山阴，金石[2]之间，上有水盖，饮其水，寿千岁。

九曲芝，朱草九曲，每曲三叶。

火芝，叶赤茎青，赤松子所服。

月精芝，秋生山阳石上，茎青上赤，味辛苦，盛以铜器，十月服，寿万岁。

夜光芝，生华阳洞山[3]之阴，有五色浮其上。

萤火芝，生常良山[4]，叶似草，实如豆，食一枚，心中一孔明，食七枚，七孔明，可夜书。

白云芝、云母芝，皆生名山阴，白石上，白云覆之，秋采食，令人身轻。

商山紫芝，四皓[5]避秦入蓝田，采而食之，共入商洛隐地肺山[6]，又转深入终南山，汉祖召之不出。

九光芝、七明芝，皆瑞芝，实石也，状如盘槎[7]，生临水之高山。

凤脑芝，苗如匏，结实如桃。

五德芝，状如车马。

万年芝。

金兰芝。

句曲山[8]有五芝，求之者，投金环一双于石间，勿顾念，必得。第一龙仙芝，食之，为太极仙；第二参成芝，食之，为太极大夫；第三燕胎芝，食之，为正一郎中；第四夜光洞鼻芝，食之，为太清左御史；第五玉料芝，食之，为三官真御史。或云，芝，黄色者为善，黑色者为恶。

注释

[1] 冬：当为"名"的讹误。

[2] 金石：含有炼制丹药所需的铅和汞等金属的石头。

[3] 华阳洞山：即茅山，在今江苏句容县。

[4] 常良山：当为"良常山"的讹误，在今江苏句容县。

[5] 四皓：即商山四皓——东园公、绮里季、夏黄公、用里先生，秦末著名学者、

隐士。

[6] 地肺山：即终南山。

[7] 槎：树枝。

[8] 句曲山：即茅山，在今江苏句容县。

译文

青云芝，生长在名山上，有三层青绿色的芝盖，上面有云雾笼罩，服食它，可以活一千年，能够乘坐云朵升天。

龙仙芝，形状和飞翔的龙相似，服食它能够让人长生不老。

金兰芝，生长在名山的北面，含有炼制丹药所需的铅和汞等金属的石头之间，上面有水覆盖，饮用这水，可以活一千年。

九曲芝，植株是红色的，茎干有九个弯曲，每个弯曲的地方生长三片叶子。

火芝，叶盖是红色的，茎干是绿色的，就是仙人赤松子所服食的。

月精芝，秋天生长在山南的石头上，茎干是绿色的，上面叶盖是红色的，味道苦辣，用铜器盛装，农历十月服食，能活一万年。

夜光芝，生长在江苏句容县茅山的北面，有五彩光漂浮其上。

萤火芝，生长在良常山，叶片和草相似，果实和豆子相似，服食一枚，就能使人的心一窍通明，服食七枚，就能使人的心七窍通明，能够在暗夜中书写。

白云芝、云母芝，都生长在名山北面的白石上，上面有白云覆盖，秋天采收服食，能够使人的身体变轻。

商山紫芝，秦末商山四皓为了躲避战乱，进入陕西蓝田县，采收这种灵芝服食，一起进入陕西的商洛，隐居在终南山，又迁徙深入终南山隐居，汉高祖刘邦征召他们入仕，他们都没有应召。

九光芝、七明芝，都是代表祥瑞的灵芝，实际上是石头，形状和盘曲的树枝相似，生长在临近水边的高山上。

凤脑芝，幼苗和匏相似，所结果实和桃相似。

五德芝，形状和车马相似。

万年芝。

金兰芝。

江苏句容县茅山上有五种芝，想要得到它们，需要把一对金环投进石头里，不要有任何犹疑不舍，就一定能够得到。第一等是龙仙芝，服食它，就能成为太极仙；第二等是参成芝，服食它，能成为太极大夫；第三等是燕胎芝，服食它，能成为正一郎中；第四等是夜光洞鼻芝，服食它，能成为太清左御史；第五等是玉料芝，服食它，能成为三官真御史。有人说，芝中，黄色的芝好，黑色的芝不好。

现代描述

灵芝，*Ganoderma lucidum*，多孔菌科，灵芝属。属真菌类，非植物。菌盖木栓质，肾形，红褐、红紫或暗紫色，具漆样光泽，有环状棱纹和辐射状皱纹，大小及形态变化很大，大型个体的菌盖为 20 厘米 ×10 厘米，一般个体为 4 厘米 ×3 厘米。下面有无数小孔，管口呈白色或淡褐色。菌柄侧生，极少偏生，长于菌盖直径，紫褐色至黑色，有漆样光泽，坚硬。多生于林中枯木上。

卉 谱

灵

草

原典

【典故】

《臞仙神隐》[1] 芝有二种，紫、白二色，形如菌，生于朽木根、朽坏[2] 上者，菌也，芝则有茎，长尺余，与灵芝相似，豫章[3] 西山最多。其灵芝生石上，形如石，可服，秋采之，菌芝可种于阶前。

嘉靖[4] 年，宛平县[5] 民进芝五本，李果以玄岳鲜芝四十本进。三十六年，礼部类进千余本。明年，鄠县[6] 民聚芝百八十一本为山以进，内有径一尺八寸者数本，号白[7] 仙应万年山，巡抚黄光昇进四十九本；十月，礼部类进一千八百六十四本。四十三年，黄金进芝山四座，计三百六十本。

汉武元封二年，甘泉宫产灵芝，九茎连叶[8]，乃作《芝房之歌》，以荐宗庙。

汉宣元康中，金芝九茎产合德殿，色如金。

明帝永平十七年，芝生殿前。

桓帝时，芝生黄藏府[9]。

唐太宗贞观中，安礼门[10] 御榻[11] 产灵芝五茎。贞观十七年，太子寝室中产紫芝共十四茎，并为龙兴凤翥之形。

玄宗天宝中，有玉芝产于大同殿柱础，一本两茎，神光照殿。

肃宗上元二年，含辉院生金芝，又延英殿御座上生玉芝，一茎三花。

武宗起望仙台，空中生灵芝二株，色如红玉。

宋徽宗政和中，蕲州[12] 产芝遍境，计黄芝[13] 一万一千六百本，内一本，紫色九干，尤奇。

注释

[1] 《臞仙神隐》：明太祖朱元璋第十七子宁王朱权著，朱权自号臞仙。
[2] 坏：当为"壤"的讹误，朽壤即腐土。

[3] 豫章：今江西南昌。

[4] 嘉靖：明世宗朱厚熜的年号。

[5] 宛平县：明代县名，地在今北京市内。

[6] 鄠县：即今陕西省西安市户县。

[7] 白：当为"曰"的讹误。

[8] 连叶：异枝之叶连生。

[9] 黄藏府：即中黄藏府，汉代宫中府库名。

[10] 安礼门：唐太极宫的宫门之一。

[11] 御榻：皇帝的坐卧具。

[12] 蕲州：地名，在今湖北长江以北，巴河以东地区。

[13] 黄芝：当为"芝草"的讹误。

译文

明朱权《臞仙神隐》 芝草有紫色和白色两种，形状和菌相似，生长在腐朽的树根、腐土上的是菌。芝草有茎干，长度有 30 多厘米，和灵芝相似，江西南昌西山所产最多。灵芝生长在石头上，形状和石头相似，可以服食，秋天采收，菌芝可以种植在庭阶之前。

明嘉靖年间，宛平县的平民向皇帝进献了五株芝草，太医院御医李果进献玄岳鲜芝四十株。嘉靖三十六年，礼部进献芝草一千多株。第二年陕西西安户县的平民，将一百八十一株芝草垒成山进献给皇帝，里面包含几株菌盖直径达到 60 厘米的，被称作仙应万年芝山；四川巡抚黄光昇向皇帝进献芝草四十九株；十月，礼部进献芝草一千八百六十四株。嘉靖四十三年，御医黄金进献四座由芝草垒成的山，共计使用芝草三百六十株。

西汉元封二年，甘泉宫里长出灵芝，总共有九个茎干，茎干上的叶盖却相互连接生长在一起，于是创作了《芝房之歌》，在宗庙里献祭给先祖。

西汉元康年间，合德殿长出金色芝草，有九个茎干，颜色和黄金相似。

东汉永平十七年，宫殿前面有芝草生长。

东汉桓帝时，中黄藏府长出芝草。

唐贞观年间，太极宫安礼门皇帝的坐卧具旁边长出五株芝草，贞观十七年，太子的卧室里长出十四株紫芝，都呈龙翔凤飞之形。

唐天宝年间，大同殿的柱础石上长出芝草，一株有两个茎干，有神奇的光芒照耀大同殿。

唐上元二年，含辉院长出金芝，延英殿皇帝的宝座上长出玉芝，一个茎干，开出三朵花。

唐武宗建起望仙台，空中长出两株灵芝，颜色和红玉相似。

宋政和年间，蕲州全境都有芝草降生，总计有芝草一万一千六百株，其中有一株是紫色的，有九个茎干，最奇异。

原典

《杂俎》[1] 夜明芝，一株九实，实坠地如七寸镜，夜视有光，茅君[2] 种于句曲山。

《论衡》[3] 汉建初三年，灵零县[4] 女子博宁宅，生芝五本，叶紫色。

唐杜荀鹤[5] 庭前椿树，生二芝，明年及第，因名之曰科名草。

张九龄[6] 居母丧，不胜衰毁[7]，有紫芝产于座侧。

韩思复[8] 为滁州[9] 刺史，有黄芝五株生州署。

邵君[10] 协[11] 宰新昌[12]，五色灵芝十二枝，生便坐之室。

贞观中，滁州山原[13]，遍生芝草。

天宝初，临川[14] 李嘉胤所居柱上生芝，形类天尊[15]。

缪袭[16]《神芝赞》青龙[17] 元年五月庚辰，神芝生长平之习阳[18]，其色紫丹，散为三十六茎，似珊瑚之形。

成化间，长洲[19] 漕湖滩上，生一物白似雪，俨如小儿手臂，长尺许，名曰肉芝。时人不识也，以为异物[20]，取而弃诸湖中。

浙江乌程县[21] 大中丞[22] 潘印川季驯[23]，治河有功，常筑舍于昆山[24] 下，有芝生干[25] 庭，始则一本，色烂然紫，继乃日盛生至百本，扶疏偃仰，照耀人目，因标之曰芝林。

万历三十年，德平[26] 葛祥宇宅产芝，明年登科。

三十一年，费县[27] 王左海[28]、新城[29] 王荩臣[30] 宅，皆产芝，明春俱得俊。

东坡《诗序》云："夜梦游一人家，开堂西门有小园、古井，井上有苍石，石上生紫藤如龙蛇，枝叶如赤箭[31]。主人言此石芝也，余率尔[32] 折食之，味如鸡苏[33]，众皆惊笑。明日作诗以记之。"

卉 谱

灵

草

注释

[1] 《杂俎》：即《酉阳杂俎》的简称，唐代段成式所著。

[2] 茅君：传说中在今江苏句容句曲山修道成仙的西汉茅氏三兄弟。

[3] 《论衡》：东汉王充所著。

[4] 灵零县：当为"零陵郡泉陵县"的讹误，在今湖南省永州市零陵区。

[5] 杜荀鹤：字彦之，自号九华山人，晚唐五代诗人。

[6] 张九龄：字子寿，一名博物，谥

文献，韶州曲江（今广东省韶关市）人，世称"张曲江"或"文献公"，唐朝开元年间名相、诗人。

[7] 衰毁：居亲丧悲伤异常而毁损其身。

[8] 韩思复：字绍出，唐代官员。

[9] 滁州：即今安徽省滁州市。

[10] 邵君：即北宋人邵叶。

[11] 协：当为"叶"的讹误，古代"协"和"叶"音相同。

[12] 新昌：县名，位于浙江省绍兴市。

[13] 山原：山陵和原野。

[14] 临川：今江西省抚州市。

[15] 天尊：道教对所供奉天神中最高贵者的尊称。

[16] 缪袭：字熙伯，三国时曹魏文学家。

[17] 青龙：三国时魏明帝曹叡的第二个年号。

[18] 长平之习阳：即长平县习阳亭，在今河南西华县。

[19] 长洲：明代县名，在今江苏苏州市境内。

[20] 异物：怪物。

[21] 乌程县：明代县名，在今浙江湖州市境内。

[22] 大中丞：明代把副都御使称作大中丞。

[23] 潘印川季驯：即明代潘季驯，字时良，号印川。

[24] 昆山：山名，在今上海。

[25] 千：应为"于"之误。

[26] 德平：县名，在今山东省德州市内。

[27] 费县：即今山东临沂费县。

[28] 王左海：即明代王雅量，字有容，又字襟海，别号左海。

[29] 新城：即今山东省淄博市桓台县新城镇。

[30] 王荩臣：即王象晋，字荩臣。

[31] 赤箭：天麻的别名。

[32] 率尔：随意。

[33] 鸡苏：草名，即水苏。

译文

唐段成式《酉阳杂俎》 夜明芝，一株之上结九个果实，果实坠落到地上以后和七寸镜相似，夜晚会发光，茅君把它栽种在江苏句容茅山之上。

东汉王充《论衡》 东汉建初三年，灵陵县（今湖南省永州市零陵区）一个叫博宁的女子家里长出了五株芝草，叶盖是紫色的。

唐代杜荀鹤庭院前的椿树上，长出两株芝草，第二年就考中进士，因而把它叫作科名草。

唐代张九龄在给母亲守丧期间，因悲伤异常而对身体的毁损非常严重，在他的座位旁边长出紫芝。

唐代韩思复担任滁州刺史的时候，州衙里长出五株黄芝。

北宋邵叶担任新昌知县时，厢房闲居之室长出十二株五彩灵芝。

唐贞观年间，安徽滁州的山陵和原野上，到处都生长芝草。

唐天宝年间，临川（今江西省抚州市）人李嘉胤所居住的屋柱上长出芝草，形状和天尊相似。

三国曹魏缪袭《神芝赞》记载 魏青龙元年农历五月庚辰日，河南西华县长出神芝，颜色是紫红色的，总共有三十六个茎干，形状和珊瑚相似。

明成化年间，江苏苏州漕湖的岸边，长出一个像雪一样白的东西，形状和小孩的手臂相似，有30多厘米长，叫作肉芝。当时的人都不认识，认为是怪物，

二如亭群芳谱

就把它扔到漕湖里了。

明代担任过副都御史的浙江乌程县人潘季驯，号印川，治理黄河有功，曾经在昆山脚下建造屋舍，庭院里长出芝草，刚开始只有一株，颜色是灿烂的紫色，接着便每天茂盛生长，一直长到一百株，稀疏起伏，光芒闪耀人眼，因而把它叫作芝林。

明万历三十年，德平（今山东省德州市）人葛祥宇家里长出芝草，第二年就考中了进士。

明万历三十一年，山东费县的王雅量、新城（今山东省淄博市桓台县新城镇）的王象晋，家里都长出了芝草，第二年他们都考中了进士。

北宋苏轼在《石芝诗序》中说："夜晚做梦，到一户人家去游玩，打开正堂的西门，能看到一个小花园和一口枯井，枯井上有绿色的石头，石头上长着像蛇一样的紫色藤蔓，枝叶和天麻相似。屋主人说那是石芝，我随手摘了一枝服食，味道和水苏差不多，其他人都很惊讶地笑我。第二天我就写了这首诗来记述这个梦。"

卉 谱

灵 草

原典

罗门山食石芝，为地仙。

韩终[1]食山芝，延寿通神明。

兰陵萧静之掘地，得物类人手，肥润而红，烹食之。逾月，发再生，貌少力壮。后遇道士顾静之，曰："神气若是，必饵仙药。"指其脉，曰："所食者，肉芝也，寿等龟鹤矣。"

谢幼贞嗜菌，庭中忽生一菌，状若飞鸟，沈子玉曰："此飞禽芝，以处女中单[2]覆之，则活，煮而食，可数百岁。"谢入取中单，有邻女乞火跨之，翩然飞去，谢但叹恨。

曹大章[3] 芝号无根，以其天所特产，非人力也，然载之图经、芝牒，不可胜数。诸凡草木，芝固贵，而产于铁石[4]者，谓之玉芝。昔东王父服蓬莱[5]玉芝，寿九万岁，赤松居昆仑[6]，尝授神农服芝法，而广成居崆峒[7]之上，亦尝以授轩辕。《水经》[8]言："具茨山[9]有轩辕受《芝图》处。"盖《芝图》自是始也。

注释

[1] 韩终：秦始皇时期的术士。

[2] 中单：里衣。

[3] 曹大章：字一呈，号含斋，明朝嘉靖时大臣、文学家。

[4] 铁石：铁矿石。

[5] 蓬莱：仙山名，相传在大海中。

155

[6] 昆仑：仙山，在青藏高原上。

[7] 崆峒：山名，在甘肃省平凉市。

[8]《水经》：即北魏郦道元所著《水经注》的简称。

[9] 具茨山：即始祖山，是中岳嵩山的余脉，位于河南禹州、新郑、新密、长葛一带。

译文

据传说，服食罗门山所生石芝，就能成为地仙。

秦始皇时期的术士韩终，称服食山芝以后，不但延长寿命，而且能通达神明。

兰陵人萧静之挖地，挖出来一个和人手相像的东西，肥壮润泽而呈红色，就把它煮吃了。过了一个月，已经掉落的头发又长了出来，容貌也变年轻了，力量也增强了。后来碰到一个叫顾静之的道士，说："看你拥有这样的神情气色，一定服食仙药了。"把脉以后说："你所服食的是肉芝，你的生命将像乌龟和仙鹤一样长久。"

谢幼贞特别喜欢吃菌类，庭院里忽然长出一株菌，形状和飞翔的鸟相似，沈子玉说："这叫作飞禽芝，用处女的里衣覆盖，就能成活，把它煮吃了，能活几百年。"谢幼贞进去拿里衣，正好邻居的姑娘来求取火种，从飞禽芝上跨了过去，飞禽芝就飞走了，谢幼贞只能慨叹遗憾。

明代曹大章 芝草被称作无根，因为传说它是上天所生，而不是人工栽培的，但是图经和芝牒对它的记载，数不胜数。在所有草木里，芝草本来就很可贵，而生长在铁矿石上的芝草叫作玉芝，传说以前仙人东王父服食蓬莱仙山所产的玉芝，活了九万年。仙人赤松子居住在昆仑山上，曾经向炎帝神农氏传授服食芝草的方法。仙人广成子居住在崆峒山上，也曾经把服食芝草的方法传授给黄帝轩辕氏。北魏郦道元所著《水经注》记载："具茨山上有黄帝轩辕氏承受《芝图》的遗迹。"大概《芝图》的传承就是从这里开始的吧！

菖 蒲

原典

一名昌阳，一名菖歜，一名尧韭，一名荪，有数种。生于池泽[1]，蒲叶，肥根，高二三尺者，泥蒲也，名白菖；生于溪涧，蒲叶，瘦根，高二三尺者，水蒲也，名溪荪；生于水石之间，叶有剑脊，瘦根密节，高尺余者，石菖蒲也；养以沙石，愈剪愈细，高四五寸，叶茸如韭者，亦石菖蒲也；又有根长二三分，叶长寸许，置之几案，用供清赏[2]者，钱蒲也。服食入药，石蒲为上，余皆不堪。此草新旧相代，冬夏长青。《罗浮山记》言："山中菖蒲，一寸二十节。"《本草》[3]载："石菖蒲，一寸九节者良。"《经》曰："菖蒲九节，仙家所珍。"《春秋斗运枢》曰："玉衡[4]星散为菖蒲。"《孝经援神契》曰："菖蒲益聪。"生石碛[5]者，祁寒、盛暑，凝之以层冰。暴之以烈日，众卉枯瘁，方且郁然丛茂，是宜服之却老。若生下湿之地，暑则根虚，秋则叶萎，与蒲柳[6]何异？乌得益人哉？

花卉图册之一 ［清］金农

卉 谱

灵 草

注释

[1] 池泽：池沼湖泽。

[2] 清赏：清雅的玩物。

[3] 《本草》：《神农本草经》的简称。

[4] 玉衡：北斗七星中的第五星。

[5] 石碛：沙石。

[6] 蒲柳：即红皮柳。

译文

　　菖蒲也叫作昌阳、菖歜、尧韭、荪，有几个品种。生长在池沼湖泽里的，叶片上没有棱脊，根茎肥大，植株高度能达到 60 厘米到 1 米，是泥蒲，也叫作白菖；生长在山溪水涧中的，叶片上没有棱脊，根茎细瘦，植株高度能达到60 厘米到 1 米，是水蒲，也叫作溪荪；生长在水和石头之间的，叶片上有剑脊一样的棱脊，根茎细瘦，根节密集，植株高度能达到 30 多厘米，是石菖蒲；

157

栽种在沙石上的，叶片越剪越细，植株高度在 13 到 17 厘米之间，叶片细密就像韭菜一样的，也是石菖蒲；还有一种，根茎长 6 毫米到 1 厘米，叶片长 3 厘米多，摆放在几案上，充当清雅的玩物，是钱蒲。在服食和当药材使用时，石蒲是上品，其他品种都不好。这种草新旧接续，冬夏常青。《罗浮山记》说："山中的菖蒲，一寸根茎有二十个节。"《神农本草经》记载："石菖蒲，一寸根茎有九个根节的好。"《经》记载："根茎有九个根节的菖蒲，仙人珍视。"《春秋斗运枢》记载："菖蒲和北斗七星中的第五星玉衡相呼应。"《孝经援神契》记载："菖蒲能使人耳聪。"生长在沙石上的菖蒲，无论是严冬结冰的时候，还是盛夏酷热的时候，无论冰层冻结还是烈日暴晒，其他草都枯萎了，只有菖蒲依然生长得很茂盛，这样的菖蒲，确实适宜服食，防止衰老。至于生长在低下潮湿之地的菖蒲，酷暑的时候，根茎虚浮，秋天叶子枯萎，和红皮柳有什么区别呢？服食以后怎么会对人有益处呢？

原典

种类有：

虎须蒲，灯前置一盆，可收灯烟，不薰眼。泉州[1]者不可多备，苏州者种类极粗。盖菖蒲本性，见土则粗，见石则细，苏州多植土中，但取其易活耳。法当于四月初旬收缉几许，不论粗细，用竹剪净剪，坚瓦敲屑，筛去粗头，淘去细垢，密密种实，深水蓄之，不令见日。半月后，长成粗叶，修去，秋初再剪一番，斯渐纤细。至年深月久，盘根错节，无尘埃油腻相染，无日色相干，则自然稠密，自然细短。或曰，四月十四，菖蒲生日，修剪根叶，无逾此时，宜积梅水，渐滋养之。

又有龙钱蒲，此种盘旋可爱，且变化无穷，缺水亦活。夏初，取横云山[2]砂土，拣去大块，以淘净粗者，先盛半盆，取其泄水，细者，盖面与盆口相平。大窠一，可分十，小窠一，可分二三，取圆满而差大者作主，余则视盆大小，旋绕明植。大率第一回不过五窠、六窠，二回倍一，三回倍二，斯齐整可观。经雨后，其根大露，以沙再壅之，只须置阴处，朝夕微微洒水，自然荣茂，不必盛水养之。一月后，便成美观，一年后，盆无余地，二年尽，可分植矣。藏法与虎须蒲略同。

此外，又有香苗、剑脊、金钱、牛顶、台蒲，皆品之佳者。尝谓化工[3]造物，种种殊途，靡不藉阳春[4]而发育，赖地脉[5]以化生，秉景序[6]之推移而荣枯、递变，均未足拟卓然[7]自立之君子也。乃若石菖蒲之为物，不假日色，不资寸土，不计春秋，愈久则愈密，愈瘠则愈细，可以适情[8]，可以养性[9]，书斋左右，一有此君，便觉清趣[10]潇洒，乌可以常品目之哉？他如水蒲虽可供菹[11]，香蒲虽可采黄[12]，均无当于服食，视石蒲不啻径庭[13]矣！

注释

[1] 泉州：今福建泉州市。

[2] 横云山：即今上海市横山。

[3] 化工：自然的造化者。

[4] 阳春：温暖的春天。

[5] 地脉：地气。

[6] 景序：节令。

[7] 卓然：卓越。

[8] 适情：顺适性情。

[9] 养性：修养身心，涵养天性。

[10] 清趣：清新的情趣。

[11] 菹：腌菜。

[12] 黄：指蒲黄，中药材，即香蒲的干燥花粉。

[13] 径庭：悬殊。

卉 谱

灵草

译文

菖蒲的种类有：

虎须蒲，在灯烛前放置一盆，能够吸收灯烛燃烧所产生的烟气，防止烟气熏眼睛。福建泉州所产的虎须蒲，不能养太多，江苏苏州所产的虎须蒲，叶片非常粗。大概是因为菖蒲的本性，长在土里叶片就会变粗，长在水里叶片就会变细，苏州虎须蒲大多栽种在土里，只求容易成活。使其叶片变细的方法是，在农历四月上旬，收集一些虎须蒲，不论叶片粗细都行，用修剪竹子的剪刀把叶片剪干净，把坚硬的瓦片敲成碎屑，把碎屑中粗大的部分筛出去，将剩下的碎屑里所包含的细小污垢淘洗干净，然后将剪去叶的菖蒲密种进去，里面要多蓄一些水，不要让太阳晒到。半个月后，叶片就会长得很粗，剪掉，初秋再剪一次，这样叶片就会慢慢变细。年深月久，根茎盘曲、根节交错，没有尘埃和油垢污染，没有阳光侵犯，那么叶片自然就会变稠密、短小纤细。有人说，农历四月十四是菖蒲的生日，修剪菖蒲的根叶，不要超过这个时间，适宜蓄积梅雨时的雨水，逐渐滋养虎须蒲。

还有龙钱蒲，这个品种叶片盘绕，非常可爱，而且形状的变化无穷无尽，即使缺水，也能成活。初夏，挖取横山上的砂土，把较大的土块挑出去，剩下的淘洗干净，先在花盆里盛放半盆颗粒较大的砂土，以便排水，颗粒较小的砂土覆盖在上面，花盆里所装砂土和花盆口齐平就可以了。一株大的龙钱蒲可以分成十份，小的龙钱蒲可以分成二三份，在分好的龙钱蒲里选取较大且饱满的作为主株，其他的则根据花盆的大小，环绕主株栽植。大体上第一圈不要超过五六株，第二圈比第一圈增加一倍，第三圈比第二圈增加一倍，这样就会很齐整，值得观赏。下过雨以后，龙钱蒲的根会裸露出来，就用沙子壅培，只要放置在背阴的地方，早晚稍微洒一点儿水，自然就能茂盛生长，不一定非得养在水里。一个月以后，就会变得很美观，一年以后，就会把花盘长满，两年以后就可以分株移栽了。收藏方法和虎须蒲大略相同。

除此之外，还有香苗、剑脊、金钱、牛顶、台蒲，都是很好的品种。我曾经说自然造化万物，虽然每种的方法都不一样，但是都需要借助温暖的春天生发孕育，依赖地气变化生长，依据节气的转变而繁荣枯萎、转变，都不能够比拟卓越独立的君子。至于石菖蒲这种草，不依赖阳光，不借助一寸土壤，不管春天还是秋天，生长时间越长就越茂密，土壤越贫瘠叶片就越纤细，可以顺适性情，可以修养身心，书房里一旦养上石菖蒲，就会觉得有洒脱清新的情趣，怎么可以把它当作普通的草来看待呢？其他如水菖蒲能制成腌菜，香菖蒲可以采收中药材蒲黄，但都不适合服食，和水菖蒲相比，可谓相差悬殊啊！

原典

【栽种】

养盆蒲法

种以清泉洁石，壅以积年沟中瓦末，则叶细。畏热手抚摩及酒气、腥味、油腻、尘垢污染，若见日及霜雪、烟火，皆蕤[1]。喜雨露，遂挟而骄，夜息至天明，叶端有缀珠，宜作绵卷小杖挹去，则叶杪不黄。爱涤根，若留以泥土，则肥而粗，须常易去水滓，取清者续，以新水养之，久则细短，油然[2]葱蒨[3]，水用天雨。严冬经冻，则根浮萎腐，九月移置房中，不可缺水，十一月宜去水，藏于无风寒密室中，常墐其户，遇天日暖，少用水浇，或以小缸合之，则气水洋溢[4]，足以滋生，不然便枯死。菖蒲极畏春风，春末始开，置无风处，谷雨后则无患矣。语云："春迟出，春分出室，且莫见雨；夏不惜，可剪三次；秋水深，以天落水养之；冬藏密，十月后以缸合密。"又云："添水不换水，添水使其润泽[5]，换水伤其元气；见天不见日，见天挹雨露，见日恐粗黄；宜剪不宜分，频剪则短细，频分则粗稀；浸根不浸叶，浸根则滋生，浸叶则溃烂。"又云："春初宜早除黄叶，夏日长宜满灌浆，秋季更宜沾重露，冬宜暖日避风霜。"又云："春分最忌摧花雨，夏畏凉浆热似汤，秋畏水痕生垢腻，严冬止畏见风霜。"

注释

[1] 蕤：下垂。

[2] 油然：自然。

[3] 葱蒨：青翠茂盛。

[4] 洋溢：充盈。

[5] 润泽：滋润。

译文

栽种用清澈的泉水、干净的石头，用在沟渠中堆积多年的瓦片捣成的碎屑壅培，菖蒲的叶片就会变细。菖蒲惧怕用热手抚摸，害怕酒气、腥味、油腻和尘垢的污染，如果遭遇日光、霜雪和烟火，叶片都会下垂。喜欢雨水和露水，但不能太多，夜晚休息以后到第二天天明期间，菖蒲的叶片顶端会沾附露珠，适宜把棉花裹在小手杖上蘸去露水，那么叶片顶端就不会枯黄。菖蒲喜欢洗涤根，如果根上有泥土残留，叶片就会变得肥壮粗大，一定要经常把水里的渣滓换掉，再续上清水，用新水养菖蒲，时间长了它的叶片就会变细变短，自然青翠茂盛，水适宜用天上坠落的雨水。寒冷的冬天被冻过以后，菖蒲的根茎就会虚浮、枯萎、腐烂，农历九月要搬到房屋里，不能让它缺水，农历十一月适宜把水去掉，收藏在风吹不到且不寒冷的密闭屋室里，经常把门用泥封住，遇到晴暖的天气，可以稍微浇一点儿水，也可以用小缸扣住，那样气水充盈，足够菖蒲繁殖生长所需，不这样的话，菖蒲就会枯死。菖蒲非常害怕春风，春末才打开小缸，放置在风吹不到的地方，谷雨以后就不用担心了。俗话说："春天要晚点儿搬出来，春分搬到室外以后，暂且不要被雨水淋到；夏天不要爱惜叶片，可以修剪三次；秋天盆里要多蓄积水，用天上坠落的雨水培养；冬天要收藏在密室里，农历十月以后，用缸扣住。"又说："盆里应当添加新水，但不要直接更换旧水，添加新水能滋润菖蒲，直接更换旧水，会损伤菖蒲的元气；要露天放，但不要让阳光照到，露天放利于吸收雨露，被阳光照到叶片会变粗变黄；适宜修剪，但不宜分株，频繁修剪能够使叶片变短变细，频繁分株叶片就会变粗变稀疏；浸泡根茎，但不要浸泡叶片，浸泡根茎利于繁滋生长，浸泡叶片会使叶片腐烂。"又说："初春适宜尽早剪掉枯黄的叶片，夏天适宜经常保持盆里的水是满的，秋天适宜被露水沾湿，冬天适宜照到温暖的阳光，应当躲避寒风霜雪。"又说："春分以后，最忌讳能摧折春花的雨水，夏天害怕盆里的凉水被太阳晒成热水，秋天害怕盆里的水痕产生污垢油腻，严冬害怕寒冷的风霜。"

卉谱

灵草

原典

养石上蒲法

芒种时，种以拳石 [1]，奇峰清漪 [2]，翠叶蒙茸 [3]，亦几案间雅玩也。石须上水者为良，根宜蓄水，而叶不宜近水，以木板刻穴，架置宽水瓮中，停阴所，则叶向上。若室内，即向见明处长，当更移转置之。武康石 [4] 浮松，极易取眼，最好扎根，一栽便活，然此等石甚贱，不足为奇品。惟昆山巧石 [5] 为上，第新得深赤色者，火性未绝，不堪栽种，必用酸米泔 [6] 水浸月余，置庭中日晒雨淋，经年后其色纯白，然后种之。篦片 [7] 抵实，深水盛养一月后，便扎根，比之武康诸石者，细而且短。羊肚石 [8] 为次，其性最咸，往往不能过冬，新得者枯渴 [9]，亦须浸养期年，使其咸渴尽解，然后种之，庶可久耳。凡石上菖蒲，不可时刻缺水，尤宜洗根，浇以雨水，勿见风烟，夜移见露，日出即收。如患叶黄，壅以鼠粪或蝙蝠粪，用水洒之，若欲其直，以绵裹箸头，每朝捋之亦可，若种炭上，炭必有皮者佳。

《艺花谱》[10] 菖蒲，梅雨种石上，则盛而细，用土则粗。

注释

[1] 拳石：制造假山的石头。

[2] 清漪：清澈的水波。

[3] 蒙茸：青翠而茂盛。

[4] 武康石：武康县防风山所产的石头，武康县在今浙江省湖州市德清县武康镇。

[5] 昆山巧石：即今江苏昆山市马鞍山中所产的石头。

[6] 米泔：淘米水。

[7] 篾片：竹片。

[8] 羊肚石：即中药中的海浮石，又名浮石、浮海石，为火山喷出的岩浆形成的多孔状石块，主产于山东、辽宁、广东、福建等沿海地区。

[9] 枯渴：干渴。

[10] 《艺花谱》：明代高濂著。

译文

芒种时节，栽种在制造假山所用的石头上，奇异的山峰、清澈的水波，青翠而茂盛的绿叶，也是几案之间高雅的玩赏品。石头要高出盆中所蓄之水才好，根茎要保持经常有水，但叶片不能靠近水，在木板上掏一个窟窿，把木板架在较宽的水缸上，放置在阴凉的地方，那么叶片就会向上生长。如果放置在室内，就会朝着有光的地方生长，应当不断转动花盆。武康石虚浮松软，在上面打眼很容易，菖蒲也容易扎根，很容易栽活，但是武康石非常低贱，不能算作奇异佳品。昆山巧石用来栽种菖蒲最好，但是刚开采出来呈深红色的昆山石，还保留着火性，不能用来栽种，一定要用发酸的淘米水浸泡一个多月，放置在庭院里经受日晒雨淋，一年以后昆山石的颜色就会变成纯白色，然后用它栽种。用竹片压实，盛放在较深的水里培养一个月以后，菖蒲就能扎根，它的叶片要比栽种在武康石等石头上，纤细而且短一些。海浮石要比武康石差一些，这种石头含有很高的盐分，栽种在这样的海浮石上的菖蒲，经常活不过冬天，刚刚拿到手的海浮石干燥且含盐量高，也得浸泡一年，让它的干燥度和含盐量都降低，然后再用这样的海浮石栽种菖蒲，也许就能活得久一些。大体来说，栽种在石头上的菖蒲，一刻也不能缺水，尤其应当洗涤根茎，用雨水浇灌，不要被烟火熏到，不要被风吹到，夜晚搬到有露水的地方，太阳出来以后就拿回来。如果菖蒲的叶片发黄，就用鼠粪或蝙蝠粪壅培，洒上水，如果想让菖蒲叶变直，就用缠着棉花的筷子头每天早上捋一捋，如果栽种在炭上，就一定要种在带皮的炭上才好。

明代高濂《艺花谱》 菖蒲，每年梅雨的时候栽种在石头上，就会茂盛且叶片纤细，栽种在土里，叶片就会变粗。

原典

【典故】

《月令》[1] 冬至后，菖始生。菖，百草之先生者也，于是始耕。

《典术》[2] 尧时，天降精于庭为薤[3]，感百阴为菖蒲。

《吕氏春秋》[4] 菖蒲名尧韭，能乌发。

《神仙传》[5] 汉武帝上嵩山[6]，忽见有人长二丈，耳出头下垂肩，帝礼而问之，曰："吾九疑山[7]中人也，闻中岳石上有菖蒲，一寸九节，食之可以长生，故来采之。"忽不见。帝谓侍臣曰："彼非欲服食，以此喻朕耳！"

《草木状》[8] 番禺[9]东涧中生菖蒲，皆一寸九节，安期生[10]服之，仙去，但留玉舄[11]在。

《神仙传》 王兴采菖蒲食之，得长生。

《本草》[12] 韩终[13]服菖蒲十三年，身生毛，目视[14]万言，冬袒不寒。苏子由盆中石菖蒲，忽生九花。

《海墨征唐》[15] 僧普寂大好菖蒲，房中种之，成仙人、鸾凤、狮子之状。

卉　谱

灵
草

注释

[1] 《月令》：即《礼记》的《月令》篇。

[2] 《典术》：原书已经亡佚，时代作者不详。

[3] 薤：即小根蒜。

[4] 《吕氏春秋》：战国时秦国相吕不韦所著。

[5] 《神仙传》：东晋葛洪所著。

[6] 嵩山：在今河南省中部的登封市。

[7] 九疑山：在今湖南省南部永州市宁远县。

[8] 《草木状》：即《南方草木状》的简称，晋代嵇含所著。

[9] 番禺：今广东省广州市。

[10] 安期生：战国时齐国人，学黄老之术。

[11] 舄：鞋。

[12] 《本草》：此引文出自东晋葛洪所著《抱朴子》，不是《本草》。

[13] 韩终：秦始皇时的方士。

[14] 目视："目"当为"日"字，"视"后脱"书"字。

[15] 《海墨征唐》：当为《海墨微言》的讹误，原书已经亡佚，时代作者不详。

译文

《礼记·月令》 冬至以后，菖蒲开始生长。菖蒲是所有草中最先生长的，在这时开始耕种。

《典术》 在帝尧的时候，上天在庭院中降下精气成为小根蒜，感受百种阴气，变成菖蒲。

战国吕不韦《吕氏春秋》 菖蒲也叫作尧韭，能够让头发变黑。

东晋葛洪所著《神仙传》 汉武帝登上中岳嵩山，忽然看到一个两米多高的人，耳朵很长，一直下垂到肩部。汉武帝礼敬并向他询问，回答说："我居住在九嶷山里，听说中岳嵩山的石头上生长着菖蒲，一寸根有九个节，服食它能够长生不死，所以来采它。"说完后就突然消失了。汉武帝对随侍的臣子说："他不是想服食，是以此告诉我应该服食九节菖蒲。"

晋代嵇含《南方草木状》 番禺（今广东广州市）东的山涧里生长着菖蒲，一寸长的根茎上都有九个节，战国时齐国安期生服食它以后，变成了神仙，只留下了他所穿的玉鞋。

东晋葛洪《神仙传》 王兴采收菖蒲服食，获得长生。

东晋葛洪《抱朴子》 秦始皇时的方士韩终服食菖蒲十三年，身体上长出毛，一天能读上万字，冬天不穿衣服也不冷。

北宋苏辙养在花盆里的石菖蒲，忽然开了九朵花。

《海墨微言》 普寂和尚非常喜欢菖蒲，在房里栽种，长成仙人、鸾凤、狮子等形状。

原典

张籍[1] 石上蒲，一寸十二节。

梁太祖[2] 后张氏，尝见菖蒲花光彩照灼[3]，非世所有，问侍者，皆不见，因取吞之，后生武帝。

梁文帝[4] 南巡至新野[5]临潭水，两见菖蒲花，乃歌曰："两菖蒲，新野乐。"遂建两菖蒲寺以美之。

赵隐[6]之母蒋[7]氏，见菖蒲花大如车轮，旁有神人守护，戒勿泄则享富贵。年九十四岁，向子孙言之，言讫，得疾而终。

王敬美 菖蒲，以九节为宝，以虎须为美，江西种为贵。本性极爱阴，清明后则剪之，冬则以缸覆之，不惟明目，兼助幽人之致。余尝过武当山[8]青羊涧，见幽胜[9]处辄生泉石上，真有仙气[10]，宜多蓄之。

蒲、谷璧，《礼图》[11]悉作草稼之象，今人发古冢，得蒲璧，刻文蓬蓬[12]如蒲花敷时，谷璧如粟粒尔。

永元[13]中，御刀[14]黄文济家，斋前种菖蒲，忽生花，光影[15]照壁成五采，其儿见之，余人不见也。少时文济被杀。

注释

[1] 张籍：字文昌，唐代诗人。

[2] 梁太祖：即梁武帝萧衍的父亲萧顺之，字文纬，追谥太祖文皇帝。

[3] 照灼：闪耀。

[4] 梁文帝：当为"孝文帝"的讹误，指北魏孝文帝元宏。

[5] 新野：即今河南省南阳市新野县。

[6] 赵隐：南北朝时北齐人，字彦深。

[7] 蒋：当为"傅"的讹误。

[8] 武当山：在今湖北西北部十堰市丹江口市境内。

[9] 幽胜：幽静的胜地。

[10] 仙气：超脱尘俗的风度气质。

[11] 《礼图》：即《三礼图》的简称。

[12] 蓬蓬：细密。

[13] 永元：南朝萧齐东昏侯萧宝卷的年号。

[14] 御刀：即仪刀，古代仪仗中所用之刀。

[15] 光影：光辉。

卉 谱

灵草

译文

唐代张籍栽种在石头上的菖蒲，一寸根茎有十二个节。

南朝萧梁太祖萧顺之的皇后张氏，曾经看见一株菖蒲花光彩闪耀，不像人世间所有的东西，询问旁边的侍者，都说没看见。张氏把它拿来吞食了，生下了梁武帝萧衍。

北魏孝文帝元宏南巡来到河南新野县，靠近水潭的地方，两次见到菖蒲花，于是歌唱："两次见到菖蒲，新野使人快乐。"因而建造了两菖蒲寺来赞美这件事。

北齐赵隐的母亲傅氏，看见菖蒲花有车轮那么大，旁边有神仙守护，神仙告诫傅氏不要泄露她所看到的，就能享受富贵，傅氏九十四岁的时候，对她的子孙说了她看到菖蒲的事，刚说完，就得病死了。

王世懋 菖蒲当中，把九节菖蒲当作宝贝，虎须菖蒲最好看，江西所产品种比较珍贵，生性非常喜欢背阴的地方，清明以后修剪叶片，冬天扣在缸里，不但对眼睛有好处，还能增加幽居之人的情致。我曾经经过湖北武当山青羊涧，看见幽静胜地的泉石之上，生长着菖蒲，真的很有超脱尘俗的风度气质，应当多多蓄积。

蒲璧和谷璧，《三礼图》都画成草和庄稼的形象，现在的人挖开古代的坟墓，获得蒲璧，上面的纹饰细密，就像开花时的菖蒲，谷璧上的纹饰和米粒相似。

南朝萧齐永元年间，仪仗侍卫黄文济家斋前所种菖蒲突然开花了，光辉映照在墙壁上，五彩斑斓，只有他的儿子能看见，其他人都看不见。不久，黄文济就被杀了。

吉祥草 附录吉利草

原典

丛生，不拘水、土、石上，俱可种，色长青，茎柔，叶青绿色，花紫，蓓结小红子，然不易开花。候雨过，分其根，种于阴崖处，即活。惟得水为佳，亦可登盆，用以伴孤石、灵芝，清雅之甚，堪作书窗佳玩。或云花开则有赦，一名花开则家有喜庆事。人以其名佳，多喜种之。或云吉祥草，苍翠若建兰，不藉土而自活，涉冬不枯。杭人多植瓷盎[1]，置几案间，今以土栽，有岐枝者，非是。

注释

[1] 瓷盎：即瓷盆。

译文

丛生，不管是水里、土里还是石头上都能栽种，叶片一年四季常青，叶茎柔软，叶片是青绿色的，花朵是紫色的，花谢后会结红色小种子，但是不容易开花。等下过雨以后，分根移栽到山下背阴处，就能成活。只要保证水充足，也可以栽种在花盆里，让它给奇石和灵芝做伴，非常清新雅致，可以充当书窗前美好的赏玩品。有人说，吉祥草开花，预示着大赦，还有一种说法，吉祥草开花，家里就会有喜庆的事发生。人们因为它的名字好听，很喜欢栽种它。也有人说，吉祥草像建兰一样青翠，不依靠土壤也能成活，过冬也不会枯萎。杭州人把它栽种在瓷盆里，放置在几案上，现在栽种在土里，有分枝的不是吉祥草。

现代描述

吉祥草，*Reineckia carnea*，百合科，吉祥草属。茎粗 2—3 毫米，蔓延于地面，逐年向前延长或发出新枝。叶每簇有 3—8 枚，条形至披针形，先端渐尖，向下渐狭成柄，深绿色。花葶紫红色，穗状花序长 2—6.5 厘米；花芳香，粉红色。浆果直径 6—10 毫米，熟时鲜红色。花果期 7—11 月。

原典

【附录】

吉利草　形如金钗股[1]，根类芍药。

注释

[1] 金钗股：即树葱。

译文

吉利草，形状和树葱相似，根和芍药根类似。

商　陆

本草图汇之一　[日]佚名

一名蓫薚，一名苋陆，一名当陆，一名白昌，一名夜呼，一名章柳，一名马尾，所在有之，人家园圃亦种为蔬。苗高三四尺，青叶大如牛舌[1]而长，茎青赤，至柔脆，夏秋间开红紫花作朵，根如萝卜而长。

注释

[1] 牛舌：即车前草。

译文

商陆，又名蓫薚、苋陆、当陆、白昌、夜呼、章柳、马尾，到处都有，百姓家的园圃里，也把它当作蔬菜种植。植株高度在 1 米到 1.3 米，绿色的叶片有车前草的叶子那么大，但比车前草的叶子长一些，茎干是红绿色的，非常柔软脆弱，夏秋之间开红紫色的花朵，根和萝卜的根相似，但比萝卜的根长。

原典

【辨讹】

赤昌，苗叶绝相类。

译文

赤昌的植株和叶片，与商陆极其相似。

现代描述

商陆，*Phytolacca acinosa*，商陆科，商陆属。多年生草本，高 0.5—1.5 米。根肥大，肉质。茎直立，圆柱形，肉质，绿色或红紫色，多分枝。叶片薄纸质，椭圆形、长椭圆形或披针状椭圆形，两面散生细小白色斑点（针晶体），背面中脉凸起。总状花序顶生或与叶对生，密生多花；花两性，花被片 5，白色、黄绿色，大小相等，花后常反折。果序直立；浆果扁球形，熟时黑色；种子肾形，黑色。花期 5—8 月，果期 6—10 月。

染 草

红 花

原典

　　一名红蓝，一名黄蓝，处处有之。花色红黄，叶绿似蓝，有刺，春生苗，嫩时亦可食，夏乃有花，花下作球，多刺，花出球上，球中结实，白颗如小豆大。其花可染真红[1]及作胭脂，为女人唇妆，其子捣碎，煎汁，入醋拌蔬食，极肥美。又可为车脂及烛。

注释

[1] 真红：即正红，深红色。

译文

　　红花也叫作红蓝、黄蓝，到处都有。花朵是红黄色，绿色的叶片和蓝草叶相似，叶片上有刺，春天长苗，嫩苗可以食用，夏天才开花，花瓣底下为球状物，球状物上有很多刺，花瓣就从球状物上长出来，球状物里结种子，

金石昆虫草木状之一 ［明］文俶

种子为白色颗粒，有小豆那么大。它的花朵能用来给织物染正红色和制作胭脂，作为女人的唇妆，它的种子捣碎煎出汁，加醋拌蔬菜，非常肥美。又可以用来制作马车的润滑油和蜡烛。

现代描述

　　红花，*Carthamus tinctorius*，菊科，红花属。一年生草本。茎直立，上部分枝，全部茎枝白色或淡白色。中下部茎叶披针形、披状披针形或长椭圆形，边缘有锯齿或无锯齿，齿顶有针刺，向上的叶渐小，披针形，边缘有锯齿，齿顶针刺较长。全部叶质地坚硬，革质，半抱茎。头状花序多数，在茎枝顶端排成伞房花序，为苞叶所围绕，

169

苞片椭圆形或卵状披针形，有针刺。小花红色、桔红色。瘦果倒卵形，乳白色，有4棱，棱在果顶伸出。花果期5—8月。

原典

【种植】

地欲熟，二月雨后种，如种麻法，根下须锄净，勿留草秽。五月种晚花，春初即留子，入五月便种，若待新花取子，便晚。新花熟，取子曝干，收若郁浥[1]，即不生。

注释

[1] 郁浥：潮湿不干。

译文

要种在熟地里，农历二月下过雨以后播种，和种麻的方法相同，红花的根底下要锄干净，不要遗留杂草。农历五月可以再播种一茬红花，这次播种所需的种子在初春时就要留好，一进入农历五月便播种，如果等新花采收种子以后再播种就晚了。新种的红花成熟以后，把种子采集起来晒干，如果不晒干就收起来，则种不出来。

原典

【收采】

花生，须日日乘凉采尽，旋即碓捣，熟水[1]淘，布袋绞去黄汁，更捣以酸粟米清泔，又淘，又绞去汁，青蒿覆一宿，晒干收好，勿令浥湿，浥湿则色不鲜。晚花色更鲜明耐久，不黦[2]，胜春种者。

注释

[1] 熟水：开水。　　　　　　[2] 黦：黄黑色。

译文

开花以后，一定要趁着凉爽的时候每天把花摘干净，紧接着便放在臼里捣碎，用开水淘洗，用布袋把黄色的汁液拧去，再加上发酸的清澈小米淘米水捣，再淘洗，再拧去汁液，用青蒿覆盖一晚上，晒干以后收好，不要让它沾湿，沾湿以后所染红色就不鲜艳了。农历五月播种的红花所染的红色更加鲜明持久，不会变成黄黑色，要比春天种的红花染色效果好。

原典

【典故】

新昌[1]徐氏妇产，晕已死，但胸膈[2]微热，名医陆某曰："血闷[3]也。"

取红花数十斤，大锅煮汤，盛三桶，置窗格下，舁[4]妇其上熏之。汤冷，易热者。有顷，指动，半日乃苏。

注释

[1] 新昌：今浙江省东部绍兴市新昌县。

[2] 胸膈：胸腹。

[3] 血闷：内出血。

[4] 舁：抬。

译文

　　浙江新昌县，徐氏妇人分娩时昏死，但胸腹之间还有一丝热气，名医陆某说："这是内出血造成的。"取来几十斤红花，放在大锅里煮，将煮红花的热水盛了三桶，放在窗格底下，把产妇抬到上面熏。水冷了就换上热的。过了一会儿，产妇的手指头动了，半天才苏醒。

卉 谱

染草

茜 草

本草图谱之一 ［日］岩崎灌园

原典

　　一名蒨，一名茅蒐，一名茹藘，一名地血，一名牛蔓，一名染绛草，一名血见愁，一名过山龙，一名风车草。十二月生苗，蔓延数尺，方茎中空，有筋，外有细刺，数寸一节，每节五叶，叶如乌药叶而糙涩，面青背绿。七八月开花，结实如小椒，中有细子，茜根色红。

译文

茜草，又名蒨、茅蒐、茹藘、地血、牛蔓、染绛草、血见愁、过山龙、风车草。农历十二月长出新苗，藤蔓延伸几尺，藤茎是方形的，中空，有棱脊，外面有细刺，每几寸就会有节，每个节上长五片叶子，叶片和乌药的叶子相似，但比乌药叶粗糙干涩，正面是深绿色的，背面是浅绿色的。农历七八月开花，所结果实和小胡椒相似，果实里有小种子，茜草的根是红色的。

原典

【辨讹】

赤柳草，根与茜相似，但酸涩。

译文

赤柳草的根和茜草根相似，但又酸又涩。

原典

【修治】

凡使 [1]，用铜刀于槐砧上剉，日干，勿犯铅铁器。

注释

[1] 使："使"后脱"茜根"二字。

译文

大体来说，使用茜草根的时候，用铜刀在槐木案板上切碎，晒干，不要使用铁器或铅器。

现代描述

茜草，*Rubia cordifolia*，茜草科，茜草属。草质攀援藤木，通常长 1.5—3.5 米；根状茎和其节上的须根均红色；茎数至多条，从根状茎的节上发出，细长，方柱形，有 4 棱，棱上生倒生皮刺，中部以上多分枝。叶通常 4 片轮生，纸质，披针形或长圆状披针形，基部心形，边缘有齿状皮刺，两面粗糙。聚伞花序腋生和顶生，多回分枝，有花 10 余朵至数十朵；花冠淡黄色，干时淡褐色，盛开时花冠檐部直径约 3—3.5 毫米，花冠裂片近卵形。果球形，直径通常 4—5 毫米，成熟时橘黄色。花期 8—9 月，果期 10—11 月。

蓝

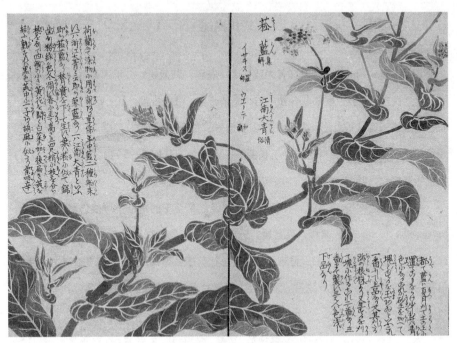

本草图谱之一 [日] 岩崎灌园

染

草

原典

染草也，有数种。大蓝，叶如莴苣而肥厚，微白似壁[1]蓝色；小蓝，茎赤，叶绿而小；槐蓝，叶如槐叶。皆可作靛，至于秋月，煮熟染衣，止用小蓝。崔寔[2]曰："榆荚落时可种蓝，五月可刈蓝，六月可种冬蓝，大蓝。"

注释

[1] 壁：当是"擘"的讹误，即茎蓝。

[2] 崔寔：字子真，又名台，字元始。东汉农学家、文学家，崔骃之孙，崔瑗之子。

译文

蓝，是用来染色的草，有几种。大蓝，叶片和莴苣叶相似，但比莴苣叶肥厚，颜色发白，和擘蓝的颜色相似；小蓝，茎干是红色的，绿色的叶片很小；槐蓝，叶片和槐树叶相似。这些蓝草都可以用来制作染料靛，在秋天，把蓝草

173

煮熟，给衣服染色，只用小蓝。东汉农学家崔寔说："榆荚掉落的时候，就可以种蓝了，农历五月就可以收割蓝草了。农历六月就可以种冬蓝了，冬蓝就是大蓝。"

现代描述

菘蓝，*Isatis indigotica*，又名大蓝，十字花科，菘蓝属。二年生草本，高 40—100 厘米；茎直立，绿色，顶部多分枝，植株光滑无毛，带白粉霜。基生叶莲座状，蓝绿色，长椭圆形或长圆状披针形。花瓣黄白，宽楔形，长 3—4 毫米，顶端近平截，具短爪。短角果近长圆形，边缘有翅。种子长圆形，淡褐色。花期 4—5 月，果期 5—6 月。其根（板蓝根）、叶（大青叶）均供药用，叶可提取蓝色染料。

小蓝所指植物未有定论，根据相关资料及红色茎干的特征，可能为蓼蓝。蓼蓝，*Polygonum tinctorium*，蓼科，萹蓄属。一年生草本。茎直立，通常分枝，高 50—80 厘米。叶卵形或宽椭圆形，干后呈暗蓝绿色。总状花序呈穗状，顶生或腋生；苞片漏斗状，每苞内含花 3—5；花被 5 深裂，淡红色，花被片卵形。瘦果宽卵形，具 3 棱，有光泽，包于宿存花被内。花期 8—9 月，果期 9—10 月。

木蓝，*Indigofera tinctoria*，又名槐蓝、蓝靛、靛，豆科，木兰属。直立亚灌木，高 0.5—1 米；分枝少。羽状复叶长 2.5—11 厘米，小叶 4—6 对，对生，倒卵状长圆形或倒卵形。总状花序，花疏生，花冠伸出萼外，红色，旗瓣阔倒卵形，龙骨瓣与旗瓣等长。荚果线形，长 2.5—3 厘米，外形似串珠状。种子近方形。花期几乎全年，果期 10 月。

原典

【种植】

大蓝也，宜平地，耕熟种之，爬[1]匀，上用荻帘盖之。每早用水洒，至生苗，去帘。长四寸，移栽熟肥畦，三四茎作一窠，行离五寸。雨后并力[2]栽，勿令地燥。白背即急锄，恐土坚也。须锄五遍，日灌之，如瘦，用清粪水浇

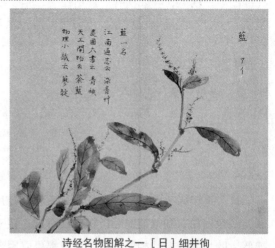

诗经名物图解之一 ［日］细井徇

二如亭群芳谱

174

一二次。至七月间，收刈作靛。

今南北所种，除大蓝、小蓝、槐蓝之外，又有蓼靛，花、叶、梗、茎皆似蓼，种法各土农皆能之。种小蓝，宜于旧年秋及腊月，临种时俱各耕地一次，爬平，撒种后，横直复爬三四次。仅生五叶即锄，有草再锄。五月收割，留根，侯长再割一次。

注释

[1] 爬：通"耙"。　　　　[2] 并力：合力。

译文

大蓝适宜种在平地上，把地耕熟以后再播种，播种以后把地耙匀，上面用荻编成的帘子覆盖。每天早上给它洒水，等到长出苗以后，把帘子拿掉。等到嫩苗长到13厘米左右的时候，移植到耕熟的肥沃土地里，每三四株栽成一丛，每行的间距为17厘米。下过雨以后，合力移植，在土壤干燥以前完成移植。叶片背部变白就赶紧锄地，以免土壤变硬结块。需要锄五遍，每天浇灌，如果土地肥力不足，就用清粪水浇灌一两次。到了农历七月，就可以收割，用来制作染料靛了。

现今南方和北方所种的除了大蓝、小蓝、槐蓝之外，还有蓼靛，花朵、叶片、花梗、茎干都和蓼相似，种植方法各地的农民都擅长。种植小蓝，适宜在上一年的秋天和腊月，即将播种的时候，都要先耕一次地，用耙子把地耙平，播撒种子以后，纵横再耙三四次。只要长出五个叶片，就要开始锄地，长了杂草以后再锄一次。农历五月收割，保留根部，等到长大以后，再收割一次。

原典

【打靛】

《便民图纂》[1]　夏至前后，看叶上有皱纹，方可收割。每五十斤，用石灰一斤，于大缸内水浸。次日变黄色，去梗，用木杷打，转粉青色，变过至紫花色，然后去清水，成靛。

注释

[1]　《便民图纂》：明代邝璠所著。

译文

明代邝璠《便民图纂》　二十四节气的夏至前后，观察蓝草的叶片，有皱纹才可以收割。每五十斤蓝叶，拌上一斤石灰，在大缸里用水浸泡。第二天叶片变成黄色，把叶梗去掉，用木杷敲打，蓝叶变成粉青色，又变成紫花色，然后把清水去掉，就制成靛了。

卉　谱

染
草

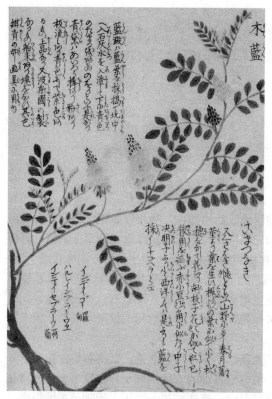

本草图谱之一 ［日］岩崎灌园

【染蓝】

小蓝，每担用水一担，将叶茎细切，锅内煮数百沸，去渣盛汁于缸，每熟蓝三停，用生蓝一停，摘叶于瓦盆内，手揉三次，用熟汁浇，挼滤[1]相合，以净缸盛。用以染衣，或绿或蓝，或沙绿、沙蓝，染工俱于生熟蓝汁内斟酌。割后仍留蓝根，七月割，候八月开花结子，收来，春三月种之。

注释

[1] 挼滤：揉搓过滤。

译文

小蓝叶和水的比例为一比一，把叶茎切碎，在锅里煮滚几百次，把残渣去掉，将汁液盛放在缸里，把煮熟的蓝叶和没煮的蓝叶，以三比一的比例放入瓦盆里，用手揉搓三次，再浇入煮蓝草所得的汁液，揉搓过滤调和，盛放在干净的缸里。用来给衣服染色，不论是染绿色、蓝色、沙绿色还是沙蓝色，染工都可以通过调整生蓝汁和熟蓝汁的比例获得。小蓝收割以后，把根部留着，农历七月收割，等到农历八月开花结子以后，把种子收集起来，来年春天三月播种。

原典

【典故】

《汉宫仪》[1] 蔎园，供染绿纹绶。蔎，小蓝也。

《月令》 仲夏，令民勿艾[2]蓝以染。

注释

[1]《汉宫仪》：东汉应劭所著。

[2] 艾：通"刈"，收割。

东汉应劭《汉宫仪》 蒌园的存在，是为了染绿纹绶。蒌，就是小蓝。

《礼记·月令》 仲夏，让百姓不要收割蓝草染衣。

擘 蓝

卉 谱

染草

原典

一名芥蓝,叶色如蓝,芥属也,南方谓之芥蓝,叶可擘[1]食,故北方谓之擘蓝。叶大于菘[2], 根大于芥, 台苗大于白芥, 子大于蔓菁, 花淡黄色。三月花, 四月实, 每亩可收三四石。叶可作菹或作干菜, 又可作靛, 染帛胜福青。

注释

[1] 擘：通"掰"。
[2] 菘：白菜。

译文

擘蓝, 也叫作芥蓝, 叶色和蓝草相似, 其实和芥是一类, 南方把它叫作芥蓝, 叶片可以掰下来食用, 所以北方把它叫作擘蓝。叶片比白菜叶大, 根比芥菜根大, 台苗比白芥苗大, 种子比蔓菁种子大, 花朵是淡黄色的。农历三月开花, 四月结子, 每亩地能够采收三四石。叶片可以制成腌菜或者干菜, 也可以用来制作靛, 给帛染色, 效果比福青要好。

现代描述

擘蓝, *Brassica caulorapa*, 又名球茎甘蓝, 十字花科, 芸苔属。二年生草本, 高30—60厘米, 带粉霜; 茎短, 在离地面2—4厘米处膨大成1个实心长圆球体或扁球体, 绿色, 其上生叶。叶略厚, 宽卵形至长圆形, 长13.5—20厘米, 边缘有不规则裂齿; 茎生叶长圆形至线状长圆形, 边缘具浅波状齿。总状花序顶生; 花直径1.5—2.5厘米。种子直径1—2毫米, 有棱角。花期4月, 果期6月。

原典

【种植】

种无时,收根者须四五月种,少长,擘其叶,渐擘根渐大,八九月并根叶取之。地须熟耕, 多用粪土, 喜虚浮, 土强[1]者多用灰粪[2]和之, 疏行则本大而子多, 每本约相去一尺。即干枯之后, 根复生叶, 或并劚去大根, 稍存入土细根, 来年亦生, 经数年不坏。

注释

[1] 土强:板结坚硬的土地。

[2] 灰粪:草木灰。

译文

种芥蓝没有一定的时间,采收根部的要在农历四五月播种,稍微长大一些,就开始掰它的叶片,不断掰叶,根部就会不断增大,农历八九月的时候,连根带叶一起采收。土地一定要耕熟,多上一些粪土,它喜欢疏松的土壤,土地板结坚硬的话,就要多施草木灰肥,行间距大就能使芥蓝的植株高大且种子多,每株之间大约间隔30多厘米。即使是植株干枯以后,根上还是会长出叶,或者连大根一起挖了,只要地里还有细根存留,第二年还能长出,能持续几年。

蔓草

苜蓿

金石昆虫草木状之一 ［明］文俶

原典

一名木粟，一名怀风，一名光风草，一名连枝草。张骞[1]自大宛[2]带种归，今处处有之。苗高尺余，细茎分叉而生叶，似豌豆，颇小，每三叶攒生一处，梢间开紫花，结弯角，中有子，黍米大，状如腰子[3]。三晋为盛，秦、齐、鲁次之，燕、赵又次之，江南人不识也。

注释

[1] 张骞：字子文，西汉代杰出的外交家、旅行家、探险家，丝绸之路的开拓者。

[2] 大宛：古代中亚国名，在今费尔干纳盆地。

[3] 腰子：即肾。

译文

苜蓿，又叫作木粟、怀风、光风草、连枝草。种子是西汉张骞从大宛国带

179

回来的，现在到处都有。植株高30多厘米，纤细的茎干上分出小茎，小茎上长叶，叶片和豌豆叶相似，但要小一些，每三片叶子聚集在一起生长，顶端开紫色的花，花谢后结弯角形果实，里面有种子，种子像小米那么大，形状和腰子相似。山西比较兴盛，其次是陕西和山东，再次是河北和北京，长江以南的人不认识苜蓿。

现代描述

紫苜蓿，*Medicago sativa*，又名苜蓿，豆科，苜蓿属。多年生草本，高30—100厘米。根粗壮发达，茎直立、丛生以至平卧，四棱形。羽状三出复叶；小叶长卵形、倒长卵形至线状卵形，纸质，边缘三分之一以上具锯齿，深绿色。花序总状或头状，长1—2.5厘米，具花5—30朵；花长6—12毫米，萼钟形；花冠各色：淡黄、深蓝至暗紫色，旗瓣较翼瓣和龙骨瓣长。荚果螺旋状紧卷2—4(6)圈，熟时棕色；有种子10—20粒。花期5—7月，果期6—8月。世界各国广泛种植为饲料与牧草。

原典

【种植】

夏月，取子和荞麦种，刈荞时，苜蓿生根，明年自生，止可一刈，三年后便盛，每岁三刈，欲留种者止一刈，六七年后，垦去根，别用子种。若效两浙种竹法，每一亩，今年半去其根，至第三年，去另一半，如此更换，可得长生，不烦更种。若垦后次年种谷，必倍收，为数年积叶坏烂，垦地复深，故今三晋人刈草三年即垦作田，亟欲肥地种谷也。

译文

夏天和荞麦一起播种，收割荞麦时，苜蓿开始生根，第二年自然就会长出苜蓿，但只能割一次，三年以后，生长旺盛，每年可以割三次，如果想采收种子，那么只能割一次，六七年以后，把根挖掉，重新播种种子。也可以效法浙东和浙西种竹子的方法，每一亩竹子，今年挖掉一半竹子的根，到了第三年，把另一半竹子的根挖掉，这样轮换，就能永久生长，不用再次播种种子了。如果把根挖掉的第二年播种谷物，那么收成将是普通田地的二倍，这是因为几年堆积的苜蓿叶，腐烂后变成了肥料，挖根又把地耕得很深，所以现在山西人割三年苜蓿草以后，就会把根挖掉，开垦成农田，着急得到肥沃的土地播种谷物。

原典

【典故】

《史记·大宛传》[1] 宛左右以蒲萄为酒，富人藏酒至万余石，久者，数十年不败。俗嗜酒，马嗜苜蓿。汉使取其实来，于是天子始种苜蓿、蒲萄肥饶地，及天马多、外国使来众，则离宫、别观傍，尽种蒲萄、苜蓿，极望。

《元史·食货志》[2] 世祖初，令各社[3]种苜蓿，防饥年。

乐游苑[4]自生玫瑰树，下多苜蓿。苜蓿一名怀风，或谓光风，其间肃然，自照风过，其花有光采。[5]

卉　谱

蔓

草

注释

[1]《史记》：西汉司马迁所著。

[2]《元史》：明代宋濂领衔编撰。

[3] 社：元代基层社会管理组织，五十家为一社。

[4] 乐游苑：在今陕西西安青龙寺。

[5] 此段引文错乱，《西京杂记》原文作："乐游苑自生玫瑰树，树下有苜蓿，苜蓿一名怀风，时人或谓之光风，风在其间常萧萧然，日照其花有光采，故名苜蓿为怀风，茂陵人谓之连枝草。"

译文

西汉司马迁《史记·大宛传》 大宛国附近，用葡萄酿酒，富人储藏的葡萄酒能达到一万多石，存放时间长的，几十年都不会坏。民俗嗜好饮酒，马嗜好吃苜蓿。汉朝使者把种子带了回来，于是皇帝开始把苜蓿和葡萄种植在肥沃的土地里，等到西域进献的良马增多、外国来的使者增加，就在离宫、别观的旁边，都种上苜蓿和葡萄，一眼望不到头。

明代宋濂主编《元史·食货志》 元世祖忽必烈初年，颁布法令让所有的社都种植苜蓿，用来防止饥荒。

位于西安青龙寺的乐游苑，自然生长一棵玫瑰树，树底下长着很多苜蓿。苜蓿也叫作怀风、光风，风在苜蓿之间吹过留下萧萧风声，太阳照在苜蓿花上，光彩耀眼。

蒺 藜 附录沙苑蒺藜

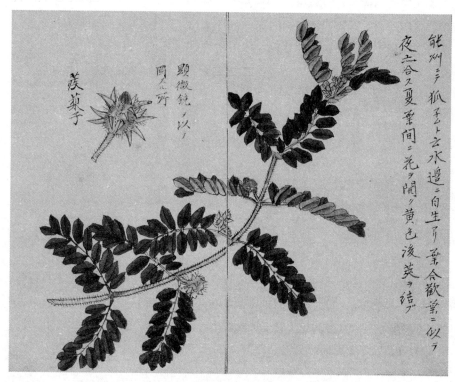

本草图汇之一 [日]佚名

原典

一名茨，一名推升，一名旁通，一名屈人，一名止行，一名休羽。多生道旁及墙头，叶四布，茎淡红色，旁出细茎，一茎五七叶，排两旁，如初生小皂荚叶，圆整可爱。开小黄花，结实，每一朵蒺藜五六枚，团砌如扣，每一蒺藜子，如赤根菜[1]子及小菱，三角四刺，子有仁。

注释

[1] 赤根菜：即菠菜。

译文

蒺藜，也叫作茨、推升、旁通、屈人、止行、休羽。大多生长在道路旁边

二如亭群芳谱

或者墙头上，叶片分布四方，藤茎是淡红色的，藤茎上会长出细茎，每个细茎上生长五到七片叶子，排列在细茎两旁，和刚出来的皂荚树叶相似，近圆形而排列整齐，很可爱。开黄色小花，花谢后结果实，每一朵能结五六枚蒺藜，团团垒砌就像扣住一样，每一枚蒺藜和菠菜的种子以及菱角相似，呈三角形，有四根刺，里面有仁。

现代描述

蒺藜，*Tribulus terrester*，蒺藜科，蒺藜属。一年生草本。茎平卧，枝长 20—60 厘米，偶数羽状复叶，长 1.5—5 厘米；小叶对生，3—8 对，矩圆形或斜短圆形，长 5—10 毫米，宽 2—5 毫米，全缘。花腋生，花梗短于叶，花黄色；花瓣 5。果有分果瓣 5，硬，长 4—6 毫米，中部边缘有锐刺 2 枚，下部常有小锐刺 2 枚，其余部位常有小瘤体。花期 5—8 月，果期 6—9 月。

原典

【附录】

沙苑蒺藜，出陕西同州 [1] 牧马草地，近道亦有之，细蔓绿叶，绵布沙上。七月开花，黄紫色，如豌豆花而小，九月结荚，长寸许，形扁，缝在腹背，与他荚异，中有子，似羊内肾，大如黍粒，褐绿色。

注释

[1] 同州：即今渭南市大荔县。

译文

沙苑蒺藜，产自陕西同州（今渭南市大荔县）牧马的草地上，接近道路的地方也有，较细的藤蔓上长着绿色的叶片，绵密地分布在沙地上。农历七月开花，花朵是黄紫色的，和豌豆花相似，但要小一些，农历九月结荚果，荚果长 3 厘米多，扁状，裂缝在荚果的腹部和背部，和其他植物的荚果不同，荚果里有种子，和羊的内肾相似，有小米粒那么大，呈褐绿色。

　　背扁黄耆，*Astragalus complanatus*，又名扁茎黄耆、沙苑蒺藜、沙苑子，豆科，黄耆属。黄耆，即中药材通称的"黄芪"。主根圆柱状，长达 1 米。茎平卧，长 20—100 厘米，有棱。羽状复叶具 9—25 片小叶；小叶椭圆形或倒卵状长圆形，长 5—18 毫米，宽 3—7 毫米。总状花序生 3—7 花，花萼钟状，被灰白色或白色短毛；花冠乳白色或带紫红色。荚果略膨胀，狭长圆形，长达 35 毫米，宽 5—7 毫米，两端尖，背腹压扁，微被褐色短粗伏毛，有网纹；种子淡棕色，肾形。花期 7—9 月，果期 8—10 月。

芳　草

阑天竹

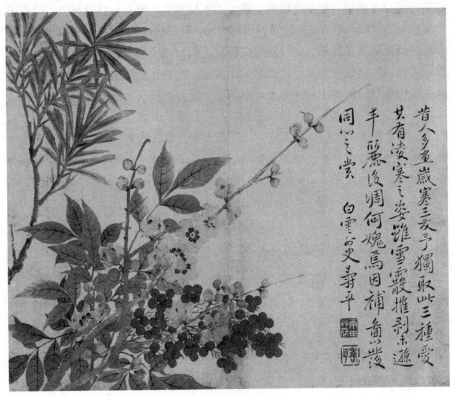

岁寒三友图 ［清］恽寿平

原典

　　一名大椿，干生年久，有高至丈余者，糯者矮而多子，粳者高而不结子。叶如竹，小锐，有刻缺[1]。梅雨中开碎白花，结实枝头，赤红如珊瑚，成穗，一穗数十子，红鲜可爱，且耐霜雪，经久不脱。植之庭中，又能辟火。性好阴而恶湿，栽贵得其地。秋后髡其干，留孤根[2]，俟春遂长条，肆[3]而结子，则身低矮、子蕃衍。可作盆景，供书舍清玩。浇用冷茶，或臭酒糟水，或退鸡鹅翎水，最妙。壅以鞋底泥，则盛。

注释

[1] 刻缺：即缺刻，指叶片边缘凹凸不齐。
[2] 孤根：独生的根。
[3] 肄：嫩。

译文

　　阑天竹，也叫作大椿，它的枝干，生长年头长的，能达到3米多。枝干柔软的，低矮而结很多果实，枝干坚硬的，高大而不结果实。叶片和竹叶相似，较小但很尖锐，边缘凹凸不齐。在夏季梅雨的时候，开白色小花，在枝干顶端结果实，赤红色的果实就像珊瑚一样，连缀成穗状，每一穗有数十颗果实，鲜红而惹人怜爱，而且能够经受住霜雪，长时间不掉落。栽种在庭院里，还能避免房屋失火。生性喜欢背阴的地方，但厌恶潮湿，一定要栽种在适宜的土地上。秋天以后，把它的枝干剪秃，只保留独生的根，等到春天开始生长枝条，在嫩条上结果实，就会使阑天竹的植株变矮、果实增多。可以做盆景，作为书房里清雅的玩赏品。用放冷的茶水浇灌，也可以用发臭的酒糟水或煺鸡毛、鹅毛的废水浇灌，都很好。用鞋底所沾泥土壅培，就能茂盛生长。

现代描述

　　南天竹，*Nandina domestica*，又名蓝田竹，小檗科，南天竹属。常绿小灌木。茎常丛生而少分枝，高1—3米，幼枝常为红色，老后呈灰色。叶互生，集生于茎的上部，三回羽状复叶，长30—50厘米；小叶薄革质，椭圆形或椭圆状披针形，上面深绿色，冬季变红色。圆锥花序直立，长20—35厘米；花小，白色，具芳香，直径6—7毫米；花瓣长圆形。浆果球形，直径5—8毫米，熟时鲜红色，稀橙红色。种子扁圆形。花期3—6月，果期5—11月。

原典

【种植】

　　春时，分根旁小株种之，即活，亦可子种。

译文

　　春天，分阑天竹根旁长出的小苗，进行移栽，就能成活，也可以通过播种种子繁衍。

虎刺

原典

　　一名寿庭木，叶深绿而润，背微白，圆小如豆，枝繁细，多刺。四月内开细白花，花开时，子犹未落，花落结子，红如丹砂，子性坚，虽严冬厚雪不能败。产杭之萧山[1]者，不如虎丘[2]者更佳。最畏日炙，经粪便死，即枯枝，不宜热手摘剔，并忌人口中热气相近。宜种阴湿之地，浇宜退鸡鹅水及腊雪水。培护年久，绿叶层层如盖，结子红鲜，若缀火齐[3]然。

注释

[1] 萧山：古县名，即今浙江杭州萧
　　山区。

[2] 虎丘：山名，在今江苏苏州。

[3] 火齐：宝珠名。

译文

　　虎刺，也叫作寿庭木，深绿色的叶片很莹润，背面有些发白，又圆又小，和豆叶相似，枝干繁密而纤细，上面长着很多刺。农历四月开白色小花，开花的时候，上一年的果实还没有掉落，花朵凋零以后会结果实，颜色鲜红，就像朱砂一样，果实生性坚硬，即使在寒冷的冬天，

金石昆虫草木状之一 ［明］文俶

堆起厚厚的积雪，果实依然无恙。浙江杭州萧山所产虎刺，不如江苏苏州虎丘所产。最害怕太阳晒，一浇粪就会死，即使有枯萎的枝叶，也不要直接用温热的手去摘除，而且忌讳人嘴里的热气靠近。适宜栽种在背阴潮湿的地方，浇灌适合用熄鸡毛、鹅毛的废水或者腊月的雪水。培植、养护的时间长了，绿色的叶片层层叠加，就像伞盖一样，所结果实鲜红，就像连缀成串的火齐宝珠一样。

现代描述

虎刺，*Damnacanthus indicus*，又名刺虎、伏牛花、绣花针，茜草科，虎刺属。具刺灌木，高 0.3—1 米，具肉质链珠状根；茎下部少分枝，上部密集多回二叉分枝，幼嫩枝密被短粗毛，节上托叶腋常生 1 针状刺；刺长 0.4—2 厘米。叶常大小叶对相间，卵形、心形或圆形，顶端锐尖，边全缘，基部常歪斜。花两性，1—2 朵生于叶腋；花萼钟状，花冠白色，管状漏斗形，长 0.9—1 厘米，外面无毛，内面自喉部至冠管上部密被毛。核果红色，近球形，直径 4—6 毫米。花期 3—5 月，果熟期冬季至次年春季。

原典

【种植】

春初分栽，此物最难长，百年者，止高三四尺。

译文

春初分株栽种，虎刺生长非常缓慢，生长一百年，植株高度也只有 1 米到 1.3 米。

芸 香 附录茅香、郁金

原典

一名山矾，一名梿花，一名柘花，一名玚花，一名春桂，一名七里香。叶类豌豆，生山野，作小丛。三月开小白花而繁，香馥甚远，秋间，叶上微白如粉，江南极多。大率香草，花过则已，纵有叶香者，须采而嗅之方香。此草香闻数十步外，栽园亭间，自春至秋，清香不歇绝。可玩簪之，可以松发。置席下去蚤、虱，置书帙中去蠹。古人有以名阁者。

译文

芸香，也叫作山矾、梿花、柘花、玚花、春桂、七里香。叶片和豌豆叶相似，生长在山岭原野之中，聚集成一小丛。农历三月会开繁多的白色小花，浓郁的香气能够传播很远，秋天的时候，叶片会有些发白，就像涂了一层粉一样，江南非常多。大体来说，带有香味的草，花开过以后香味也就消失了，即使叶片香的草，也需要把叶片摘下来放在鼻子前嗅，才能闻到香味。但是芸香的香味能够传播到几十步以外，栽种在园圃花亭之间，从春天到秋天，清香不绝。可以玩赏簪戴，可以使头发变得蓬松。放置在卧席底下，能够去除跳蚤和虱子，放在书套中，能够去除蠹虫。古代有人用"芸香"二字给楼阁命名。

现代描述

山矾，*Symplocos sumuntia*，山矾科，山矾属。乔木，嫩枝褐色。叶薄革质，长3.5—8厘米，宽1.5—3厘米，先端常呈尾状渐尖，基部楔形或圆形；中脉在叶面凹下，侧脉和网脉在两面均凸起。总状花序长2.5—4厘米，被展开的柔毛；花萼筒倒圆锥形，花冠白色，5深裂几达基部，长4—4.5毫米。核果卵状坛形，长7—10毫米，外果皮薄而脆。花期2—3月，果期6—7月。另有名为芸香的草本植物，但与文中描述不符。

原典

【种植】

此物最易生，春月分而压之，俟生根移种。

译文

芸香非常容易繁衍生长，春天的时候，分出一枝用土埋压，等到被埋压的枝子长出根须，就可以移栽了。

原典

【附录】

茅香，闲地种之，洗手，香终日。一年数刈，房中时烧少许亦佳。《本草》云："苗叶煮作浴汤，令身香，同藁本，尤佳。"

译文

茅香，栽种在空闲的土地上，用它洗手，手上的香味能够保持一整天。一年收割几次，在屋子里不时焚烧一些也挺好的。明代李时珍所著《本草纲目》记载："用茅香的枝叶煮洗澡水，能够使身体变得芳香，和藁本的作用是一样的，功效非常好。"

金石昆虫草木状之一 ［明］文俶

卉 谱

芳草

189

现代描述

茅香，*Hierochloe odorata*，禾本科，茅香属。多年生。根茎细长。秆高50—60厘米，具3—4节，上部长裸露。叶鞘无毛或毛极少，长于节间；叶舌透明膜质，先端啮蚀状；叶片披针形，质较厚，上面被微毛，长5厘米，宽7毫米。圆锥花序长约10厘米；小穗淡黄褐色，有光泽，颖膜质；雄花外稃稍短于颖，孕花外稃锐尖。花果期6—9月。含香豆素，可用作香草浸剂；其根茎蔓延可巩固坡地以防止水土流失。

原典

郁金，芳草也，产郁林州[1]，十二叶，为百草之英。《周礼》："凡祭祀，宾客之裸事[2]，和郁鬯以实彝。"盖酿之以降神者。又香可佩，宫嫔多服之。

注释

[1] 郁林州：即今广西玉林市。

[2] 裸事：即裸礼，周代重要的礼仪，其中有以酒浇地祭奠祖先的内容。

金石昆虫草木状之一 ［明］文俶

译文

郁金，散发香味的草，产自郁林州（今广西玉林市），有十二片叶子，是所有草中的精华。《周礼》记载："大凡祭祀和宴宾客，举行裸礼的时候，就调和郁金和鬯酒盛在彝器中。"大概酿造郁鬯酒，是为了使神灵闻到香味而降临。郁金又有香味，可以佩戴，皇宫里的嫔妃经常佩戴它。

现代描述

郁金，*Curcuma aromatica*，又名姜黄，姜科，姜黄属。株高约1米；根茎肉质，肥大，椭圆形或长椭圆形，黄色，芳香；根端膨大呈纺锤状。叶基生，叶片长圆形，长30—60厘米，宽10—20厘米。花葶单独由根茎抽出，与叶同时发出或先叶而出，穗状花序圆柱形，长约15厘米，直径约8厘米；花冠管漏斗形，长2.3—2.5厘米，喉部被毛，裂片长圆形，白色而带粉红，后方的一片较大；侧生退化雄蕊淡黄色，唇瓣黄色，倒卵形，顶微2裂。花期4—6月。产我国东南部至西南部各省区，东南亚各地亦有分布。

卉 谱

芳
草

原典

【典故】

芸香出于阗国[1]，其香洁白如玉，入土不朽，唐元载[2]造芸晖堂，以此为屑涂壁。

王敬美 山矾，一名海桐树，婆娑可观，花碎白而香，宋人灰其叶造黝紫色，今人不知也。以山谷[3]诗，遂得兄梅，幸矣。柑、橘花皆清香，而香橼花尤酷烈，甚于山矾，结实大而香，山亭前及厅事[4]两墀，皆可植。

注释

[1] 于阗国：西域古国名，在今新疆和田县。

[2] 元载：字公辅，唐朝宰相。

[3] 山谷：即北宋黄庭坚，字鲁直，号山谷道人，晚号涪翁。

[4] 厅事：指官署视事问案的厅堂。

译文

芸香产自新疆和田县，这种香料像玉石一样洁白，即使埋在土里也不会腐坏，唐代宰相元载建造芸晖堂，用芸香的屑末涂刷墙壁。

王世懋 山矾，也叫作海桐树，枝干优美，值得观赏，开带有香味的白色小花，宋代人把山矾的叶子烧成灰，用它把衣服染成黑紫色，现今的人已经不知道方法了。因为北宋黄庭坚的《戏咏高节亭边山矾花诗》，于是把山矾和梅花比作兄弟，对山矾来说也是非常幸运的。柑花和橘花都有清香，而香橼的花香尤其浓烈，要比山矾的香味浓，所结果实又大又香，在山亭前面和官署视事问案的厅堂两边的台阶旁，都可以栽种。

蕉 附录凤尾蕉、水蕉、甘蕉

扇面　［明］沈周

原典

一名甘蕉，一名芭蕉，一名芭苴，一名天苴，一名绿天，一名扇仙，草类也。叶青色，最长大，首尾稍尖。鞠不落花，蕉不落叶，一叶生，一叶焦，故谓之芭蕉。其茎软，重皮相裹，外微青，里白。三年以上即著花，自心中抽出一茎，初生大萼，似倒垂菡萏，有十数层，层皆作瓣，渐大则花出瓣中。极繁盛，大者一围[1]余，叶长丈许，广一尺至二尺，望之如树。

生中土[2]者，花苞中积水如蜜，名甘露，侵晨[3]取食，甚香甘，止渴延龄，不结实。生闽、广者，结蕉子，凡三种，未熟时苦涩，熟时皆甜而脆。一种大如指者，长大七寸，锐似羊角，两两相抱，剥其皮，黄白色，味最甘，名羊角蕉，性凉去热。一种大如鸡卵，类牛乳，名牛乳蕉，味微减。一种大如莲子，长四五寸，形正方，味最劣。《建安草木状》[4]："芭树，子房相连，味甘美，可蜜藏，根堪作脯。"发时分其勾萌，可别植，小者以油簪横穿其根二眼，则不长大，可作盆景，书窗左右，不可无此君。性畏寒，冬间删去叶，以柔穰[5]苴[6]之，纳地窖中，勿着霜雪冰冻。

192

注释

[1] 鞠：通"菊"。

[2] 一围：两只胳膊合围起。

[3] 中土：中原地区。

[4] 侵晨：黎明。

[5] 《建安草木状》：原书已经亡轶，时代作者不详。

[6] 柔穰：柔软的穰草。

[7] 苴：包裹。

卉　谱

芳
草

译文

　　蕉，也叫作甘蕉、芭蕉、芭苴、天苴、绿天、扇仙，是草本植物。叶片青绿色，是草本植物中最长最大的，叶片的顶端和尾部稍微有些尖。菊的花朵不掉落，蕉的叶片不掉落，长出一片新叶，就会有一片老叶焦枯，所以被叫作芭蕉。它的茎干很软，被一层层的外皮包裹，外面发绿，里面是白色的。种植三年以后，就开始开花，从茎干的中心长出一枝花茎，刚刚长出的大花萼，就像倒挂的荷花一样，里外有十几层苞片，每层苞片都呈现花瓣形，逐渐长大以后，花朵就从花瓣形苞片里长出来。芭蕉生长非常茂盛，大的一个人无法合抱，叶片有3米多长、30到70厘米宽，看起来和树一样。

　　生长在中原地区的芭蕉，花苞里会产生像蜂蜜一样甘甜的积水，被称作甘露，黎明的时候采集食用，非常香甜甘美，能够使人不干渴且延长寿命，但不会结果实。福建、两广所产芭蕉，会结果实。共有三个品种，没有成熟的时候，果实味道苦涩，成熟以后，都又甜又脆。一种有手指头那么粗，长度在24厘米左右，像羊角一样尖锐，每两根环抱在一起，把外皮剥掉以后，里面是黄白色的，味道最甘甜，被称作羊角蕉，属凉性，能够去除体内热气；一种有鸡蛋那么大，和牛奶相似，被称作牛乳蕉，味道比羊角蕉稍微差一些；一种有莲子那么粗，长度在13到17厘米之间，外形方正，味道最差。《建安草木状》记载："芭树的子房相互连接，所结果实味道甘美，可以做成蜜饯保存，根可以做成脯。"芭蕉萌发的时候，将它的芽苗分离，进行移栽，在小芭蕉的根部用油簪横着穿出两个孔洞，那么它就不会长大了，可以当作盆景栽培，书房窗户左右，不能缺少它。生性惧怕寒冷，冬天把叶子剪掉，用柔软的穰草包裹，收藏在地窖里，不要被霜雪冰冻所伤。

现代描述

　　芭蕉，*Musa basjoo*，又名甘蕉、天苴、板蕉、牙蕉，芭蕉科，芭蕉属。植株高2.5—4米。叶片长圆形，长2—3米，宽25—30厘米，叶面鲜绿色，有光泽；叶柄粗壮，

193

长达 30 厘米。花序顶生，下垂；苞片红褐色或紫色；雄花生于花序上部，雌花生于花序下部；雌花在每一苞片内约 10—16 朵，排成 2 列。浆果三棱状，长圆形，长 5—7 厘米，肉质，内具多数种子。种子黑色，宽 6—8 毫米。我国台湾可能有野生。

原典

又有：

美人蕉，自东粤[1]来者，其花开若莲，而色红若丹。产福建福州府者，其花四时皆开，深红照眼[2]，经月不谢。中心一朵，晓生甘露，其甜如蜜；即常芭蕉，亦开黄花，至晓，瓣中甘露如饴，食之止渴；产广西者，树不甚高，花瓣尖，大红色，如莲，甚美。又有一种，叶与他蕉同，中出红叶一片，亦名美人蕉。一种，叶瘦类芦箬，花正红如榴花，日拆一两叶，其端一点鲜绿[3]，可爱，春开，至秋尽犹芳，亦名美人蕉。

胆瓶蕉，根出土时肥饱，状如胆瓶。

朱蕉、黄蕉、牙蕉，皆花也色[4]，叶似芭蕉而微小，花如莲而繁，日放一瓣，放后即蕤而结子，名蕉黄，味甘可食。《霏雪录》[5]云："蕉黄如柿，味香美胜瓜。"冬收严密，春分勾萌，一如芭蕉法。

注释

[1] 东粤：广东东部。

[2] 照眼：耀眼。

[3] 鲜绿：鲜明的绿色。

[4] 也色：当为"色也"的颠倒。

[5]《霏雪录》：明代镏绩所著。

译文

蕉类还有：

美人蕉，产自广东东部的，花朵开放以后和莲花相似，颜色鲜红就像朱砂一样。产自福建福州的，四季都能开花，深红色的花朵很耀眼，能保持一个月不凋零。中心一朵花上，早晨会产生甘露，像蜂蜜一样甘甜；即使是普通的芭蕉，也会开黄色的花朵，到了早晨，花瓣里的露水像糖饴一样甘甜，喝了能够让人不干渴；广西所产的，植株不是很高，花瓣尖锐，颜色为大红色，和莲花相似，非常美丽。还有一种，叶片和其他蕉相同，中间长出一片红色的叶子，也叫作美人蕉。又有一种，叶片细瘦，和苇叶、竹叶相似，花朵为正红色，和石榴花的颜色相似，每天绽放一两个花瓣；花瓣顶端有一点鲜明的绿色，非常惹人怜爱，春天开花，到秋天结束，依然芳香如故，也叫作美人蕉。

胆瓶蕉，根茎刚从土里挖出来的时候，肥壮饱满，形状和胆瓶相似。

朱蕉、黄蕉、牙蕉，都是依据花朵的颜色命名的，叶片和芭蕉叶相似，但稍微小一些，花朵和莲花相似，但比较繁多，每天绽放一个花瓣，花朵开放以后，就会下垂结果实，所结果实被称作蕉黄，味道甘美，可以食用。明代镏绩所著《霏雪录》记载："蕉黄的味道和柿子相似，味道香甜甘美，比甜瓜还好吃。"冬季要严密收藏，春天分离芽苗移栽，和芭蕉的分株移栽方法相同。

现代描述

大花美人蕉，*Canna generalis*，又名美人蕉，美人蕉科，美人蕉属。株高约 1.5 米，茎、叶和花序均被白粉。叶片椭圆形，长达 40 厘米，宽达 20 厘米，叶缘、叶鞘紫色。总状花序顶生，长 15—30 厘米；花大，花冠裂片披针形，红、桔红、淡黄、白色均有；唇瓣倒卵状匙形。花期秋季。为园艺杂交品种，供观赏。另有原种美人蕉，花小。

卉谱

芳草

原典

【附录】

凤尾蕉，一名番蕉，能辟火患。此蕉产于铁山[1]，如少萎，以铁烧红穿之，即活。平常以铁屑和泥壅之则茂，而生子、分种易活，江西涂州[2]有之。

水蕉，白花，不结实，取其茎，以灰练之，解散如丝，绩以为布，谓之蕉葛[3]，出交趾[4]。

甘蕉，出赤岩山[5]，水石间有甘蕉林，高者十余丈。

注释

[1] 铁山：产铁的矿山。

[2] 涂州：即今安徽滁州市。

[3] 蕉葛：即芭蕉布，由芭蕉的叶纤维制成。左思《吴都赋》："蕉葛升越，弱于罗纨。"

[4] 交趾：古地名，即今越南北部。

[5] 赤岩山：即银坑山，在今浙江温州平阳县。

译文

凤尾蕉，也叫作番蕉，能够辟除火灾。这种蕉生长在产铁矿山上，如果发现有一些枯萎，就把铁烧红，从它的根上穿过去，就能继续存活。平常在泥土里拌上铁屑进行壅培，就能茂盛生长，而且播种种子和分株移栽都很容易成活，安徽滁州生长着凤尾蕉。

水蕉，开白色的花朵，不结果实，把它的茎干放在石灰水里烹煮，就会分解成丝线状，纺织成布匹，被称作蕉葛，产自交趾（今越南北部）。

甘蕉，产自温州平阳县，流水山石之间，有成片的甘蕉林，高的达到 30 多米。

金石昆虫草木状之一 ［明］文俶

现代描述

苏铁，*Cycas revoluta*，又名凤尾蕉、辟火蕉、铁树，苏铁科，苏铁属。树干高约 2 米，圆柱形，如有明显螺旋状排列的菱形叶柄残痕。羽状叶从茎的顶部生出，下层的向下弯，上层的斜上伸展，整个羽状叶的轮廓呈倒卵状狭披针形，长 75—200 厘米，两侧有齿状刺，水平或略斜上伸展；羽状裂片达 100 对以上，向上斜展微成 V 形，边缘显著地向下反卷。雄球花圆柱形，密生淡黄色或淡灰黄色绒毛。种子红褐色或桔红色，密生灰黄色短绒毛，后渐脱落。花期 6—7 月，种子 10 月成熟。

原典

【典故】

僧怀素[1]，性嗜书，无纸，种蕉数万本，取叶供书，号所居曰绿天。

《星槎览胜》[2] 南番阿鲁[3] 诸国，无米谷，惟种芭蕉、椰子，取实代粮。

王敬美　芭蕉，惟福州美人蕉最可爱。历冬春不凋，常吐朱莲如簇。吾地种之能生，然不花，无益也。又有一种名金莲宝相，不知所从来，叶尖小如美人蕉，种之三四岁，或七八八岁，始一花。南都 [4] 户部、五显庙 [5] 各有一株，同时作花，观者云集 [6]。其花作黄红色，而瓣大于莲，故以名，至有图之者。然予童时，见伯父山园 [7] 有此种，不甚异也。此却可种，以待开时赏之。若甘露则无种，蕉之老者辄生，在泉、漳 [8] 间则为蕉实耳。

　　前人　福州有铁蕉，赣州有凤尾蕉，似同类而稍异状。然好以铁为粪，将枯，钉其根则复生，亦异物也。云能辟火，园林中存三二株亦可。

注释

[1] 僧怀素：唐代僧人、书法家，以"狂草"名世，史称"草圣"。

[2] 《星槎览胜》：当为《星槎胜览》，明代费信所著。

[3] 阿鲁：古国名，在今东南亚马来西亚附近。

[4] 南都：明代南都指今江苏南京。

[5] 五显庙：即财神庙。

[6] 云集：从四面八方迅速集合在一起。

[7] 山园：园林。

[8] 泉、漳：即泉州和漳州，即今福建东南部的泉州市和漳州市。

译文

　　唐代的怀素和尚，生性嗜好书法，缺乏纸张，就栽种了几万株芭蕉，摘取芭蕉叶用来书写，并把自己的居所命名为绿天。

　　明代费信《星槎胜览》　南面的番邦阿鲁等国家，不种植谷物，只种植芭蕉和椰子，摘取它们的果实，用来代替粮食。

　　王世懋　芭蕉当中，只有福州美人蕉最可爱。从冬季到春季，一直不落叶，经常开红色的莲花形花朵，花朵聚集在一起。我们江苏苏州虽然也能种活，但不会开花，栽也无用。还有一种叫作金莲宝相的芭蕉，不知道从哪里传来，叶片又尖又小，和美人蕉的叶子相似，栽种三四年，或者七八年以后，才开一次花。南京的户部府衙和财神庙各有一株金莲宝相，每次都同一时间开花，观赏的人从四面八方汇集在一起。它所开的花是黄红色的，但花瓣要比莲瓣大，所以被称作金莲宝相，甚至有给它画画的人。但是在我还是孩童的时候，在伯父的园林里见过它，也没什么奇异的。生长在户部府衙和财神庙的金莲宝相，可以栽种，等到花开的时候可以观赏，至于甘露，则不论哪个品种的芭蕉，只要生长时间长的，都会产生。在福建东南部的泉州和漳州，芭蕉会结果实。

前人记载　福建福州产铁蕉，江西赣州产凤尾蕉，貌似是同一种，而形态稍有不同。但是喜欢把铁屑当作粪肥，即将枯死的时候，用铁钉穿透它的根部，就能继续存活，也是奇异的东西。据说能够防火，在园林里栽种三两株也可以。

蘘 荷

原典

一名蘘草，一名菖苴，一名覆菹，一名猼菹，一名嘉草。似芭蕉，而白色花生根中，花未败时可食，久则消烂[1]，根似姜而肥。宜阴翳[2]地，依荫而生，树荫下最妙。二月种，一种永生，不须锄耘[3]，但加粪耳。八月初，踏其苗令死，则根滋茂[4]。九月初，取其旁生根为菹[5]，亦可腌贮，以备蔬果。有赤、白二种，制食，赤者为胜，入药，白者为良。其叶冬枯，十月中，以糠厚覆其根，免致冻死。

金石昆虫草木状之一　[明]文俶

注释

[1] 消烂：腐烂。

[2] 阴翳：荫蔽遮挡。

[3] 锄耘：耕种。

[4] 滋茂：生长繁茂。

[5] 菹：指酸菜、腌菜。

译文

襄荷，也叫作蘘草、蒚苴、覆菹、猼菹、嘉草。和芭蕉相似，但白色的花朵是从根里长出来，花朵还没有凋零的时候可以食用，时间长了就会腐烂，根茎和姜相似，但比姜肥大。适宜种植在被荫蔽遮挡的土地上，依附阴影而生，树荫下最好。农历二月播种，有一种能够一直存活，不需要反复耕种，只要适时上粪就好了。农历八月初，用脚踩踏它的苗叶，让它枯死，则根就能够繁茂生长。农历九月初，收取襄荷旁边长出的根制作酸菜，也可以腌了储藏起来，充当蔬菜和水果。襄荷根有红色和白色两个品种，制作食物红色的好，做药材白色的好。襄荷的叶片冬天会枯萎，农历十月的时候，用米糠在它的根上厚厚覆盖一层，以免被冻死。

现代描述

襄荷，*Zingiber mioga*，又名野姜，姜科，姜属。株高 0.5—1 米；根茎淡黄色。叶片披针状椭圆形或线状披针形。穗状花序椭圆形，长 5—7 厘米；苞片覆瓦状排列，椭圆形，红绿色，具紫脉；花冠管较萼为长，裂片披针形，淡黄色；唇瓣卵形，3 裂，中部黄色，边缘白色。果倒卵形，熟时裂成 3 瓣，果皮里面鲜红色；种子黑色，被白色假种皮。花期 8—10 月。

原典

【辨讹】

凡使，勿用革牛草，其形真相似。

译文

大凡使用的时候，不要用成革牛草，它的形态和襄荷极其相似。

原典

【典故】

李时珍[1] 苏颂[2]《图经》[3]言："荆、襄[4]江湖多种。"访之，无复识者。惟杨升庵[5]《丹铅录》云："《急就章注》[6]：'襄荷即今甘露。'考之《本草》[7]，形性相同，甘露即芭蕉也。"

陶弘景[8] 中蛊者，服襄荷汁，并卧其叶，即呼蛊主姓名，多食损药力，又不利脚。人家种之，云辟蛇。

苏颂 按干宝[9]《搜神记》云："外姊夫蒋士先得疾，下血[10]，言中蛊，

199

其家密以蘘荷置于席于 [11]，忽大笑曰：'蛊我者，张小小也。'乃收小小，已亡走。自此解蛊药用之，多验。"

陈藏器 [12] 蘘荷、茜根，为治蛊毒之最。

《荆楚岁时记》[13] 仲冬以盐藏蘘荷，用备冬储，又以防蛊。

崔豹 [14]《古今注》 蘘荷似芭蕉而白色，其子花生根中，花未败时可食。

丘琼山 [15]《群书抄方》载："中蛊毒，用白蘘荷。"引柳子厚 [16] 诗云云，且曰："子厚在柳州 [17] 种之，其地必有此种，仕于兹土者，物色 [18] 之。"盖亦不知为何物也。

注释

[1] 李时珍：字东璧，晚年自号濒湖山人，明代著名医药学家。

[2] 苏颂：北宋宰相、药物学家、天文学家，字子容。

[3] 《图经》：即《本草图经》的简称。

[4] 荆、襄：指今湖南、湖北地区。

[5] 杨升庵：即明代杨慎，杨廷和之子，字用修。

[6] 《急就章注》：三国时吴国皇象所著。

[7] 《本草》：即《经史证类备急本草》的简称，北宋唐慎微所著。

[8] 陶弘景：字通明，南朝萧梁人，号华阳隐居，医药家、炼丹家、文学家，人称山中宰相。

[9] 干宝：字令升，东晋文学家、史学家。

[10] 下血：便血。

[11] 于：当为"下"的讹误。

[12] 陈藏器：唐代中药学家，著有《本草拾遗》。

[13] 《荆楚岁时记》：南朝萧梁宗懔所著。

[14] 崔豹：西晋人，字正雄。

[15] 丘琼山：即明代丘濬，字仲深，琼山人。

[16] 柳子厚：即唐代柳宗元，字子厚，世称柳河东。

[17] 柳州：今广西柳州市。

[18] 物色：访求。

译文

李时珍 北宋苏颂所著《本草图经》记载："湖南、湖北地区的河湖之间，多有栽种。"向当地人寻访，已经没有人认识蘘荷。只有杨慎所著《丹铅录》

记载：“三国时吴国皇象所著《急就章注》说‘蘘荷就是现在的甘露’，考查北宋唐慎微所著《经史证类备急本草》，二者的形状和药性相同，甘露就是芭蕉的别称。”

南朝萧梁陶弘景　中蛊的人，服用蘘荷的汁液，并且睡在蘘荷叶上，就能叫出下蛊人的姓名，吃多了，药效反而不佳，而且对脚有害。百姓家栽种它，说是能阻止蛇靠近。

北宋苏颂　东晋干宝所著《搜神记》记载：“外姐夫蒋士先得病了，大、小便出血，说是中蛊了，他的家人暗中将蘘荷放置在蒋士先的卧席下，蒋士先忽然大笑着说：‘给我下蛊的是张小小。’于是搜捕张小小，但已经逃走。从此以后，解蛊的药多使用蘘荷，大多有效果。”

唐代陈藏器　蘘荷和茜草根，对治疗蛊毒最有效。

南朝萧梁宗懔《荆楚岁时记》　农历十一月，将蘘荷用盐腌了储藏起来，可以当作冬天的蔬菜储备，而且能够预防蛊毒。

西晋崔豹《古今注》　蘘荷和芭蕉相似，花朵是白色的，它的花朵从根里长出来，花朵凋零之前可以食用。

明代丘濬所著《群书抄方》记载：“中了蛊毒以后，用白色根茎的蘘荷治疗。”而且引用柳宗元的诗来说明，并说：“柳宗元曾在柳州栽种蘘荷，那么那里一定还有蘘荷存留，在那里当官的人，应当去访求它。”大概也不知道蘘荷是什么东西。

书带草

原典

丛生，叶如韭而更细，性柔纫，色翠绿鲜妍[1]。出山东淄川县[2]城北黉山郑康成[3]读书处，名康成书带草。蓺[4]之盆中，蓬蓬[5]四垂，颇堪清赏。

注释

[1] 鲜妍：鲜艳美好。

[2] 淄川县：即今山东省淄博市淄川区。

[3] 郑康成：即东汉郑玄，字康成，经学家。

[4] 蓺：种植。

[5] 蓬蓬：茂盛蓬勃。

本草图汇之一 ［日］佚名

译文

　　书带草，丛聚而生，叶片和韭菜叶相似，但更加纤细，生性柔软坚韧，颜色翠绿而鲜艳美好。产自山东淄川县（今山东淄博市淄川区）北面的黉山上、东汉经学家郑玄读书的地方，被称作康成书带草。栽种在花盆里，蓬勃生长，密叶四垂，很值得当作清雅的玩赏品。

现代描述

　　麦冬，*Ophiopogon japonicus*，百合科，沿阶草属。根较粗，中间或近末端常膨大成椭圆形或纺锤形的小块根；地下走茎细长。茎很短，叶基生成丛，禾叶状，长10—50厘米，宽1.5—3.5毫米，边缘具细锯齿。花葶通常比叶短得多，总状花序长2—5厘米，具几朵至十几朵花；花单生或成对着生于苞片腋内；花被片常稍下垂而不展开，披针形，长约5毫米，白色或淡紫色。种子球形，直径7—8毫米。花期5—8月，果期8—9月。本种的小块根为中药。因栽培广泛，体态变化较大，如叶丛的密疏、叶的宽狭等，但其花的构造变化不大。

翠云草

原典

性好阴，色苍翠可爱。细叶柔茎，重重碎蘑[1]，俨若翠钿[2]。其根遇土便生，见日则消，栽于虎刺、芭蕉、秋海棠下，极佳。

注释

[1] 碎蘑：细密。 [2] 翠钿：翠鸟羽毛装饰的首饰。

译文

翠云草，生性喜欢生长在背阴的地方，颜色青翠，惹人怜爱。叶片细小，茎干柔弱，一层层细密的叶片，就像翠鸟羽毛装饰的首饰一样。它的根遇到土就能生长，见到太阳就会枯死，栽种在虎刺、芭蕉、秋海棠的下面，最好看。

现代描述

翠云草，*Selaginella uncinata*，卷柏科，卷柏属。土生，主茎先直立而后攀援状，长 50—100 厘米或更长，无横走地下茎。主茎自近基部羽状分枝，禾秆色，主茎上相邻分枝相距 5—8 厘米，分枝无毛，背腹压扁，末回分枝连叶宽 3.8—6 毫米。叶全部交互排列，二形，草质，表面光滑，具虹彩，边缘全缘，明显具白边，主茎上的叶排列较疏，较分枝上的大，二形，绿色。孢子叶穗紧密，孢子叶卵状三角形，具白边，龙骨状。大孢子灰白色或暗褐色；小孢子淡黄色。

原典

【种植】

春雨时，分其勾萌，种与幽崖[1]、深谷之间，即活。

注释

[1] 幽崖：幽深的崖岸。

译文

春天下雨的时候，分离翠云草的芽苗，移栽到幽深的崖岸和深深的山谷之间，就能成活。

虞美人草 附录独摇草、薇蘅草

原典

独茎三叶，叶如决明，一叶在茎端，两叶在茎之半相对。人或抵掌[1]讴歌《虞美人》曲，叶动如舞，故又名舞草，出雅州[2]。

注释

[1] 抵掌：拍掌。

[2] 雅州：即今四川雅安市。

译文

虞美人草，每个叶茎有三片叶子，叶片和决明叶相似，一个较大叶片在叶茎顶端，两个较小叶片在叶茎中部两两相对。有人拍手掌歌唱《虞美人》词曲的时候，它的叶片就会摆动，像在跳舞一样，所以又叫作舞草，产自雅州（今四川雅安市）。

现代描述

舞草，*Codoriocalyx motorius*，豆科，舞草属。直立小灌木，高达 1.5 米。茎单一或分枝，圆柱形，微具条纹。叶为三出复叶，侧生小叶很小或缺；顶生小叶长椭圆形或披针形，长 5.5—10 厘米，宽 1—2.5 厘米。圆锥花序或总状花序顶生或腋生，花序轴具弯曲钩状毛；花冠紫红色，旗瓣长宽各 7.5—10 毫米，翼瓣长 6.5—9.5 毫米，龙骨瓣长约 10 毫米。荚果镰刀形或直，腹缝线直，背缝线稍缢缩，成熟时沿背缝线开裂，疏被钩状短毛。花期 7—9 月，果期 10—11 月。

原典

【附录】

独摇草[1]，岭南[2]生，无风独摇，带之能令夫妇相爱，草头如弹子，尾若鸟尾，两片开合，见人自动。

注释

[1] 独摇草：植物种类未能确定，有银线草、天麻、徐长卿等说法，均与此处描述有差异。

[2] 岭南：五岭以南地区，相当于现在广东、广西、海南。

译文

独摇草，生长在五岭以南，没有风吹也会自己摇摆，佩戴它能够使夫妇恩爱，顶部为圆球形，根部像鸟尾，由两片组成，能够自由开合，见到人就会摇动。

原典

薇蘅草，《水经注》[1]："锡义山[2]，方圆百里，形如城，有石坛，长十数丈，世传列山[3]所居。有道士，被发饵木[4]，数十人。山高谷深，多生薇蘅草，有风不偃，无风独摇。"

注释

[1] 《水经注》：北魏郦道元所著。

[2] 锡义山：也叫天心山，在今陕西省安康市白河县。

[3] 山：当为"仙"的讹误。

[4] 木：当为"术"的讹误，饵术即服食苍术。

译文

薇蘅草，北魏郦道元所著《水经注》："陕西白河县境内的锡义山，占地方圆百里，形状和城池相似，山上有一座石祭坛，有几十丈长，世俗传说是众位神仙居住的地方。有道士在那里生活，披散着头发，服食苍术，共有几十人。山体高峻、沟谷幽深，生长着很多薇蘅草，被风吹的时候，不会倒，无风的时候，反而自己摇摆。"

老少年

原典

一名雁来红，至秋深，脚叶深紫，而顶叶娇红[1]。与十样锦俱以子种，喜肥地，正月撒于耪熟肥土，上加毛灰盖之，以防蚁食。二月中即生，亦要加意培植，若乱撒花台[2]，则蜉蚰[3]伤叶，则不生矣。谱云："纯红者，老少年。"红、紫、黄、绿相兼者，名锦西风，又名十样锦，又名锦布衲。以鸡粪壅之，长竹扶之，可以过墙，二种俱壮秋色。

山水花卉之一 ［清］恽寿平

注释

[1] 娇红：鲜艳的红色。

[2] 花台：四周砌以砖石的种花的土台子。

[3] 虫丑：通"蚪"。

译文

　　老少年，也叫作雁来红，到了深秋的时候，底下的叶片为深紫色，顶端的叶片却是鲜艳的红色。和十样锦都是通过播种种子繁衍，喜欢肥沃的土地，农历正月播撒在耕熟的肥沃土地上，在上面覆盖一层毛发烧成的灰土，以防蚂蚁啃食。农历二月就会生苗，也要用心培养扶植，如果把种子散乱地播撒在砖石砌的花台上，那么蜉蝣就会损伤它的叶片，就不能生长了。谱录记载："纯红色的是老少年。"红色、紫色、黄色、绿色都有的，是锦西风，也叫作十样锦、锦布衲。用鸡粪壅培，长竹竿扶持，能长得比围墙还高，老少年和十样锦都可以增加秋天的景色。

现代描述

　　苋，*Amaranthus tricolor*，又名雁来红、老少年、老来少、三色苋，苋科，苋属。一年生草本，高80—150厘米；茎粗壮，绿色或红色，常分枝。叶片卵形、菱状卵形或披针形，绿色或常成红色、紫色或黄色，或部分绿色加杂其他颜色。花簇腋生，直到下部叶，或同时具顶生花簇，成下垂的穗状花序；花簇球形，直径5—15毫米，雄花和雌花混生；苞片及小苞片卵状披针形；花被片矩圆形，绿色或黄绿色。胞果卵状矩圆形，种子近圆形或倒卵形，直径约1毫米，黑色或黑棕色。花期5—8月，果期7—9月。

鸳鸯草

原典

叶晚生，其稚花在叶中，两两相向，如飞鸟对翔。

译文

鸳鸯草，长出叶片的时间较晚，它的嫩花从叶片里长出来，两朵相对，就好像成对飞翔的鸟一样。

卉　谱

芳
草

泽　草

芦 附录获、蒹

原典

一名苇，一名葭，花名蓬蕽，笋名虇。生下湿地，处处有之。长丈许，中虚、皮薄、色青，老则白，茎中有白肤，较竹纸更薄。身有节，如竹，叶随节生，若箬叶，下半裹其茎，无旁枝。花白作穗，若茅花，根若竹根而节疏。

译文

芦，也叫作苇、葭，芦花叫作蓬蕽，芦笋叫作虇。生长在低下潮湿的地方，到处都有。植株高度能达到3米多，茎干中空，绿色的外皮很薄，老了以后外皮变成白色，茎干里有一层白色的薄皮，比竹纸还薄。茎干上有节，和竹子相似，叶片与节伴生，芦叶和竹叶相似，叶片的下半部分包裹在茎干上，没有斜生小枝。白色的花呈穗状，和茅草的花相似，根茎和竹子的根茎相似，但根节要稀疏一些。

芙蓉芦雁图轴［明］丘鉴

芦苇，*Phragmites australis*，又名芦、苇、葭、蒹，禾本科，芦苇属。多年生，根状茎十分发达。秆直立，具 20 多节，节下被腊粉。叶鞘下部者短于上部者；叶舌边缘密生一圈长约 1 毫米的短纤毛，叶片披针状线形，长 30 厘米，宽 2 厘米，无毛，顶端长渐尖成丝形。圆锥花序大型，长 20—40 厘米，宽约 10 厘米，分枝多数，着生稠密下垂的小穗；小穗长约 12 毫米，含 4 花；颖具 3 脉。全球分布广泛，植株变异较多。

卉 谱

泽草

原典
【种植】

春时，取其勾萌，种浅水河濡地，即生，有收其花絮沾湿地，即成芦，体总不如。成株者横埋湿地内，随节生株，最易长成。

译文

春天，把芦苇的芽苗，栽种到河水较浅的河边湿地，就能存活。也有收集芦苇的絮状花放在湿润的土地上，也能长出芦苇，但茎干总比不上栽种的芽苗的。把已经长成的芦苇横着埋在潮湿的土地里，芦苇的节上就会长出新的芦苇，最容易生长。

原典
【附录】

荻，一名萑，一名薍，一名蓷，短小于苇而中空，皮厚，色青苍[1]，江东呼为乌蓲，或谓之藬。

注释

[1] 青苍：深绿色。

译文

荻，也叫作萑、薍、蓷，植株要比芦苇矮小一些，茎干中空，深绿色的外皮较厚，长江以南把它叫作乌蓲，或者藬。

荻，*Triarrhena sacchariflora*，禾本科，荻属。多年生，具发达被鳞片的长匍匐根状茎，节处生有粗根与幼芽。秆直立，高 1—1.5 米，具 10 多节，节生柔毛。叶鞘无毛，叶舌短；叶片扁平，宽线形，长 20—50 厘米，宽 5—18 毫米，边缘锯齿状粗糙，基部常收缩成柄，顶端长渐尖，中脉白色，粗壮。圆锥花序疏展成伞房状，长 10—20 厘米，宽约 10 厘米；小穗线状披针形，长 5—5.5 毫米，成熟后带褐色。颖果长圆形，长 1.5 毫米。

原典

兼[1]，一名薕，似萑而细，高数尺，中实。是数者，皆芦类也，其花皆名芀。其名蘿萌，堪食，如竹笋可煮食，亦可盐淹致远。又有名茋者，亦芦之一种，用以被屋，可数十年。

注释

[1] 兼：没有长穗的芦苇。芦、苇、葭、萑均指芦苇。

译文

兼，也叫作薕，和荻相似，但茎干较细，植株高几尺，茎干是实心的。这几种都和芦苇属于同一类，它们的花都叫作芀。初生芦苇叫作蘿萌，能够食用，和竹笋一样可以煮着吃，也可以用盐腌了运送到远方。还有一种叫作茋的植物，也和芦苇属于同一种，用来覆盖屋顶，能够保持几十年。

原典

【典故】

元日[1]悬苇索于门，百鬼畏之。

闵子骞[2]事亲孝，后母生二子，衣之絮，衣骞以芦花。父察知，欲出[3]后母，骞告父曰："母在，一子寒，母去，三子单。"遂不出其母，亦化而慈。

伍子胥[4]逃至武昌江上，求渡，渔父歌曰："与子期分芦之漪[5]。"

董昭之至江边，见水上群蚁挂一短芦，救出。后系狱[6]，群蚁穿穴，遂得出。

《说文》[7] 雁门[8]山岭高峻，鸟飞不越，惟有一缺，雁来往向此中过，号雁门，山中多鹰，雁至此皆相待，两两随行，衔芦一枝，鹰俱芦不敢捉。

[1] 元日：农历正月初一。

[2] 闵子骞：即春秋时闵损，字子骞，孔子弟子。

[3] 出：休妻。

[4] 伍子胥：名员，字子胥，春秋时楚国人。

[5] 漪：岸。

[6] 系狱：囚禁于牢狱之中。

[7] 《说文》：此段引文出自明代洪武年间所修《太原志》。

[8] 雁门：山名，即句注山，在今山西省忻州市代县。

译文

　　农历正月初一，把用芦苇编成的绳索悬挂在门上，所有的鬼怪都会畏惧它。

　　春秋时闵损侍奉父母很孝顺，后妈给亲生的两个儿子用棉絮做衣服，给闵损做衣服填充的却是芦花。闵损的父亲发现以后，打算休掉后妈，闵损对父亲说："后妈在，只有我一个受冻，后妈走了，您的三个儿子都得受冻。"于是没有休掉后妈，他的后妈也变成了慈母。

　　春秋时楚国人伍子胥逃亡到湖北武昌的长江边上，请求渔翁把他渡过长江，渔翁唱道："和你在芦苇岸碰面。"

　　董昭之来到长江边，看见水面上漂浮着一短截芦苇，上面爬着一群蚂蚁，就把蚂蚁从水里救了出来。后来董昭之被囚禁于牢狱之中，一群蚂蚁把监狱挖出一个洞，董昭之得以从监狱里逃出去。

　　《太原志》　山西代县的雁门山，山岭高大峻峭，鸟都飞不过去，只有一个缺口，大雁南北迁徙从这个缺口通过，被称作雁门。雁门山里有很多鹰，大雁到了这里都相互等待，两两结伴而飞，口里叼着一截芦苇，鹰惧怕芦苇，所以不敢去捕捉大雁。

蓼

原典

　　一名水荭花，其类甚多，有青蓼、香蓼，叶小狭而薄；紫蓼、赤蓼，叶相似而厚；马蓼、水蓼，叶阔大，上有黑点；木蓼，一名天蓼，蔓生，叶似柘。六蓼，花皆红白，子皆大如胡麻，赤黑而尖扁，惟木蓼，花黄，白子，皮生青熟黑。

人所堪食者三种，一青蓼，叶有圆有尖，圆者胜；一紫蓼，相似而色紫；一香蓼，相似而香，并不甚辛，可食。诸蓼，春苗，夏茂，秋始花。花开，蓓蕾[1]而细，长二寸，枝枝下垂，色粉红可观，水边更多，故又名水荭花。身高者丈余，节生如竹，秋间烂熳可爱。一种丛生，高仅二尺许，细茎弱叶似柳，其味香辣，人名辣蓼。并冬死，唯香蓼宿根重生，可为生菜[2]。青蓼可入药。古人用蓼和羹，后世饮食不复用，人亦鲜种艺，今但以平泽[3]所生，香、青、紫三蓼为良。一云，青色者蓼，紫者荼。

花卉册之一 [清] 王武

注释

[1] 蓓蕾："蕾"通"蕾"，后脱"多"字。
[2] 生菜：新鲜青菜。
[3] 平泽：平湖、沼泽。

译文

蓼，也叫作水荭花，它的种类很多，有青蓼、香蓼，叶片狭小而薄；紫蓼、赤蓼，叶片相似而较厚；马蓼、水蓼，叶片宽阔肥大，上面有黑色斑点；木蓼，也叫作天蓼，茎蔓生，叶片和柘树叶相似。青蓼、香蓼、紫蓼、赤蓼、马蓼和水蓼，这六种蓼，花都是红白色的，种子有胡麻子那么大，红黑色，尖锐且扁平，只有木蓼，花是黄色的，种子是白色的，外皮未成熟时是绿色的，成熟以后变成黑色的。

能够供人食用的有三种，一种是青蓼，叶片有的圆、有的尖，圆的好吃；一种是紫蓼，叶片和青蓼相似但为紫色；一种是香蓼，叶片和青蓼、紫蓼相似但有香味，也不很辣，可以食用。这些蓼，春天生苗，夏天茂盛生长，秋天开始开花。开花的时候，花蕾又多又小，花穗长6厘米多，一穗穗粉红色的花穗向下垂，很值得观赏，生长在水边的较多，所以又叫作水荭花。植株高的能达到 3 米多，枝干上像竹子一样长节，秋天花穗绚丽，很惹人怜爱。有一种蓼丛聚而生，植株高度仅有 60 多厘米，茎干纤细，叶片柔弱，和柳枝相似，它的味道香中带辣，人们把它叫作辣蓼。蓼冬天都会枯死，只有香蓼有宿根，第二年又会长出新苗，可以当作新鲜青菜食用。青蓼可以当作药材使用。古代的人用蓼调和羹汤，后来饮食里不再用蓼，人们也很少种植它，现在只把生长在平湖、沼泽的香蓼、青蓼和紫蓼，认为是好品种。有一种说法，绿色的是蓼，紫色的是茶。

现代描述

春蓼，*Polygonum persicaria*，即青蓼，又名桃叶蓼，蓼科，蓼属。一年生草本。高 40—80 厘米，叶披针形或椭圆形，长 4—15 厘米，宽 1—2.5 厘米，顶端渐尖或急尖，基部狭楔形，两面疏生短硬伏毛。总状花序呈穗状，顶生或腋生，较紧密，长 2—6 厘米，通常数个再集成圆锥状；苞片漏斗状，紫红色，每苞内含 5—7 花；花被通常 5 深裂，紫红色，瘦果近圆形或卵形，黑褐色，平滑，有光泽，包于宿存花被内。花期 6—9 月，果期 7—10 月。

香蓼，*Polygonum viscosum*，蓼科，蓼属。一年生草本，植株具香味。茎直立或上升，多分枝。叶卵状披针形或椭圆状披针形，两面被糙硬毛，密生短缘毛。总状花序呈穗状，顶生或腋生，长 2—4 厘米，花紧密，通常数个再组成圆锥状，苞片漏斗状，每苞内具 3—5 花；花被 5 深裂，淡红色，花被片椭圆形，长约 3 毫米。瘦果宽卵形，具 3 棱，黑褐色。花期 7—9 月，果期 8—10 月。

蚕茧草，*Polygonum japonicum*，即紫蓼，廖科，蓼属。多年生草本；根状茎横走。茎直立，淡红色，节部膨大，高 50—100 厘米。叶披针形，近薄革质，坚硬，长 7—15 厘米，宽 1—2 厘米，顶端渐尖，基部楔形。总状花序呈穗状，长 6—12 厘米，顶生，通常数个再集成圆锥状；苞片漏斗状，绿色，上部淡红色，每苞内具 3—6 花；花被5 深裂，白色或淡红色。瘦果卵形，具 3 棱或双凸镜状，黑色，有光泽，包于宿存花被内。花期 8—10 月，果期 9—11 月。

卉谱

泽草

菰

一名茭草，一名蒋草，蒲类也。根生水中，江湖陂池[1]中，皆有之，江南两浙[2]最多。叶如蔗荻，春末生白芽如笋，名菰菜，又名茭白，一名蘧蔬，味清脆，生、熟皆可啖。其中心白苔，如小儿臂，软白中有黑脉，名菰手，作首者，非。八月开花，如苇，茎硬者谓之菰蒋草。至秋结实，名雕胡米，岁饥，人以当粮。

注释

[1] 陂池：池塘。
[2] 两浙：即今浙江，古代分为浙东和浙西。

本草图谱之一 ［日］岩崎灌园

译文

菰，也叫作茭草、蒋草，和蒲草归属于同一类。根扎在水里，河、湖、池塘里都有生长，浙江最多。叶片和甘蔗叶、荻叶相似，暮春，根部会长出白色的芽，像竹笋一样，被称作菰菜、茭白、蘧蔬，味道清香脆爽，可以生吃，也可以煮熟吃。它中心长出的白苔，就像小孩的手臂一样又软又白，里面有黑色的脉络，叫作菰手，把"手"写成"首"，是不对的。农历八月开花，和芦苇相似。茎干坚硬的称作菰蒋草。到了秋天，所结籽实叫作雕胡米，发生饥荒的时候，人们把雕胡米当作粮食吃。

现代描述

菰，*Zizania latifolia*，禾本科，菰属。多年生，具匍匐根状茎。须根粗壮。秆高大直立，高 1—2 米，径约 1 厘米，具多数节，基部节上生不定根。叶鞘长于其节间，叶舌膜质；叶片扁平宽大，长 50—90 厘米，宽 15—30 毫米。圆锥花序长 30—50 厘米，分枝多数簇生，上升，果期开展；雄小穗带紫色，雌小穗圆筒形。颖果圆柱形。

原典

【种植】

谷雨时，于水边深栽，则笋肥大，盛野生者。

译文

谷雨节气时，在水边栽种得深一些，那么茭白就会长得又肥又大，比野生的旺盛。

莼

原典

一名茆，一名锦带，一名水葵，一名露葵，一名马蹄草，一名缺盆草。生南方湖泽中，最易生，种以水浅深为候，水深则茎肥而叶少，水浅茎瘦而叶多。其性逐水而滑，惟吴越[1]善食之。叶如荇菜而差圆，形似马蹄，茎叶[2]色，大如箸，柔滑可羹。夏月开黄花，结实青紫，大如棠梨，中有细子。三四月，嫩茎未叶，细如钗股，黄赤色，名稚莼，又名雉尾莼，体软味甜；五月叶稍舒长者，名丝莼；九月，萌在泥中，渐粗硬，名瑰莼，或作葵莼；十月、十一月，

215

名猪莼，又名龟莼，味苦体涩，不堪食，取汁作羹，犹胜他菜。

注释

[1] 吴越：今江苏、浙江一带。
[2] 叶：应为"紫"之误。

本草图汇之一 ［日］佚名

译文

莼，也叫作茆、锦带、水葵、露葵、马蹄草、缺盆草。生长在南方的沼泽、湖泊里，最容易存活生长，种植的时候要注意水的深浅，种在深水里，茎干肥壮但叶片稀少，种在浅水里，茎干瘦弱但叶片繁多。莼菜的本性滑利，和水一样，只有江苏、浙江一带的人擅长吃。叶片和荇菜相似，但更圆一些，形状和马蹄相似，茎干是紫色的，有筷子那么大，柔软滑利可以做羹汤。夏季开黄色花，所结果实是绿紫色的，有棠梨那么大，果实里有小种子。农历三四月，鲜嫩的茎干上还没有长出叶片，像发钗的股一样纤细，颜色为红黄色，叫作稚莼、雉尾莼，柔软而味道甜美；农历五月，叶片开始生长、舒展，叫作丝莼；农历九月，茎干在泥里逐渐变粗变硬，叫作瑰莼、葵莼，农历十月、十一月，叫作

二如亭群芳谱

猪莼、龟莼，味道苦涩，不能吃了，沥取它的汁液，可以做羹汤，比其他菜还好一些。

现代描述

莼菜，*Brasenia schreberi*，睡莲科，莼属。多年生水生草本；根状茎具叶及匍匐枝，后者在节部生根。叶椭圆状矩圆形，长 3.5—6 厘米，宽 5—10 厘米，下面蓝绿色，从叶脉处皱缩。花直径 1—2 厘米，暗紫色；萼片及花瓣条形，长 1—1.5 厘米，先端圆钝。坚果矩圆卵形，种子 1—2，卵形。花期 6 月，果期 10—11 月。

卉　谱

泽
草

原典

【典故】

《晋书》[1] 张翰，字季鹰，有清材 [2]，善属文。齐王冏辟为东曹掾，因见秋风起，思吴中菰菜、莼羹、鲈鱼脍，曰："人生贵适志 [3]，何能羁宦数千里外，以要名爵乎？"遂命驾而归。俄而冏败，人以为知几。

张七泽 [4] 莼菜，生松江华亭 [5] 谷，《郡志》载之甚详，吾家步兵 [6] 所为寄思于秋风者也，然武林 [7] 西湖亦有之。袁中郎 [8] 状其味之美云："香脆滑柔，略如鱼髓、蟹脂，而轻清远胜其品。无得当者，惟花中之兰、果中之杨梅，可以异类作配。"余谓花中之兰，是矣，果中杨梅，岂堪敌莼，何不以荔枝易之？中郎又谓："问吴人，无知者。"盖莼惟出于吾郡，所产既少，又其味易变，不能远致，故耳。

注释

[1] 《晋书》：唐代宰相房玄龄领衔编撰。

[2] 清材：高才。

[3] 适志：舒适自得。

[4] 张七泽：即明代张所望，字叔翘，号七泽。

[5] 松江华亭：即松江府华亭县，即今上海市松江区。

[6] 吾家步兵：指西晋张翰，当时的人把他比作阮籍，号为"江东步兵"，张七泽也姓张，所以说"吾家"。

[7] 武林：即今浙江杭州。

[8] 袁中郎：即明代文学家袁宏道，字中郎。

　　唐代房玄龄主编《晋书》 西晋张翰，字季鹰，有很高的才气，善于写文章。齐王司马冏征召他出任东曹掾，因为看到刮起秋风，想起了江苏的菰菜、莼羹和鲈鱼脍，说："人活着最重要的是舒适自得，怎么能羁绊在几千里之外当官，并希望以此获得名声和官爵呢？"于是让人驾起车就回去了。没过多久，司马冏败亡了，人们认为他能够把握时机。

　　明代张所望 莼菜，生长在松江华亭（今上海松江区）的山谷中，《松江府志》记载得很详细，就是我的本家西晋张翰，因见秋风而寄托思念的东西，但武林（今浙江杭州）的西湖里也有生长。袁宏道形容莼菜的味道甘美时说："香甜清脆、爽滑柔软，和鱼髓、蟹脂的味道有些相似，但是轻软清脆远胜鱼髓、蟹脂。没有适当的东西来比拟它，只有花中的兰花、果中的杨梅，可以在不同的种类里和它相匹配。"我觉得花中的兰花很贴切，但是果中的杨梅怎么能和莼菜相比，为什么不用荔枝来替换杨梅呢？袁宏道又说："向江苏人询问莼菜，都不知道是什么。"大概是因为莼菜只在我们松江府生长，产量少，而且容易变味，不能运送到远方，所以知道的人才少。

荇 菜

　　一名苕菜，一名凫葵，一名水葵，一名苕公须，一名荇丝菜，一名水镜草，一名莕，一名屏风，一名屠子菜，一名金莲子，一名接余，处处池泽有之。叶紫赤色，形似莼而微尖长，径寸余，浮在水面，茎白色，根大如钗股，长短随水浅深。夏月开黄花，亦有白花者，实大如棠梨，中有细子。

　　荇菜，也叫作苕菜、凫葵、水葵、苕公须、荇丝菜、水镜草、莕、屏风、屠子菜、金莲子、接余，池塘、沼泽之中，到处都有。叶片是紫红色的，形状和莼菜叶相似，但稍微尖锐一些、长一些，叶面径有3厘米多，漂浮在水面上，叶茎是白色的，根部和发钗的股大小差不多，长短会因所生长水域的深浅而变化。夏天开黄色花朵，也有开白花的，果实有棠梨那么大，里面有小种子。

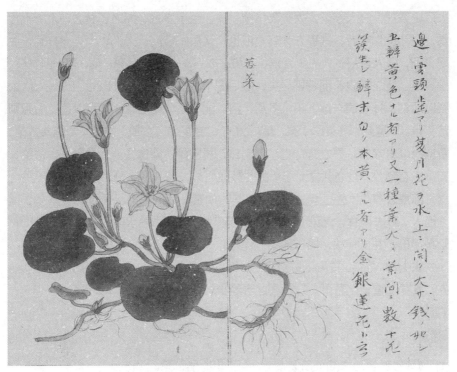

本草图谱之一 ［日］岩崎灌园

现代描述

　　荇菜, *Nymphoides peltata*, 又名金莲子、莲叶荇菜, 龙胆科, 荇菜属。多年生水生草本。茎圆柱形, 多分枝, 密生褐色斑点, 节下生根。上部叶对生, 下部叶互生, 叶片漂浮, 近革质, 圆形或卵圆形, 直径 1.5—8 厘米, 基部心形。花常多数, 簇生节上, 5 数; 花冠金黄色, 长 2—3 厘米, 直径 2.5—3 厘米, 分裂至近基部。蒴果无柄, 椭圆形, 种子大, 褐色, 椭圆形。花果期 4—10 月。

原典

【典故】

　　《坤雅》[1]《尔雅》曰："荇, 接余, 其叶, 苻。"丛生水中, 茎如钗股, 叶在茎端, 随水浅深。《诗》曰："参差荇菜, 左右流之。"三相参为参, 两相差为差, 言出之无类, 左右, 言其求之无方。王文公[2]曰："娄余, 惟后妃可比焉, 其德行如此, 可以比[3]娄余草矣, 若蘋、蘩、藻, 所谓余草。"旧说藻华白, 荇华黄, 《颜氏家训》[4]云"今荇菜, 是水有之, 黄华, 似莼"是也。

夫后妃祭荇，夫人祭蘩。大夫妻祭蘋、藻，至于盛之、湘之、奠之，无所不为焉，亦其位弥高者，其事亦弥略之证也。又后妃言河，夫人、大夫妻言涧；后妃言洲，夫人言沼，大夫妻言滨、言潦，亦言杀[5]也。且蘋、蘩、蕰、藻、溪、涧、沼、沚之毛也，而荇则异矣，故后妃采荇。《诗传》[6]以为："夫人执蘩菜以助祭，神飨德与信，不求备焉，沼、沚、溪、涧之草，犹可以荐，后妃则荇菜也。"据此，荇菜厚于蘋、蘩，故曰："后妃有《关雎》之德，乃能共荇菜、备庶物以事宗庙，荇之言行也。蘋言宾，藻言澡，蘩言盛。"然则，言荇菜、言采、言芼[7]，是亦共之而已，故"教成之祭，芼[8]用蘋藻，以成妇顺"。

陈麋公[9]　吾乡荇菜，烂煮之，其味如蜜，名曰荇酥。《郡志》不载，遂为渔人、野夫所食，此见于《农田余话》[10]。俟秋明[11]水清时，载菊泛泖[12]，脍鲈捣橙，并试前法，同与莼丝[13]荐酒。

张七泽　荇菜，首见于三百篇[14]，吾乡陂泽中多有之。《农田余话》谓："熟煮，其味如蜜，名荇酥。"然知之者绝少。

注释

[1] 《埤雅》：北宋陆佃所著。

[2] 王文公：即北宋王安石，字介甫，晚号半山，临川人，封荆国公，谥号为文。

[3] 比：当为衍文。

[4] 《颜氏家训》：南北朝时北齐颜之推所著。

[5] 杀：消减。

[6] 《诗传》：指毛亨根据《诗经》所作的《传》。

[7] 芼：拔取。

[8] 芼：菜。

[9] 陈麋公：即明代陈继儒，字仲醇，号眉公、麋公。

[10] 《农田余话》：原题长谷真逸，具体时代作者不详。

[11] 秋明：秋季明洁的天空。

[12] 泖：即泖湖，在今上海市松江区。

[13] 莼丝：即莼菜。

[14] 三百篇：指《诗经》，《诗经》总共有三百零五篇，取其大数，被称作"诗三百"或"三百篇"。

译文

北宋陆佃所著《埤雅》《尔雅》说："莕，就是接余，它的叶片被称作荇。"丛聚生长在水里，叶茎和发钗的股相似，叶片生长在叶茎顶端，叶茎的长短会因所生长水域的深浅而不同。《诗经》说："参差荇菜，左右流之。"参是三个长短不齐的意思，差是两个有差别的意思，参差是说荇菜生长各不相同，左右是说采收的方法也各不相同。王安石说："荇余，只有王后、妃嫔可以比拟，它具备如此良好的品德，可以把其他草当作侍妾，至于蘋、蘩、藻，就是所谓的其他草。"以前的说法是，水藻的花是白色的，荇菜的花是黄色的，北齐颜之推所著《颜氏家训》说"现在的荇菜，生长在水里，开黄色的花，和莼菜相似"，就认为荇菜的花是黄色的。王后和嫔妃祭祀用荇菜，诸侯夫人祭祀用蘩，大夫的妻子祭祀用蘋和藻。至于大夫的妻子盛放、烹煮、放置蘋和藻，什么活都干，也是地位越高，所要做的事越简略的证明。王后、妃嫔在河里采收，诸侯夫人、大夫妻在涧里采收；王后、妃嫔在洲上采收，诸侯夫人在池沼里采收，大夫妻在涧水边、沟里积水采收；采收的地方，也是随着地位降低而降低。而且蘋、蘩、薀、藻，都是生长在小溪、山涧、池沼、水中小岛上的水草，但是荇菜与它们不同，所以王后、妃子采收荇菜。毛亨给《诗经》所作《传》认为："诸侯夫人拿着蘩菜助祭，神明看重的是祭祀之人的品德和诚心，而不是祭品的完备。生长在池沼、水中小岛、小溪、山涧里的水草，尚且可以献祭神明，王后、妃子则用荇菜祭祀。"依据这种说法，荇菜要比蘋、蘩珍贵，所以《传》说"王后、妃子有《关雎》篇所说的德行，才能供荇菜、准备其他东西祭祀宗庙。荇是行的通假字，蘋是宾的通假字，藻是澡的通假字，蘩是盛的意思。"这么说来，说荇菜需要采收、拔取，也只是提供罢了，所以《传》说："教育女儿成人的祭祀，蔬菜用蘋、藻，是为了使妇女像蘋、藻一样柔顺。"

明代陈继儒 我们松江府的荇菜，煮烂以后，味道和蜂蜜相似，被称作荇酥。《松江府志》没有记载，于是成为打鱼的和乡野之人的食物，有关荇酥的记载，可以查看《农田余话》。等到秋季天空明洁、湖水清澈的时候，载着菊花在泖湖中泛舟，把鲈鱼细切、橙子捣碎，都尝试前人的做法，和莼菜一起下酒。

明代张所望 荇菜，最先记载它的是《诗经》，我们松江府的沼泽池塘之中，生长着许多。《农田余话》记载："荇菜煮烂以后，味道和蜂蜜相似，被称作荇酥。"但是知道它的人极其少。

卉　谱

泽
草

萍

原典

一名水花，一名水白，一名水帘，一名藻，处处池沼水中有之。季春始生，杨花[1]入水所化。一叶经宿，即生数叶，叶下有微须，即其根也。浮于流水则不生，浮于止水，一夕生九子，故名九子萍。无根而浮，常与水平。有大、小二种，小者面背俱奇 [2]，为萍，大者面青背紫，为藻，一名紫萍。今藻有麻藻，异种，长可指许，叶相对联缀，不似萍之点点清轻 [3] 也。萍乃阴物，静以承阳，故曝之不死，惟七月中，采取拣净，以竹筛摊晒，盆水在下承之，即枯死，晒干为末，可驱蚊虫 [4]。

注释

[1] 杨花：柳絮。

[2] 奇：当为"青"的讹误。

[3] 清轻：气清质轻。

[4] 蚊虫：蚊子。

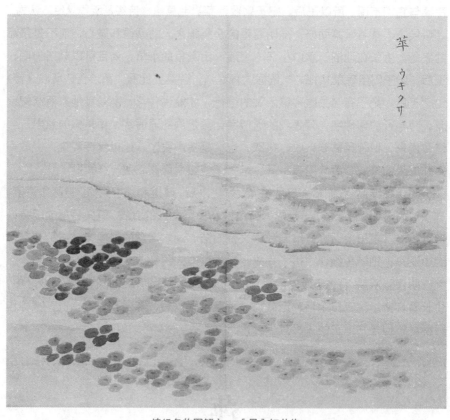

萍

ウキクサ

诗经名物图解之一 ［日］细井徇

译文

　　萍，也叫作水花、水白、水帘、藻，池塘、沼泽之中，到处都有。春末才生发，是柳絮落入水中变成的。一片叶子经过一晚上，就会变成几片叶子，叶片底下有细小的丝须，就是萍的根。漂浮在流动的水面上，就不能生长，漂浮在静止的水面上，一晚上就能生长出九个小萍，所以叫作九子萍。没有扎根地漂浮在水面上，经常和水面保持齐平。有大、小两种萍，小的正面和背面都是绿色的，就是萍，大的正面是绿色的、背面是紫色的，是薸，也叫作紫萍。现在薸里有麻薸，是不同的品种，有手指那么长，叶片成对相连，不像萍星星点点而气清质轻。萍属于阴性植物，静止不动以承受阳气，所以太阳是晒不死的，只有在农历七月采收拣选干净，摊在竹筛子里晾晒，在竹筛子底下放一盆水，就会枯死，晒干以后碾成末，可以用来驱赶蚊子。

现代描述

浮萍，*Lemna minor*，又名青萍，浮萍科，浮萍属。飘浮植物。叶状体对称，表面绿色，背面浅黄色或绿白色或常为紫色，近圆形，全缘，长 1.5—5 毫米，宽 2—3 毫米，上面稍凸起或沿中线隆起，背面垂生丝状根 1 条，根白色。叶状体背面一侧具囊，新叶状体于囊内形成浮出，以极短的细柄与母体相连，随后脱落。雌花具弯生胚珠 1 枚，果实无翅，近陀螺状。产南北各省，常与紫萍混生，形成密布水面的漂浮群落，繁殖快。全草入药。

紫萍，*Spirodela polyrhiza*，浮萍科，紫萍属。叶状体扁平，阔倒卵形，长 5—8 毫米，宽 4—6 毫米，先端钝圆，表面绿色，背面紫色，具掌状脉 5—11 条，背面中央生 5—11 条根，根长 3—5 厘米，白绿色；根基附近的一侧囊内形成圆形新芽，萌发后，幼小叶状体渐从囊内浮出，由一细弱的柄与母体相连。肉穗花序有 2 个雄花和 1 个雌花。全草入药。

原典

【典故】

楚王渡江得萍实，大如斗，赤如日，剖而食之，甜如蜜。

江右萍乡县[1]，相传楚王得萍实于此，邑因以名。而范石湖[2]以为，去大江远，非是。然萍实因渡江而得，非谓得之大江中，传闻必有所自，未可遽疑其说。

张子野[3]诗笔老妙，歌词乃其余技耳。《华州西溪》云："浮萍破处见山影，小艇归时闻草声。"与余[4]和诗云："愁似鳏鱼知夜永，懒同蝴蝶为春忙。"若此之类，皆可以追配古人，而世俗但称其歌词。昔周昉[5]画人物皆入神品，而世俗但知有周昉士女，皆所谓"未见好德如好色者"欤！

注释

[1] 萍乡县：即今江西省萍乡市。

[2] 范石湖：范成大，字至能，一字
幼元，早年自号此山居士，晚号
石湖居士。

[3] 张子野：即北宋张先，字子野。

[4] 余：即苏轼。

[5] 周昉：唐代著名画家，字仲朗、
景玄。

译文

　　楚王渡长江的时候，得到萍的果实，有斗那么大，像太阳一样红，破开食用，像蜂蜜一样甜。

　　萍乡县（今江西省萍乡市），传说楚王在这里得到萍的果实，萍乡因此得名。南宋范成大认为，萍乡距离长江很远，这个传说是不对的。但是萍的果实是因为楚王要渡长江获得的，不是说在长江里得到，传说一定是有来源的，不可以仓促地怀疑这种传说。

　　北宋张先写诗的手法非常老练高妙，填词只是他的次要技能。张先所作《华州西溪》诗说："浮萍被船破开，看见了山在水中的倒影，小船回来时，听到了船摩擦水草的声音。"与我（苏轼）的唱和诗说："忧愁得像从来不闭眼的鳜鱼一样，才知道夜晚的漫长，懒得像蝴蝶一样，尚且为春而忙。"诸如此类诗句，都可以和古人的诗句相配了，但是世俗之人只知道称颂他所填的词。唐代的周昉所画人物画都能归入神品，但是世俗之人只知道周昉所画仕女图，都是孔子所谓"没见过像喜好美色一样喜好美德的"啊！

蘋

原典

　　一名茮菜，一名四叶，一名田字草，叶浮水面，根连水底，茎细于莼、荇，叶大如指顶，面青，背紫有细纹，颇似马蹄、决明之叶，四叶合成，中折十字。夏、秋开小白花，故称白蘋，其叶攒簇[1]如萍，故《尔雅》谓"大者为蘋"也。

注释

[1] 攒簇：簇聚。

译文

蘋，也叫作苹菜、四叶、田字草，叶片漂浮在水面上，根连接着水底，叶茎要比莼菜和荇菜细一些，叶片有手指头那么大，正面是绿色的，背面是紫色的，而且上面有细纹路，和马蹄草、决明的叶子有些相似，一片大叶由四片小叶组成，四个小叶中间形成十字形。夏天和秋天开白色小花，所以叫作白蘋，它的叶片簇聚，和浮萍相似，所以《尔雅》说"大的是蘋"。

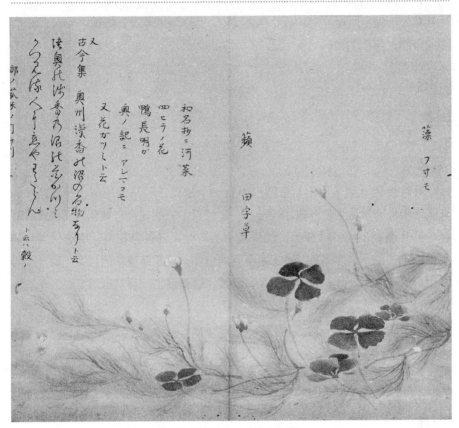

诗经名物图解之一 ［日］细井徇

现代描述

蘋 *Marsilea quadrifolia*，又名田字草、破铜钱，蘋科，蘋属。植株高 5—20 厘米。根状茎细长横走，分枝，茎节远离，向上发出一至数枚叶子。叶片由 4 片倒三角形的小叶组成，呈十字形，长宽各 1—2.5 厘米，外缘半圆形。孢子果双生或单生于短柄上，而柄着生于叶柄基部，长椭圆形，幼时被毛，褐色，木质，坚硬。每个孢子果内含多数孢子囊。

原典

【辨讹】

其叶径一二寸，有一缺而形圆，如马蹄者，莼也；似莼而稍尖长者，荇也，其花并有黄、白二色；叶径四五寸，如小荷叶，而黄花，结实如小角黍[1]者，萍蓬草也，楚王所得萍实，乃此萍之实也；四叶合成一叶，如田字形者，蘋也。如此分别，自然明白。

注释

[1] 角黍：粽子。

译文

叶片面径 3 到 7 厘米，呈圆形而有一个缺口，和马蹄相似，是莼菜；和莼菜叶相似而稍微尖锐一些、长一些，是荇菜，它的花朵有黄色和白色两种颜色；叶片面径 14 到 17 厘米，就像较小的荷叶，开黄色花朵，所结果实和较小的粽子相似，是萍蓬草，楚王所得到的萍实，就是萍蓬草的果实；四个小叶片组合成一个大叶片，整体像田字，是蘋。这样区别，自然很清楚。

藻

原典

水草也，有二种，水藻，叶长二三寸，两两相对生，即马藻也；聚藻，叶细如丝，节节连生，即水蕰也，俗名鳃草，又名牛尾蕰。《尔雅》云："莙，牛藻也。"郭璞[1]注云："细叶蓬茸[2]，如丝可爱，一节长数寸，长者二三十节。"

注释

[1] 郭璞：字景纯，晋代人。

[2] 蓬茸：蓬松柔软。

译文

　　藻，水中生长的草，有两种，水藻，叶片长 6 到 10 厘米，两两成对而生，就是马藻；聚藻，叶片像头发丝那么细，小枝围绕茎干一层层向上生长，就是水蕰，俗称鳃草，也叫作牛尾蕰。《尔雅》说："菨，就是牛藻。"晋代郭璞注解为："纤细的叶片蓬松柔软，像丝线一样，很惹人怜爱，每一节有几寸长，长的有二三十节。"

秋风墨藻图（局部）　［清］钱与龄

现代描述

　　穗状狐尾藻，*Myriophyllum spicatum*，又名泥茜、聚藻、金鱼藻，小二仙草科，狐尾藻属。多年生沉水草本。根状茎发达，在水底泥中蔓延，节部生根。茎圆柱形，长 1—2.5 米，分枝极多。叶常 5 片轮生，长 3.5 厘米，丝状全细裂，叶的裂片约 13 对，细线形。花两性、单性或杂性，雌雄同株，常 4 朵轮生，穗状花序，生于水面上。雄花萼筒广钟状，花瓣 4，顶端圆形、粉红色；雌花萼筒管状，4 深裂；花瓣缺，或不明显。分果广卵形或卵状椭圆形，长 2—3 毫米，具 4 纵深沟。花期从春到秋陆续开放，4—9 月陆续结果。

原典

【集解】

《花史》[1] 藻，水草之有文者，出于水下，其字从澡，言自洁如澡也。《书》曰"藻、火、粉米"，藻取其清，火取其明也。"山节藻棁"，盖非特为取其文，亦以禳火。今屋上覆橑[2]，谓之藻井，取象于此，亦曰绮井，又谓之覆海，亦或谓之罳顶。《风俗通》[3]曰："殿堂[4]室，象东井[5]形，刻作荷菱，荷菱，水草也，所以厌火。"与此同类。《诗》："鱼在在藻，有颁其首，王在在镐，岂乐饮酒。鱼在在藻，有莘其尾，王在在镐，饮酒乐岂。"盖鱼性食藻，王者德至渊泉，则藻茂而鱼肥，故以"颁首""莘尾"为得其性。诰[6]《传》[7]曰："士卒凫藻，言其和睦，欢悦如凫之戏于水藻也。"

注释

[1] 《花史》：明代吴彦匡所著。
[2] 覆橑：古建筑室内顶棚上的装饰性凹面，呈方、圆、多边等形，有绘画、雕刻等装饰。
[3] 《风俗通》：即《风俗通义》的简称，东汉应劭所著。
[4] 堂：后脱"宫"字。
[5] 东井：二十八宿之井宿。
[6] 诰：当为衍文。
[7] 《传》：即《尚书大传》的简称。

译文

明代吴彦匡《花史》 藻，是水草里有文化内涵的，从水下长出来，藻字的意符为澡，意思是它非常洁净，就像洗过一样。《尚书》中有"藻、火、粉米"，藻象征洁净，火象征光明。《礼记》中有"山节、藻棁"，在梁上短柱画藻文，大概不仅仅是为了装饰，也是用来辟除火灾的。现在房屋室内顶棚上的装饰性凹面，叫作藻井，就是以藻棁为本，也叫作绮井、覆海、罳顶。东汉应劭所著《风俗通义》记载："宫室殿堂和二十八宿之井宿相像，在上面刻上荷和菱，荷和菱都是水草，是用来压制火邪的。"和藻井的用意相同。

《诗经·鱼藻》："群鱼在水藻丛中游，肥肥大大的头儿摆。周王住在镐京城，欢饮美酒真自在。群鱼在水藻丛中游，悠悠长长尾巴摇。周王住在镐京城，欢饮美酒真逍遥。"大概鱼本性喜欢吃水藻，王者的恩德泽被深泉，就会使水草繁茂而群鱼肥大，所以才会以摇头、摆尾为适其本性，《尚书大传》说："士卒凫藻，用来形容士兵的和睦，欢喜愉悦就像凫在水藻里嬉戏一样。"

二如亭群芳谱

蘼　草

淡竹叶

本草图汇之一 ［日］佚名

原典

　　根名碎骨子，生原野，处处有之。春生苗高数寸，细茎绿叶，俨如竹米[1]落地所生[2]茎叶。根一窠数十须，须结子如麦冬，但坚硬耳。八九月抽茎，结小长穗，采无时。

注释

[1] 竹米：竹子的种子。　　　　[2] 生：后脱"细竹"二字。

译文

　　淡竹叶，块状根茎叫作碎骨子，生长在平原旷野之上，到处都有。春天长苗，植株高几寸，茎干纤细，叶片为绿色，就好像竹子的种子掉落在地上长出来的茎叶。一窝根茎有几十条根须，根须上结种子，和麦冬的块状根茎相似，只是更坚硬一些。农历八九月抽出花茎，花茎上开穗状花，采收无固定的时间。

现代描述

淡竹叶，*Lophatherum gracile*，禾本科，淡竹叶属。多年生，具木质根头。须根中部膨大呈纺锤形小块根。秆直立，疏丛生，高40—80厘米。叶片披针形，长6—20厘米，宽1.5—2.5厘米，具横脉。圆锥花序长12—25厘米，小穗线状披针形，颖顶端钝；不育外稃向上渐狭小，互相密集包卷，顶端具长约1.5毫米的短芒。颖果长椭圆形。花果期6—10月。

原典

【取用】

花用绵收之，可作画灯青 [1]、翠砂绿等色用。

注释

[1] 灯青：灯焰显出的低暗的青蓝色。

译文

将它的花用棉布收集起来，可以当作绘画时青蓝色和翠绿色的颜料使用。

卷 耳

原典

宿莽也，一名枲耳，一名常思，一名苓草，一名必栗香，叶如鼠耳，丛生如盘，性甚奈 [1]，拔其心不死。

注释

[1] 奈："耐"通假字。

译文

卷耳，就是宿莽，也叫作枲耳、常思、苓草、必栗香，叶片和鼠耳草的叶子相似，丛聚而生，就像盘子一样，生性善于忍耐，把它的心叶抽掉都不会死。

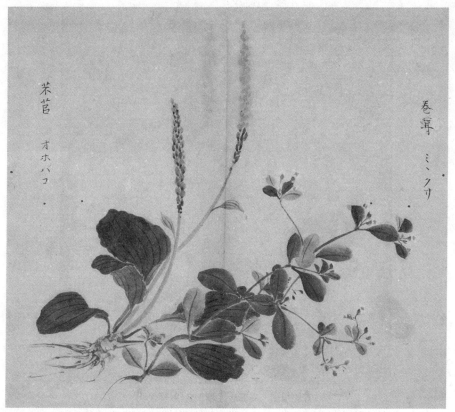

茉莒 オホバコ

卷耳 ミ、クサ

诗经名物图解之一 ［日］细井徇

现代描述

卷耳，*Cerastium arvense*，石竹科，卷耳属。多年生疏丛草本，高 10—35 厘米。茎基部匍匐，上部直立，绿色并带淡紫红色。叶片线状披针形或长圆状披针形，抱茎。聚伞花序顶生，具 3—7 花；花瓣 5，白色，倒卵形，顶端 2 裂。蒴果长圆形，顶端倾斜，10 齿裂；种子肾形，褐色。花期 5—8 月，果期 7—9 月。

虎耳草

原典

一名石荷叶，茎微赤，高二三寸，有细白毛。一茎一叶，状如荷盖，大如钱，又似初生小葵叶及虎耳之形，面青背微红，亦有细赤毛，夏开小花，淡红色。生阴湿处，栽近水石上，亦得。

231

花蝴蝶图（局部）［清］金钥 蔡含秋

译文

　　虎耳草，也叫作石荷叶，叶茎有些发红，高6到10厘米，叶茎上有细绒毛。一茎只长一片叶子，叶片形状和荷叶相似，只有铜钱那么大，又像刚刚长出来的葵菜叶子和老虎的耳朵，正面是绿色的，背面有些发红，叶片上也有红色的细茸毛，夏天开淡红色小花。生长在背阴潮湿的地方，栽种在接近水的石头上也行。

现代描述

　　虎耳草，*Saxifraga stolonifera*，虎耳草科，虎耳草属。多年生草本，高8—45厘米。鞭匐枝细长。基生叶具长柄，叶片近心形、肾形至扁圆形，腹面绿色，被腺毛，背面通常红紫色，被腺毛，有斑点；茎生叶披针形。聚伞花序圆锥状，长7.3—26厘米，具7—61花；花序分枝长2.5—8厘米，被腺毛，具2—5花；花两侧对称，花瓣白色，中上部具紫红色斑点，基部具黄色斑点，5枚。花果期4—11月。

车 前

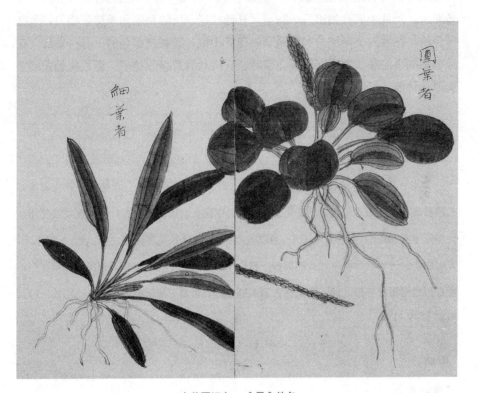

细叶者

圆叶者

本草图汇之一 [日] 佚名

卉谱

蓶草

原典

　　一名芣苢，一名地衣，一名当道，一名牛舌，一名牛遗，一名马舄，一名车轮菜，一名虾蟆衣，好生道旁及牛马迹中，处处有之，开州[1]者胜。春初生苗，叶布地如匙[2]面，年久者长及尺余。中抽数茎作长穗，结实如葶苈，赤黑色，围茎上如鼠尾，花青色微赤，甚细密。五月采苗，八九月采实，人家园圃或种之。

注释

[1] 开州：即今重庆市开州区。

[2] 匙：勺子。

233

译文

车前，也叫作芣苢、地衣、当道、牛舌、牛遗、马舄、车轮菜、虾蟆衣，喜欢生长在道路两旁以及牛、马踩出来的坑里，到处都有，重庆开州所产最好。初春长苗，叶片散布在地面上，就像勺子的表面一样，生长久的，能达到30多厘米。叶片中间会抽出几个花茎，开穗状花，所结种子和葶苈子相似，是红黑色的，花茎的上半部分和鼠尾草的花茎相似，花穗是绿色的，有些发红，花朵非常细小密集。农历五月采收苗叶，农历八九月采收种子，百姓家的园圃里有时会种植。

现代描述

车前，*Plantago asiatica*，又名车轮草，车前科，车前属。二年生或多年生草本。须根多数，根茎短，稍粗。叶基生呈莲座状，平卧、斜展或直立；叶片薄纸质或纸质，宽卵形至宽椭圆形。花序3—10个，直立或弓曲上升；穗状花序细圆柱状，长3—40厘米。花冠白色，无毛，冠筒与萼片约等长，裂片狭三角形，于花后反折。蒴果纺锤状卵形、卵球形或圆锥状卵形。种子卵状椭圆形或椭圆形，具角，黑褐色至黑色。花期4—8月，果期6—9月。

原典

【典故】

欧阳公[1]常[2]得暴下[3]病，国医[4]不能治，夫人买市人药一帖，进之而愈。力叩其方，则车前子一味为未[5]，米饮[6]服二钱七云，此药利水道[7]而不动气，水道利则清浊分，而谷藏自正矣。

注释

[1] 欧阳公：即北宋欧阳修，公为尊称。

[2] 常：通"尝"。

[3] 暴下：急性腹泻。

[4] 国医：御医。

[5] 未：应为"末"之误。

[6] 米饮：米汤。

[7] 水道：尿道。

译文

北宋欧阳修曾经患急性腹泻病，御医都治不好，他的夫人向集市上的人买了一帖药，服用后病就好了。努力求取药方，才知道是把车前子捣成粉末，用米汤服下二钱七分，这种药对尿道有利而且不会动摇元气，尿道利则清浊自然就会分离，那么容纳食物的胃自然就恢复正常了。

茵陈蒿 附录山茵陈

原典

生泰山[1]及丘陵、坡岸[2]上，近道亦生，不如泰山者佳。初生苗，高三五寸，叶似青蒿而紧细，背白，经冬不死，更因旧苗而生，故名茵陈。

注释

[1] 泰山：高山。
[2] 坡岸：山坡水岸。

译文

茵陈蒿，生长在高山以及丘陵、山坡水岸之上，接近道路的地方也有生长，不如生长在高山之上的好。刚长出来的嫩苗，高10到17厘米，叶片和青蒿叶相似，但要密集、细小一些，背面是白色的，它的根冬天不会冻死，第二年会在枯死的旧苗上长出新苗，所以叫作茵陈蒿。

本草图汇之一 [日] 佚名

235

茵陈蒿，*Artemisia capillaris*，菊科，蒿属。半灌木状草本，植株有浓烈的香气。主根明显木质，垂直或斜向下伸长。茎单生或少数，高 40—120 厘米或更长，红褐色或褐色，基部木质，茎、枝初时密生灰白色或灰黄色绢质柔毛，后渐稀疏或脱落无毛。叶卵圆形或卵状椭圆形，二至三回羽状全裂。头状花序卵球形，直径 1.5—2 毫米，常排成复总状花序，并在茎上端组成大型、开展的圆锥花序；雌花 6—10 朵，花冠狭管状或狭圆锥状；两性花 3—7 朵，不孕育，花冠管状。瘦果长圆形或长卵形。花果期 7—10 月。

原典

【附录】

山茵陈，二月生苗，其茎如艾，叶如淡青蒿，皆白，叶岐，紧细而匾整。九月开细黄花，结实大如艾子，亦有无花实者。

译文

山茵陈，农历二月长苗，它的茎干和艾草相似，叶片和淡青蒿相似，都是白色的，有裂口，密集纤细且扁平整齐。农历九月开小黄花，所结种子有艾草的种子那么大，也有不开花、结子的。

现代描述

猪毛蒿，*Artemisia scoparia*，又名山茵陈、石茵陈、同蒿、白蒿等，菊科，蒿属。多年生草本或近一二年生草本；植株有浓烈的香气。主根单一，狭纺锤形、垂直，半木质或木质化；根状茎粗短，直立，半木质或木质。茎通常单生，稀 2—3 枚，红褐色或褐色，有纵纹；叶近圆形、长卵形，二至三回羽状全裂，具长柄，花期叶凋谢。头状花序近球形，稀近卵球形，极多数，直径 1—1.5 毫米，并排成复总状或复穗状花序，而在茎上再组成大型、展开的圆锥花序；雌花 5—7 朵，花冠狭圆锥状或狭管状；两性花 4—10 朵，不孕育，花冠管状。瘦果倒卵形或长圆形，褐色。花果期 7—10 月。

蒲公英

原典

一名金簪花，一名紫花地丁，一名黄花地丁，一名耩耨草，一名蒲公罂，一名凫公英，一名白鼓丁，一名耳瘢草，一名狗乳草，处处有之，亦四时常有。小科[1]布地，四散而生，茎、叶、花絮，并似苦苣，但差小耳。叶有细刺，中心抽一茎，高三四寸，中空，茎叶断之，皆有白汁，茎端出一花，色黄，如金钱。嫩苗可生食，花罢成絮，因风飞扬，落湿地即生。二月采花，三月采根，有紫花者，名大丁草。

注释

[1] 小科：小团花。

立石丛卉图 ［明］唐寅

译文

蒲公英，也叫作金簪花、紫花地丁、黄花地丁、耩耨草、蒲公罂、凫公英、白鼓丁、耳瘢草、狗乳草，到处都有，四季都有。小团花散布在地上，朝着不同方向生长，花茎、叶片和花朵都与苦苣相似，只是小一点儿罢了。叶片上有小刺，叶片中心抽出花茎，高10到14厘米，花茎是中空的，把花茎、叶片弄断，都会流出白色的汁液，花茎顶端长出一朵黄色的花，和铜钱相似。嫩苗可以食用，花朵开败以后变成絮状，花絮会被风吹走，掉落在潮湿的土地上就会生根。农历二月采收花朵，农历三月采收根茎，有开紫色花朵的，叫作大丁草。

现代描述

蒲公英，*Taraxacum mongolicum*，又名黄花地丁、婆婆丁、灯笼草等，菊科，蒲公英属。多年生草本。根圆柱状，黑褐色，粗壮。叶倒卵状披针形、倒披针形或长圆状披针形，边缘有时具波状齿或羽状深裂，有时倒向羽状深裂或大头羽状深裂，每侧裂片 3—5 片，叶柄及主脉常带红紫色。花葶 1 至数个，与叶等长或稍长，上部紫红色，密被蛛丝状白色长柔毛；头状花序直径约 30—40 毫米；舌状花黄色，舌片长约 8 毫米，宽约 1.5 毫米，边缘花舌片背面具紫红色条纹。瘦果倒卵状披针形，暗褐色；冠毛白色，长约 6 毫米。花期 4—9 月，果期 5—10 月。

原典

【典故】

《千金方》孙思邈[1]云："曾夜以手触庭树，痛不可忍，经十日，痛日深，疮日大，色如熟小豆。以大丁草白汁涂之，随手愈，未十日，平复如故。"

注释

[1] 孙思邈：唐代著名道士、医药学家，被人称为孙真人、药王，《千金方》的作者。

译文

孙思邈在《千金方》中说："曾经在夜晚用手触碰庭院里的树，顿时手掌疼痛难忍，过了十天，疼痛不断加深，疮口不断变大，颜色就像成熟了的红色小豆。用大丁草的白色汁液涂抹手，很快就开始缓解，不到十天，就完全好了。"

二如亭群芳谱

灯心草

原典

一名虎须草，一名碧玉草，生江南泽地，陕西亦有。丛生，茎圆细而长直，即龙须之类。但龙须紧小、瓤实，此草稍粗，瓤虚白。

译文

灯心草，也叫作虎须草、碧玉草，生长在长江以南的沼泽地区，陕西也有生长。丛聚而生，茎干又圆又细、又长又直，和龙须草归属于同一种类。只是龙须草的茎干更加密集纤细、内瓤厚实，灯心草的茎干稍微粗一些，白色内瓤疏松。

景年花鸟画谱之一　［日］今尾景年

现代描述

灯心草，*Juncus effusus*，灯心草科，灯心草属。多年生草本；根状茎粗壮横走，具黄褐色稍粗的须根。茎丛生，直立，圆柱形，淡绿色，具纵条纹，茎内充满白色的髓心。叶全部为低出叶，呈鞘状或鳞片状，包围在茎的基部，基部红褐至黑褐色；叶片退化为刺芒状。聚伞花序假侧生，含多花，排列紧密或疏散；花淡绿色；花被片线状披针形，黄绿色，边缘膜质。蒴果长圆形或卵形，长约 2.8 毫米，顶端钝或微凹，黄褐色。种子卵状长圆形。花期 4—7 月，果期 6—9 月。

239

凤尾草

原典

柔茎青色，叶长寸余，附茎对生，每边各七八叶相连，本宽，以渐而狭，顶尖，叶边亦有小尖，俨如凤尾。喜阴，春雨时移栽，见日则瘁。

译文

凤尾草，绿色的茎干很柔软，叶片长3厘米多，依附在茎干上成对而生，每边各有七八片叶子相连而生，叶根宽大，逐渐变窄，到了叶顶就成了细尖，叶片边缘也有细尖，和凤凰的尾巴相似。喜欢生长在背阴的地方，春天下雨的时候移栽，见到太阳就会就会枯萎。

酸浆草

原典

一名醋浆，一名苦耽，一名苦蒇，一名灯笼草，一名皮弁草，一名王母珠，一名洛神珠，即今所称红姑娘也。酸浆、醋浆，以子之味名也；灯笼、皮弁，以壳之形名也；苦耽、苦蒇，以苗之味名也；王母、洛神珠，以子之形名也。所在有之，惟川、陕者最大。苗如天茄子，高三四尺，叶嫩时可食，四五月开小白花，结薄青壳，熟则红黄色。壳中实大如龙眼，生青，熟则深红，实中复有细子，如落苏之子。食之有青草气，小儿喜食之。

译文

酸浆草，也叫作醋浆、苦耽、苦蒇、灯笼草、皮弁草、王母珠、洛神珠，就是现在所说的红姑娘。酸浆、醋浆，因为果实的味道而得名；灯笼、皮弁，因为果实外面的壳而得名；苦耽、苦蒇，因为苗叶的味道得名；王母珠、洛神珠，因为果实的形状得名。到处都有，生长在四川和陕西的最大。苗叶和天茄子相似，植株高度只有1米到1.4米，嫩叶可以食用，农历四五月开白色小花，花谢以后会结一层薄薄的绿壳，成熟以后绿壳会变成红黄色。包壳里有果实，有龙眼那么大，生的时候是绿色的，成熟以后变成深红色，果实里面有小种子，和落苏的种子相似。果实能吃出青草味，小孩喜欢吃。

景年花鸟画谱之一 ［日］今尾景年

卉 谱

蘸 草

现代描述

酸浆，*Physalis alkekengi*，茄科，酸浆属。多年生草本，基部常匍匐生根。茎高约40—80厘米，基部略带木质。叶长5—15厘米，宽2—8厘米，长卵形至阔卵形、有时菱状卵形，全缘而波状或者有粗牙齿、有时每边具少数不等大的三角形大牙齿，两面被有柔毛；花萼阔钟状；花冠辐状，白色，直径15—20毫米，裂片开展，阔而短，顶端骤然狭窄成三角形尖头，外面有短柔毛，边缘有缘毛；果萼卵状，薄革质，网脉显著，有10纵肋，橙色或火红色；浆果球状，橙红色，直径10—15毫米，柔软多汁。种子肾脏形，淡黄色，长约2毫米。花期5—9月，果期6—10月。

241

【辨讹】

世有以龙葵为酸浆者，不知二物苗叶虽同，但龙葵茎光无毛，五月入秋开小白花，五出黄蕊，结子五六颗，多者十余颗，累累[1]下垂，无壳有盖，蒂长一二分，生青，熟紫黑。酸浆同时开小花，黄白色，紫心白蕊，花如杯，无瓣，有五尖，结一壳含五棱，一枝一颗，下悬如灯笼状，壳中子一颗。以此分别，便自明白。

注释

[1] 累累：连接成串。

译文

世间有把龙葵当成酸浆的，却不知它们的植株、叶片虽然相同，但龙葵的茎干光滑没有绒毛，从农历五月到秋天开白色小花，花朵有五个花瓣，花蕊是黄色的，结五六颗果实，多的能有十几颗，连接成串下垂，没有包壳，却有萼盖，果柄长 3 到 7 毫米，生的时候是绿色的，成熟以后变成紫黑色。酸浆和龙葵同时开黄白色小花，雌蕊是紫色的，雄蕊是白色的，花朵呈杯形，不分瓣，却有五个尖，花谢后会结一个有五条棱脊的包壳，一个花枝上只结一个包壳，包壳就像下垂的灯笼，包壳里有一颗果实。这样区别，自然很清楚。

三叶酸

原典

一名酸浆草，一名三角酸，一名雀儿酸，一名酸啾啾，一名酸母，一名酸箕，一名鸠酸，一名小酸茅，一名雀林草，一名赤孙施。苗高一二寸，极易繁衍，丛生道旁阴湿处，一茎三叶，如浮萍，两片至晚自合帖如一。四月开小黄花，结小角，长一二分，中有黑实，至冬不凋，嫩时小儿喜食。

译文

三叶酸，也叫作酸浆草、三角酸、雀儿酸、酸啾啾、酸母、酸箕、鸠酸、小酸茅、雀林草、赤孙施。苗叶只有 3 到 7 厘米高，非常容易繁衍，在道路旁边背阴潮湿的地方丛聚而生，一个叶茎上有三片叶子，叶片和浮萍相似，其中两片到晚上会自然闭合，就像变成了一片一样。农历四月开黄色小花，花谢后结小角果，角果长 6 到 7 毫米，里面有黑色种子，到了冬天也不会凋零，鲜嫩时小孩喜欢吃。

诗经名物图解之一 ［日］细井徇

卉 谱

蘼草

现代描述

酢浆草，*Oxalis corniculata*，酢浆草科，酢浆草属。草本，高 10—35 厘米，全株被柔毛。根茎稍肥厚。茎细弱，多分枝，直立或匍匐，匍匐茎节上生根。叶基生或茎上互生；小叶 3，无柄，倒心形，长 4—16 毫米，宽 4—22 毫米。花单生或数朵集为伞形花序状，腋生，花瓣 5，黄色，长圆状倒卵形，长 6—8 毫米，宽 4—5 毫米。蒴果长圆柱形，长 1—2.5 厘米，5 棱。种子长卵形，褐色或红棕色，具横向肋状网纹。花、果期 2—9 月。

菟 丝

原典

　　一名兔缕，一名兔蔂，一名兔芦，一名兔丘，一名女萝，一名赤网，一名玉女，一名唐蒙，一名火焰草，一名野狐丝，一名金线草。蔓生，处处有之，以菟司[1]者为胜，生怀孟[2]及黑豆上者，入药更良。夏生苗，色红黄，如金细丝遍地，不能自起，得草梗则缠绕而生。其子入地，初生有根，及长延草物，其根自断。无叶有花，白色微红，香亦袭人。结实如秕豆而细，色黄，生于梗上。

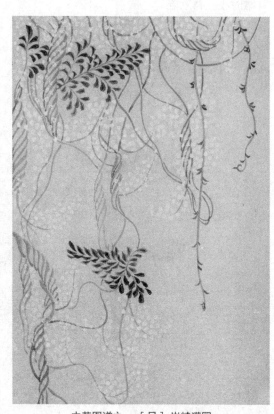

本草图谱之一 ［日］岩崎灌园

注释

[1] 菟司："司"当为"句"的讹误，菟句为古县名，即宛朐县，在今山东省菏泽市西南。

[2] 怀孟：古地名，在今河南沁阳。

译文

　　菟丝，也叫作菟缕、菟蔂、菟芦、菟丘、女萝、赤网、玉女、唐蒙、火焰草、野狐丝、金线草。蔓延生长，到处都有，菟司（今山东菏泽西南）所生长为良，生长在怀孟（今河南沁阳）和缠绕在黑豆上的菟丝，做药材最好。夏天长苗，

二如亭群芳谱

红黄色，就像遍布地面的金色细丝，自身无法直立，缠缚在其他草的枝干上生长。它的种子落在地上，刚长出来的时候是有根的，等到长大蔓延缠缚在其他草的枝干上以后，它的根就自然断裂了。没有叶片，但会开白中泛红的花，有花香。所结种子和秕豆相似，但要小一些，黄色，生长在茎上。

现代描述

菟丝子，*Cuscuta chinensis*，旋花科，菟丝子属。一年生寄生草本。茎缠绕，黄色，纤细，直径约 1 毫米，无叶。花序侧生，少花或多花簇生成小伞形或小团伞花序，近于无总花序梗；花萼杯状，中部以下连合；花冠白色，壶形，长约 3 毫米，顶端向外反折，宿存。蒴果球形，直径约 3 毫米，几乎全为宿存的花冠所包围，成熟时整齐的周裂。种子 2—4，淡褐色，卵形，长约 1 毫米，表面粗糙。

卉　谱

蘼

草

原典

【辨讹】

勿使天碧草子，真相似，味酸涩。

译文

入药时不要把天碧草的种子和菟丝的种子混淆，二者真的很相似，但天碧草种子的味道又酸又涩。

屋　游

原典

一名瓦衣，一名瓦苔，一名瓦藓，一名博邪，一名昨叶 [1]，一名兰香。此瓦屋上苔衣 [2] 也，生久屋之瓦，木气泄则生。其长数寸，叶圆而肥嫩，长寸余，顶生小白花，名瓦松。

注释

[1] 叶：后脱 "何" 字。

[2] 苔衣：苔藓。

屋游，也叫作瓦衣、瓦苔、瓦藓、博邪、昨叶何、兰香。它是覆盖瓦片的屋子上所生长的苔藓，生长在他老房屋的瓦上，建造房屋所用木头的木气消散以后，就会生长屋游，它只有几寸高，叶片呈圆形且肥嫩，只有3厘米多长，开小白花的叫作瓦松。

本草图谱之一 ［日］岩崎灌园

苔 附录水苔、海藻

原典

一名绿苔，一名品藻，一名品苔，一名泽葵，一名绿钱，一名重钱，一名圆藓，一名垢草。空庭幽室，阴翳[1]无人行，则生苔藓，色既青翠，气复幽香[2]，花钵拳峰，颇堪清赏。欲石上生苔，以荄泥、马粪和匀，涂润湿处，不久即生。

注释

[1] 阴翳：照不到太阳。

[2] 幽香：清淡的香气。

译文

苔，也叫作绿苔、品藻、品苔、泽葵、绿钱、重钱、圆藓、垢草。空置的庭院、幽闭的屋子，照不到太阳且无人行走的地方，就会生长苔藓，它的颜色青翠，而且散发着清淡的香气，生长在花盆里的石头上，也很值得玩赏。想让石头上长苔藓，把芟泥和马粪拌匀，涂抹在石头湿润的地方，不久就会长出苔藓。

原典

【附录】

水苔，一名石发，一名石衣，一名水衣，一名薄，生石上，色青绿，蒙茸如萱。

译文

水苔，也叫作石发、石衣、水衣、薄，生长在石头上，青绿色，和萱草一样蓬松。

金石昆虫草木状之一 ［明］文俶

金石昆虫草木状之一 ［明］文俶

原典

海藻，一名海苔，在屋曰昔邪，在墙曰墙衣。

译文

海藻也叫作海苔，生长在屋里叫作昔邪，生长在墙上叫作墙衣。

原典

【典故】

张华 [1] 撰《博物志》进武帝 [2]，帝嫌烦，令削之，赐侧理纸 [3]。

蔓金苔，出祖黎国，大如鸡卵。色如金，若萤火之聚，投之水中，蔓延波澜上，如火。晋元帝时，贡自外国，宫人被幸者，赐之。置漆盘中，光照满室，又名夜月苔 [4]。

石崇 [5] 砌上就苔藓刻百花，饰以金玉，曰："壶中之景 [6]，不过如是。"

宋王徽，太保弘 [7] 之弟也，辞江湛 [8] 之举，足不逾阈 [9] 十余载，栖迟 [10] 环堵 [11]，苔草没阶。

侯景 [12] 围台城 [13] 既急，时甘露厨 [14] 中所有干苔，悉分给军士。

倪元镇 [15] 阁前置梧石 [16]，日令人洗拭，及苔藓盈庭，不容水迹，绿蓐可爱。每遇坠叶，令童子以针掇杖头挑出，不使点坏。

王彦章葺园亭，叠坛种花，急欲苔藓，少助野意 [17]，而经年不生。顾弟子曰："叵耐这绿拗儿！"

鞠国，在拔野古 [18] 东北五百里，六日行至其国，有树无草，但有苔。

陈思王 [19] 初丧应、刘 [20]，端忧 [21] 多暇，绿苔生阁，芳尘凝榭。

注释

[1] 张华：字茂先，西晋时政治家、文学家、藏书家。

[2] 武帝：指晋武帝司马炎。

[3] 侧理纸：晋代名纸，因所用原料为水苔，故称苔纸，又因纸上有纹理，故也叫侧理纸。

[4] 夜月苔：应为"夜明苔"，传说中会发光的苔。

[5] 石崇：字季伦，小名齐奴，西晋时期文学家、官员、富豪，金谷二十四友之一。

[6] 壶中之景：指仙境。

[7] 弘：即王弘，字休元，南朝刘宋大臣、书法家，东晋丞相王导曾孙。

[8] 江湛：字徽渊，南朝刘宋大臣。

[9] 阈：门槛。

[10] 栖迟：隐遁。

[11] 环堵：四周环绕着每面一方丈的土墙，形容狭小、简陋的居室。

[12] 侯景：字万景，北魏怀朔镇鲜卑化羯人，投降萧梁，后又反叛。

[13] 台城：东晋至南朝时期的尚书台和皇宫所在地，位于国都建康（今南京）

城内，因尚书台位于宫城之内，所以叫作台城。

[14] 甘露厨：佛家对厨房的称呼。

[15] 倪元镇：即元代大画家倪瓒，初名珽，字元镇，号云林子。

[16] 梧石：梧桐树和湖石。

[17] 野意：山野意趣。

[18] 拔野古：也叫作拔野固、拔曳古，隋唐时部落名称，在今克鲁伦、海拉尔
两河北境。

[19] 陈思王：即三国时曹植，字子建，封陈王，谥号为思。

[20] 应、刘：即应玚和刘桢，著名文学家，名列建安七子。

[21] 端忧：闲愁、深忧。

译文

西晋张华撰写《博物志》进献给晋武帝司马炎，晋武帝嫌太烦琐，让他删改，赏赐给他用水苔制作的侧理纸。

蔓金苔，产自祖黎国，有鸡蛋那么大。它的颜色像黄金一样，宛若无数只萤火虫聚在一起，若将它投入水中，就会蔓延于水波之上，像火延烧一样。东晋元帝时，外国进贡，被宠幸的宫女，晋元帝就会赏赐蔓金苔，把蔓金苔放置在盘子里，它的光辉能照亮一间屋子，也叫作夜明苔。

西晋石崇在台阶上依循苔藓刻出各种各样的花，再用黄金和白玉装饰，说："传说中的仙境，也就这样吧！"

南朝刘宋的王徽是曾经担任太保之职的王弘的弟弟，拒绝了大臣江湛的举荐，脚十多年都没踏出门槛，隐遁在简陋的小屋里，台阶都被苔藓、荒草隐没了。

南朝萧梁侯景加紧围攻尚书台和宫城，当时把皇宫厨房里所有的干苔藓，都分给士兵充饥。

元代大画家倪瓒在清闷阁前面栽种梧桐树、放置湖石，每天让家仆洗刷、揩拭，等到苔藓长满庭院，不许残留水迹，绿色的苔藓就像席子一样，非常可爱。每当有树叶坠落，倪瓒就让家僮把针戳在手杖的顶端，把落叶挑出来，不让他们把苔藓踩坏。

王彦章修葺园圃、花亭，堆叠土台，在上面种花，急着想长出苔藓，以便增添一点儿山野意趣，却偏偏多年不生。他便对弟子说："对这执拗的绿色东西真是无可奈何啊！"

鞠国，在拔野古部落东北方五百里的地方，行走六天来到这个国家，只长树不长草，但有苔藓。

三国时曹植刚刚失去应玚和刘桢，深忧而闲居，阁楼上长出绿色的苔藓，水榭上落满灰尘。

一

鹤鱼谱

鹤鱼谱小序

原典

　　鹤，羽禽也，鱼，鳞虫也，于群芳何与？然而，羽衣翩跹[1]、锦鳞游泳，一段活泼之趣，亦足窥化机[2]之一班[3]，动护惜之一念。书窗外间一寓目，何减万绿一红、动人春色？夫闻野、闻天，在渊、在渚，诗人与园檀、园榖[4]，并侈[5]咏歌[6]，安见鹤与鱼不可偶群芳也？作鹤鱼谱。

济南王象晋荩臣甫题

鹤鱼谱

注释

[1] 翩跹：飞舞。

[2] 化机：自然造化。

[3] 班："斑"的通假字。

[4] 榖：楮树。

[5] 侈：大。

[6] 咏歌：指《诗经·小雅·鹤鸣》："鹤鸣于九皋，声闻于野。鱼潜在渊，或在于渚。乐彼之园，爰有树檀，其下维萚。它山之石，可以为错。鹤鸣于九皋，声闻于天。鱼在于渚，或潜在渊。乐彼之园，爰有树檀，其下维榖。它山之石，可以攻玉。"

译文

　　仙鹤，属于长羽毛的飞禽，鱼，属于长鳞片的动物，和花卉有什么关系呢？但是，仙鹤在庭院里飞舞，鱼在池塘里游泳，在这一段生动活泼的意趣之中，也足够窥见一点儿自然造化的神妙，惹动保护爱惜的念头。在书窗之外偶尔看一眼它们，就会觉得，鹤舞鱼游难道就不如花红叶绿的春天美景？《诗·小雅·鹤鸣》记载，仙鹤的鸣叫声在四野和天上都能听见，鱼深潜渊底或游到浅水里，写诗的人把仙鹤和鱼，同园里的檀树、楮树放在一起大加歌咏，何以见得仙鹤和鱼就不能够同花卉相匹配呢？因此作《鹤鱼谱》。

济南王象晋荩臣甫题

鹤鱼谱简首

相鹤经

原典

　　淮南八公 [1] 鹤，阳鸟也，因金气 [2]、依火精 [3] 以自养，金数九，火数七，七年小变，十六年大变，百六十年变止，千六百年形定。体尚洁，故色白；声闻天，故头赤；食于水，故喙长；轩于前，故后指短；栖于陆，故足高而尾凋；翔于云，故毛丰而肉疏；大喉以吐故，修头 [4] 以纳新，故寿不可量。所以体无青、黄二色者，木、土之气内养，故不表于外。

　　鹤之上相：瘦头朱顶，露眼 [5] 玄睛，高鼻短喙，髭颔龟耳，长颈促身，燕膺凤翼，龟背鳖腹，轩前垂后，高胫粗节，洪髀 [6] 纤指，此相之备者也。鸣则闻于天，飞则一举千里。二年落子，毛易黑点；三年产伏 [7]；复七年，羽翮具复；复七年，飞薄云汉 [8]；复七年，舞应节；复七年，昼夜十二时，鸣中律；复百六十年，不食生物，腹大毛落、茸毛生，雪白或纯黑，泥水不污；复百六十年，雄雌相视，目睛不转，而孕；千六百年后，饮而不食，鸾凤同为群，圣人在位，则与凤皇翔于甸 [9]。

注释

[1] 淮南八公：指西汉淮南王刘安的八位门客，即左吴、李尚、苏飞、田由、毛被、
　　雷被、晋昌、伍被。

[2] 金气：指古代思想家五行学说中所说的金的气质。

[3] 火精：五行中火的精华，即太阳。

[4] 头：原文为"頭"，当为"颈"的讹误。

[5] 露眼：眼球突出。

[6] 髀：大腿骨。

[7] 伏："孵"的通假字。

[8] 云汉：高空。

[9] 甸：郊外。

译文

　　淮南八公　鹤，是具有阳气的鸟，依靠五行中金的气质和火的精华来滋养自身，五行中金用数字九表示，火用数字七表示，所以仙鹤生长七年以后，会有一次小变化，生长十六年以后，会有一次大变化，生长一百六十年以后，变化停止，一千六百年以后，形体就固定了。身体崇尚洁净，所以仙鹤是白色的；鸣叫声能传到天上，所以头是红色的；在水里捕食，所以嘴巴很长；前半身高，所以后脚趾短；栖息在陆地上，所以腿很长、尾巴很短；在天上飞翔，所以羽毛很多、肉很少；大喉咙能把体内浊气排除，长脖子能把外界清气吸入，所以它的寿命无法估量。之所以没有绿色和黄色的仙鹤，是因为绿色和黄色分别代表五行中的木和土，木气和土气都用来滋养内在，所以不会显现在外表。

　　仙鹤上等的形象：头很瘦、头顶是红色的，眼球突出、眼珠是黑色的，鼻梁高挺，嘴巴很短，瘦下巴，长耳朵，长脖子，瘦身体，胸部像燕子，翅膀像凤凰，背部像龟，腹部像鳖，前半身高昂，后半身低垂，腿胫很长，腿上的关节很粗，大腿骨很粗，脚趾很细，这是仙鹤最完美的形象。鸣叫时声音能传到天上，飞翔时能一飞千里。二年以后，开始下蛋，毛上会产生黑点；三年以后，开始孵卵；七年以后，羽毛全部恢复；再过七年，能飞到天上；再过七年，飞舞时能和音乐节拍吻合；再过七年，白天和晚上十二个时辰，鸣叫声和音律吻合；再过一百六十年，不吃活物，腹部的大毛掉落、细茸毛产生，为雪白色或纯黑色，泥水不能污染它；再过一百六十年，雄鹤和雌鹤相互对视，目不转睛，雌鹤就会受孕；一千六百年以后，只喝水不吃东西，和鸾凤成群，圣人执政的时候，就会和凤凰一起飞到郊外。

鹤鱼谱

鹤鱼谱首简

原典

　　又 [1]

　　鹤不难相，人必清 [2] 于鹤，而后可以相鹤。夫顶丹颈碧，毛羽莹洁，胫纤而修，身耸而正，足癯 [3] 而节高，颇类不食烟火人，乃可谓之鹤。望之如雁、鹜、鹅、鹳然，斯下矣。养以屋，必近水竹，给以料，必备鱼稻。蓄以笼，饲以熟食，则尘浊 [4] 而乏精采 [5]，岂鹤俗也？人俗之耳。欲教以舞，俟其馁，置食于阔远处，拊掌诱之，则奋翼而鸣，若舞状，久则闻拊掌必起，此食化也，岂若仙家 [6] 和气自然之感召哉？

注释

[1] 本段引自南宋林洪所著《山家清事·相鹤诀》。

[2] 清：清楚、明白。

[3] 癯：清瘦。

[4] 尘浊：凡俗。

[5] 精采：神采。

[6] 仙家：仙人。

识别仙鹤的优劣并不困难，人一定要了解仙鹤，然后才能识别仙鹤的优劣。头顶是红色的、脖颈是墨绿色的，羽毛莹润光洁，腿又细又长，身体高耸且端正，脚清瘦且骨节突出，很像不食人间烟火的人，才可以叫作仙鹤。看着像大雁、野鸭、天鹅和鹳鸟，就是劣等鹤。一定要把仙鹤养在接近水和竹子的屋舍里，喂养的饲料一定要有稻米和鱼。如果把鹤蓄养在笼子里，用煮熟的食物饲养，它就会变得凡俗且缺乏神采，难道是鹤自己凡俗吗？人把它变俗的。如果想教仙鹤起舞，等到它饥饿的时候，把食物放在离它较远的地方，拍手诱导它，就会拍打翅膀且鸣叫，就好像在跳舞，时间长了，每次听到拍手声，就会起舞，这是因为食物产生的变化，哪能和受到仙人祥和之气的感召而自然起舞相提并论呢？

养鱼经^[1]

原典

尝怪金鱼之色相变幻，遍考鱼部，即《山海经》《异物志》亦不载。读《子虚赋》^[2]有曰"网玳瑁、紫贝"，及《鱼藻》，同置五色文鱼^[3]，固知其色相^[4]自来本异，而金鱼特总名也。惟人好尚，与时变迁，初尚纯红、纯白，继尚金盔、金鞍、锦被及印红头、裹头红、连鳃红、首尾红、鹤顶红、若八卦、若骰色，继尚黑眼、雪眼、珠眼、紫眼、玛瑙眼、琥珀眼，四红至十二红、二六红，甚有所谓十二白及堆金砌玉、落花流水、隔断红尘、莲台八瓣，种种不一。总之，随意命名，从无定颜^[5]者也。至花鱼，俗子目为癫^[6]，不知神品都出是花鱼，将来变幻，可胜纪哉，而红头种类，竟属庸板矣。第眼虽贵于红凸，然必泥此，无全鱼矣。乃红忌黄，白忌蜡，又不可不鉴。

如蓝鱼、水晶鱼，自是陂塘^[7]中物，知鱼者所不道也。若三尾、四尾、品尾，原系一种，体材近滞而色都鲜艳，可当具品。第^[8]金管、银管，广陵^[9]、新都^[10]、姑苏^[11]竞珍之。夫鱼，一虫类，而好尚每异，世风之华实，兹非一验与？

注释

[1] 养鱼经：内容为明代屠隆作《金鱼品》。

[2]《子虚赋》：西汉司马相如所著。

[3] 文鱼：有斑彩的鱼。

[4] 色相：形貌。

[5] 颜：色彩。

[6] 癞：癣疥。

[7] 陂塘：池塘。

[8] 第：但。

[9] 广陵：今江苏扬州。

[10] 新都：今四川成都市新都区。

[11] 姑苏：今江苏苏州。

译文

我曾经对金鱼形貌的变幻莫测感到好奇，于是就全面考查历来关于鱼的资料，连《山海经》《异物志》这样专门记载奇异事物的著作都没有记载。我读西汉司马相如所作《子虚赋》中有"用渔网捕捞玭珥和紫贝"，以及《诗经·小雅·鱼藻》对于鱼的描述，把它们和五彩斑斓的金鱼放在一起考量，可以推知金鱼的形貌，本来就和普通的鱼不一样，而金鱼只不过是这类色彩斑斓的鱼的总称。只是人们的喜好、时尚，随着时代而变化，开始崇尚纯红色、纯白色的金鱼，而后喜欢头金红色似戴帽盔的、腰上金红色块似背马鞍的、背上似披锦缎被的金鱼，以及头上一块红印的、整个鱼头都是红色的、从头顶到鱼鳃都红的、鱼头和鱼尾都红的、顶上红斑如仙鹤的金鱼，还有鱼身上如八卦图案、如骰子颜色的金鱼，后来又崇尚黑眼、雪眼、珠眼、紫眼的金鱼，眼睛像玛瑙、琥珀的金鱼，有四块红斑、十二块红斑、两块配六块红斑，甚至所谓十二块白斑的金鱼，以及堆金砌玉、落花流水、隔断红尘、莲台八瓣，种种奇异的品种不能一一尽述。总而言之，都是人们根据金鱼的体色随便命名的，从来没有一定。至于花斑金鱼，凡夫俗子把花斑当成癣疥，却不知金鱼中的神来之品都出自花斑金鱼，将来体色的变幻，多得记不过来，而红头一类的金鱼，终究变得平庸、呆板。虽然金鱼的眼睛以红色而凸出为珍贵，但是只拘泥于眼睛，就会忽略整体形象的完美。而红色的金鱼最忌讳黄色，白色的金鱼最忌讳蜡黄，又不可不引以为鉴。

至于蓝鱼、水晶鱼，本来都是生长在池塘中的凡庸之物，懂鱼的人是不屑说的。像三条尾、四条尾、品字形尾，原来都属于同一个品种，体型身材类似而游动不灵活，然而体色都很鲜艳，可以当作必备有的品种。只是金鱼的尾柄有所谓的金管尾、银管尾，广陵（今江苏扬州）、新都（四川成都新都区）、姑苏（江苏苏州），竞相以此为珍品。金鱼，不过是一种动物，然而人们的喜好时尚每每不同，观察世间风气的浮华和朴实，难道不是一个象征吗？

鹤 附录鹤子草

原典

仙人之骐骥也。一说鹤，皬也，其羽白色，皬皬[1]然也，一名仙客，一名胎仙。阳鸟而游于阴，行必依洲渚，止不集林木[2]，秉金气、依火精以生。有白者，有玄者，有黄者，有苍[3]者，有灰者，总共数色，首至尾长三尺，首至足高三尺余，喙碧绿色，长四寸，丹顶、赤目、赤颊、青脚、修颈、高足、粗膝，凋尾、皓衣、玄裳，颈有黑带。

雌雄相随，如道士步斗[4]之状，履迹[5]而孕，又曰雄鸣上风，雌鸣下风，声交而孕，岁生数卵。四月，雌鹤伏卵，雄往来为卫，见雌起则啄之，见人窥其卵，则啄破而弃之。常以夜半鸣，声唳霄汉[6]。雏鹤，三年顶赤，七年翮具，十年十二时鸣，三十年鸣中律、舞应节，六十年丛毛[7]生、泥不能污，一百六十年，雌雄相视而孕，一千六百年，形始定，饮而不食，乃胎生。大喉以吐故，长颈以纳新，能运任脉，无死气于中，故多寿。一曰鹤为露禽，逢白露降，鸣而相警，即驯养于家者，亦多飞去。

相鹤之法：隆鼻、短口则少眠，高脚、疏节则多力，露眼、赤睛则视达，回翎、亚膺则体轻，凤翼、雀尾则善飞，龟背、鳖腹则能产，轻前、重后则善舞，洪髀、纤指则能行，羽毛皓洁，举则高至，鸣则远闻。鹤以扬州吕四场者为佳，其声较他产者更觉清亮[8]，举止耸秀[9]，别有一番庄雅[10]之态。别鹤，胫黑、鱼鳞纹，吕四产者，绿色、龟纹，相传为吕仙[11]遗种。

注释

[1] 皬皬：洁白。

[2] 林木：树林。

[3] 苍：灰白色。

[4] 步斗：即步罡踏斗，道士礼拜星宿、召遣神灵的一种步伐，其步行转折，据说正好踏在天罡、北斗星位上。

[5] 迹：脚印。

[6] 霄汉：天空。

[7] 丛毛：绒毛。

[8] 清亮：清脆响亮。

[9] 耸秀：高雅俊秀。

[10] 庄雅：端庄典雅。

[11] 吕仙：即吕仙翁，八仙之吕洞宾。

瑞鹤图 ［宋］赵佶

译文

　　鹤，是神仙的良马。还有一种说法，"鹤"和"曤"是通假字，它的羽毛是白色的，很洁白，也叫作仙客、胎仙。本性属阳却在阴湿的地方活动，活动时一定要依附水岛，不在树林里停留，秉持五行中金的气质、依赖五行中火的精华而生。有白色的，有黑色的，有黄色的，有灰白色的，有灰色的，总共有几种颜色。从头部到尾巴长 1 米，从头部到脚高 1 米多，嘴是青绿色的，长 13 厘米左右，头顶是红色的，眼睛和脸颊也是红色的，腿是黑色的，长脖子，长腿，膝盖较粗，秃尾巴，身上的毛是白色的，尾部的毛是黑色的，脖颈也有黑毛。

　　雌鹤和雄鹤相互追随，就好像道士在步罡踏斗一样，雌鹤踩在雄鹤的脚印上就会怀孕，也有人说雄鹤在上风向鸣叫，雌鹤在下风向鸣叫，声音交融，雌鹤就会怀孕，每年产几枚卵。农历四月，雌鹤孵卵，雄鹤来回巡视守卫，看到雌鹤不孵蛋，就会用嘴啄雌鹤，看到有人在窥探它的蛋，就会把蛋啄破丢弃。经常在半夜鸣叫，高亢的鸣叫声能传到天上。刚孵出来的幼鹤，三年以后，头顶会变红；七年以后，翎毛长成；十年以后，每个时辰都会鸣叫；三十年以后，鸣叫声符合音律、舞蹈符合节拍；六十年以后，会长出绒毛、泥污不能沾染它；一百六十年以后，雌鹤和雄鹤相互对视，雌鹤就会怀孕；一千六百年以后，仙鹤的形态才固定，只喝水不吃东西，变成怀胎繁殖。大喉咙能把体内浊气排除，

257

长脖子能把外界清气吸入，能在任脉中运行，体内不会集聚死气，所以大多生命很长。也有人说，仙鹤是露禽，每逢白露降落，就会通过鸣叫相互告诫，即使是驯养在家里的，也会有很多飞走。

识别仙鹤优劣的方法：高鼻梁、短嘴巴则睡眠少；长腿、粗关节则力气大；眼睛突出、眼珠为红色则视力好；翎毛回旋、胸部收束则身体轻；翅膀像凤凰、尾巴像鸟雀则善于飞翔；背部像乌龟、腹部像鳖则产卵多；前半身轻、后半身重则善于舞蹈；粗大腿、细脚趾则善于行走；羽毛雪白洁净，能飞得很高，鸣叫声能传得很远。江苏扬州吕四的鹤场所产的仙鹤比较好，鸣叫声比其他地方的鹤更加清脆响亮，行为举止高雅俊秀，另有一种端庄典雅的姿态。其他地方的鹤小腿是黑色的，腿上有鱼鳞纹，吕四产的小腿是绿色的，腿上有龟甲纹，传说那是吕洞宾所遗留下的仙鹤品种。

原典

【附录】

《草木状》[1] 鹤子草，当夏开花，形如飞鹤，嘴、翅、尾、足，无所不备。出南海[2]，云是媚草。有双虫生蔓间，食其叶，久则蜕而为蝶，赤黄色，女子佩之，号为媚蝶，能致其夫怜爱。

注释

[1]《草木状》：即《南方草木状》的简称，西晋嵇含所著。

[2] 南海：古代郡名，在今广东广州市。

译文

西晋嵇含《南方草木状》 鹤子草，夏天开花，形状就像飞翔的仙鹤，嘴巴、翅膀、尾巴、腿脚都有。产自南海（今广东广州市），被称作媚草。有两只虫子在鹤子草的藤蔓之间生长，会吃掉鹤子草的叶片，时间长了就会蜕变成蝴蝶，红黄色，被称作媚蝶，女人佩戴它，能够获得丈夫的爱怜。

原典

【典故】

《六帖》[1] 鹤千岁，集于偃盖[2]松。

《抱朴子》[3] 千岁之鹤，能登木，未千岁者，终不集树。

《春秋繁露》[4] 白鹤知夜半[5]。鹤，水鸟也，夜半，水位，感其时，则喜而鸣。

《永嘉志》[6] 青田[7]有白鹤，年年来伏雏，精白[8]可爱，世谓神仙所养。

辽东[9]华表，有鹤止其上，鸣曰："有鸟有鸟丁令威[10]，去家千年今始归，城郭虽故人民非。"

《拾遗记》[11] 周穆王时，涂修国献丹鹤，一雌一雄，饲以汉高之粟，饮以溶溪之水，唉[12]以太湖之萍。

《抱朴子》 周穆王南征，一军尽化，君子为鹤、为猿。

《列仙传》[13] 周灵王太子晋，好吹笙，作凤鸣。上嵩山三十年，七月七日乘白鹤于缑氏[14]山头，举手谢时人，后数日去。

《左传》 闵公二年，狄人伐卫。卫懿公好鹤，有乘轩[15]者。将战，国人受甲者皆曰："使鹤，鹤实有禄位，子[16]焉能战？"

注释

[1]《六帖》：即《白孔六帖》的简称，唐代白居易著，宋代孔传续。

[2] 偃盖：松树枝叶横垂，张大如伞盖之状。

松梅双鹤图 [清] 沈铨

259

[3] 《抱朴子》：东晋葛洪所著。

[4] 《春秋繁露》：西汉董仲舒所著。

[5] 夜半：即子时，现在晚上十一点至一点。

[6] 《永嘉志》：即《永嘉县志》的简称，永嘉在今浙江省温州市永嘉县。

[7] 青田：县名，在今浙江省丽水市青田县。

[8] 精白：纯净洁白。

[9] 辽东：汉代郡名，在今辽宁省境内。

[10] 丁令威：学道成仙之人。

[11] 《拾遗记》：东晋王嘉所著。

[12] 唼：吃。

[13] 《列仙传》：相传为西汉刘向所著。

[14] 缑氏：古县名，在今河南偃师市东南。

[15] 轩：大夫乘坐的马车。

[16] 子：当为"予"的讹误。

译文

《白孔六帖》 仙鹤活到一千岁以后，就会落在枝叶横垂、张大如伞盖之状的松树上。

东晋葛洪《抱朴子》 仙鹤活到一千岁以后，就能落在树上，没到一千岁，终究不会往树上落。

西汉董仲舒《春秋繁露》白鹤知道什么时候到了半夜子时。鹤是一种水鸟，半夜子时，五行属水，所以仙鹤感受到水时，就会欢喜鸣叫。

《永嘉县志》青田县有一只白鹤，每年都来孵化幼鸟，纯净洁白，非常可爱，世俗传说，那只鹤是神仙所驯养的。

东晋王嘉《拾遗记》辽东郡的华表柱上，有一只仙鹤落在上面，叫道："有一只鸟是丁令威所变，他离开家一千年，现在才回来，城墙还是原来的城墙，里面的居民却不是原来的居民了。"

西周穆王时，涂修国进贡丹鹤，一只雌的，一只雄的，用汉高的小米饲养，用溶溪的水给它饮用，用太湖的浮萍给它吃。

东晋葛洪《抱朴子》 西周穆王向南征伐的时候，所有的军队都变成了动物，其中君子变成了仙鹤和猿猴。

传西汉刘向《列仙传》 东周灵王的太子姬晋，喜欢吹笙，吹奏出来的声音就像凤凰在鸣叫一样。在嵩山上学道三十年，农历七月七日，乘坐白色仙鹤来到缑氏县（今河南偃师市东南）的山顶上，抬手向当时的人辞别，过了几天才升仙而去。

《左传》鲁闵公二年，狄人侵略卫国。卫国国君卫懿公喜欢仙鹤，有的仙鹤甚至乘坐本应为大夫所乘坐的马车。国都里接受甲胄的人（将士）都说："让仙鹤去打仗，仙鹤实实在在地享有俸禄官位，我怎么能去打仗呢？"

原典

《史记》[1] 师旷[2] 援琴而鼓，一奏之，有玄鹤集于郭门，再奏之，延颈而鸣，舒翼而舞。

《汉书》[3] 诏曰："朕郊[4] 见上帝，巡于北边，见群鹤留止，光景[5] 并见，其赦天下。"

《东观汉记》[6] 汉章帝至岱宗[7] 柴望[8]，毕日，鹤三十从西南来，立坛上。

晋陆机[9] 有异材[10]，成都王颖假机大都督，讨长沙王，又败绩，被收，机神色自若，叹曰："华亭[11] 鹤唳，岂可复闻乎？"遂遇害。

湘东王修竹林堂，新杨[12]，太守郑袠送雄鹤于堂，其雌者尚在袠宅。霜天[13] 夜月，无日不鸣，商旅江津[14]，闻者堕泪。时有野鹤飞赴堂中，驱之不去，即袠之雌也。交颈、颉颃[15]、抚翼，闻奏钟磬，翻然[16] 共舞，婉转低昂，妙契弦节[17]。

《昆山县志》[18] 临江乡有南翔寺，初寺基出片石，方，径丈余，常有二白鹤飞集其上，人皆以为异。有僧号齐法师者，谓此地可立伽蓝[19]，即鸠[20] 财募众，不日而成，因聚徒居焉。二鹤之飞，或自东来，必有东人施财，自西来，则施者亦自西至，其他皆随方而应，无一不验。久之，鹤去不返，僧号泣甚切。忽于石上得一诗曰："白鹤南翔去不归，惟留真迹在名基，可怜后代空王[21] 子，不绝熏修[22] 享二时[23]。"因名其寺曰南翔。

支公[24] 好鹤，住剡[25] 东峁山，有人遗[26] 其双鹤。少时，翅长欲飞，支意惜之，乃铩[27] 其翮，鹤轩翥[28] 不复能飞，乃反顾翅，垂头视之，如有懊丧意。林曰："既有凌霄之姿，何肯为人作耳目之玩？"养令翮成，置使飞去。

《广志》[29] 桓闿事陶弘景，辛勤十余年。一旦，有二青童[30]、白鹤，自空而下，集庭中，桓服天衣[31]，乘白鹤升天而去。

隋炀帝东京成，诏定舆服[32]，羽衣[33]，课[34] 州县送羽毛。时乌程[35] 有树高百尺，鹤巢其上，百姓欲取鹤羽，乃伐树根。鹤恐杀其子，遂自拔氅毛投地。呜呼！《四月》之《雅》曰："匪鹑[36] 匪鸢[37]，翰[38] 飞戾[39] 天。"至此，虽戾天之鸢，亦无所逃矣。

鹤鱼谱

鹤

注释

[1] 《史记》：西汉司马迁所著。

[2] 师旷：春秋时期，晋国乐师。

[3] 《汉书》：东汉班固所著。

[4] 郊：即郊祀，在国都郊外祭祀天地。

[5] 光景：光彩的仪容。

[6] 《东观汉记》：记载东汉光武帝至汉灵帝之间历史的纪传体史书，因官府于东观设馆修史而得名，经过几代人的修撰才最后成书。

[7] 岱宗：即泰山，在今山东省泰安市。

[8] 柴望：古代两种祭礼，柴，谓烧柴祭天；望，谓遥祭国中山川。

[9] 陆机：字士衡，西晋著名文学家、书法家。

[10] 异材：特别出众的才能。

[11] 华亭：古地名，在今上海市。

[12] 杨：当为"构"的讹误。

[13] 霜天：深秋的天空。

[14] 江津：江边渡口。

[15] 颉颃：雀跃。

[16] 翻然：翩然。

[17] 弦节：音乐节拍。

[18] 《昆山县志》：不知此处所引为嘉靖年间所修，还是万历年间所修。

[19] 伽蓝：即寺院。

[20] 鸠：聚。

[21] 空王：佛的尊称。

[22] 熏修：净心修行。

[23] 二时：早上和晚上。

[24] 支公：即东晋高僧支遁，字道林，世称支公，也称林公。

[25] 剡：古县名，即今浙江嵊州市。

[26] 遗：赠送。

[27] 铩：剪。

[28] 轩翥：飞举。

[29] 《广志》：引文出自《太平广记》，不知《广志》是不是指《太平广记》。

[30] 青童：仙童。

[31] 天衣：神仙所穿的衣服。

[32] 舆服：车舆、冠服与各种仪仗，古代车舆与冠服都有定式，以表尊卑等级。

[33] 羽衣：羽毛织成的衣服。

[34] 课：使缴纳。

[35] 乌程：古县名，在今浙江湖州。

[36] 鹝：雕。

[37] 鸢：鹰。

[38] 翰：翎毛。

[39] 戾：到。

译文

西汉司马迁《史记》春秋时，晋国乐师师旷，拿过琴来弹奏，刚弹奏了一曲，就有黑色的仙鹤落在外城城门之上，又弹了一曲，黑色的仙鹤伸长脖子鸣叫，展开翅膀起舞。

东汉班固《汉书》 汉武帝颁布诏命："我在郊外祭祀天地的时候，看见了上帝，在北方边境巡察的时候，看见一群仙鹤在那里停留，它们光彩的仪容，

二如亭群芳谱

大家都看到了，因此我决定大赦天下。"

东汉官修史书《东观汉记》 东汉章帝到泰山上举行封禅，封禅大典结束那天，有三十只仙鹤从西南方向飞来，落在祭坛上。

西晋陆机拥有特别出众的才能，成都王司马颖让陆机出任大都督的职位，讨伐长沙王司马乂，结果打输了，陆机也被收押了，他神态气色和平日一样，感叹说："华亭的鹤鸣声，我还能听到吗？"于是被杀害了。

湘东王修建竹林堂，刚刚完工，太守郑褒就给竹林堂送来一只雄仙鹤，而雌仙鹤还留在郑褒家里。深秋月光明亮的时候，雄仙鹤每天都会悲鸣，江边渡口的商人、旅客，听到之后都会伤心落泪。当时有一只野鹤飞到竹林堂，赶都赶不走，就是留在郑褒家里的那只雌鹤。两只仙鹤脖颈相互依摩，欢欣雀跃，翅膀相互抚摸，听到演奏钟、磬的声音，就翩然起舞，姿态辗转高低，美妙且符合音乐节拍。

《昆山县志》 昆山县临江乡有一座南翔寺。最初，寺院的基址那里出现一块方形石头，边长3米多，经常有两只白色的仙鹤落在这块方形的石头上，人们都觉得很奇怪。有一个僧人名叫齐法师，说这里可以建立寺院，于是向信众募集钱财，很快就建成了，聚集徒众在这里居住。这两只白色的仙鹤，如果从东边飞来，就一定有人从东边来施舍钱财，如果从西边飞来，就一定有人从西边来施舍钱财，其他方向也是一样，没有一次不应验。很久以后，这两只白鹤飞走以后就再没飞回来，僧人哭泣得非常悲切。忽然在白鹤停留的石头上看见一首诗，说："白鹤飞向南边再没飞回来，只有基址的方石上留下诗句，可怜后代僧众，早晚不断净心修行。"因而把这座寺院叫作南翔寺。

东晋高僧支道林喜欢仙鹤，居住在剡县（今浙江嵊州市）东边的岇山上，有人送给他两只仙鹤。没过多久，仙鹤的翅膀长成以后想要飞走，支道林不想让它们飞走，就把翎毛剪了。仙鹤想举翅高飞却飞不起来，于是回头看自己的翅膀，低头察看，好像很懊恼失落。支道林说："既然有飞天的资质，怎么会甘心成为供人愉悦耳目的赏玩品？"把仙鹤养到翎毛重新长成以后，就放飞了它们。

《广志》 桓闿侍奉陶弘景，辛劳了十几年。一天，有两个仙童和白色的仙鹤，从天空中降落在陶弘景的庭院里，桓闿穿着神仙所穿的衣服，乘坐白色仙鹤飞到天上去了。

隋炀帝把东都洛阳营建成以后，颁布诏书制定车舆、冠服制度，因为要制作羽毛织成的衣服，就让各州县缴纳羽毛。当时乌程县（位于今浙江湖州市）有一棵高30多米的树，仙鹤在树上筑巢，老百姓想获得仙鹤的羽毛，就砍伐这棵树的根部。仙鹤害怕老百姓把幼鹤杀死，就自己把可以编织氅衣的羽毛拔下来，扔在地上。唉！《诗经·小雅·四月》说："既不是雕也不是鹰，却振翅飞到了天上。"像隋炀帝这样暴虐，即使飞到天上的雕，也不能逃离祸患。

鹤鱼谱

鹤

原典

《**异苑**》[1] 太康 [2] 二年冬，大寒，南州 [3] 人见二白鹤于桥下，曰："今兹寒，不减尧 [4] 崩年。"言毕，并飞去。

唐张九龄 [5] 母，梦九鹤自天而下，集于庭，遂生九龄，后为宰相。

宋杨大年 [6] 初生，母梦羽人，自言武夷仙君托化 [7]。既生，乃一鹤雏，弃之江，追视之，则鹤蜕而婴儿具焉，体尚有毛，其长盈尺，经月乃落。

《**神仙传**》[8] 苏仙君名耽，桂阳 [9] 人，有白鹤数十降于门，遂骑鹤升云而去。后有白鹤集郡城楼上，或挟弹弹之，鹤以爪攫 [10] 楼板，书云："城郭是，人民非，三百甲子 [11] 一来归，吾是苏仙君，君弹我何为？"

《**清异录**》[12] 唐韦嗣立 [13] 宅后，林木邃密，有黄鹤一双，潜于宅左 [14]，每有喜庆事，必先期盘翔。

《**茅君内传**》[15] 茅君盈留句曲山 [16]，一日告三 [17] 弟曰："吾去有局任 [18]，不得数相往来。"父老 [19] 歌曰："三神乘白鹤，各在一山头，白鹤翔金穴 [20]，何时复来游？"

《**河东记**》[21] 太和 [22] 中，长安慈恩寺，有一美人从数青衣 [23] 夜游，题诗云："黄子陂头好月明，强踏华亭 [24] 到晓行，烟收山色翠黛 [25] 横，折得荷花远恨 [26] 生。"[27] 俄，僧将烛之，化为白鹤飞去。

李卫公 [28] 游嵩山，闻呻吟声，乃一病鹤，见李作人言，曰："我被樵者伤脚，得人血则愈，但人血不易得。"乃拔眼睫毛曰："持此照之即知矣。"李公自照，乃马头也。至路中所遇，皆非全人，或犬、彘、驴、马之类。惟一老翁是人，以鹤故告翁，针臂出血，公受之，往濡鹤伤处，鹤谢曰："公即为宰相，后当鹤升。"语毕，冲天而去。

固州 [29] 司马裴沆，于郑州 [30] 道左见病鹤呻吟，有老人曰："得三世人血涂之，则能飞矣，惟洛中葫芦生，三世人也。"裴访生，授针刺臂得血，涂之，遂飞去。

《**搜神记**》[31] 哙参行遇玄鹤被伤，乃收养之，既愈，放去。一夜，雌雄皆衔明珠 [32] 以报。

注释

[1]《异苑》：南朝刘宋时刘敬叔所著。

[2] 太康：西晋武帝司马炎的年号。

[3] 南州：南方。

[4] 尧：上古圣王，五帝之一。

二如亭群芳谱

[5] 张九龄：字子寿，谥文献，韶州曲江（今广东省韶关市）人，世称"张曲江"或"文献公"，唐朝开元年间名相、诗人。

[6] 杨大年：即北宋杨亿，字大年，"西昆体"诗歌主要作家。

[7] 托化：托生。

[8] 《神仙传》：东晋葛洪所著。

[9] 桂阳：汉代郡名，在今湖南南部。

[10] 攫：抓。

[11] 甲子：六十天和六十年都称一甲子。

[12] 《清异录》：北宋陶谷所著。

[13] 韦嗣立：唐代诗人，字延构。

[14] 左：东边。

[15] 《茅君内传》：北魏李遵所著。

[16] 句曲山：即茅山，在今江苏省句容县。

[17] 三：当为"二"的讹误。

[18] 局任：职责。

[19] 父老：对老年人的尊称。

[20] 金穴：指代茅山。

[21] 《河东记》：唐代薛渔思所著。

[22] 太和：唐文宗的年号。

[23] 青衣：婢女。

[24] 亭：当为"筵"的讹误。

[25] 翠黛：墨绿色。

[26] 远恨：远离家乡所产生的惆怅怨恨之情。

[27] 此处所引诗句，一作"黄子陂头好月明，忘却华筵到晓行。烟收山低翠黛横，折得荷花赠远生。"

[28] 李卫公：即唐初名将李靖，字药师，爵封卫国公。

[29] 固州：当为"同州"的

鹤鱼谱

鹤

鹤寿富贵图 ［清］沈铨

讹误，今陕西省渭南市。

[30] 郑州：唐代州名，在今河南郑州一带。

[31] 《搜神记》：东晋干宝所著。

[32] 明珠：光泽晶莹的珍珠。

译文

南朝刘宋刘敬叔《异苑》 西晋武帝司马炎太康二年的冬天，非常寒冷，南方人在桥底下见到两只白鹤，白鹤说："今年的寒冷，和尧驾崩那年一样。"说完就都飞走了。

唐代张九龄的母亲，梦见九只仙鹤从天上落在自家庭院里，于是生张九龄，后来张九龄当了宰相。

北宋杨亿即将出生的时候，他的母亲梦见一个长羽毛的人，这人自称是武夷仙君托生。生下来以后，竟然是一只幼鹤，把它扔在江边，后来母亲追过去看，发现幼鹤变成了婴儿，身体上还长着羽毛，有30多厘米长，过了一个月才脱落。

东晋葛洪《神仙传》 苏仙人名叫苏耽，是桂阳郡人，有几十只白鹤降落在他家门前，于是就骑着仙鹤飞升到云天上去了。后来有一只白鹤落在桂阳郡的城门楼上，有人用弹丸打这只仙鹤，仙鹤就用爪子在城门楼的木板上抓，写道："城墙还是原来的城墙，里面居住的人却已经不是原来的人了。我离开以后三百个甲子才回来一次，我就是苏仙君，你为什么用弹丸打我？"

北宋陶谷《清异录》 唐代韦嗣立的宅院后面，树林幽深茂密，有一对黄鹤潜藏在屋宅的东边，每当有喜庆事发生的时候，这对黄鹤就会事先盘空飞翔。

北魏李遵《茅君内传》 茅盈留住在茅山上，有一天对他的两个弟弟说："我要去仙界履行我的职责了，以后恐怕不能频繁往来了。"当地老人歌唱："三个神仙乘坐白鹤，每个都住在一个山顶上，白鹤在茅山上飞翔，你们什么时候才会再到这里来呢？"

唐代薛渔思《河东记》 唐文宗太和年间，陕西西安慈恩寺里，有一个美女带着几个婢女夜游，题写了一首诗："黄子陂的明月很好，忘却华丽的宴会而走了一晚上，烟雾消散以后，墨绿色的山显现出来，折取一枝荷花，引发我远离家乡的惆怅之情。"过了一会儿，有僧人想用烛光照她们，她们都变成白鹤飞走了。

唐初名将，卫国公李靖，在嵩山游览，听到了痛苦的呻吟声，原来是一只生病的仙鹤，见到李靖后开口说人话："我被砍柴的伤了脚，如果有人血，我就会痊愈，但人血很难得到。"于是拔了一根眼睫毛，说："拿着这根眼睫毛，你就能照出人。"李靖拿着这根眼睫毛看自己，原来长着一个马头。到路上所遇见的，都不是完整的人，有的是狗、猪、驴、马等。只有一个老头是人，就把鹤的事告诉他，老头用针扎手臂，李卫公接住流出来的血，拿去涂在仙鹤受伤的部位，仙鹤感谢他说："你不久就会担任宰相，以后当羽化升仙。"说罢，就飞到天上去了。

在同州（今陕西省渭南市）担任司马的裴沇，在去河南郑州一带的路上，看见一只生病的仙鹤在呻吟，有一个老人说："如果用三世都托生为人的血涂抹在伤口上，就能痊愈飞翔了，只有洛阳的葫芦生，三世都托生为人。"裴沇寻访到葫芦生，葫芦生用针扎手臂，裴沇得到血以后，涂在仙鹤的伤口上，于是仙鹤就飞走了。

东晋干宝《搜神记》 哙参在出行时看到一只受伤的黑色仙鹤，于是就把这只仙鹤捡回去饲养，仙鹤伤好以后，哙参就把它放走了。一天晚上，一雌一雄两只仙鹤，都口含珍珠来报答哙参。

鹤鱼谱

鹤

原典

《述异记》[1] 荀环好道术，事母至孝，潜栖却粒[2]。尝游江夏[3]黄鹤楼，望西南，一物飘然降自霄汉，俄至，乃驾鹤仙也。就席，羽衣虹裳，相与款对已，乃辞去，跨鹤腾空，眇然[4]烟灭。

《记事珠》[5] 卫济川养六鹤，日以粥饭啖之，三年识字，济川检书，皆使鹤衔，取之无差。

晁采[6]畜一白鹤名素素。一日雨中，忽忆其夫，试谓鹤曰："昔王母青鸾，绍兰[7]燕子，皆能寄书达远，汝独不能乎？"鹤延颈向采，若受命状，采即援笔直书三绝，系于其足，竟致其夫，寻即归。

某挥使有女病瘵[8]，尪然[9]待尽，出叩蓬头[10]，蓬头曰："与我寝处一宵，尚何病哉？"挥使大怒，欲掴[11]其面，细君[12]屏后趋出，止之，谓挥使曰："神仙救人，终不以淫欲为事，倘能起病，何惜其躯？"遂许诺。其夜，蓬头命选壮健妇女四人，抱病者而寝，自运真阳[13]，逼热病体，众见瘵虫无数飞出，用扇扑去。黎明辅以汤药、饮食，瘤疾顿除，一家惊喜愧谢。遂还西川[14]鹤鸣观，乘石鹤而去。先是，观前旧有两石鹤，不知何代物也，蓬头乘其雄者上升，其雌者，中夜悲啼。土人[15]惊怪，争来击落其喙，至今无喙石鹤一只存焉。

山阴[16]祝瀚，字惟容，为南昌知府，廉明[17]有威，听决无滞。时逆濠[18]渐炽，戕民鬻[19]货，瀚屡裁抑之，郡人赖以稍安。王府有鹤带牌者，纵于道，民家犬噬之，濠牒府，欲捕民抵罪，倾夺其货。瀚批牒曰："鹤虽带牌，犬不识字，禽兽相争，何预人事？"濠卒不能逞。世颇传批鹤带牌语以为奇，而未知其为瀚也。

　　陈糜公[20]　予山中徐德夫送一鹤至，已受所，张公复送一鹤配之。每欲作诗咏其事，偶读皇甫湜[21]《鹤处鸡群赋》，遂为阁[22]笔。其中有句云："同李陵之入胡，满目异类；似屈原之在楚，众人皆醉。惨淡无色，低徊[23]不平。每戒比之匪人，常耻独为君子。"

　　元藏机有驯鸟三，类黄鹤，时翔空中，呼之立至，能授人语。常航海飘至一岛，岛人曰："此沧州产也[24]。"分蒂瓜，长二尺，碧枣、丹栗大如梨，池中有四足鱼、金莲花，妇人采为首饰，曰："不戴金莲花，不得在仙家。"

　　昔刘渊材迂阔，尝蓄两鹤，客至，夸曰："此仙禽也，凡鸟卵生，此独胎生。"语未毕，园丁报曰："鹤夜生一卵。"渊材呵曰："敢谤鹤耶？"未几，鹤展颈伏地，复诞一卵，渊材叹曰："鹤亦败道，吾乃为《禹锡佳话》[25]所误。"

　　陈州[26]倅卢某，畜二鹤，甚驯，一创死，一哀鸣不食，卢勉饲之，乃就食。一旦，鸣绕卢侧，卢曰："尔欲去耶？有天可飞，有林可栖，不尔羁也。"鹤振翮云际，数四回翔，乃去。卢老无子，后归卧黄浦溪上，晚秋萧索[27]，曳杖林间，忽一鹤盘空，鸣声凄断[28]，卢仰祝曰："非我陈州侣耶？即当下。"鹤竟投怀中，牵衣旋舞，不释，卢泣曰："我老无血胤，形悲影吊，尔幸留，当如孤山逋老[29]，共此残年。"遂引归，为写《溪塘泣鹤图》，中绘己像，置鹤其傍。后卢殁，鹤亦不食死，家人瘗之墓左。

注释

[1]《述异记》：南朝梁任昉所著。

[2] 却粒：即辟谷，谓不食五谷以求长生。

[3] 江夏：古代郡名，即今湖北武汉一带。

[4] 眇然：微小。

[5]《记事珠》：唐代冯贽所著逸闻集。

[6] 晁采：小字试莺，唐代宗大历时人，有名的才女。

[7] 绍兰：即唐代郭绍兰，作《寄夫》诗："我婿去重湖，临窗泣血书。殷勤凭燕翼，寄与薄情夫。"

[8] 瘵：痨病。

[9] 怃然：即枉然，无可奈何。

[10] 蓬头：即尹蓬头，名继先，相传为北宋末年人，能够续命，明代时羽化仙去。

[11] 揝：打耳光。

[12] 细君：夫人。

[13] 真阳：即元阳、肾阳。

[14] 西川：即今四川成都。

[15] 土人：当地人。

[16] 山阴：今浙江绍兴。

[17] 廉明：清廉明察。

[18] 逆濠：即明武宗时反叛的藩王宁王朱宸濠，封地在今江西南昌。

[19] 黩：贪夺。

[20] 陈麋公：即明代陈继儒，文学家、书画家，字仲醇，号眉公、麋公。

[21] 皇甫湜：唐代散文家，字持正。

[22] 阁："搁"的通假字。

[23] 低徊：徘徊。

[24] 产也：应为"也产"，"产分蒂瓜"为一句。

[25]《禹锡佳话》：即唐代韦绚所著《刘宾客佳话录》。

[26] 陈州：即今河南淮阳市。

[27] 萧索：凄凉。

[28] 凄断：凄凉伤心。

[29] 孤山逋老：即北宋林逋，字君复，隐居西湖孤山，终生不仕不娶，唯喜植梅、养鹤。

鹤鱼谱

鹤

译文

南朝梁任昉《述异记》 荀环喜欢研习道教法术，侍奉母亲极其孝顺，幽居不吃五谷。曾经游览湖北武汉的黄鹤楼，向西南方向眺望，看到一个东西从天上飘落下来，不一会儿就来到眼前，原来是一个乘坐仙鹤的仙人。他坐到席子上，穿着羽毛编织的上衣、彩色的下裙，对坐真诚交谈过后，就告辞离开，骑着仙鹤腾跃到天空之上，身影越来越小，最后就像烟雾一样消失了。

唐代冯贽《记事珠》 卫济川养了六只鹤，每天用粥饭喂食，三年能识字，济川要查找书籍，都让鹤衔来，取来的从没出过差错。

晁采蓄养了一只白色的仙鹤，名叫素素。有一天下雨的时候，忽然想起了她的丈夫，就试着对仙鹤说："西王母的仙鸟青鸾、郭绍兰的燕子，都能把书信带到很远的地方，只有你不能传递书信吗？"仙鹤把脖子伸向晁采，就像领受命令一样，晁采就拿笔书写了三首绝句，绑在仙鹤的脚上，最终送到了她丈夫那里，仙鹤不久就飞回来了。

有一个指挥使的女儿得了痨病，毫无办法，只能眼看着她死去。家人向尹蓬头求救，尹蓬头说："和我睡一晚上，还会有什么病呢？"指挥使非常生气，想要打尹蓬头耳光，指挥使的夫人从屏风后面快步走出，制止了指挥使，说：

269

"这位神仙旨在救人，肯定不是为了奸淫我们的女儿，如果能把病治好，又何必吝惜女儿的身体呢？"于是同意尹蓬头的要求。那天晚上，尹蓬头让指挥使夫妇挑选四个健壮的妇女，抱着女儿一起睡，尹蓬头自己则运使元阳，将指挥使女儿的病体逼热，人们看到数不清的痨虫飞出来，就用扇子去扑打。天亮以后，服用汤药、饮食辅助治疗，女儿的痨病顿时就好了，一家人既惊喜又惭愧，拜谢尹蓬头。尹蓬头回到四川成都的鹤鸣观，乘坐石鹤离开了。之前，鹤鸣观前面有两只石鹤，不知道是什么时代的，尹蓬头乘坐其中的雄鹤升仙了，那只留下的雌鹤就在夜晚悲鸣。当地百姓感到很怪异，就争相来打掉这只雌石鹤的嘴，鹤鸣观现在还保留着一只没有嘴的石鹤。

山阴（今浙江绍兴）的祝瀚，字惟容，担任江西南昌的知府，清廉明察，很有威望，听取决断案件没有积压。当时宁王朱宸濠的声势逐渐变大，戕害百姓，贪夺财物，祝瀚屡次压制宁王，南昌人依赖祝瀚才能稍稍安居。宁王府饲养了一只带着王府令牌的仙鹤，在路上横行，百姓家的狗把仙鹤咬了，朱宸濠给南昌知府发出通牒，想让南昌府捉拿这个百姓抵罪，并乘机夺取这个百姓家的财物。祝瀚对通牒的批复是："仙鹤虽然带着王府的牌子，但是狗又不认识字，鹤和狗的争斗，跟人有什么关系呢？"朱宸濠的谋算最终也没能得逞。世间把批复仙鹤带牌的话当作奇闻传说，却不知道这是祝瀚批复的。

明代陈继儒　我在山中居住时，徐德夫给我送了一只仙鹤，我接受以后，张先生又给我送了一只，配成一对。常想写一首诗来纪念这件事，偶然读到唐代皇甫湜所写《鹤处鸡群赋》，觉得非常好，就决定停笔不写了。《鹤处鸡群赋》里有词句说："像汉武帝时的李陵投降匈奴，满目所见都和自己不是一个种族；像战国时屈原在楚国，其他人都喝醉了，只有他自己清醒。悲惨凄凉，毫无姿态；徘徊惆怅，心情难平。每每自我告诫不要靠近不应亲近的人，常以只有自己一个是君子为耻辱。"

元藏机有三只驯顺的鸟，和黄鹤相类似，时常在空中盘翔，一呼叫，立即就会飞来，能够教授它人话。曾经航海时，被风吹到一个岛屿，岛上的人说："这里是沧州。"盛产分蒂瓜，有60多厘米长，青枣和板栗都有梨那么大，水池里有长着四条腿的鱼和金莲花，当地妇女采收金莲花当作首饰，说："头上不佩戴金莲花，就不能算作仙人。"

以前有个叫刘渊材的人非常迂腐而不切合实际，曾经养了两只仙鹤，客人来拜访，就向客人夸耀说："这是仙鸟，普通鸟都是卵生繁衍，只有仙鹤是胎生繁衍。"话还没说完，园丁来报告说："仙鹤晚上下了一枚蛋。"刘渊材呵斥说："你怎么敢诽谤仙鹤？"没过多久，仙鹤伸长脖子趴在地上，又下了一枚蛋。刘渊材感叹道："竟然连仙鹤也道德败坏，我竟然被《禹锡佳话》的记载骗了。"

在陈州（今河南淮阳）任副职的卢某，蓄养了两只仙鹤，非常驯顺，有一只受伤死了，另一只整天悲鸣，不肯进食，勉力喂养，才肯吃一点。一天，这只仙鹤围绕着卢某鸣叫，卢某说："你是想离开吧？你可以在天上飞翔，可以在树林中栖息，我不会羁绊你的。"于是仙鹤就展翅飞到天上去了，盘桓了好久才飞走。卢某年纪大了，又没有子嗣，后来就到黄浦溪归隐，暮秋景色凄凉，卢某拄着拐杖在树林里散步，忽然看到一只仙鹤在天空盘旋，鸣叫声极其凄凉悲伤，卢某抬头祝祷说："你难道不是我在陈州做官时的伴侣吗？如果是的话，就降落下来。"仙鹤落到卢某的怀里，咬着卢某的衣服翩翩起舞，不肯松口，卢某哭道："我年纪大了，却没有儿子，孤寂悲凉，如果有幸能够让你留下来，我就像北宋林逋一样，和你一起度过所剩无几的残年。"于是就把仙鹤带回去，给仙鹤画了一幅《溪塘泣鹤图》，画中绘自己的像，仙鹤在旁边。后来卢某死了，这只仙鹤也绝食死了，家人就把仙鹤埋在了卢某坟墓的旁边。

鹤鱼谱

金鱼

金　鱼

原典

有鲤、鲫、鳅、鳖数种，鳅、鳖尤难得，独金鲫耐久。自宋以来，始有蓄者，今在在[1]养玩矣。初出黑色，久乃变红，又或变白，名银鱼，有红、白、黑斑相间者，名玳瑁鱼。鱼有金管者、三尾者、五尾者，甚且有七尾者，时颇尚之。然而游衍[2]动荡[3]，终乏天趣[4]，不如任其自然为佳。

注释

[1] 在在：到处。
[2] 游衍：畅游。
[3] 动荡：水波起伏。
[4] 天趣：自然情致。

译文

　　金鱼，有金鲤鱼、金鲫鱼、金鳅、金鳖几种，金鳅和金鳖尤其难以得到，只有金鲫鱼活得时间最长。从宋朝开始，才有人蓄养金鱼，现在到处都有人蓄养玩赏。小鱼刚孵出来是黑色的，时间长了才会变成红色，也有变成白色的，叫作银鱼，红斑、白斑、黑斑相互间错的，叫作玳瑁鱼。金鱼有尾管为金色的，尾巴三叉的、五叉的，甚至还有七叉的，当今很有些崇尚。但是这种多尾金鱼游动时，水波起伏很大，终究缺乏自然情致，还不如任由金鱼自然发展为好。

原典

【喂养】

　　金鱼最畏油，喂用无油、盐蒸饼[1]，须过清明日，以前忌喂。

注释

[1] 蒸饼：馒头。

译文

　　金鱼最害怕油，喂养金鱼要用没有放油、盐的馒头，必须过了清明节以后才能喂，清明以前忌讳喂食。

鱼藻图册之一 ［清］马文麟

原典

【生子】

　　金鱼生子，多在谷雨后，如遇微雨，则随雨下于[1]，若雨大，则次日黎明方下。雨后，将种鱼[2]连草，捞入新清水缸内，视雄鱼缘缸赶咬雌鱼，即其候也。咬罢，将鱼捞入旧缸，取草映日看，其上有子如粟米大，色如水晶者，即是。将草捞于浅瓦盆内，止容三四指水，置微有树阴处晒之，不见日不生，烈日亦不生，一二日便出。大鱼不捞，久则自吞啖[3]咬子，时草不宜多，恐碍动转。

注释

[1] 于：当为"子"的讹误。

[2] 种鱼：用于进行繁殖的雌雄配对的鱼。

[3] 唪：吃。

译文

金鱼产卵，大多数在谷雨节气以后，如果下小雨，那么金鱼就会在下雨的时候产卵，如果下大雨，则会在第二天黎明产卵。下过雨以后，将雌雄配对的鱼连带水草，一起捞到一个盛满清水的新鱼缸中，看见雄金鱼沿着鱼缸边追咬雌金鱼，就是产子的征兆。追咬过后，把种鱼捞到原来的鱼缸里，从鱼缸中取出水草对着太阳看，可以看到水草上有粟米大小的鱼卵，颜色就像水晶一样。将附着鱼卵的水草捞到浅瓦盆里，盆里水深不要超过三四个手指并起来的厚度，把这个瓦盆放在微微有些树荫的地方晒——照不到太阳，鱼卵不会孵化，烈日下暴晒，鱼卵也不能孵化——过一两天便能孵出小金鱼。如果不把大金鱼捞出去，时间长了它就会吞食、撕咬自己产的卵。产卵时鱼缸里的水草不宜放太多，放多了恐怕会妨碍金鱼的游动。

原典

【筑池】

土池最佳，水土相和，萍藻易于茂盛，鱼得水土气，性适易长，出没于萍、藻间，又有一种天趣。勿种莲、蒲，惟置上水石一二于池中，种石菖蒲其上，外列梅、竹、金橘，影沁[1]池中，青翠交荫。草堂后有此一段景致[2]，即蓬莱[3]三岛，未多让也。一云，金鱼宜瓮中养，不近土气，则色红鲜。

注释

[1] 沁：浸泡。

[2] 景致：风景。

[3] 蓬莱：传说中位于东海的仙岛，和瀛洲、方壶并称三仙岛。

译文

养金鱼，土池是最好的，池中水气、土气相交和，浮萍、水藻容易茂盛生长，金鱼得到土池中水气和土气，适合金鱼的习性，所以容易生长，金鱼在浮萍、

273

水藻之间出没，又具有一种天然的情致。鱼池中不要种植莲花和菖蒲，只要在鱼池里放上一两块高出池水的石头，在石头上种上石菖蒲，池塘周围种上梅花、竹子、金橘，它们的影子投在水池中，青绿色的叶子交相荫蔽。草堂的后面要是有这样一段风景，也不比传说中的蓬莱等三个仙岛的景色差了。也有人说，金鱼适合在水缸中饲养，不接近土气，金鱼的颜色就会变得红而鲜艳。

原典

【收藏】

冬月，将瓮斜埋地内，夜以草盖覆之，裨[1]严寒时，常有一二指薄冰，则鱼过岁[2]无疾。

注释

[1] 裨：通"俾"，使。

[2] 过岁：过年。

译文

冬天，把养鱼的水缸斜着埋在地里，晚上在缸口盖上草，使得在严寒的冬天，鱼缸表面时常凝结一二指厚的一层薄冰，那么金鱼过年以后也不会生病。

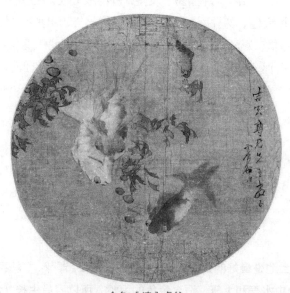

金鱼 〔清〕虚谷

原典

【占验】

鱼浮水面，必雨，缸底热也，此雨征[1]也。

注释

[1] 征：征兆。

译文

金鱼漂浮在水面上，天就必然要下雨，因为鱼缸底部闷热，这是下雨的征兆。

原典

【鱼病】

鱼翻白[1]及水有沫，亟换新水，恐伤鱼。芭蕉根或叶，捣碎入水，治火鱼[2]毒，神效。鱼瘦，生白点，名鱼虱，用枫树皮或白杨皮投水中，即愈；一法，新砖入粪桶浸一日，晒干投水，亦好。

注释

[1] 翻白：即翻白肚，鱼的白色腹部朝上，背部朝下。
[2] 火鱼：即金鱼。

译文

金鱼翻白肚以及水中产生泡沫，如果立刻换新水，恐怕会对金鱼有伤害。把芭蕉的根或者叶子，捣碎了放入鱼缸，对治疗金鱼中毒有神奇的功效。金鱼瘦弱，身上长白点，叫作鱼虱，把枫树皮或者白杨树皮投入鱼缸中，就能痊愈；治疗鱼虱还有一个方法，就是把一块新砖头放在粪桶里面浸泡一天，拿出来晒干，投到养鱼的水里面，效果也很好。

原典

【鱼忌】

橄榄渣、肥皂水、莽草捣碎或诸色油，入水皆令鱼死。鱼池中不可沤麻[1]，及着咸水、石灰，皆令鱼泛；鱼食鸽粪、食杨花[2]，及食自粪，遍皆泛，以圊[3]粪解之。缸内宜频换新水，夏月尤宜勤换。鱼食鸡、鸭卵黄，则中寒而不子。

注释

[1] 沤麻：将麻秆或已剥下的麻皮浸泡在水中，使之自然发酵，达到部分脱胶的目的。

[2] 杨花：柳絮。

[3] 圊：厕所。

译文

橄榄渣、肥皂水、捣碎的莽草或者各种油，倒入养鱼的水里，都会使金鱼死亡。养金鱼的水池中，不可以沤麻，也不可以沾卤水和石灰，都会使金鱼翻白肚；金鱼要是吃了鸽子的粪便、柳絮，以及吃了自己的粪便，都会翻白肚，倒入厕所里的大粪就可以解救。鱼缸里的水要频繁更换，夏天的时候更要经常换。金鱼吃了鸡蛋、鸭蛋的蛋黄，就会中寒气，进而导致不能产卵。

原典

【卫鱼】

池傍树芭蕉，可解泛；树葡萄架，可免鸟雀粪，且可遮日色；岸边种芙蓉，可辟水獭。

译文

在金鱼池旁边上种上芭蕉树，可以避免金鱼翻白肚；金鱼池边上种上几架葡萄，不但可以避免鸟雀的粪便落入鱼池，而且可以遮蔽太阳光；鱼塘岸边种上芙蓉，可以驱除水獭。

原典

【典故】

《抱朴子》[1] 丹水 [2]，出京兆上洛县 [3] 蒙岭山，入于支汋。水中有丹鱼，夏至 [4] 十夜，伺鱼浮出水，有赤光如火，网取，割其血涂足，涉水 [5] 如履平地。

浙江昌化县 [6] 有龙潭，广数百亩，产金银鱼，祷雨多应。

《博物志》[7] 金鱼出功婆塞江，脑中有金。

《述异记》[8] 晋桓冲 [9] 游庐山，见湖中有赤鳞鱼。

苏城 [10] 有水仙祠，颇灵异，祠中有鱼池石岸，水亦清洁。邻人蒋氏子，浴池中，见金鲤游泳，捕之。鱼入石岸，乃探手取之，其手入石中，牢不能出。

自辰至未，百计莫解，父母惊惶，恳祷神前，始得出。其子神思昏迷，如梦寐中，归而病甚，未几卒。

《解醒语》[11] 元时，燕帖木儿[12] 奢侈无度，于第中起水晶亭。亭四壁水晶镂空，贮水养五色鱼其中，剪彩为白蘋、红蓝等花，置水上。壁内置珊瑚，栏杆镶以八宝奇石，红、白掩映，光彩玲珑，前代无有也。

王凤洲[13] 异时[14] 宦游[15] 所经历，至济南，谒德藩[16]，游真珠泉。泉东西可十余丈，南北三丈许。东一亭，枕之其下，瑟瑟群起，拍掌振履，则益起，缅缅[17] 而上，空明[18] 莹彻[19]，与天日争彩，金鲤百头，小者亦可三尺。其西，泉窦[20] 宫墙而出，为大池，皆以白石甃甓[21]，中有水殿，前后各五楹[22]。彩鹢[23]容与[24]，萧鼓四奏，王时劳赐肴醴，往往丙夜[25]。又西为长沟，曲折以达后圃，芍药数百本，高楼踞之。泉出后宫墙，为水碓、水磨，以达大明湖，湖景尤自韶丽[26]。

《昆山县志》 石浦真武殿前，新甃[27] 石池。一夕大风雨雷电，翌旦，池中见大金鱼，莫知所从来。

鹤鱼谱

金
鱼

注释

[1]《抱朴子》：东晋葛洪所著。

[2] 丹水：即丹江。

[3] 京兆上洛县：即今陕西省商洛市。

[4] 夏至：后脱"前"字。

[5] 涉水：渡河。

[6] 昌化县：古县名，在今浙江临安市西。

[7]《博物志》：西晋张华所著。

[8]《述异记》：南朝萧梁任昉所著。

[9] 桓冲：东晋名将，字幼子，小字买德郎，宣城内史桓彝第五子，大司马桓温之弟。

[10] 苏城：即今江苏苏州市。

[11]《解醒语》：元代李材所著。

[12] 燕帖木儿：也叫燕铁木儿，元文宗时权臣。

[13] 王凤洲：即明代王世贞，字元美，号凤洲，又号弇州山人，明代文

学家、史学家。

[14] 异时：从前。

[15] 宦游：外出做官。

[16] 德藩：即明代德王，封地在今山东济南。

[17] 缅缅：连绵有序。

[18] 空明：洞澈灵明。

[19] 莹彻：莹洁透明。

[20] 窦：穿过孔洞。

[21] 甃甓：砖。

[22] 楹：古代计算房屋的单位，两根柱子之间为一楹。

[23] 鹢：头上画着鹢的船。

[24] 容与：随水波起伏动荡。

[25] 丙夜：三更时候，为晚上十一时至翌日凌晨一时。

[26] 韶丽：美丽。

[27] 甃：砌。

译文

东晋葛洪《抱朴子》 丹江发源于京兆上洛县（今陕西商洛市）的蒙岭山，流入汋水的支流。丹江里有丹鱼，在夏至前第十个夜晚，等鱼浮出水面，可以看见水面上有像火焰一样的红光，用渔网捕捞，割取丹鱼的血涂在人脚上，渡河就像走在平地上一样容易。

昌化县（今浙江临安市西）有一个叫龙潭的湖，面积有几百亩，出产金银鱼，向它求雨，大多数都会应验。

西晋张华《博物志》 金鱼产自功婆塞江，脑袋里面有金屑。

南朝萧梁任昉《述异记》 东晋名将桓冲到江西九江的庐山游览，看见湖里有鱼鳞为红色的鱼。

苏城（今江苏苏州市）有一座水仙祠，很是有些灵异。祠里有一个鱼池，池岸由石头砌成，池水也很清澈干净。旁边住着一户姓蒋的人家，他家孩子在鱼池中洗澡，看见池中有金鲤鱼游动，就去捕捉它。鲤鱼游进了池岸的石缝中，于是他就伸手去抓鱼，结果手被牢牢地卡在石缝里，怎么也拔不出来。从辰时一直折腾到未时，想尽各种办法都没能拔出来，他父母非常害怕，就在水仙祠中的神像前诚心祈祷，这样才把手拔出来。但孩子神志不清，始终处于昏迷之中，就像是在做梦，回到家里以后，病情越发严重，没过多久就死了。

元代李材《解醒语》 元代权臣燕贴木儿极其奢侈，在府第建了一座水晶亭。亭子的四壁用水晶中间镂空，里面注入水，其中养着五彩斑斓的鱼，把彩绸剪成白蘋、红蓝花，放在水面上。水晶墙壁里放置珊瑚，栏杆上镶嵌各种宝物和奇异的石头，红色和白色相互辉映，光彩夺目，玲珑剔透，是以前所没有的。

明代王世贞 我从前外出做官时，来到山东济南，拜访德王，游览珍珠泉。珍珠泉东西长有 30 多米，南北长有 10 多米。珍珠泉东面有一座亭子，枕靠在亭子里，看到泉里有一百多头金鲤鱼，小的也有 1 米多长。它们在泉水里瑟瑟有声地游上来，拍手、跺脚，金鱼就更向上游，连绵有序，洞澈灵明、莹洁通透，和天上的太阳争夺光彩。珍珠泉向西穿过墙上的孔洞流出，汇聚成一个大水池，水池用白石和砖块砌成，池子中央有一座宫殿，面阔、进深都是五间。池中彩画游船随水波起伏动荡，吹箫、击鼓的乐声从四面八方响起，德王经常赏赐佳肴美酒，宴会常常进行到深夜。再往西，成为一条长长的水沟，蜿蜒曲折到达后面的花园，花园里有几百株芍药，园圃中有高耸的阁楼雄踞。泉水从后宫墙流出，推动着水碓和水磨，最后流到大明湖中，大明湖的景色也很美丽动人。

《昆山县志》 石浦乡的真武殿前面，用石头新砌了一个水池。一天晚上风雨大作，电闪雷鸣，第二天早晨，发现池子中有一条大金鱼，不知道从哪里来的。

二如亭群芳谱